Review（レビュー）

超高真空技術の新展開

数式による解析から真空回路・分子流ネットワークへ

吉村　長光

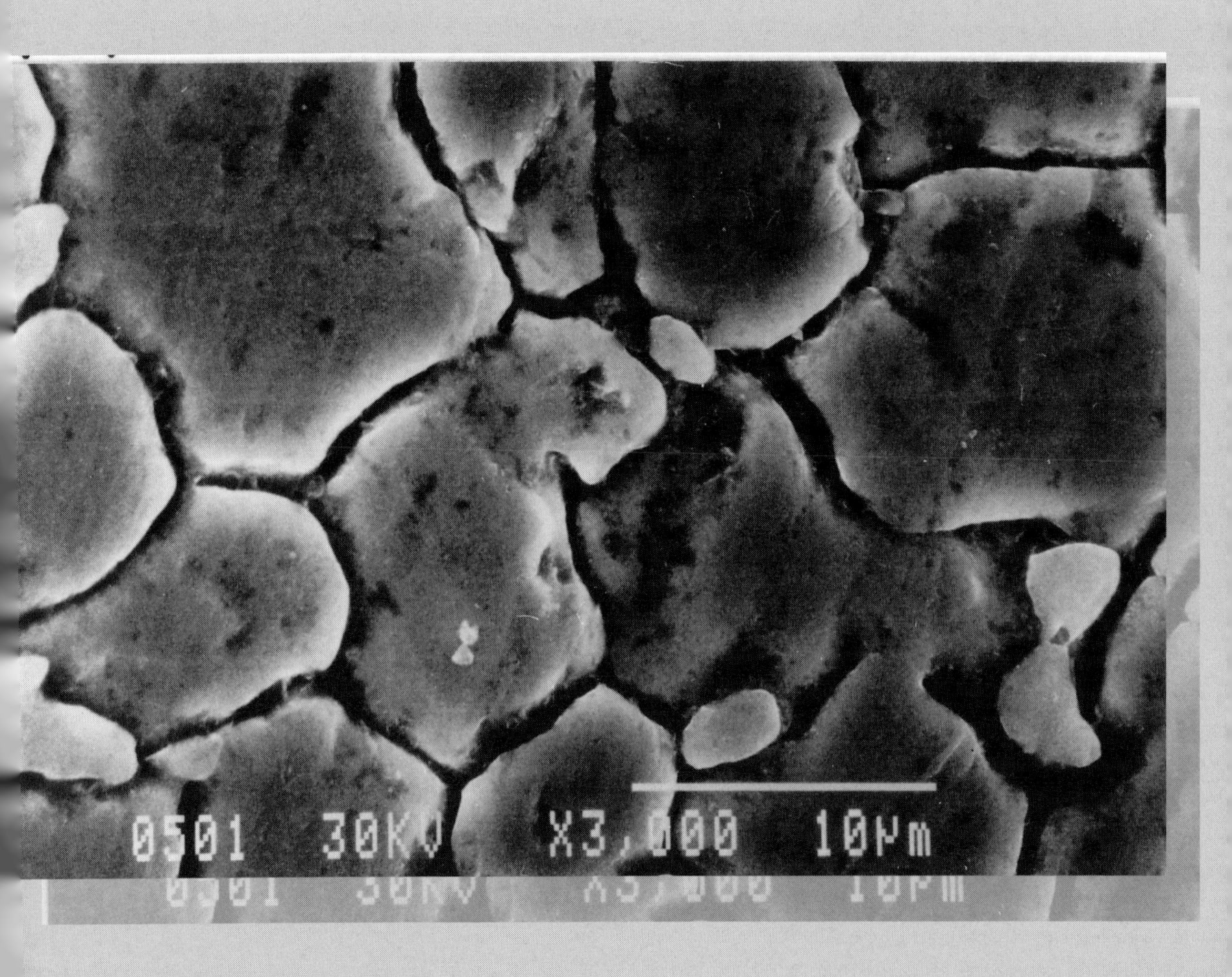

NTS

表紙画像：

N. Yoshimura, H. Hirano, T. Sato, I. Ando, and S. Adachi, "Outgassing characteristics and microstructure of a "vacuum fired" (1050℃) stainless steel surface", *J. Vac. Sci. Technol. A* **9** (4), pp. 2326-2330 (1991).
(本書 第 1 章　p.8　Fig.[1-3]-1. SEM micrographs (a) As-received surface)

序文

「マクテブルクの半球(Magdeburger Halbkugeln)」とは，17 世紀にオットー・フォン・ゲーリケが行った大気圧の存在を示す実験を，象徴的に表わしている言葉です．それ以来「真空」とは，その圧力が大気圧(10^5 Pa)より低い場と考えられてきました．ガスケットシール部から空気がチャンバー内へリークし,「真空」を造りだすのを邪魔しました．チャンバー壁が薄くて大気の圧力に耐えられず，チャンバーがつぶれてしまうという事故も頻発しました．このような実体験のため，人々は自然と,「真空とは大気圧より低い圧力の場」と考えるようになったと思われます．そして，大気圧よりもずっと低い圧力の真空を造りだそうとする努力が行われてきました．真空度が高い真空とは，大気圧より大幅に圧力が低い真空のことです．そして，真空場の真空度を測定するゲージは「真空度ゲージ」あるいは「真空ゲージ」と呼ばれました．圧力ゲージという呼称は夢想だにしなかったと思われます．

今から数十年前になりますが，ISO(規格標準のための国際組織)が全ての加入国に対して,「真空ゲージで用いられている『真空度(Vacuum Degree)』という用語を使用しないで，代わりに『圧力(Pressure)』という用語を用いるように」という指示を出しました．ISO の指示は当然のものと受け止められたと思いまが，真空場や真空システムの基準では「大気圧」への意識の転換は行われなかったと思います．しかし冷静に考えれば，圧力の基準は完全真空，ゼロ Pa であることは明白でしょう．

「超高真空システム」，あるいは分子流領域の「高真空システム」を解析する場合には，真空場の基準は絶対真空(ゼロ Pa)である，ということを確認しておきたいと思います．それと同時に，真空吸盤や真空掃除機のような，大気圧と真空の間の圧力差を利用する機器を考える場合には，大気圧を基準にする，というのは，これまた当然と考えます．

さて，下の図(Fig. I)をみてください. (a)に示されているシステムに対応する分子流ネットワークは, (b)に示されているように，システム要素を回路要素へ変換することによって容易に得ることができます.

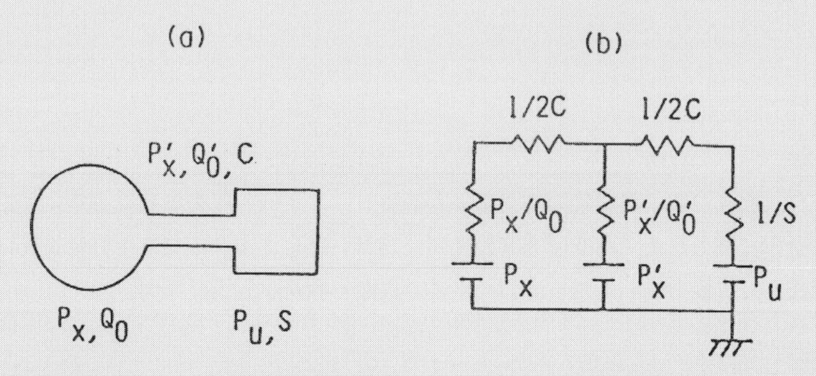

Fig. I. (a) A high-vacuum system in molecular flow region and (b) the corresponding vacuum circuit for the system (a).

ネットワーク(b)は，各々の特性値をもつ構成要素(チャンバー壁，導管，高真空ポンプ)の機能の相関を表わしています．チャンバー壁はその特性値がチャンバー内部の圧力より低いとき，排気機能を示します．導管のコンダクタンスの機能は，排気抵抗 1/C で表記されています．(b)では全ての構成要素は類似しており，ゼロ Pa のアース点に接続されている－プラスの圧力発生器の機能で表わされています．

チャンバーや導管の内壁は残留ガスの入射を受け，ガス分子を収着します．同時に内壁の浅い場所に収着されていたガスは，最上表面に拡散してきて，真空雰囲気に脱離します．定常的な排気条件では，残留ガスの壁面への入射・収着とそれらの収着されたガス分子の再放出は，バランスしており，壁内部の比較的深い場所からのガスの拡散・脱離に因り，実効的なガス放出を示すことになります．

Fig. I の(a)，(b)には，特性値 P_U，P_X，P'_X をもつシステム要素の機能が示されています．チャンバー壁はその特性値 P_X がチャンバー内の圧力よりも低い場合には，排気機能を示します．ネットワーク(b)は，全ての回路要素が互いに類似しており，完全真空であるゼロ Pa(アース)に接続されている，圧力発生器であることを示しています．ネットワーク(b)は分子流領域のシステムにおいて，下の式で表わされるガス放出とガス排気の機能を反映させて，システムにおける圧力分布を表わします．

$$Q_{OUTGASSING} = Q_{DESOPRPTION} - Q_{SORPTION}$$

分子流ネットワークは，ダイナミックな排気，例えば高真空システムにおいて，ゆっくりとした粗排気から高真空排気に切り替えた直後における，急激な圧力の変化などを表わすことができません．したがってこのような場合には，別途に解析する必要があります．

謝辞

日本電子株式会社で電子顕微鏡の真空をより清浄な，より低い圧力の超高真空にするために，共に励まし合って努力した，真空研究室の仲間に感謝いたします．中でも平野治男氏には，数々の基礎計算などでご協力をいただきました．ここに深く御礼申し上げます．

2017 年 4 月　吉村長光

執筆者プロフィール

長年にわたって日本真空学会とアメリカ真空学会の会員として，論文発表を行い，真空学会の研究部会や，日本非破壊検査協会の漏れ試験研究委員会に参画して活動しました．学会員としてのメンバーシップは，2015年前後に辞退しています．

経歴

1965年：大阪府立大学工学部電子工学科　卒業
　　　　日本電子㈱に入社，開発本部真空研究室に配属
2000年：日本電子㈱を退職
1985年：大阪府立大学より工学博士号を授与される．
　　　　博士論文：電子顕微鏡の高真空システムの基礎と研究の開発
1995年：技術士(応用理学部門)の資格を授与される．
　　　　ライセンス番号；No. 32211(応用理学部門)

著書（真空技術の専門書，単独著書）

1.「マイクロ・ナノ電子ビーム装置における真空技術」，著者：吉村長光　　監修：岡野達雄，2003年12月19日，㈱エヌ・ティー・エス
2. “Vacuum Technology Practice for Scientific Instruments” (in English) Nagamitsu Yoshimura, 09 January 2007, Springer-Verlag, Berlin, Heidelberg
3. “Historical Evolution Toward Achieving Ultrahigh Vacuum in JEOL Electron Microscopes” (written in English), Nagamitsu Yoshimura, 2014, Springer Briefs in Applied Science and Technology, Springer Tokyo Heidelberg New York, Dordrecht, London

目次

第３章　ガス放出量の測定方法 ……… 47

第４章　ガス放出量や透過係数などのデータ ……… 77

第 10 章 スパッタイオンポンプの開発 ……… 247

第 11 章 超高真空ゲージとマススペクトロメータ ……… 259

第 12 章　振動の少ない超高真空油拡散ポンプと関連機器の開発 …………………… 275

第 13 章　スイッチオーバー排気時に耐性を示す，ダイナミックな排気系 …… 287

各章のキーワード

第１章

チャンバー壁面のガス放出機能と真空ポンプの排気機能との類似性

アルミニウムの陽極酸化表面
モレキュラーシーブ
鋳物の巣
圧力発生器
AES スペクトルと AES 深さ方向元素分析
バフ研磨表面
ベルト研磨表面
電解研磨（EP）表面
真空炉による高温脱ガス処理された表面
電解研磨や化学研磨

第２章

表面による残留ガスの収着と表面からのガスの脱離

ガス分子の拡散移動
ガスの入射と再収着
吸着等温線
拡散の時定数
ガス収着速度
ガス脱離速度
ガス放出速度
スイッチオーバー
2 回目のポンプダウン
ベーク前後のガス放出
排気弁の開閉を繰り返したときの圧力上昇特性
真の表面積
ガスの拡散
ガスの透過
1 次元（一方向）の拡散式
Fick の法則（Fick's Law）
双方向の拡散
再結合制限ガス放出

第 3 章

ガス放出量の測定方法

可変コンダクタンス法
コンダクタンスモジュレーション法
差動的圧力上昇法
パイプ 3—ゲージ法
新しいパイプ 3 点圧力法
ゲージの相対感度補正
新しいパイプ 1 点圧力法
新しいパイプ 2 点圧力法

第 4 章

ガス放出量や透過係数などのデータ

透過係数
拡散係数
ガス放出量
ガス放出量の特性値
高温ベーク
大気中ベークアウト
バイトン O リングシールの水の透過
UHV 仕様のエラストマー（Kalrez）
ポリマーシール材の耐薬品性
ポリマーシール材の機械的特性
バイトン 'O' リングのフレオンガス雰囲気中での膨潤
元素の蒸気圧

第 5 章

電子励起ガス脱離と光励起ガス脱離

電子励起（誘起）ガス脱離
光励起ガス脱離
シンクロトロンラジエーション

第６章

微小電子プローブ照射で起こるコンタミネーションの堆積

重合膜の堆積
ダークニング現象
試料汚染のメカニズム
汚染物質の源
コンタミ成長速度
電子線電流密度
試料電流密度
表面移動説
凝結説
コンタミの温度依存性
アンチコンタミネーションデバイス（ACD）
雰囲気から飛来
潜伏期間
電子ビームシャワー
フレオン溶液による試料洗浄効果
ガス分子の収着と表面拡散
SEM 像の暗化現象
炭素系試料のエッチング現象
冷却フィンの温度
氷の蒸気圧
DC705，DC704
Polyphenylether
Fluorocarbon oxide fluid
RF プラズマ放電
水素放電
弗酸蒸気の放出を伴う化学反応

第７章

分子流コンダクタンスとガスフローパターン

オリフィスの分子流コンダクタンス
長いチューブの分子流コンダクタンス
短いチューブの分子流コンダクタンス
ガス通過確率
ガスフローパターン

第8章

分子流ネットワーク解析

分子流ネットワーク
ガス放出量
ガス脱離量ガス収着量
圧力発生器
ガス源の特性値
構成要素の特性値から成る真空回路
電子回路解析ソフト
リーク探しへの応用
2つの異種ポンプで並列排気する真空システム
起電力源や電流源を備えたR-C電気回路
長軌道加速管へ適用したシミュレータ電気回路
電子顕微鏡高真空システムの圧力分布シミュレーション
回路設計手順
再変換係数
コンピュータ解析
マトリックス解析のアルゴリズム
パイプに沿っての圧力分布
圧力源とガス流量源

第9章

スパッタイオンポンプとゲッターポンプの基礎

ノーブルポンプ
放電強度
エネルギーをもつ中性粒子説
形状寸法，電圧，磁場の組み合わせ
最大電荷量
ペニング放電
アルゴン不安定性
2電圧3極型ポンプ
「エネルギーをもつ中性粒子」説
単一電圧三極型ポンプ
カット—オフ圧力
I/PのB × d積への依存性
スロットカソード二極型ポンプ
Ti膜のはがれ

中心軸の外側をマスクしたポンプ
中心領域をマスクしたポンプ
磁場効率
カソード原子量と入射イオン原子量の比
S ∝ Log *R*
水素や重水素の飽和収着量
メタンガス放出
Ti フラッシュ後の低い温度でのベーク
再活性化処理

第 10 章

スパッタイオンポンプの開発

希土類マグネット
アノードセルの直径
排気速度特性
放電強度特性
圧力低減コースで測定した排気速度
圧力上昇コースで測定した排気速度
イオン電流特性
磁束密度
ノーブル型ポンプ
Ar 排気速度特性
飽和 Ar 排気速度
積算排気量

第 11 章

超高真空ゲージとマススペクトロメータ

ＢＡゲージ
エクストラクタゲージ
マススペクトロメータ
ヌード型エクストラクタゲージ
X 線限界
電子的脱離
トリウム酸化物
ゲージの校正
感度
電離断面積

スパッタイオンポンプ
ペニング型電離真空ゲージ
希土類磁石
4 重極子スペクトロメータ
校正
クラッキングパターン
フラグメントイオン
一価と二価のイオン
特性スペクトル
フィラメントの温度上昇

第 12 章

振動の少ない超高真空油拡散ポンプと関連機器の開発

コールドキャップ付き水冷バッフルの開発
Polyphenylether
Edwards 社の DP ポンプスタック
軟鋼パイプ（肉厚 3 mm）のポンプ容器
コールドキャップ付きシェブロンバッフル
Santovac-5（Polyphenylether）
DP1－DP2 直列系
入力電圧を可変したときの残留ガススペクトル
液体窒素冷却トラップの開発
液体窒素保持時間
磁気ベアリングターボ分子ポンプ

第 13 章

スイッチオーバー排気時に耐性を示す，ダイナミックな排気系

ダイナミックな排気系
カスケード接続 DP 排気系
最大定常ガス負荷
臨界背圧
スイッチオーバー圧力
スロー高真空排気
小口径のバイパス弁
チャンバー空間のガス負荷
チャンバー壁面からのガス放出負荷
拡散ポンプの最大流量容量

第１章

チャンバー壁面のガス放出機能と真空ポンプの排気機能との類似性

はじめに

アルミニウムの陽極酸化表面は多孔質で，その内部表面に収着されている水蒸気が真空場に大量に脱離しますから，通常は大きなガス放出源です．一方，ソープションポンプに用いられるモレキュラーシーブは多孔質で，ガス収着材として用いられています．このことから，ガス放出源の機能と真空ポンプの機能は本質的に同じではないか，という基本認識にたどり着きます．

本章では，超高真空システムの真空容器や排気管の材料に殆ど独占的に使用されているステンレス鋼の，各種の研磨処理を施した板材の表面を走査型二次電子顕微鏡（SEM, Secondary Electron Microscope）と，オージェ電子分光装置（AES, Auger Electron Spectrometer）で観察・分析した結果を示します．ステンレス鋼表面は緻密さと厚さに差はありますが，全て厚い，多孔質の酸化層で覆われています．

1-1　チャンバー壁面のガス放出機能と真空ポンプの排気機能との類似性

蒸着装置などの成膜装置では，大型のチャンバーが頻繁に大気に開放され，ダイナミックに排気されます．

超高真空システムも，真空ポンプでその内部の空気を排気して初めて真空が造りだされますから，「真空とは大気圧より低い圧力の場」という従来からの概念は受け入れやすいものでした．しかし，エベレストの山頂で箱を作り，「箱の中の圧力が１気圧よりかなり低いから真空チャンバーだ」と言っても，この箱を真空チャンバーと認める人はいないと思います．エベレストの山頂の気圧が低いだけのことだからです．

「真空ポンプ」と呼ばれている機器も，超高真空システムではガス放出源になっていることがしばしばあります．モレキュラーシーブと称される多孔質の物質を脱ガス処理して使用すれば，チャンバー内のガス分子を収着することでポンプ機能を発揮しますが，それをスパッターイオンポンプで排気されている超高真空チャンバーに入れますと，大きなガス放出源になります．このように，モレキュラーシーブがポンプとして作用するか，ガス放出源になるかは，モレキュラーシーブの特性圧力とチャンバー内の圧力の大小関係によって決まる，と考えることができます．このように，従来概念ではガス源と考えていた材料も，真空ポンプと呼ばれている機器も，その機能を支配しているのは，これらの材料や機器の「特性圧力」と考えることができます．

通常のステンレス鋼製チャンバーの表面は多孔質で，ガス分子を大量に収着しています．その表面は，通常は収着ガスを実効的に放出しますが，十分に加熱脱ガス処理したときには，そのガス放出量（rate）は非常に小さくなり，ときにはチャンバー空間のガス分子を実効的に収着して，ポンプ作用を示すこともあります．このように，通常超高真空ポンプと呼ばれている機器も，ガス放出源と考えられているチャンバー構成部品の表面も，ガスの排気や放出に関する機能は本質的に類似しています．

1-1.1 鋳物の巣

電子顕微鏡のカメラ室（真鍮鋳物製）を油回転ポンプ（RP）で長時間排気したことがあります（N. Yoshimura（2013）［1-1］）．ガイスラー放電管の放電色は赤味を帯びており，外気の空気が真空場にリークしているように見えますが，種々のリークテストを行っても，外気からの漏れは見出せませんでした．そこで，問題のカメラ室を油回転ポンプで長時間排気することにしました．ガイスラー管は時々放電させ，放電色をチェックしました．翌朝のことでした．排気開始から約 20 h 経過していますが，ガイスラー管の放電色が赤みがかった色から白みがかった色に変わってきました．鋳物のキャビティ（巣）内の空気がほぼ排気されたようです．この放電色は徐々に白みがかった青色に変わっていきました．

この鋳物製のチャンバーを真空ポンプで排気している真空システムを考えてみましょう．鋳物のキャビティ（巣）のガス放出機能は自然に Fig.［1-1］-1（a）のようにスケッチできます．圧力 P_X の鋳物のキャビティから流れ抵抗 R_X の細いガス通路で圧力 P の真空場につながっています．キャビティ内のガス分子は，細いキャビティ内で拡散し，その最上表面では，ガス分子の入射・収着と表面からのガス分子の脱離を繰り返しています．

キャビティ空間の空気分子にしろ，細孔の表面に収着している水蒸気分子にしろ，それらのガス分子が真空場に放出される機能は Fig.［1-1］-1（b）のように，圧力 P の真空場に対する内部圧力 P_X，内部抵抗 $R_X = 1/C_X$ の圧力発生器の機能で表わすことができます．（c）はガス放出源のガス放出量（rate）が真空場の圧力に依存して変化することを示しています．真空ポンプであるにしろ，チャンバー壁面であるにしろ，その特性値は発生圧力 P_X と完全真空場（0 Pa）へのフリーガス放出量 Q_0，あるいはキャビティの流れ抵抗 R_X（またはキャビティのコンダクタンス C_X）と考えられます．

Fig.［1-1］-1（b）の圧力発生器の機能に注目してください．真空ポンプの特性値である到達圧力 P_U，排気速度 S を（b）のガス放出源の P_X，C_X に対応させて考えてみましょう．そうすると，（b）の圧力発生器の機能は，本質的には，真空ポンプの排気機能と類似していることが解

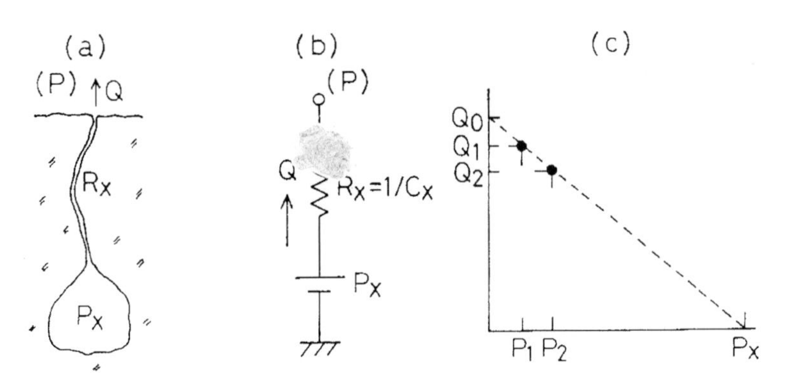

Fig.［1-1］-1. Concept of outgas source.（a）gas reservoir and capillary,（b）pressure generator with P_X and R_X, and（c）characteristic values, P_X and Q_0.
N. Yoshimura（2013）Springer Brief［1-1］

ります．

ガス放出源にしろ真空ポンプにしろ，完全真空（ゼロ Pa）に対してはガス放出源として機能します．分子流領域の真空場に対して実効的に真空ポンプとして機能するか，あるいはガス源として機能するかは，特性圧力 P_X と場の圧力 P との大小関係に依ります．真空ポンプの機能は従来から，到達圧力 P_U，排気速度 S の逆数である内部抵抗 $1/S$ の直列接続で表わされる圧力発生器の機能と考えられていた，とも言えます．

1-1.2　陽極酸化アルミニウムの表面

アルマイト（アルミニウムの表面を陽極酸化処理したもの）表面の SEM 像（SEI, Secondary Electron Image, Acc. voltage; 8 kV, Mag; × 230,000）を Fig. [1-2]-1 に示します．表面の深い孔の表面に大量の水蒸気を収着しており，そのガス放出量（rate）は通常極めて大きくなります．アルマイト部品を電子顕微鏡の試料室に装着すると，カーボン試料が電子線照射でエッチングされるというトラブルが起こることがあります．これは，アルマイト表面から水蒸気が大量に放出されるからです [1-2]．

ステンレス鋼チャンバーの壁面も，厚さや密度に差はありますが，酸化層で覆われています．ステンレス鋼製容器のスパッタイオンポンプを微小リークのある系で使用すると，ポンプ内部が酸化して青く変色し，生成した表面酸化層に吸蔵された大量のガスが放出されるために，スパッタイオンポンプの機能が損なわれます [1-1]．

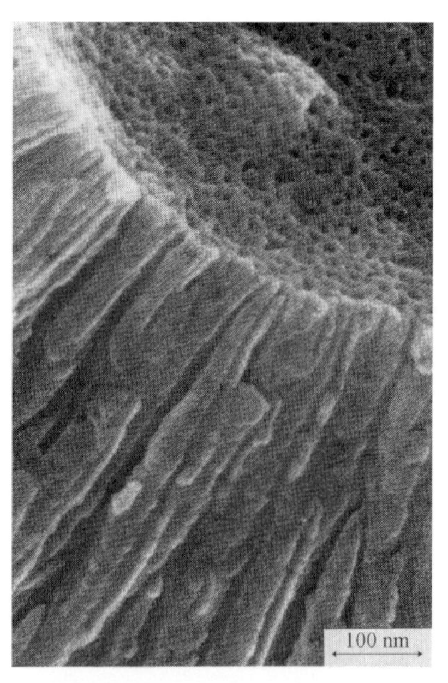

Fig. [1-1]-2.　SEM image of anodic oxide layer of aluminum.
Acc. voltage; 8 kV, Mag. × 230,000.
Cited from JEOL material. [1-1]

コメント

第 2 章ではステンレス鋼の表面酸化層からの水蒸気放出を取り上げますが，Dayton（1961）［2-5］（第 2 章）は「酸化物から全ての水分子を取り除くためには 500 ℃ 以上に昇温する必要がある」という Garner［1］（第 2 章文献［2-5］での引用文献）の記述を紹介しています．

1-2　各種表面処理を施したステンレス鋼板の表面性状

（N. Yoshimura *et al.*,1990, 1991 から）

ステンレス鋼管は強度，加工性，溶接性などに優れており，超高真空装置を含む多くの真空装置に，殆ど独占的に用いられています．

N. Yoshimura *et al.*（1990）［1-2］は，“Outgassing characteristics and microstructure of an electropolished stainless steel surface” と題した論文を発表しました．

種々の表面処理（ベルト研磨，バフ研磨，電解研磨，高温真空焼鈍（vacuum firing））を施したステンレス鋼板の表面性状（表面微細構造，表面酸化層の密度や厚さ）を走査型二次電子顕微鏡（SEM, JSM-T330, JEOL Ltd.）とオージェ電子分光装置（AES, JAMP-30, JEOL Ltd.）で調べました．表面処理により差異はありますが，ステンレス鋼の表面は全て酸化層で覆われています．酸化層には大量の水分子が収着していると考えられます．

1．研磨なし表面

研磨なし表面の AES スペクトルと AES 深さ方向元素分析（AES depth profile）を **Fig.［1-2］-1**

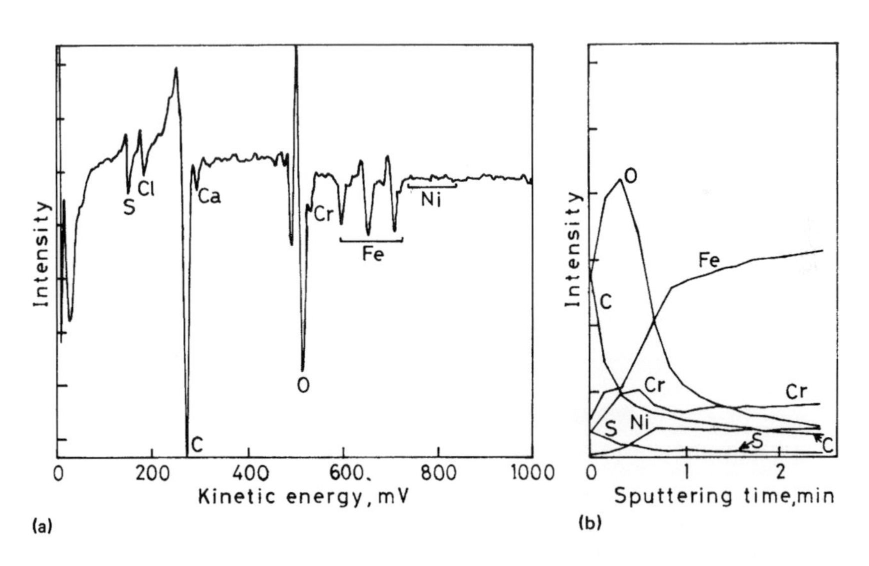

Fig.［1-2］-1.　(a) AES spectrum and (b) AES depth profile of the as-received surface. Sputtering conditions were as follows: Sputter ion; Ar^+, energy; 3 keV, normal incidence. The sputtering rate was unknown for the both sample surfaces, though it was known as 10 nm/min for SiO_2. N. Yoshimura *et al.* (1990) [1-2]

に示します．表面は厚い酸化膜で覆われています．なお，研磨なし表面の SEM 像は **Fig. [1-3-1] (a)** に示します．

2. ベルト研磨表面

ベルト研磨表面の SEM 像を **Fig. [1-2]-2** に示します．表面の裂け目には埃が詰まっており，そこには大量のガス（液状またはペースト状の可能性があります）が閉じ込められていると考えられます．

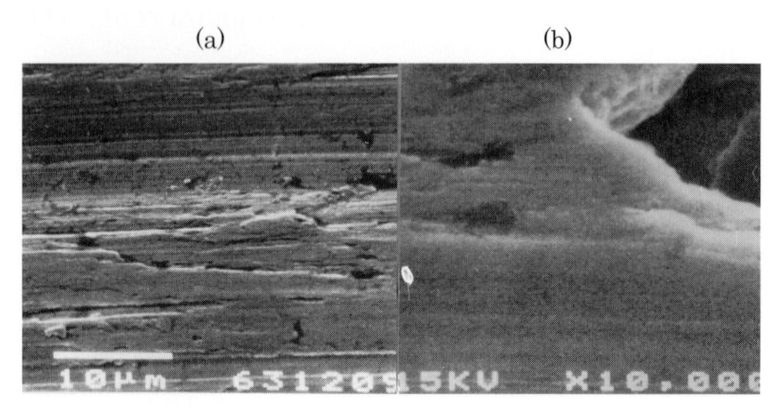

Fig. [1-2]-2. SEM micrographs of the selected area of the belt-polished surface.
(a) Area with wide fissures, and (b) fissure containing dust.
N. Yoshimura *et al.* (1990) [1-2]

3. バフ研磨表面

バフ研磨表面の SEM 像を **Fig. [1-2]-3** に示します．表面には，ベルト研磨よりは少ないですが，裂け目があり，そこには埃が詰まっています．

バフ研磨表面の AES スペクトルと AES 深さ方向元素分析（AES depth profile）を **Fig. [1-2]-4** に示します．表面は厚い酸化膜で覆われています．

Fig. [1-2]-3. SEM micrographs of the buff-polished surface.
(a) Typical area, and (b) fissure containing dust. N. Yoshimura *et al.* (1990) [1-2]

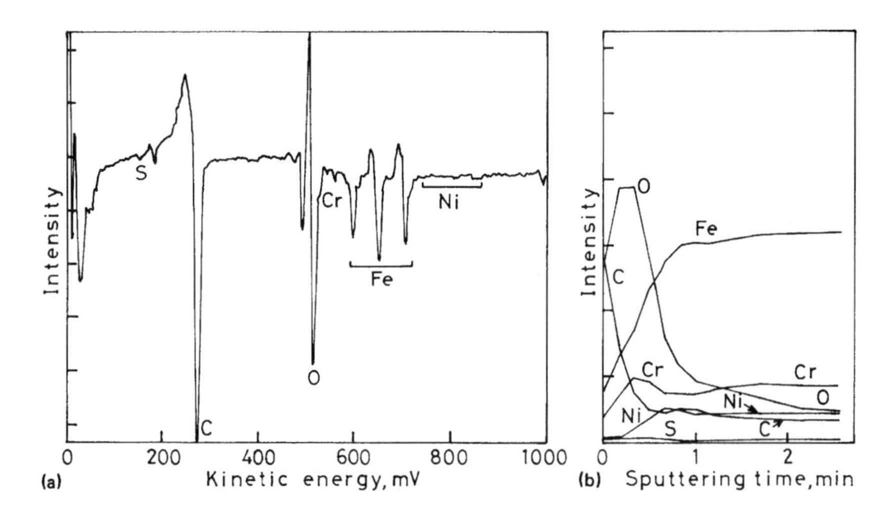

Fig. [1-2]-4.　(a) AES spectrum and (b) AES depth profile of the buff-polished surface.
N. Yoshimura *et al.* (1990) [1-2]

4. 電解研磨表面

電解研磨（EP）表面の SEM 像（二次電子像）と BEM 像（バックスキャッター電子像）を Fig. [1-2]-5 の (a) と (b) に示します．EP 表面は滑らかであり，裂け目などの欠陥は見当たりません．BEM 像は個々の結晶面のバックスキャッター電子（BE, backscatter electron）のイールドの差異がはっきりと見えますが，このことは EP 表面が非常に平坦で清浄であることを示しています．

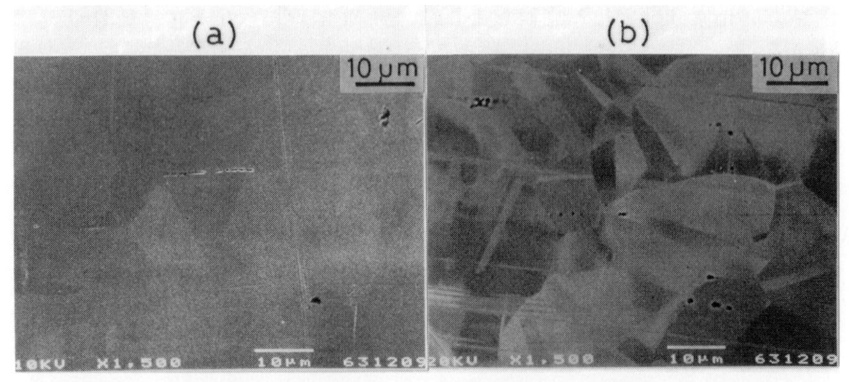

Fig. [1-2]-5.　(a) SEM micrograph and (b) BEM micrograph of the EP surface.
N. Yoshimura *et al.* (1990) [1-2]

電解研磨（EP）表面の AES スペクトルと AES 深さ方向元素分析（AES depth profile）を Fig. [1-2]-6 の (a) と (b) に示します．(b) の AES 深さ方向元素分析スペクトルをバフ研磨表面やベルト研磨表面などの AES 深さ方向元素分析スペクトルと比較しますと，電解研磨（EP）表面はその酸化膜が高密度で薄いことが分かります．また，炭素（C）のスペクトルピークが小さいことから，EP 表面は比較的清浄であることが分かります．

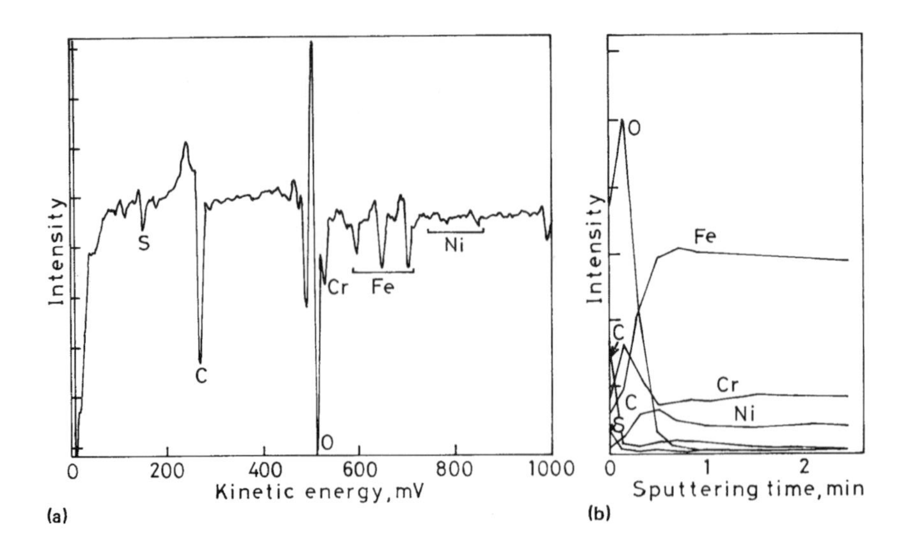

Fig. [1-2]-6. (a) AES spectrum and (b) AES depth profile of the EP surface. Sputtering conditions were as follows: Sputter ion; Ar^+, energy; 3 keV, normal incidence. The sputtering rate was unknown for the both sample surfaces, though it was known as 10 nm/min for SiO_2. N. Yoshimura *et al.* (1990) [1-2]

5. 真空炉による高温脱ガス処理（～1000℃）表面

N. Yoshimura *et al.*（1991）［1-3］は “Outgassing characteristics and microstructure of a “vacuum fired”（1050℃）stainless steel surface” と題した論文を発表しました．そこでは，研磨処理をしていないステンレス鋼板の表面と，真空炉による高温（1050℃）真空脱ガス処理した表面を，SEM 像と AES 深さ方向元素分析をして比較しました．SEM 像の比較を **Fig. [1-3]-1** に，AES 深さ方向元素分析（AES depth profile）の比較を **Fig. [1-3]-2** に示します．

研磨なしの表面は深い結晶粒界に汚れが詰まっています．一方真空炉による高温（1050℃）真空脱ガス処理した表面では，結晶粒界はなまって浅くなっており，汚れも少なくなっていますが，これは真空中での高温処理による元素の拡散で起こったと考えられます．また，**Fig. [1-3]-2** の AES 深さ方向元素分析の比較から，真空高温度処理で新たに形成された酸化層はより薄く，より高密度で，より清浄であることが分かります．

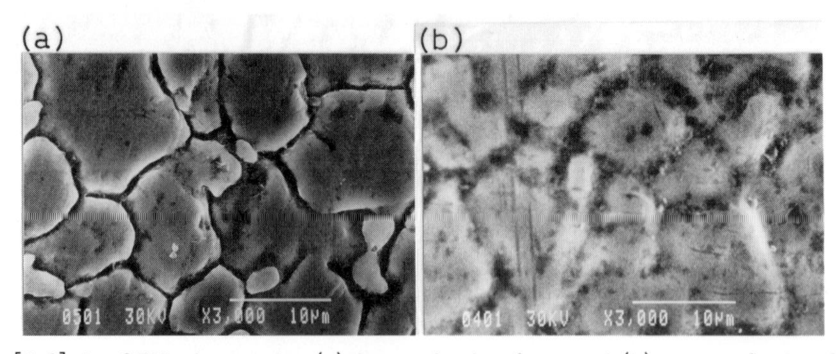

Fig. [1-3]-1. SEM micrographs. (a) As-received surface, and (b) vacuum fired surface. N. Yoshimura *et al.* (1991) [1-4]

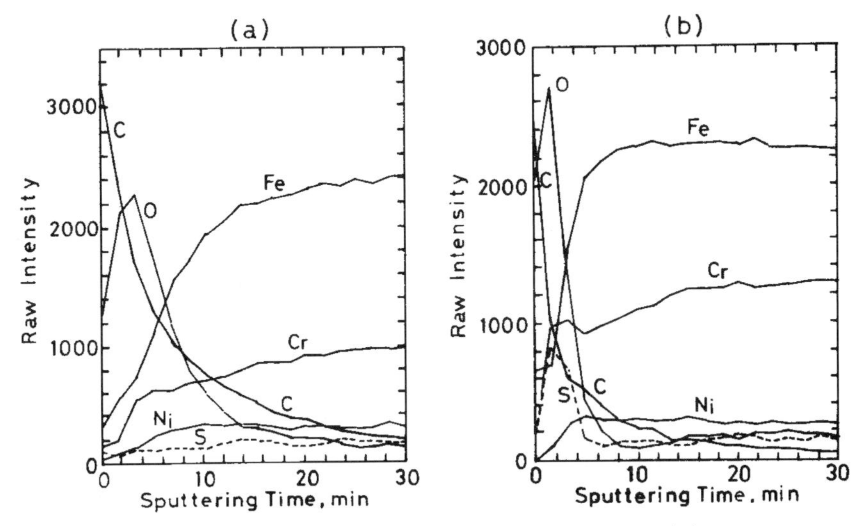

Fig. [1-3]-2. AES depth profiles. (a) As-received surface, and (b) vacuum fired surface. Sputtering conditions were as follows: Sputter ion; Ar^+, energy; 3 keV, normal incidence. The sputtering rate was unknown for the both sample surfaces, though it was known as 10 nm/min for SiO_2. N. Yoshimura *et al.* (1991) [1-4]

コメント

「ステンレス鋼表面の前処理について」

上述した実験（表面観察と酸化層の厚さ方向分析）より，超高真空用の真空チャンバーには，①チャンバー壁内部の吸蔵ガスをかなり高温（300℃以上）の真空ベーク，あるいは真空炉での高温（～1000℃）脱ガス処理を施し，②表面を電解研磨や化学研磨で表面酸化層を清浄にするという工程が良いと考えられます．

1-3 光輝焼鈍と電解研磨のステンレス鋼表面の観察と分析

（A. Tohyama *et al.*,1990 から）

A. Tohyama *et al.*,（1990）[1-4] は "Outgassing characteristics of electropolished stainless steel" と題した論文 [1-4]（日本語）を発表しました．この論文はステンレス鋼の熔解過程から，超高真空材料として選定された製法で製造した，各種のサンプル材料のガス放出特性を報告しています．ここでは光輝焼鈍（BA, Bright Anneal）表面と電解研磨（Electropolishing）表面の観察と，分析の結果を紹介します．

実験結果と考察から

電解研磨処理は，表面の突起部を優先的に溶解しながら平滑化します．通常ステンレス鋼の表面仕上げに用いられている光輝焼鈍（BA, Bright Anneal）処理表面と，電解研磨処理表面の走査電子顕微鏡写真を，**Fig. [1-4]-1** に示します．BA 処理表面には圧延方向に伸びた溝や結晶粒界のくぼみが目立ちますが，電解処理表面にはそれらは認められず，平坦な様相を示しています．両者の表面粗さの測定結果を **Table [1-4]-1** に示します．電解研磨面は Rmax = 0.5 μm となり，プロフィールをみても非常に平坦な面です．表面粗さとガス放出速度との相関に関する定量的調査報告は少ないですが，平滑さと関係する表面粗さ係数（SRF, Surface Roughness Factor）の増加は，ガス放出量の増加と相関を示す，との報告があります［5］．**Fig. [1-4]-1** からも電解研磨処理によりミクロ的な実効表面積が低減することが理解できます．

試料 K*の電解研磨処理前後の表面 AES（オージェ電子スペクトロメータ）分析結果を **Fig. [1-4]-2** に示します．Ar スパッタリング前は，表層には C, O が吸着しています．電解研磨処理後の表面近傍は，Cr が濃縮し，Cr 酸化被膜を形成することにより，表面吸着分子層は処理前に比べて薄いことが，両者のスパッタリング 60 秒までの Cr, C, O の濃度変化から推測されます．しかしその Cr 酸化皮膜自体は，60 秒のスパッタリングで消滅しており，公称スパッタリング速度 0.28 nm から推測しても約 17 nm 以下と薄くなります．

注* 試料 K は実験に用いられたサンプル鋼片の 1 つです．論文にはこれら多くのサンプル鋼片の化学組成などが表で示されていますが，それらは**第 4 章　4-2. 1** で記述します．

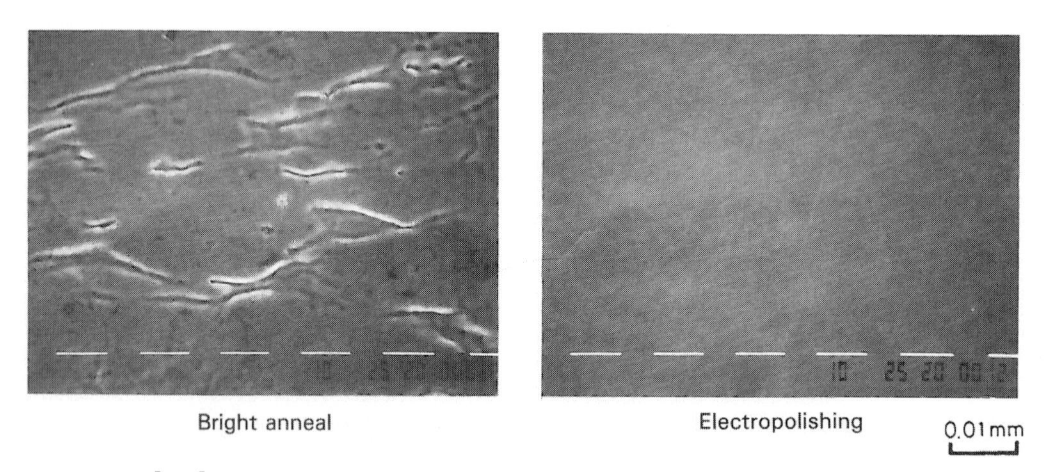

Fig. [1-4]-1. SEM micrographs of bright annealed and electropolished surfaces.
A. Tohyama *et al.* (1990) [1-4]

Fig. [1-4]-1 に電解研磨処理表面の SEM 像を示しましたが，非金属介在物表面に露出していた場合の SEM 像を **Fig. [1-4]-3** に示します．非金属介在物と周囲の地鉄との界面にはき裂が生じており，深い溝状の欠陥となっています．

Table [1-4]-1.　Results of surface roughness measurement. A. Tohyama *et al.* (1990) [1-4]

Table 3　Results of surface roughness measurement.

Treatment	Bright anneal	Electropolishing
$\overline{R}_{max}$ (n=20)	2.489 μm	0.385 μm
$\overline{R}_a$ (n=20)	0.172 μm	0.057 μm
$\overline{RMS}$ (n=20)	0.301 μm	0.070 μm
$\overline{R}_z$ (n=20)	1.299 μm	0.243 μm
Profile 2 μm 0.1 mm		

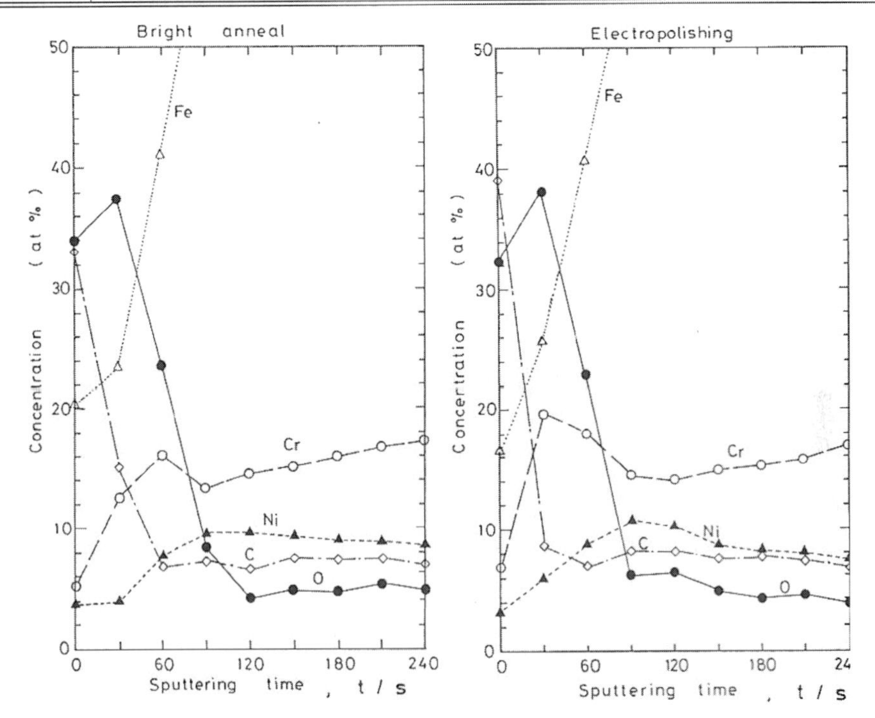

Fig. [1-4]-2.　Auger analysis of bright annealed and electropolished surfaces.
A. Tohyama *et al.* (1990) [1-4]

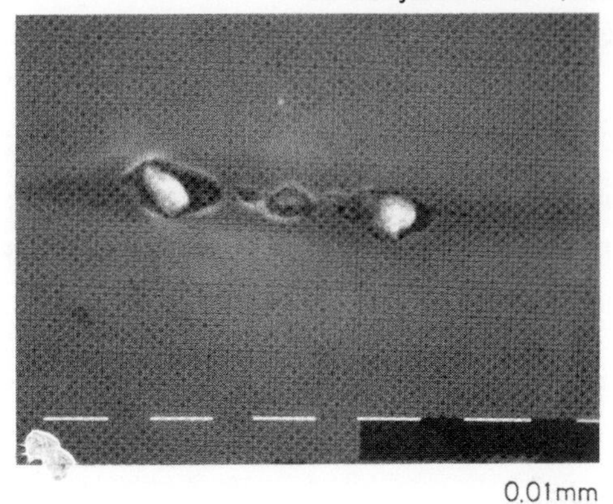

Fig. [1-4]-3.　Example of nonmetallic inclusion on the electropolished surface.
A. Tohyama *et al.* (1990) [1-4]

[文献 1-4]

[5] 小田桐均，前田 茂，広田優子，毛利 衛，山梨俊郎，及川 永，金戸 成，「真空」**26**（1983），389.

引用文献

[1-1] N. Yoshimura, "Historical Evolution Toward Achieving Ultrahigh Vacuum in JEOL Electron Microscopes", Springer Tokyo, 2014.

[1-2] N.Yoshimura, T. Sato, S. Adachi, and T. Kanazawa, "Outgassing characteristics and microstructure of an electropolished stainless steel surface", *J. Vac. Sci. Technol. A* **8** (2), pp. 924-929 (1990).

[1-3] A. Tohyama, T. Yamada, Y. Hirohata, and T. Yamashina, "Outgassing characteristics of electropolished stainless steel", *J. Japan Inst. Metals*, **54** (3), pp. 247-254 (1990). (in Japanese)

[1-4] N. Yoshimura, H. Hirano, T. Sato, I. Ando, and S. Adachi, "Outgassing characteristics and microstructure of a "vacuum fired" (1050℃) stainless steel surface", *J. Vac. Sci. Technol. A* **9** (4), pp. 2326-2330 (1991).

第 1 章のおわりに

章の冒頭で，鋳物の巣のガス放出機能が真空ポンプの機能と本質的に類似していることを示しました．そして，鋳物の巣のガス放出機能は，その内部圧力 P_X，内部流れ抵抗値 R_X をもつ圧力発生器とみなすことができる，という真空回路の基本概念を示しました．P_X や R_X（あるいは Q_0）が圧力発生器の特性値であり，これらはそれぞれ真空ポンプの特性値 P_U（到達圧力）やその内部流れ抵抗 R_P（ポンプの排気速度 S の逆数）に対応しています．この基本概念から，大気からの空気の漏れの機能は，大気圧 10^5 Pa の発生圧力とリーク量 Q_L を与える流れ抵抗 R_L とを特性値とする圧力発生器であることが分かります．これが「分子流ネットワーク」と呼んでいる「線形真空回路」の基礎概念です．分子流領域の真空システムは，その構成要素を圧力発生器に置換しますと，線形真空回路が作図できます．このように言いますと，多くのガス放出源の特性値 P_X や R_X など不明ではないか，と思われるかもしれませんが，精度よく解析できます．真空回路をシンプル化して真空回路を作図する実務技術は，第 8 章「分子流ネットワーク解析」で詳しく記述します．

各種の表面研磨処理を施したステンレス鋼表面の走査型電子顕微鏡像（SEI）と，オージェ電子分光装置による表面の深さ方向の元素分析で，表面の酸化層の実態を示しました．このようなチャンバー壁面で，ガス分子の収着と壁内部での拡散移動，そして最上表面からのガスの脱離が起こります．これが，ガス分子と多孔質な酸化膜表面との相互作用の舞台です．

第２章

表面による残留ガスの収着と表面からのガスの脱離

はじめに

超高真空技術の基礎と考えられる，チャンバー壁面での「ガス収着とガス脱離」を取り上げます．

真空チャンバー壁の内部に収着されているガスの脱離に至るプロセスに関して，多くの研究論文が発表されています．チャンバー壁の内部のガス分子はその濃度勾配にしたがって拡散移動するのですが，その移動量に大きな影響を与えるのは温度です．したがって，脱ガス処理は真空材料の温度を上げて行われます．多くの場合，真空中で脱ガス処理が行われますが，これは表面が酸化するのを防ぐためです．

真空チャンバーの壁面はガス分子の入射を受け，その内部へガス分子を収着します．排気弁を開閉したり，あるいは真空チャンバーをベントしたりしますと，表面へのガス分子の入射条件が急変しますから，一方向の定常的拡散移動の条件が崩れ，ガスの収着と脱離の現象が複雑になります．

チャンバー内の圧力が急激に低減したとき，ガス分子の入射頻度が激減し，その結果正味のガス放出量が急増するという現象は，ダイナミックな真空排気系ではしばしば起こり，ときには主排気ポンプに過負荷を与えます．

注記：

第2章にはガス放出量という用語が出てきます．この用語は“Outgassing rate”という真空用語を日本語に直したものと考えられます．なお，本章には平衡吸着量という用語が出てきます．この場合の「量」は“amount”という意味です．

2-1　平衡吸着（P. A. Redhead *et al.*, 1968 から）

真空雰囲気から飛来したガス分子の表面壁内部への移動，あるいは表面壁内部からの表面への移動の基本的なメカニズムは拡散（diffusion）です．真空雰囲気内で表面から脱離したガス分子は再び表面に入射し，再収着します．このように拡散移動と脱離，そしてガスの入射と再収着が平衡吸着のメカニズムですが，表面の収着量 V（体積）と真空圧力 P，温度 T との関係は，吸着等温線（adsorption isotherms）で表わされます．

P. A. Redhead *et al.*（1968）[2-1] は，3つの吸着等温線の経験式を示しました．

Langmuir isotherm:

非分離吸着（non-dissociative adsorption）に対して，

$$\theta = \frac{Ap}{1 + Ap} \quad (\theta \text{ は平衡吸着量，} A \text{ は定数}) \qquad [2\text{-}1]\text{-}1$$

吸着が非分離型で非移動型であれば，

$$\theta = \frac{(Ap)^{1/2}}{1+(Ap)^{1/2}} \qquad [2\text{-}1]\text{-}2$$

Freundlich isotherm:

$$\theta = Bp^{1/n} \qquad [2\text{-}1]\text{-}3$$

ここで，B と n は温度に依存する定数であり，吸着熱は被覆量と共に指数関数的に減少すると仮定して導出されます．

Temkin isotherm:

$$\theta = \frac{RT}{q_0} \times \ln(cp)\,. \qquad [2\text{-}1]\text{-}4$$

吸着熱が被覆度と共に直線的に減少する場合，すなわち $q = q_0(1 - \alpha\theta)$ であれば，式［2-1］-4 は Langmuir Isotherm から導出できます．なお，式［2-1］-4 で $c = a\exp(q_0/RT)$ です．

超高真空チャンバー壁の主な放出ガス種は，水素（H_2）であることが知られています．水素の Mo フィルム上の Temkin Isotherm の一例を Fig.［2-1］-1 に示します．

文献［2-1］

［1］　Hayward *et al.* 1966.

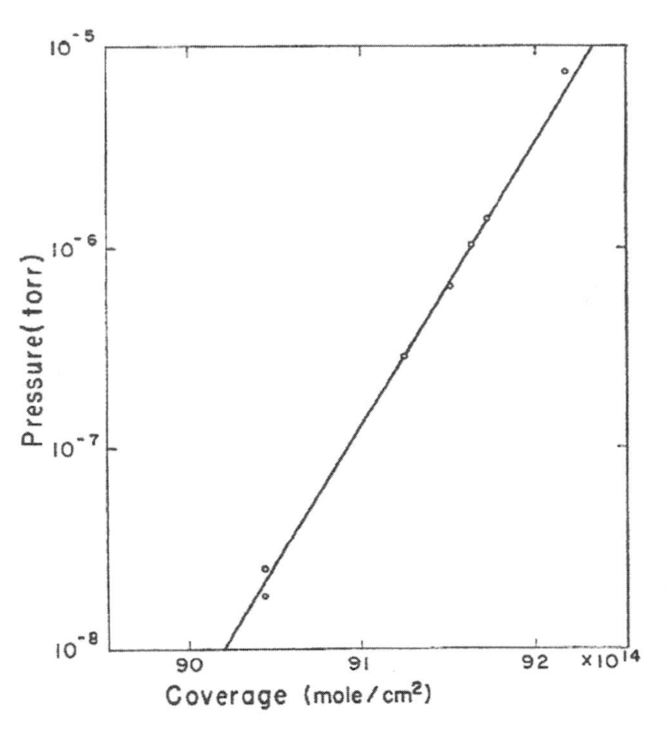

Fig.［2-1］-1.　Test of the Temkin Isotherm for H_2 on a Mo film at 78 K Hayward *et al.* (1966)［1］in P. A. Redhead *et al.* (1968)［2-1］

用語について

吸着（Adsorption）か収着（Sorption）か

Redhead［2-1］や S. Dushman and J. M. Lafferty［2-2］の専門書では，Adsorption Isotherm（吸着等温線）という用語を用いています．「表面」という用語は一般には最上表面と読み取りますが，吸着・脱離がテーマである場合は，表面酸化層の深くて細い多くの孔の内部表面がガス分子の拡散移動の舞台です．

S. Dushman［2-2］の専門書では，「平衡吸着」を扱っている章のタイトルに "Sorption of Gases by・・・・" と収着（Sorption）という用語が使われています．熊谷寛夫ほか［2-3］では，平衡吸着の式で被覆度 θ の代わりに吸着量 v_a を用いています．

本書では例えば，「ステンレス鋼チャンバーの表面ではガス分子の脱離とそれらのガスの再収着が頻繁に繰り返されています」というように，「収着（Sorption）」という用語を用います．

2-2　ガス放出特性

2-2.1　半経験的な式（B. B. Dayton, 1959 から）

B. B. Dayton（1959）［2-4］はガス放出量の排気時間依存性を検討しました．

ガス放出量（Torr・L・s^{-1}・cm^{-2}）を時間に対して log-log 用紙にプロットすると，上昇曲線の最初の 10%ほどは傾きがほぼ一定の直線になります．Santeler［1］や Geller［2］などのデータにみられるように，この曲線の最初の部分は，しばしば［2-4］-1 式で表記できます．

$$\log\left(K_m - K_u\right) = \log K_1 - \alpha \log t \qquad [2\text{-}4]\text{-}1$$

ここで K_m は時間 t におけるガス放出量（rate），K_u と K_l は定数，そして曲線の傾き α は通常 0.5 と 0.8 の間の値になります．

B. B. Dayton（1959）［2-4］は，エラストマーの代表的なガス放出量（rate）の特性曲線を **Fig. [2-4]-1** の線図で示しました．

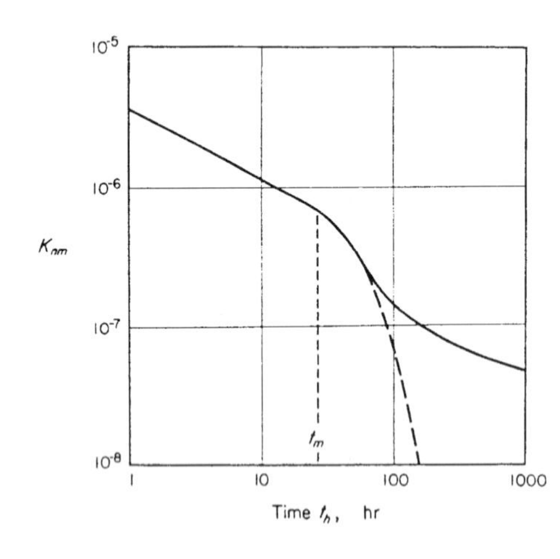

Fig.［2-4］-1.
Typical outgassing curve for an elastomer.
B. B. Dayton（1959）［2-4］

文献 [2-4]

[1]　D. J. Santeler, *Vacuum Symposium Transactions*, 1958, PergamonPress, London. General Electric Co. Report No. 58GL303 (1958).

[2]　R. Geller, *Le Vide* **13** (74), 71 (1959).

2-2.2　金属の表面酸化層からのガス放出 (B. B. Dayton, 1961 から)

B. B. Dayton (1961) [2-5] は, "Outgassing Rate of Contaminated Metal Surfaces" と題した論文を発表しました.

アブストラクト [2-5]

表面汚れの異質な層から種々の分子が次々と蒸発しますが, それが排気時間に逆比例するガス放出量 (rate) になります. 脱離の活性化エネルギーは比較的一様に分布していますから, ガス放出量対排気時間の曲線は, 一定の脱離エネルギーに対する個々のガス放出曲線の総和となり, それはガス放出量と排気時間を log-log プロットにとれば, 傾きが -1 の直線になります. この直線が, ベーク処理をしない金属製真空システムにおける, 到達圧力を制限するバリヤーの形成を表わしています.

注記：

表面の汚れの異質な層 ("a heterogeneous layer of surface contamination") とは, 金属表面の酸化層を指しています.

B. B. Dayton (1961) [2-5] が示した「排気時間に逆比例するガス放出量を, **Fig. [2-5] -1** に示します.

注記：

拡散の時定数 τ_i は酸化層に依存して種々の値になります. Dayton はこの線図 (**Fig. [2-5]-1**) で, τ_1 = 0.25 時間, τ_2 = 1.0 時間, τ_3 = 4 時間 and, τ_4 = 16 時間を選んでいます.

Dayton (1961) [2-5] は化学吸着した水がいつまでも残っていることについて, 以下のように記述しています.

『Garner [1] のデータによると, 100℃以上に昇温させると, 酸化物から化学吸着している水がある程度の速さで脱離しますが, 酸化物から全ての水を取り除くためには 500℃以上に昇温する必要があります. 酸化物上の H_2O の化学吸着は, ハイドロ酸化物 (hydroxide groups; OH^- ions) を伴っていると信じます. Garner [1] の編集になる本に載っているデータによると, 化学吸着している水の殆どは, 酸化物 (孔の壁面を含む) 表面上に吸着していることを示しています.』

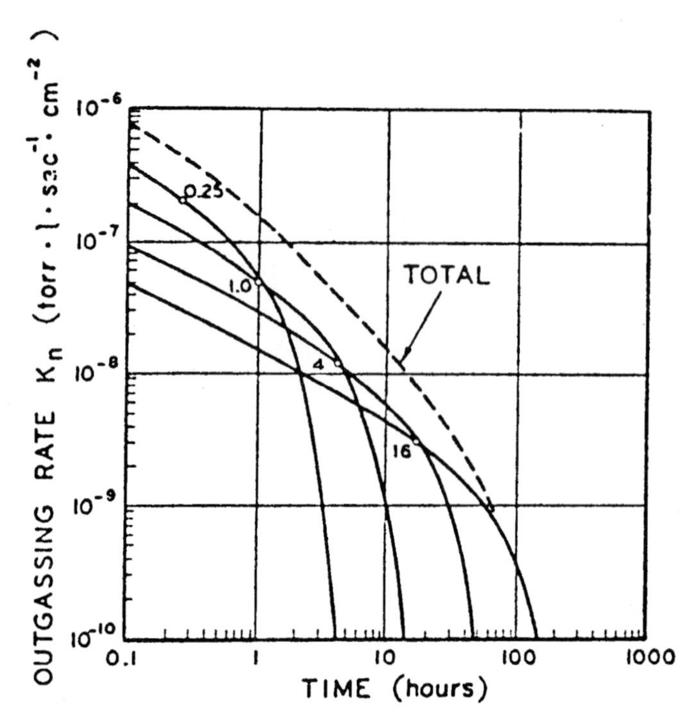

Fig. [2-5]-1. Total outgassing rate as a sum of curves for constant values of τ.
B. B. Dayton (1961) [2-5]

文献 [2-5]

[1] W. E. Garner (editor), Chemisorption, Academic press, New York (1957) loc. cit. pp. 59-75.

2-2.3 考察：直線のように見える圧力上昇曲線

（N. Yoshimura, 2009 から）

N. Yoshimura (2009) [2-6] は，P. A. Redhead 1996 [1] が引用した K. Jousten の論文 1964 [2]，1996 [3] に出てくる「直線のように見える圧力上昇曲線」について，チャンバーの残留ガスの収着と，表面の浅い場所に収着したガスの再脱離のメカニズムに基づいて，以下のように考察しました.

K. Jousten (1996) [3] は，SUS316N 製チャンバー（真空炉による高温脱ガス処理，その場ベーク：250℃ / 48 時間）における，4 週間にわたるポンプ遮断期間の圧力上昇を，スピニングローターゲージで測定しました. 圧力上昇曲線は，遮断開始 33 分経過後の 1.52×10^{-5} Pa から約 1.7×10^{-2} Pa までの間で報告されています（Fig. [2-6]-1）. 遮断期間は 700 時間と長い期間ですが，圧力上昇の上限は約 1.7×10^{-2} Pa（約 1.3×10^{-4} Torr）と，圧力上昇テストとしては非常に低い圧力上限で止めていることに注目する必要があります. これは，スピニングローターゲージの感度の問題と考えられます. なお，チャンバーは真空炉で高温度の真空焼鈍処理が施されています.

P. A. Redhead (1996) [1] は，K. Jousten (1996) [3] の圧力上昇曲線は直線ですからチャンバー

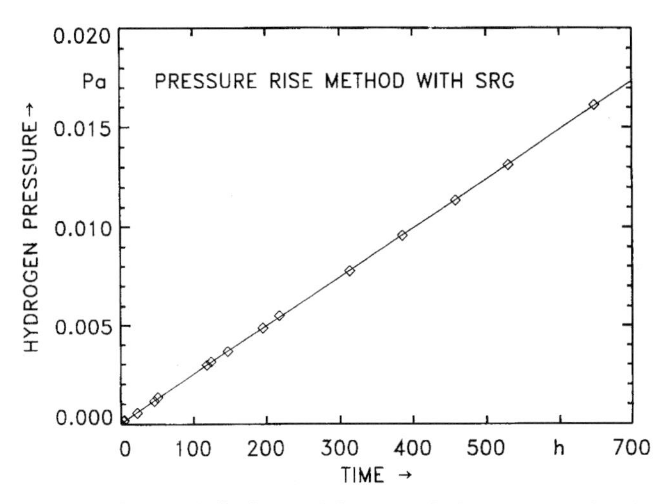

Fig. [2-6]-1. Pressure rise after sealoff of a stainless steel chamber, previously vacuum fired and baked at 250°C for 48 h, measured with the spinning rotor gauge. The chamber was sealed off at a pressure of 2×10^{-8} Pa, the first point taken at 33 min at a pressure of 1.52×10^{-5}
Pa. P. A. Redhead (1996) [2-6-1]から.

空間に蓄積された放出ガスはチャンバー壁面に再吸着しない，と考察しました．一方，N. Yoshimura (2009) [2-6] は以下のように考察しました．

『遮断テストではチャンバーの圧力は必ず飽和するから，自然に少しずつ曲がりながら，飽和圧力に達するはずです．チャンバー壁面内部の，収着ガス分子のかなりの量が，表面から脱離すると，内部のガス分子の拡散移動量 (rate) も低減するので，圧力上昇曲線は曲がってくるはずです．厳密に直線的に上昇し続け，飽和圧力に達したときに，折れ線のように急に上昇しなくなるというのは不自然です．Jousten (1996) [3] の圧力上昇曲線も，飽和圧力に自然に近づいていく対数関数曲線であるとすると，その曲線を線形の P (圧力) 対 t (時間) のグラフに描けば，全体の上昇曲線の最初の10%程度は殆ど直線になります．Fig. [2-6]-1 に示されている圧力はさらに上昇を続け，その飽和圧力は Fig. [2-6]-1 の最大圧力より10倍以上も高い 1.7×10^{-1} Pa 以上である可能性があります．その場合，報告されている圧力範囲は，全体の10%程度ですから，ほとんど直線になると考えられます』

N. Yoshimura (2009) [2-6] は，圧力上昇曲線のはじめの部分で直線的に圧力上昇を示す理由を，以下のように考察しました．

『チャンバー壁面からの放出ガスがチャンバー空間に蓄積されていきますが，これらのガス分子は酸化層で覆われているチャンバー壁面に頻繁に入射し，その殆どは酸化層の内部の浅い位置に再収着されます．再収着されるガス分子の量 (rate) はチャンバー空間の圧力，すなわち入射頻度の上昇と共に増大します．酸化層内部に収着したガス分子はあちらこちらに拡散移動しますが，ついには，時間遅れを伴って真空との境界面である最上表面に到達し，脱離します．表面酸化層の浅い場所に大量のガス分子を収着している壁面は，大きなガス脱離速度を示します．すなわち，ポンプ遮断期間にガス収着速度 q_{sorption} とガス脱離速度 $q_{\mathrm{desorption}}$ の両者は，時間経過と共に増大し続けましたが，両者の差であるガス放出速度 q_{outgas} は，時間経過にかかわらずほぼ一定値

を保っていたと考えられます．すなわち，

$$q_{\mathrm{outgas}} = q_{\mathrm{desorption}} = q_{\mathrm{sorption}}$$

がほぼ一定（ポンプ遮断期間中）．

Fig. [2-6]-2 はガス脱離速度（rate），ガス収着速度（rate），そして両者の差であるガス放出速度（rate）の関係を説明しています．時点 (b) でのガス分子の入射頻度は時点 (a) での入射頻度の 2 倍ですから，ガス収着率がほぼ一定の場合，時点 (b) でのガス収着速度 q_{sorption} は時点 (a) での q_{sorption} のほぼ 2 倍になります．同様に，時点 (d) でのガス収着速度 q_{sorption} は時点 (a) での q_{sorption} のほぼ 6 倍になります．また時点 (a) から (d) で，$q_{\mathrm{desorption}}$（↑）と q_{sorption}（↓）の差であるガス放出量（rate）(↥) がほぼ一定になることが図示されています．

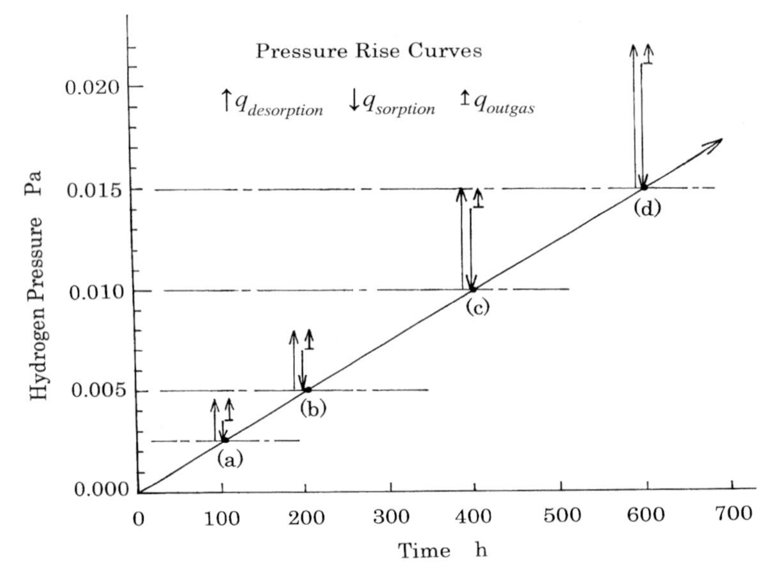

Fig. [2-6]-2. Relationship between desorption rate $q_{desorption}$, sorption rate $q_{sorption}$ and outgassing rate q_{outgas} during a long isolation period. The pressure-rise line is the same as the line of Fig. [2-6]-1.
N. Yoshimura (2009) [2-6].

文献 [2-6]

[1] P. A. Redhead, *J. Vac. Sci. Technol. A*,14 (4), pp.2599-2609 (1996).
[2] K. Jousten, *Shinku* **37** (9), pp.678-685 (1994).
[3] K. Jousten, *Vacuum* **47**, p.325 (1996).

2-3　ガス放出の過渡現象

電子顕微鏡の鏡筒にはエラストマー，セラミックスなどの種々の非金属物品が装着されており，鏡筒が真空に排気されると，これら物品の表面内部に収着されていたガスが拡散してきて，表面から放出されます．

ステンレス鋼の真空チャンバー壁面もガス放出源です．ステンレス鋼の機械加工後の表面には結晶粒界（grain boundary）や穴や裂け目などの欠陥があり，これらの欠陥は酸化層で覆われています．チャンバーが真空に排気されると，表面欠陥にたまっているガス分子や壁面内部に収着しているガス分子が拡散移動し，真空との境界である最上表面（top-most surface）に到達して，真空中に脱離します．

2-3.1　ガス放出量はガス脱離速度とガス収着速度の差

B. B. Dayton（1959）[2-4] は，ガス放出量 q_{outgas} は表面から脱離するガス脱離速度 $q_{\mathrm{desorption}}$ と真空雰囲気から表面に入射して収着するガス収着速度 q_{sorption} との差であると定義しました．すなわち

$$q_{\mathrm{outgas}} = q_{\mathrm{desorption}} - q_{\mathrm{sorption}} \qquad [2\text{-}4]\text{-}2$$

上の式にみられるように，ガス放出量 q_{outgas} はガス収着速度 q_{sorption} に依存します．表面へのガス収着速度 q_{sorption} は残留ガス分子の表面への入射頻度，すなわち圧力に依存します．チャンバー壁面からのガス放出量は低真空に比較的長い時間保持されていた状態から一気に高真空に排気されたときに急増します．この現象は大きなチャンバーを大気圧から粗引きポンプで粗引きした後に，高真空排気へ切り替えるスイッチオーバー直後に起こります．そのとき，高真空排気ポンプが油拡散ポンプである場合には，油拡散ポンプに過負荷を与え，油蒸気の逆流事故を引き起こします [2-4]．

注記：

ダイナミックな排気系での排気ポンプの，スイッチオーバーにおける逆流事故とその防止策は，**第 13 章**で取り上げます．

2-3.2　1 回目と 2 回目のポンプダウン（K. W. Rogers, 1963 から）

K. W. Rogers（1963）[2-7] は，“The variation in outgassing rate with the time of exposure and pumping” と題した論文を発表しました．

アブストラクト [2-7]

過去の実験では真空チャンバーのポンプダウン時間は，チャンバーを湿った空気に曝していた時間に従って変化することを示しています．この論文では，ポンプダウン時間の変化を理論的に解析します．水蒸気の放出がポンプダウンを支配している場合は，$\log P$ 対 $\log t$ 曲線の勾配は，半無限厚さの板に対して1/2から3/2の勾配で変化します．これは，半無限厚さの板に対してガスが一様に分布している場合の勾配が，1/2となる理論上の勾配と対比しています．

この論文［2-7］は，最初に壁から拡散してくる分子の数を拡散モデルで数学的に求めていますが，その数式による算出プロセスは割愛され，結論の式が記載されています．

壁から拡散してくる分子数：

$$N = -\left(\frac{D}{\pi}\right)^{1/2} C_0\left[t^{-1/2} - \left(t - t_{m1}\right)^{-1/2}\right]$$

ここで

$$t_{m1} < t < t_{v1} \qquad [2\text{-}7]\text{-}5$$

$$N = -\left(\frac{D}{\pi}\right)^{1/2} C_0\left[t^{-1/2} - \left(t - t_{m1}\right)^{-1/2} + \left(t - t_{v1}\right)^{-1/2} - \left(t - t_{m2}\right)^{-1/2}\right]$$

ここで

$$t_{m2} < t < t_{v2} \qquad [2\text{-}7]\text{-}6$$

上式には拡散式で通常出会う D や C や時間 t などの記号が用いられていますが，以下の境界条件が示されています．

$C = 0$	all X	$t < 0$
$C = C_0$	$X = 0$	$t_{m1} < t < t_{v1}$
$C = 0$	$X = 0$	$0 < t < t_{m1}$
$C = C_0$	$X = 0$	$t_{v1} < t < t_{m2}$
$C = 0$	$X = 0$	$t_{m2} < t < t_{v2}$

ここで t_{m1} は最初の湿った空気に曝すのをやめた時点，t_{v1} は最初の真空に曝す（すなわち真空排気する）のをやめた時点，等々に対応します．数学的扱いを簡単にするために，収着層を半無限幅として考えることができるように，十分に厚いと仮定しています．有限の厚さの層で同じ問題を解析する場合，もし層の厚さ L が $L \geq 2(Dt)^{1/2}$ ならば，この式は有効です．この場合は，層の密度は一様ですから，時間は全経過時間になります．

1. 1回目のポンプダウン

最初の，湿った大気に曝した直後のポンプダウンだけを考える場合，2つの限界条件に注目し

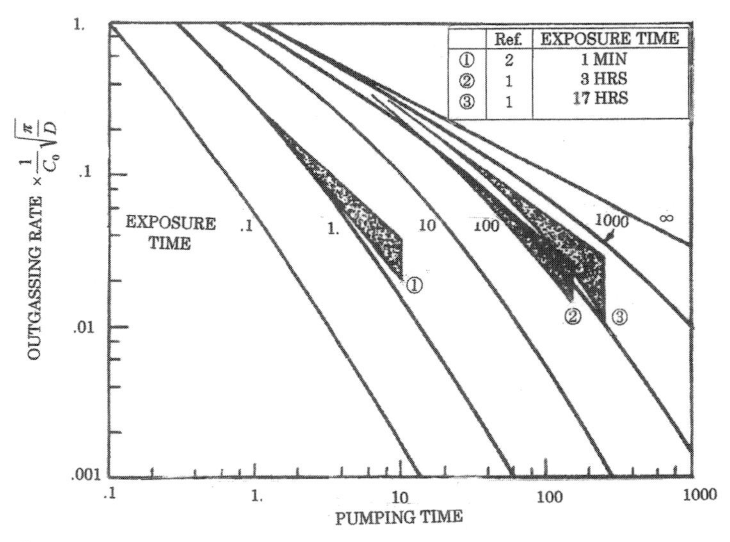

Fig. [2-7]-1.　Variation in outgassing rate with exposure time for an initially outgassing system.（Any consistent time units）K. W. Rogers（1963）[2-7]

てみましょう．排気時間が大気露出時間と比べて短い場合に，式を評価すれば，$(t - t_{m1})^{-1/2}$ の項が支配的です．$t - t_{m1}$ は排気時間ですから，この式は通常の拡散式です．一方，もしこの式を露出時間と比較して長い排気時間後に評価する場合は，$(t - t_{m1})^{-3/2}$ の項が支配的であり，この式はもはや通常の拡散式とは似ていません．この結果は **Fig. [2-7]-1** に示されていますが，そこでは一連の露出時間（湿った大気に曝している時間）に対して相対的なガス放出量が計算されています．この図や以降の図では，ガス放出量に $(D/\pi)^{1/2}C_0$ の逆数を掛けた値を縦軸に目盛ることによって，最初の排気の出発点を１にしています（In this and the following figures, the outgassing rate has been ratioed to the parameter $(D/\pi)^{1/2}C_0$).

もしシステムの排気速度が圧力によって変化しないならば，**Fig. [2-7]-1** は，露出時間と特定の圧力レベルに達する時間との間の関係を，見積もることに使うことができます．代表的な排気時間と露出時間に対して，この見積りを行う場合，必要な排気時間は，露出時間の 1/2〜2/3 乗にしたがって長くなります．このように，露出時間が２倍になると，必要な排気時間は約50％長くなります．

2. ２回目のポンプダウン

最初の湿った大気に曝す時間が，想定している時間より非常に長い場合は，収着ガス密度は一様と考えられ，最初のポンプダウンでは，ガス放出量 Q は排気時間 t の平方根に比例します（$Q \propto \sqrt{t}$）．この系が再び湿った大気に曝され，排気されると，そのことによるガス放出の変化は，以前のポンプダウン時間と，その後の湿った大気に曝した時間の両方に依存するでしょう．その結果得られるガス放出の変化の例が，初期の排気時間とその後の単位露出時間に対して，線図で示されています（**Fig. [2-7]-2**)．

ガス放出曲線の一般的なパターンは，ガス放出量がその前のポンプダウンの終わりのガス放出

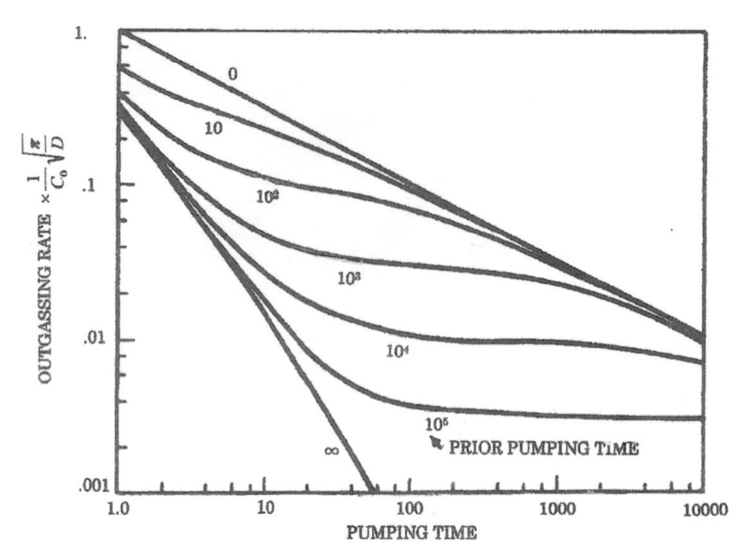

Fig. [2-7]-2.　Variation in outgassing rate with prior pumping time for a system with a uniform initial concentration. (Any consistent time units)　K. W. Rogers (1963) [2-7]

量と同じオーダに達するまで，徹底的にガス放出された場合の直線に沿うように，その前のポンプダウン曲線に近づくようにフラットになりますが，常に露出時間と現排気時間の合計時間だけ遅れることになります．このように，平方根関係が，単位時間露出とそれに続くポンプダウンは，半無限平板における比較的小さな変化しか示さないことに特徴があります．このことは Fig. [2-7]-3 でみられますが，そこには100単位初期ポンプダウンを含む曲線が再プロットされており，時間目盛りには，初期のポンプダウンと露出が含まれています．このように，単位露出とその後のポンプダウンは，対数プロットの小さい部分しか占めないので付加的な少しの露出が加わっていますが，元来の曲線に沿うようになります．このことは拡散速度がゆっくりとしたものですから，壁が基本的に半無限厚さとして扱うようになる場合の一般的な姿となります．各々の

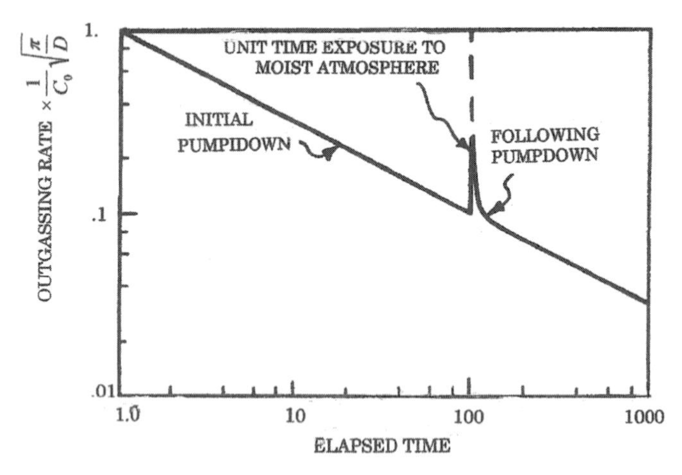

Fig. [2-9]-3.　Variation in outgassing rate with total elapsed time. (Any consistent time units)　K. W. Rogers (1963) [2-7]

継続するポンプダウンによりガス放出量は前回のポンプダウン時のガス放出量より僅かに低い量(rate) になり，そして圧力はガス放出量に直接関係しますから，システムのベース圧力を十分に下げるためには，非常に長い排気時間が必要になります．実際には，この困難さはチャンバーをベークすることによって克服されるので，有限の厚さの壁からガスを除去できます．一度システムがベークされ室温に冷やされると，拡散速度が遅いことからガスが吸収されるのも遅く，徹底したガス出し処理を行った系として扱うことができます．つまり，システムのガス放出の特性はシステムの排気と大気への露出に依存し，ポンプダウン直前の条件に依存しません．

2-3.3　ベーク前後のガス放出 (Dayton, 1962 から)

B. B. Dayton (1962) [2-8] は，“The effect of bake-out on the degassing of metals” と題した論文を発表しました．

アブストラクト [2-8]

金属内部に溶解している水素や他のガスの，ベーク期間におけるガス放出の効果を説明している諸式を導出します．Liempt のガスの 95%を除去する式は間違っており，修正した式を導出します．これらの諸式を利用可能な実験データへ適用し，比較します．

Dayton (1962) [2-8] は，ベーク処理の効果を示す理論曲線を Fig. [2-8] -1 に示しました．

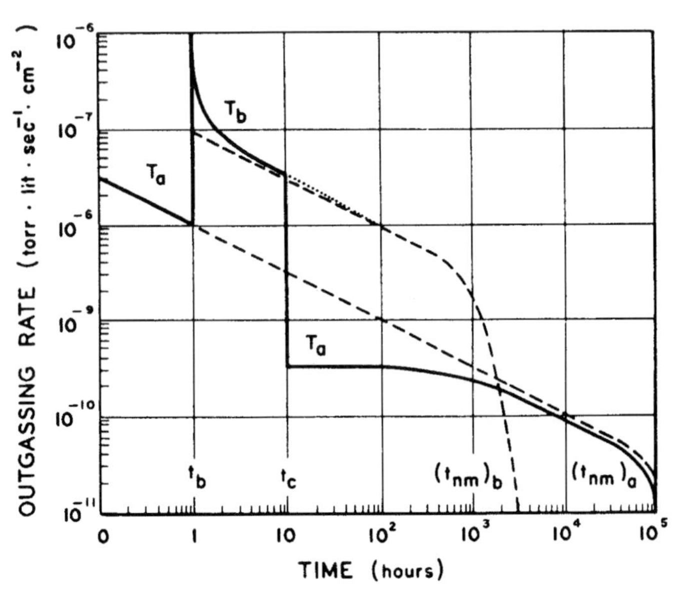

Fig. [2-8]-1.　Theoretical curve for effect of bake-out T_a, ambient temperature and T_b, bake-out temperature. Dayton (1962) [2-8]

2-3.4　排気弁の開閉を繰り返したときの圧力上昇特性

（N. Yoshimura, 1991 から）

N. Yoshimura（1991）［2-9］は，“Outgassing characteristics of an electropolished stainless-steel pipe with an operating extractor ionization gauge” と題した論文を発表し，そこで排気弁の開閉を繰り返すと，後になるほど遮断テストにおける圧力の上昇速度が速くなり，パイプチャンバーの内壁からのガス放出量は増大していくことを，実験で示しました．

ステンレス鋼製チャンバー（パイプ状チャンバー，表面積：820 cm^2，容積：約 1 L，電解研磨，その場ベーク処理：150℃ / 20 時間）の超高真空排気系（**Fig.［2-9］-1**. 全金属シール，ターボ分子ポンプ排気系）で，排気弁を開けている期間よりも閉じている期間の方を長くして，ポンプ遮断テストを 4 回行いました．はじめの 2 回は 60 分ずつ排気弁を閉じ，次の 2 回は 90 分ずつ排気弁を閉じました．遮断テスト間の排気時間は全て 10 分間です．測定された圧力上昇曲線群を **Fig.［2-9］-2** に示します．なおエクストラクターゲージ（EG）の感度やそのフィラメント温度は測定圧力範囲では不変と考えられます（**第 11 章**参照）．

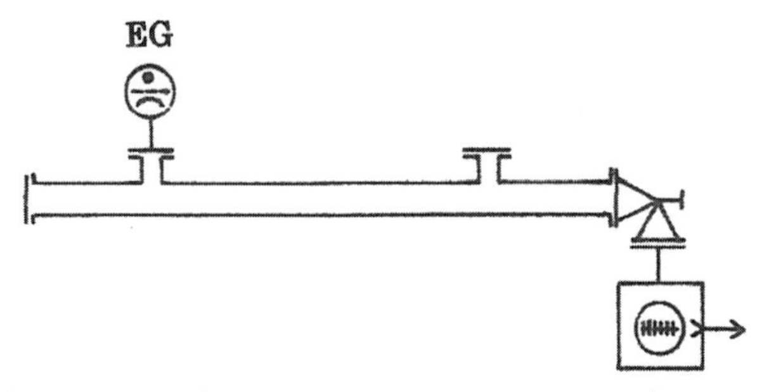

Fig.［2-9］-1.　Experimental setup for an isolation test with an EG（Extractor Gauge, nude type, emission current; 0.59 mA）inserted in a water-cooled adapter.
N. Yoshimura（1991）［2-9］

前処理：EG を取り付けたゲージアダプター付のパイプ系（**Fig.［2-9］-1**）は 150℃ で 20 h でその場ベークしました．EG は電子衝撃処理（19 W, 3 分）後，0.59 mA の電子電流で動作させました．バルブ遮断テストはその翌日に行いました．最初の遮断テストの直前のベース圧力は 5.8 × 10^{-8} Pa（N_2 等価圧力）でした．遮断テストは順次 4 回行いました．はじめの 2 回ではバルブは 60 分ずつ閉じ，後の 2 回では 90 分ずつ閉じました．遮断テスト間の排気期間は全て 10 分です．その結果の圧力上昇特性群を **Fig.［2-9］-2** に示します．

Fig.［2-9］-2 の一連の圧力上昇曲線群は一見すると，奇妙にみえます．チャンバーにリーク弁からガスを導入したのではなく，チャンバー内に蓄積されたガス分子（これはチャンバー壁からの脱離ガス分子です）をターボ分子ポンプ（TMP）で排気する，ということを繰り返しただけなのです．バルブ遮断後の圧力上昇速度は，2 回目の方が 1 回目よりも速くなっており，それ以降の圧力上昇テストにおいても同様に，後の方になるほど圧力上昇の速度が速くなっています．

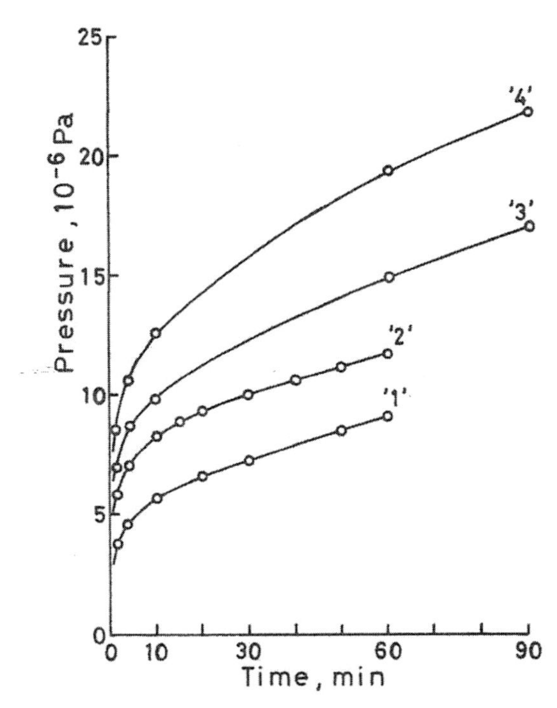

Fig. [2-9]-2.　Pressure-rise curves for the isolated pipe which had been *in situ* baked (150℃, 20 h). Pressures were measured with the EG. N. Yoshimura (1991) [2-9]

さらに注目されるのは，圧力上昇曲線のはじめの部分の上昇速度が遮断テストの回数と共に，顕著に速くなっていることです．

このような圧力上昇特性を示した理由を以下のように考えました．

圧力上昇して高い圧力になっているときには，表面から脱離した残留ガス分子はチャンバー壁面に高い頻度で入射し，内壁面の浅い場所にたくさんのガス分子が収着します．その結果，チャンバーの内部を短時間再排気した後では，ガスの入射は急減していますから，高いガス放出量を示す，ということです．

2-4　拡散メカニズム

2-4.1　真の表面積（A. Schram, 1963 から）

A. Schram（1963）［2-10］は，“La desorption sous vide”（「真空における脱離現象」）と題した論文を発表しました．この論文はアブストラクト（英語）以外はフランス語で書かれています．アブストラクトに「真の表面積」という大切な概念の記述がありますので，紹介します．

アブストラクト [2-10]

この分野（脱離・収着）における我々の認識を述べます．異なった（2人以上の）著者から，実験結果と理論との間の乖離が指摘されています．この現象の複雑さを指摘し，異なった基本的プロセスの重要性を討論します．真空における脱離現象の研究について，提案があります．単純化されたモデルに基づく理論計算結果を，いくつかの実験結果と比較します．「真の表面積」の知識が必要であり，この「真の表面積」を測定するためのシンプルな実験方法を述べます．真の表面積測定の最初の結果を考慮に入れて，脱離の実験曲線を討論します．

ベークしないシステムでは，表面での吸着ガス層が全吸着の最も重要な役割を果たしていることが分かりました．超高真空技術を用いた，ベーク処理されたシステムでの脱離現象は，表面現象というよりはバルク現象（拡散や透過）のようです．

オメガトロンのようなマススペクトロメータによる，ガス分析が必要です．

2-4.2 ガス放出における温度効果（R. Calder and G. Lewin, 1967 から）

R. Calder and G. Lewin（1967）［2-11］は，“Reduction of stainless-steel outgassing in ultra-high vacuum” と題した論文を発表しました．

アブストラクト [2-11]

厚さ 2 mm のステンレス鋼板のガス放出量を，圧力上昇法で測定する際に起こる再吸着を避けるために，一定圧力の超高真空のもとでガス放出量を測定しました．ガス放出量は代表的に，10^{-12} Torr L.cm^{-2} sec^{-1} で，ガスの 99% 以上は水素でした．ステンレス鋼は通常大量の水素を含有しており，ステンレス鋼内での水素の拡散係数は高いから，水素が金属内部から表面へ拡散し，真空中へ放出されるのではないかと疑われました．計算した結果，観察されたガス放出量はこのようなプロセスで説明でき，高温度（脱ガス）処理で数桁減少することが分かりました．処理炉内の残留水素と大気からの水素の透過も，計算に入れました．金属板が厚いほど，処理の温度を高くしなければなりません．測定結果はこれらの計算と合理的に一致しています．

1．理論

脱ガスに対する温度の効果

1次元（一方向）の拡散式（one-dimensional diffusion equation）は，次式［2-11］-1 で表わされます．

$$D\frac{\partial^2 c}{\partial x^2}=\frac{\partial c}{\partial t} \qquad [2\text{-}11]\text{-}1$$

ここで，D は拡散係数，c は濃度です．

式［2-11］-1 は単位断面積の，厚さ d の厚い板（slab）に対して解かれます．最初は濃度は c_0 であり，流量は一定としています．$t=0$ で両面が真空になります．境界条件は，

$c=c_0$ for $0 \leq x \leq d$ at $t=0$

そして

$c=0$ for $x=0$ と $x=d$ at $t>0$

解は（Levin 1965［1］の p.32）から

$$c(x,t) = c_0 \frac{4}{\pi} \sum_0^{\infty} (2n+1)^{-1} \sin \frac{\pi(2n+1)x}{d} \exp\left\{ -\left(\frac{\pi(2n+1)}{d} \right)^2 Dt \right\} \qquad [2\text{-}11]\text{-}2$$

厚板の一面からのガスの流れは，

$$\dot{Q} = D\left(\frac{\partial c}{\partial x} \right)_{x=0} = \frac{4c_0 D}{d} \sum_0^{\infty} \exp\left\{ -\left(\frac{\pi(2n+1)}{d} \right)^2 Dt \right\} \qquad [2\text{-}11]\text{-}3$$

Dt/d^2 の関数として，

$$\sum_0^{\infty} \exp\left\{ -\left(\frac{\pi(2n+1)}{d} \right)^2 Dt \right\}$$

の値は Fig.［2-11］-1 に与えられています．

多くの場合，実際条件である $Dt/d^2 > 0.025$ に対して，近似式を次のように書くことができます．

$$c = c_0 \frac{4}{\pi} \sin \frac{\pi x}{d} \exp(-\pi^2 d^{-2} Dt) \qquad [2\text{-}11]\text{-}4$$

$$\dot{Q} = 4c_0 D d^{-1} \exp(-\pi^2 d^{-2} Dt) \qquad [2\text{-}11]\text{-}5$$

もしシート（板）が温度 T_1 で t_1 秒間脱ガスされれば，室温 T_r 以降のガス放出量は次式の拡散量（rate）になります．

$$\dot{Q}_r = 4c_0 D_r d^{-1} \exp(-\pi^2 d^{-2} D_1 t_1) \qquad [2\text{-}11]\text{-}6$$

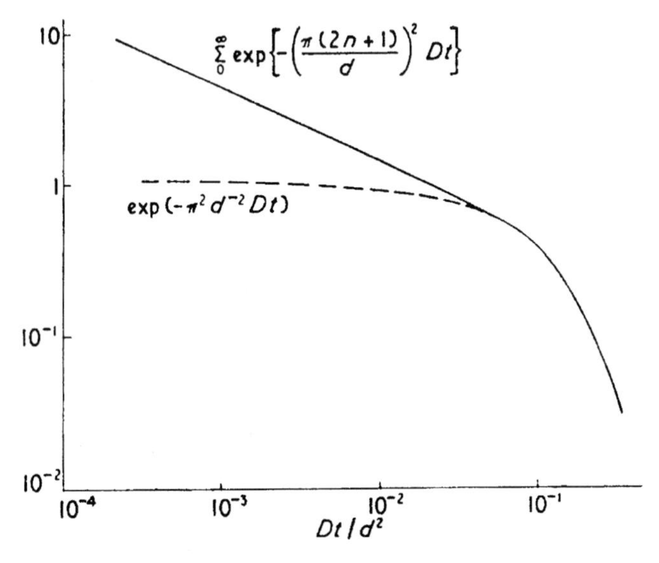

Fig.［2-11］-1.　Plot of infinite series of Eq.［2-11］-4 and its first term.
R. Calder and G. Lewin（1967）［2-11］

文献［2-11］

［1］ G. Lewin, 1965, Fundamentals of Vacuum Science and Technology（New York: McGraw-Hill）.

2-4.3 拡散ガス放出によるガス分圧の見積もり（D. J. Santeler, 1992 から）

D. J. Santeler（1992）［2-12］は，“Estimating the gas partial pressure due to diffusive outgassing” と題した論文を発表しました．

アブストラクト［2-12］

リークのない真空システムの動作圧力は，通常システム内の材料のガス放出で制限されます．放出ガスの主なガス種は多くの場合，水（H_2O），カーボン酸化物（CO, CO_2），そして表面に付着している比較的低温のベークで，部分的には除去できるハイドロカーボンです．特にシステムが高い温度で運転されている場合は，種々の材料の内部からの拡散ガス放出が起こり，これが主要なガス源になります．ステンレス鋼のような鉄ベースの金属からの水素放出や，プラスチックやポリマー物質からの水の放出では，拡散ガス放出が主なプロセスであることを強調しておきます．材料を通過するガスの拡散輸送は，Fick の法則（Fick's Law）として知られている二次の微分式

$$D\delta^2 C/\delta X^2 = \delta C/\delta t$$

に支配されます．

［W. Jost, *Diffusion in Solids, Liquids, Gases*（Academic, New York, 1960）; R. M. Barrier, *Diffusion In and Through Solids*（Cambridge University, Cambridge, 1941）; H. S. Carslaw, and J. C. Jaeger, *Conduction of Heat in Solids*, 2nd ed.（Clarendon, Oxford, 1959）］.

この式には２つの解があります．それらの式は答えを導出するための式であると同時に，短い期間と長い期間でのガス放出の振舞いを表わす，簡単化された近似解を導出するための式です．真の拡散ガス放出の重要な点は，実験データと比較されているようにその優れた予見性にあります．この式により，既知の時間—温度環境の履歴（ベーク処理などの履歴）の後の，高い温度での放出ガス量を計算できるようになります．簡単なグラフによる解は，種々のベークのスケジュールに従って昇温した環境で使われている，厚い壁のステンレス鋼容器からの水素ガス放出の例で，その有用性をデモンストレーションします．

1. 拡散ガス放出—FICK'S LAW

拡散ガス放出は材料の内部で起こり，濃度勾配に従って表面に向かって移動します．表面でガスは大気あるいは真空空間へ，固体内とガス相の両方で，ガスの多さと材料の温度と材料に対する各々のガスの結合エネルギーに依存する速度で移動します．拡散ガス放出は，材料に溶解している各ガスのタイプに依存します．真の拡散ガス放出のプロセスは，表面での化学的な脱離反応よりも，むしろ拡散プロセスに支配されています．このことは，現在の解析に対する仮定，すなわち材料から拡散してくるガスは，局所で高い濃度になるのではなく，表面に到達すると直ちに材料から離れる，と仮定されています．我々はまた，材料は製造過程でバルク全体にわたって一様なガス濃度になっている，すなわち最初には濃度勾配は存在しない，と仮定しています．

ガス放出のプロセスは製造後の周囲温度条件で，そして水素ガスが支配的な分圧の下で，直ちに始まります．代表的に水素の分圧は 4×10^{-4} Torr のオーダです．この解析のために，製造後

材料は常に真空あるいは低い水素濃度の環境下にある，と仮定しています．したがって，チャンバー壁の両側は連続して続くガス放出条件で，温度も水素 / 金属拡散特性の特定のセットに対する独占的なコントロール因子である初期水素濃度，すなわち真空あるいは低水素濃度の環境にある，と仮定します．このように，壁のどちらの側も水素ガスが材料に戻るような高温 / 高水素分圧条件（十分な時間）に曝されることはない，と仮定します．この条件により，いかなる時間においても，ガス放出は材料の時間—温度履歴だけの関数となります．この解析の目的のために，時間ゼロの時点は材料が大気中で最初に冷やされたとき，すなわち製造工程の終わりの時点にとります．ステンレス鋼周囲の水素分圧は十分に低いので，水素ガス放出が誘発されます．時間が経過するにつれて，材料のバルク内に濃度勾配ができます．ガス放出量（rate）は式［2-12］-1 の 2 次微分方程式で与えられる拡散の Fick の法則［4］～［6］に従って減衰します．

$$D\frac{\delta^2 C}{\delta x^2}=\frac{\delta C}{\delta t} \qquad [2\text{-}12]\text{-}1$$

この典型的な真空壁境界値問題の 1 つの標準的解は，［2-12］-2 式で与えられます

$$q=C_0\left(\frac{D}{\pi t}\right)^{0.5}\left[1+2\sum_{n=1}^{n=\infty}(-1)^n\times e^{-n^2l^2/Dt}\right]\ \text{Torr}\cdot\text{L}/(\text{s}\cdot\text{cm}^2) \qquad [2\text{-}12]\text{-}2$$

ここで，C_0 は Torr･L/cm^3 単位の初期濃度，D は cm^2/s 単位で表わされる温度依存性の拡散係数（C_0 と D は共に壁の材料とガスのタイプに依存します），t は時間（秒），そして l は材料の厚さ（cm）です．式［2-12］-2 は文献［7］と［8］で，真空システムに適用して，検討されています．真空壁に対する式［2-14］-1 の別の解は，文献［2］と［9］で検討されていますが，そこでは時間と温度に依存するガス放出が，次式［2-12］-3 で与えられています．

$$q=\left(\frac{4C_0 D}{l}\right)\left[\sum_{n-0}^{\infty}-\exp\left\{-\left[\pi(2n+1)/l\right]^2 Dt\right\}\right]\ \text{Torr}\cdot\text{L}/(\text{s}\cdot\text{cm}^2) \qquad [2\text{-}12]\text{-}3$$

式［2-12］-2 と［2-12］-3 で与えられる 2 つの解は全く異なっているようにみえますが，両者は同じ数学的答えを与えます．両式は指数項の合計を表わしていますが，解は反対方向に合計されていることに注目してください．結果として，2 つの解は異なった時間期間に対して異なった単一項近似がされています．Dt/l^2 に比較して短いガス放出時間に対しては，式［2-12］-2 の括弧内の指数項の合計が 1 の項と比べて無視できるので，括弧内全体は 1.0 で近似できます．したがって，［2-12］-2 は次式で近似できます．

$$q=C_0\left(\frac{D}{\pi t}\right)^{0.5}\ \text{Torr}\cdot\text{L}/(\text{s}\cdot\text{cm}^2) \qquad [2\text{-}12]\text{-}4$$

逆に，0.025 l^2 と比べて長い時間に対しては，式［2-12］-3 は最初の指数項で近似でき，次式が得られます．

$$q=\left[4C_0D/l\right]\left\{\exp\left[-(\pi/l)^2 Dt\right]\right\}\ \text{Torr}\cdot\text{L}/(\text{s}\cdot\text{cm}^2) \qquad [2\text{-}12]\text{-}5$$

これらのガス放出プロセスは分圧に依存することに注目することが重要です．すなわち，壁の両側で水素分圧が低い場合は，壁面材料は両方向にガスを放出します．この条件では，壁の半分の厚さを l として用いるべきです．両側から材料の中へ動くことになり，濃度勾配は中央で出会う

ことになります．各々の半分の側は分離された別々の材料として扱われ，1つの面からガス放出し，他の側は封じられているものとして扱うことができます．2つの側は左右対称ですから，境界を横切るガスの流れはありません．

拡散ガス放出では次式［2-12］-6で与えられる拡散係数Dから分かるように，強い温度依存性があります．

$$D = D_0 e^{-Ed/RT} \quad \mathrm{cm^2/s} \qquad [2\text{-}12]\text{-}6$$

ここでD_0は最高温度（infinite temperature）での拡散係数（$\mathrm{cm^2/s}$），Edは拡散の活性化エネルギー（cal/（g･mol）），Rは気体定数（1.987 cal/（g･mol･K）），そしてTは絶対温度（K）です．

ステンレス鋼における水素の場合，これらのパラメータの代表的な値は，D_0 = 0.012 $\mathrm{cm^2}$，E_d = 13 100 cal/g mol です．

2．グラフによる解法

式［2-12］-4で与えられる概算値をlog（ガス放出量）対log（時間）としてプロットすれば，傾きが1/2の直線になります．この最初の$t^{1/2}$の逆数項の振舞いは，ほとんど一様な濃度条件から出発するという全ての拡散ガス放出プロセスの特質を表わしています．このことはまた，代表的なステンレス鋼からの水素拡散ガス放出の線図に示されている，拡散ガス放出曲線に明白に現われています．

Fig.［2-12］-1は2つの異なった温度（200℃と1000℃）と2つの異なった材料厚さ（0.5 in.と

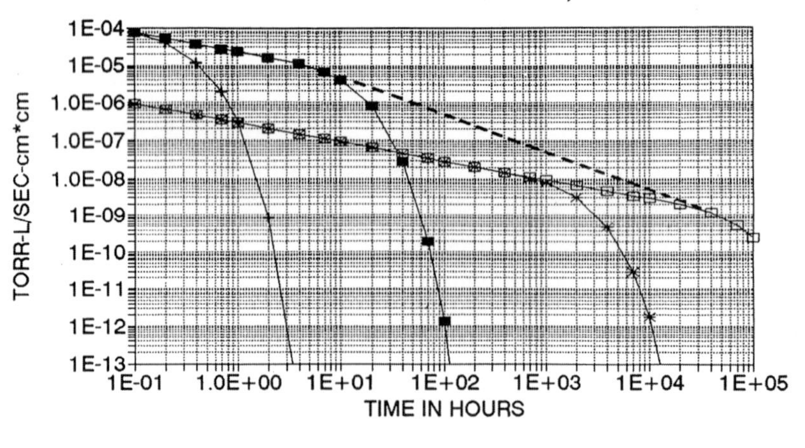

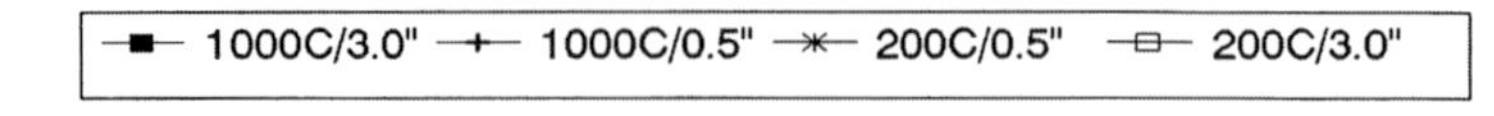

Fig.［2-12］-1. Hydrogen outgassing of 0.5 and 3.0 in. stainless steel walls at two different temperatures. D. J. Santeler（1992）［2-12］

3.0 in.) の，交差しているガス放出量 (rate) を比較しています．示されているガス放出量 (rate) の変化は 9 桁を超えています．厚さ 3.0 in. の材料に対する，2 つの異なった温度依存ガス放出曲線の膝 (knees) 間を結んでいる破線 (■と□の印付) は共通のガス放出濃度勾配，すなわち曲線上の接続点は材料内の同じ残留ガス濃度に減少しています．厚さ 0.5 in. の壁の厚さに対して，2 つの温度曲線の対応点の間で，類似の破線を (平行に，より低く) 引くことができます (+と＊印付)．壁の厚さの値は実際の曲線を計算するために，半分の厚さ，すなわち l = 0.25 in. と 1.5 in. に減じて計算しています．

一方向に放出される材料のガス放出の非常に実際的な場合 (ガスは材料内部で逆向きには流れません) において，そして材料の時間 / 温度履歴がわかっている場合，一連の時間—温度条件を通して式 [2-12]-2 を段階的に解くのに，単純なノモグラフ (計算図形，nomograph) 解析を使うことができます．この拡散ガス放出モノグラフ解析法は F. Pagano (1966) [7] によって，材料からの拡散ガス放出を解析するために紹介され，"Vacuum Technology and Space Simulation" と題した論文 [8] に再発表されました．その解析法は，元は高温のベーク処理後のステンレス鋼超高真空システムでの，室温水素拡散ガス量を得るために，そして特定の水素制限ベース圧力を得るために必要になる，時間，温度，排気速度の関係の取り扱い方を決定するために，開発されたものです．数年以上，このノモグラフは他の多くのガス放出の研究に使われてきました．モノグラフそのものは **Fig. [2-12]-2** に載せておきます．簡単な説明は文献 (References) に載っ

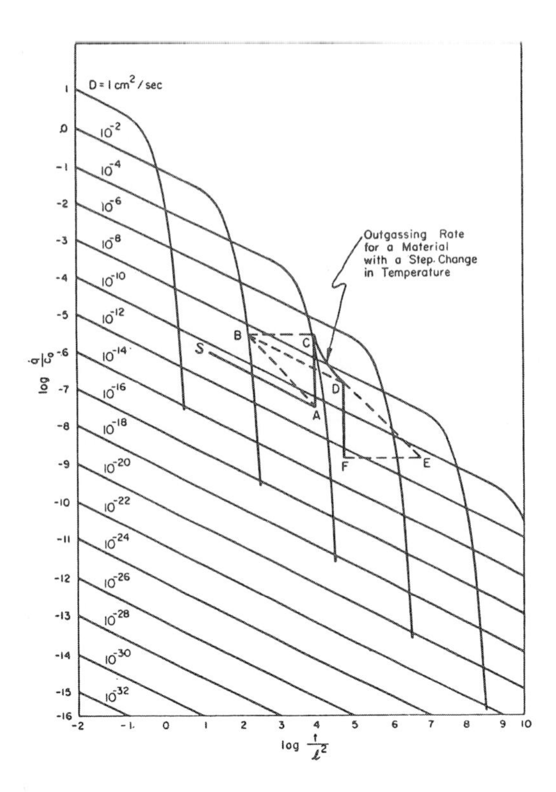

Fig. [2-12]-2. Nomograph based on the diffusion equation.
D. J. Santeler (1992) [2-12]

ています.

Fig. [2-12]-2 の両軸は全てのガスのタイプと材料の組み合わせに対応できるように，すなわち線図で式 [2-12] -2 の一般解が表わせるように，ノルマライズされていることに注目してください．水平軸は材料厚さの 2 乗に対する時間の比 t/l^2 を表わしています．したがって，厚さ l が固定の場合には，水平軸は時間 t に対応しています．縦軸は単位面積当たり，単位初期濃度 q/C_0 当たりのガス放出量を与えます．したがって，定まっている初期濃度 C_0 に対して，縦軸は材料の単位面積当たりのガス放出量を与えます．曲線群は温度依存性の拡散係数 D の異なった値に対して示されています．すなわち，グラフ上の各々の曲線は，示されている拡散係数の特定値に対する，時間の関数としてのガス放出量との関係を与えています．もし，無限大の温度 (infinite temperature) における拡散係数の値 D_0 と拡散の活性化エネルギーEd が最初に分かれば，式 [2-12] -6 を用いて，望む温度に対する温度依存拡散係数 D の値を決定することができます．そうすると我々は，既知の C_0，D_0，Ed に対応する特定のガス—材料の組み合わせに対して，一般用でない (より使いやすい) グラフを作ることができます．このグラフは，真の物理的拡散の範囲を逸脱しない限り，望む異なった温度に対する多くの異なった曲線から成るグラフになります．このレポート (論文 [2-12]) に記載されている他の線図の多くは，グラフにマークした拡散パラメータのセットに対して特定のグラフになるように，全般的なノモグラフから簡単化したものです．

Fig. [2-12]-2 を理解する際の重要な様相 (aspect) は，全ての勾配 1 の傾斜線 (any 1:1 slope) が点 A から点 B へ，左上に向かっていますが，これは既に指摘しましたように一定濃度傾斜線

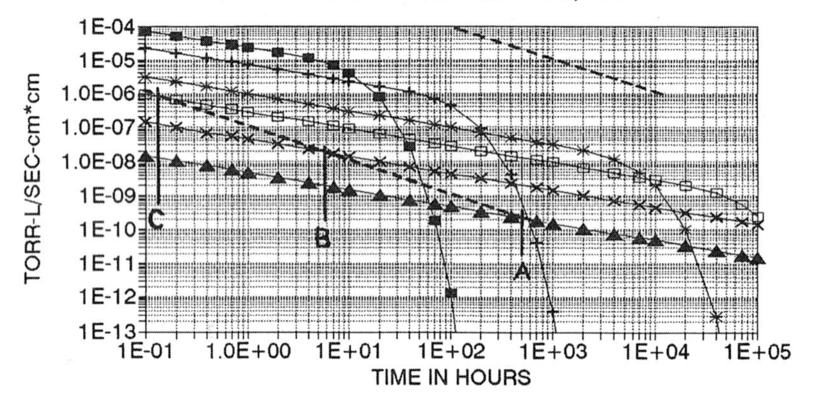

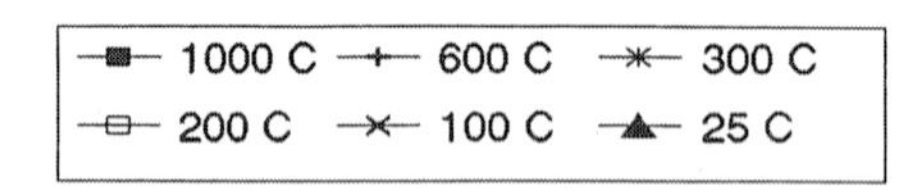

Fig. [2-12]-3. Hydrogen outgassing from a 3 in.-thick stainless steel wall at a range of temperatures.
D. J. Santeler (1992) [2-12]

を表わしているということです．Fig. [2-12]-3から明らかなように，全ての異なった温度曲線の膝をかすめる傾斜１の傾斜線（1：1sloped line）が存在します．接点は両側からの濃度勾配（線）(gradients) が材料のほぼ中心に到達する条件を示しています．キーファクターは，勾配１の傾斜線が異なった温度条件で，除去される同じ割合の点を結んでいる，ということです．すなわち同じ濃度点が存在する，ということです．共通の濃度傾斜線を表わす式は Dt/L^2 ＝一定　という式です．この式の意味する振舞いを知っておけば，目標のガス放出条件に到達するための，特定の時間－温度工程をフォローすることができます．代表的なプロセスはFig. [2-12]-2に文章で示しており，文献で討論しています．

ガス放出解析技術の１つの応用例として，C_0 = 0.3，D_0 = 0.012，そしてEd = 13100の特性値をもつ3-in.厚さのステンレス鋼サンプルの，異なった温度履歴における水素ガス放出曲線のセットがFig. [2-12]-3に示されています．最初に，製造後の材料の25℃ガス放出を考えます．この条件は▲の印が付いている一番下の曲線で表わされています．材料は通常の25℃で500時間（約21日間）ガス放出していた（大気中で保管されていた）材料と仮定しましょう．点Aでの垂直線は500時間を示しています．この垂直線が25℃拡散ガス放出曲線を切る所が特定の濃度条件を特定しています．この交差点を通る傾斜１の傾斜線（1：1sloped line）での破線はまた100℃曲線（x's）と線Bで交差し，200℃曲線（中抜き四角）と線Cで交差しています．線Bでは，(同じ濃度勾配で）100℃で同じ程度のガス放出に達するのに5.58時間しかかからないことに注目しましょう（25℃では500時間かかります)．これと同じ濃度勾配（concentration gradient）に達する時間は200℃では0.139時間，300℃では44秒，そして約500℃を超えると１秒より短くなります．これらの時間を，一定勾配曲線，すなわち Dt/L^2 ＝一定値の式から求めることができる，ということに注目してください．

これまでの考察から，周囲温度（室温）で非常に長い保持期間で起こったガス放出の量(amount) は最も高い温度でのプロセス（最高温度でのベーク処理）と比べると，無視できる，ということになります．この理由から，私たちは初期の周囲温度の材料保存期間は無視し，材料温度が保存時温度より十分に高い温度に上昇するまでは，有効なガス放出は始まらないと仮定します．さらに，簡単化のために，全ての温度変化は瞬時に起こると仮定します．完全な時間—温度ガス放出曲線を作図するためには，(その曲線を）一定勾配線に沿って拡散—ガス放出—温度の曲線の間で動かし，その曲線を，各々の処理温度に留まっている間，適切な拡散ガス放出曲線に沿って下に，右に動かし，各脱ガス処理の各一定温度でのガス放出時間を積算する必要があります．連続した対数時間に対する全体の曲線を作図するためには，Fig. [2-12]-2の中の文字（A, B, C，D, E, F）で描かれている，いくつかの再構築作業が必要になります．

Fig. [2-12]-4の C_0，D_0，Ed，そしてチャンバー壁の厚さに関する条件はFig. [2-12]-3と同じです．関心事である最初の重なり線は 2×10^{-10} Torr·L/（s·cm²）の目標動作ガス放出レベルで線引きされた水平線Aです．この線は300℃（動作温度）ガス放出曲線と約18000時間（ラインB）で交差します．すなわち，300℃のベーク温度では，材料を目標レベルまで脱ガスするのに，殆ど２年もかかります．この交差から，破線の一定濃度線（勾配1，1:1傾斜）を後ろ方向に辿って，同じ濃度勾配を生じさせる時間—温度の関係を見積もりすることができます．このこと

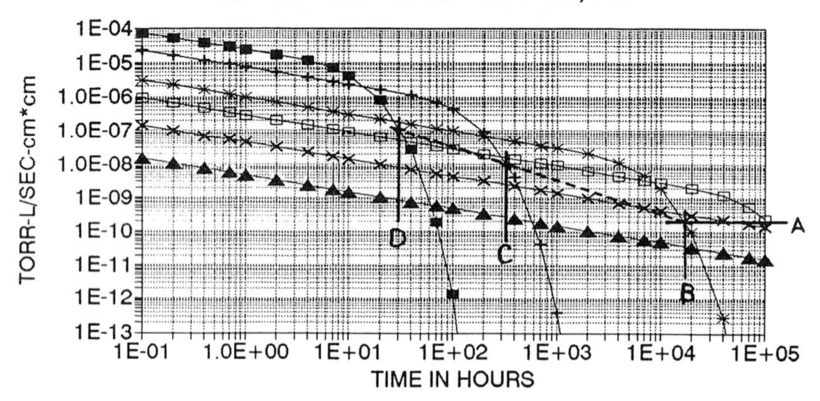

Fig. [2-12]-4. Bakeout requirements to reach 2×10^{-10} Torr·L/(s·cm^2) at a 300℃ operating temperatures.
D. J. Santeler (1992) [2-12]

は，きちんと確認された一定濃度線が，約320時間と30時間で，“C”と“D”とマークされている垂直線で示されている点で，異なった温度依存拡散ガス放出曲線を交差することによって起こります．したがって，300℃の動作温度で2×10^{-10} Torr·L/(s·cm^2)の目標動作ガス放出を達成するために，600℃ベークでは320時間，1000℃ベークではわずか30時間の脱ガス処理で達成できることが分かります．

既に行った解析から，厚い材料の断片を昇温して動作させる場合，そのときの水素放出レベルを適切に抑えるには，比較的長い期間，高温度焼きだし処理が必要になります．重要な知見は，種々の焼きだし条件とその結果の，異なった動作温度でのガス放出量は，数学的に，あるいはモノグラフ手法で，容易に決定できるということです．工学や科学での応用において，ガスの材料内拡散に関係する問題を解くのにFickの法則を用いることについて，文献［10］～［12］で討論されています．グラフによる解法は比較的容易に適用できますが，パソコンでプログラムを組むことも可能です．この論文で討論してきました一方向ガス放出解法は非常に簡単にプログラムを組むことができ，何人かの個人が組み上げていますが，発表されてはいません．材料からのガス放出と同時に，材料へのガスの収着と拡散移動が同時に起こるケースでは，プログラムを組むことはずっと複雑になり，難しくなります．それは，温度やガス環境のどちらかにおける変化の後に，位置の関数として実際の濃度勾配を解く必要があり，複雑さが格段に増加するからです．このタイプの応用についてのコンピュータ解法は，Oak Ridge National Laboratoryで開発されましたが，一般には未だ利用できません．著者（D. J. Santeler）は，Fickの法則は工学応用に共通性をもっていますから，類似の解法のさらなる研究発表を期待いたします．

コメント

排気停止やポンプでの排気などによりチャンバー内の圧力がダイナミックに変化する場合には，①表面へのガスの入射・ガスの収着・チャンバー壁内部での拡散移動と，②チャンバー壁内部における，ガスの濃度勾配に従う拡散移動という，双方向の拡散を考慮に入れる必要があります．

注記：

Fig.［2-12］-1, -3, -4 のグラフは縦軸，横軸が共に指数の両対数ラフですが，１桁の長さが縦軸では短く，横軸では長くなっています．そのためグラフの曲線の膝をかすめる接線の傾きは横に寝ています．等間隔対数目盛では傾斜１の直線です．

文献［2-12］

［4］　W. Jost, *Diffusion in Solids, Liquids, Gases* (Academic, New York, 1960).

［5］　R. M. Barrier, *Diffusion In and Through Solids* (Cambridge University, Cambridge, 1941).

［6］　H. S. Carslaw, and J. C. Jaeger, *Conduction of Heat in Solids*, 2nd ed. (Clarendon, Oxford, 1959).

［7］　F. Pagano, *13th National Vacuum Symposium*, 1966 (unpublished), p.103.

［8］　D. J. Santeler *et al.*, *Vacuum Technology and Space Simulation*, NASA SP-105, p.188, p. 204, 1966.

［9］　G. Lewin, *Fundamentals of Vacuum Science and Technology* (McGraw-Hill, New York, 1965), p. 25.

［10］　W. A. Rogers, R. S. Burits, and D. Alpert, *J. Appl. Phys.* (1945).

［11］　D. Alpert, *Transactions of the First Internal Vacuum Congress*, (Namur,1958) (Pergamon, New York, 1959).

［12］　B. J. Todd, *J. Appl. Phys.*, 1283 (1955).

2-4.4　金属表面からの H_2O 放出のモデル

（M. Li and H. F. Dylla，1993 から）

M. Li and H. F. Dylla (1993)［2-13］は，“Model for the outgassing of water from metal surfaces” と題した論文を発表しました．

論文には**モデルの概要**（OUTLINE OF THE MODEL），**実験**（EXPERIMENT）そして**最終意見**（FINAL REMARKS）のセクションに分かれて論述されています．ここでは実験データの表と線図を示し，最終意見（FINAL REMARKS）のセクションをレビューします．

アブストラクト [2-13]

金属表面からのガス放出の測定がたくさん行われていますが，それらのデータはガス放出が

$$Q = Q_{10} t^{-\alpha}$$

ここでαは代表的に1の指数の形に従うことを示しています．ベークしないシステムでは，ガス放出のガスは水で占められています．この論文では，指数のαはシステムを大気に曝している期間に，水蒸気に曝していたことに依存することと，表面の保護酸化膜の物理的特性によることが強調されます．保護酸化膜を拡散して表面に達する水蒸気の拡散量（rate）が，水蒸気の真空への放出量（rate）を支配していると仮定して，ガス放出量の解析式が導出されます．脱離水蒸気を求めるガス源の分布関数は，大気に曝すことによる内部表面の中心でのガウス分布と，バルク全体での一様な濃度が結合されていると仮定しています．我々は，＜1（1以下）の層から600層までの水蒸気露出の関数として，きれいなステンレス鋼（type 304）チャンバーからのガス放出量を測定しました．測定されたガス放出量には，モデルが予見しているように，低い H_2O 露出ではαは0.5に，高い H_2O 露出では1.5になる傾向があることが示されました．

Table [2-13]-1. H_2O absorption/desorption data for various venting conditions of the stainless-steel (304) test chamber.[a]
M. Li and H. F. Dylla (1993) [2-13]

Trial	H_2O absorbed (ML)	H_2O exposed (ML)	$Q = Q_{10}/t^{\alpha}$		$Q = q_1/t^{3/2} + q_0/t^{1/2}$		Venting gases
			Q_{10} ($\times 10^4$)	α	q_1 ($\times 10^3$)	q_0 ($\times 10^8$)	
T010	7.8		2.67	1.22	1.96	3.73	Ambient air
T020	16.8	600	8.21	1.30	4.23	3.86	
T021	9.2	400	3.12	1.18	3.15	5.86	Controlled
T022	7.2	200	2.36	1.19	2.11	6.11	mixture of
T023	3.6	100	0.87	1.09	1.55	6.33	H_2O and N_2
T024	2.3	10	0.52	1.07	0.86	5.89	
T030	0.7		0.12	0.96	0.29	14.0	N_2 gas (＞10 ppm H_2O)
T040	0.017		5.07×10^{-4}	0.65	8.91×10^{-2}	1.05	Highly dry N_2 gas

[a]Note：The unit for the outgassing rate (Q) is (Torr L/cm^2 s) and the unit of time (t) is (s).

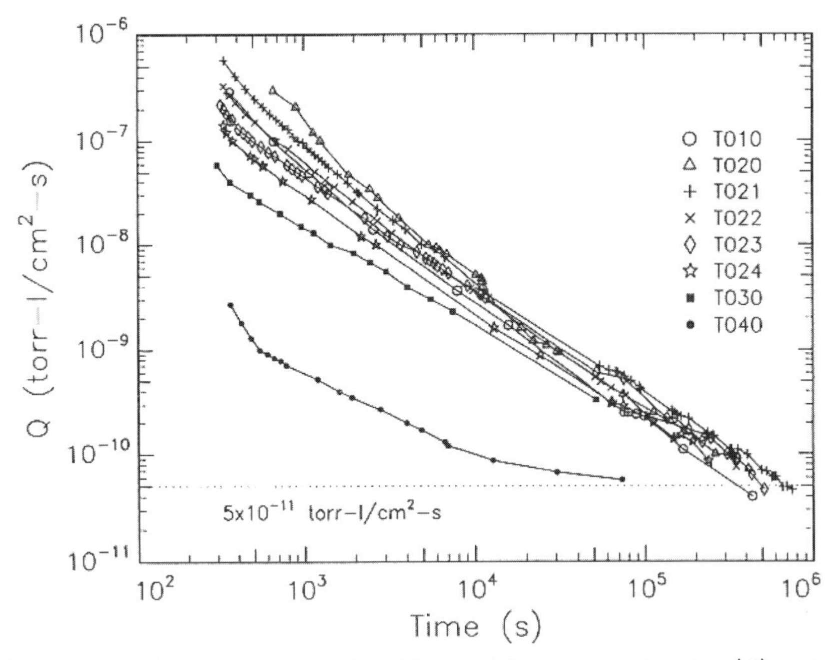

Fig. [2-13]-1.　Outgassing measurements for different H_2O exposures in a log (*Q*) vs log (*t*) plot. (See Table [2-13]-1 for key to trial numbers, T010-T040)
M. Li and H. F. Dylla (1993) [2-13]

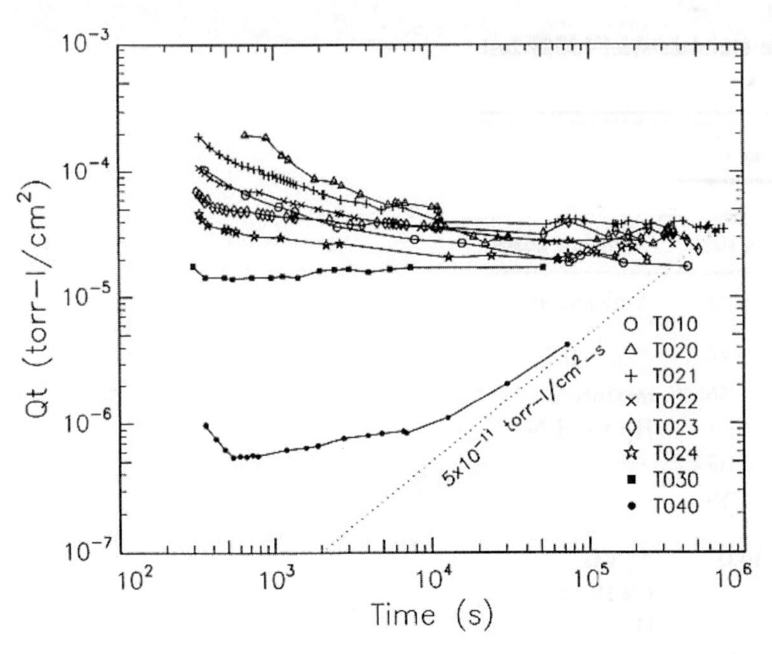

Fig. [2-13]-2.　Outgassing measurements for different H_2O exposures in a log (*Qt*) vs log (*t*) plot.
M. Li and H. F. Dylla (1993) [2-13]

最終意見 (FINAL REMARKS) [2-13]

金属表面からのガス放出（もっと正確に言えば，保護酸化膜をもつ金属からの水蒸気のガス放出）を説明する我々のモデルは，ガス放出量は表面上に吸着している，あるいは金属の表面領域近く（浅い領域）に収着している H_2O 分子の数に比例することを予言しています．モデルでは，水のガス放出を表わすガス源分布関数は以下の２つの項から成ると仮定しています．

(1) 一様な分布は，熔解した液体金属が周囲の大気の下で，冷えて固まる工程で形成された．

(2) 大気圧の湿った空気にさらされた結果，金属表面の板厚の中点で対称になる分布が形成された．

モデルはガス放出に対して，定量的にべき乗法則依存性を示します．すなわち

$$Q = Q_{10}t^{-\alpha}$$

ここで α は典型的な周囲空気に曝す場合，ほとんど１です．乾燥ガスに曝した場合，α は限界値である 0.5 に漸近する傾向があり，大量の水蒸気に曝した場合（$>$ 600 ML; Mono-layer），指数の α は 1.5 に近づく傾向があります．

モデルでは今のところ過度に単純化しているので，ガス放出が表面保護膜の性質に依存する様子を予言できません．その理由は，モデルではこの膜は（システムの巨視的寸法と比べて）単に薄い層と特性付けしているだけであり，拡散係数 D は酸化層の内部で，場所に依存しないとしているからです．それでもなお，今のモデルは l^2/D で与えられる特性時間より短い時間におけるガス放出の振舞いを予言しています．

モデルは収着されている H_2O 分子の数を予言し，したがって大気の条件での結果的なガス負荷は (1) ベントガスの水成分を減少することによって，(2) 吸着面積（すなわち表面粗さ係数）を減少させることによって，(3) 拡散定数の値を減少させることによって（すなわち欠陥のない，多孔質でない保護酸化膜を造りだすことによって）減少させることができます．

鏡面研磨や電解研磨のような，最新の洗練された表面処理で得られる低い表面粗さの表面は，M. Suemitsu *et al.* [10] による研磨アルミ表面の最近の研究のような，等価な保護酸化膜の特性と厚さを比べれば，比較的低いガス放出量を示す，と思われます．しかしながら，周囲条件におけるガス放出を減少させることに劇的に効果があるのは，ベントガスの水蒸気成分を減少させることです．このことは，この研究において定量的に証明された事実と一致しています．そして，H. Ishimaru *et al.* [12] による最近の測定で，極めてドライな（$<$ ppb H_2O）N_2 ガスでベントされた真空システムで，排気時間が数分に短縮されています．

文献 [2-13]

[10] M. Suemitsu, H. Shimoyamada, N. Miyamoto, T. Tokai, Y. Morita, H. Ikeda, and H. Yokoyama, J. Vac. Sci. Technol. A, **10**, 570 (1992).

[12] H. Ishimaru, K. Itoh, T. Ishigaki, and M. Furutate, J. Vac. Sci. Technol. A, **10**, 547 (1992).

2-5　再結合制限ガス放出（B. C. Moore, 1995 から）

B. C. Moore（1995）［2-14］は，“Recombination limited outgassing of stainless steel” と題した論文を発表しました．

アブストラクト［2-14］

二世代前までの観察で，低い圧力では金属を通る水素の透過は，もはや圧力の平方根の関係ではなく，ゼロに近づいていくとされていました．このことが，特に再結合制限を含む表面効果の考察に寄与しました．（再結合制限：原子状の水素が表面から放出されるためには，真空に出ていく前に分子状の水素に再結合する必要がある）再結合の量（rate）は原子状水素による表面被覆度の平方根の関数です．表面での（水素原子の）濃度は，従来の拡散理論ではゼロと仮定されていましたが，ゼロになることはなく，ガス放出量と矛盾のない一定レベルでなければなりません．この論文では950℃で２ｈベークしたケースに有限差分解析法を用いて報告します．そこでは，水素の表面での拡散は再結合制限を含めることによって修正されています．時間に対するガス放出量は，観察されたベーク後のガス放出量とマッチするように，再結合係数が修正され，次のように結論できます．

「再結合制限を拡散理論に付け加えることによって，特定の（排気）時間と高温ベークパターンのガス放出の結果を予見できる，実行可能な分析方法になる」

1．再結合制限濃度プロフィール対ベーク時間

一連の長いベーク時間に対して，金属の厚さにわたっての水素原子の再結合制限濃度を測定し

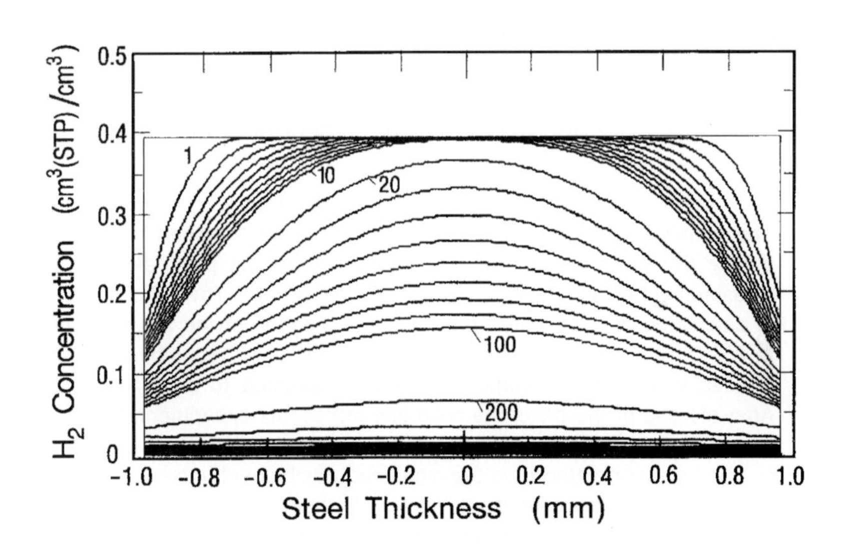

Fig.［2-14］-1.　Concentration profiles of atomic hydrogen calculated by recombination limited outgassing, within a 1.9 mm-thick 304 LN stainless-steel sheet, vacuum furnace baked at 950 ℃ . The concentration is shown as a function of the cross-sectional position measured from the center of the thickness of the steel sheet. The number of bake seconds are labeled on the profiles. The recombination coefficient assumed is 6×10^{-22} cm^4/(atom･s). Initial concentration assumed is 0.3 Torr・L at 0℃ /cm^3. B. C. Moore（1995）［2-14］

ましたが，その特性曲線を Fig. [2-14]-1 に示します．表面における分割された一連の濃度曲線は，表面濃度がゼロと仮定する拡散制限解析から大きくかけ離れています．時間が増大するにつれて，**水素濃度の分布**は，拡散制限ガス放出で見られる正弦関数（sine function）ではなく，正弦関数に一定値を加えた分布に近づいていきます［4］.

2. ガス放出量対ベーク時間の特性

ベーク時間の関数としての拡散制限ガス放出を再結合制限の場合と比較して，Fig. [2-14]-2 に示します．ガス放出量（rate）は Torr·L at 0℃/(s·cm^2) の単位で示されます．ベークの最初の数秒間では拡散制限ガス放出の方が僅かに大きいのですが，数百秒以内に再結合制限ガス放出の方がはるかに大きくなります．ベークが終わるとき，再結合制限ガス放出は log-log プロット上で傾きが－2 に近づき，そしてベーク時間が 10 のファクターで増えると，ガス放出量は 100 の

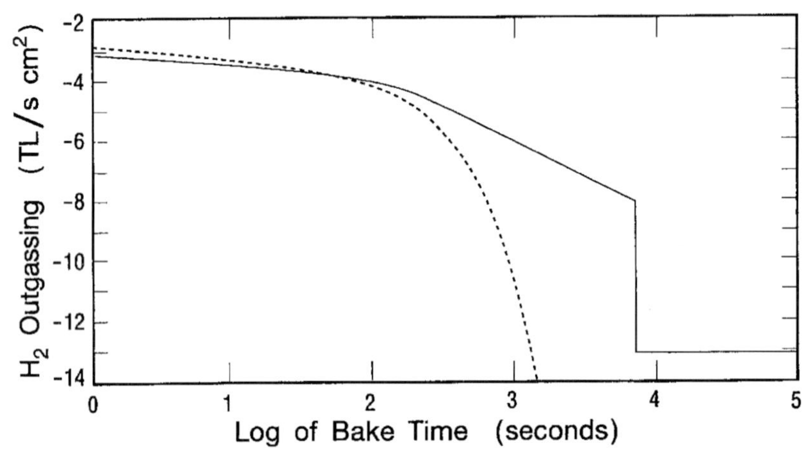

Fig. [2-14]-2. Two methods to calculate postbake outgassing rates from one surface of a 1.9 mm-thick sheet of 304LN stainless steel are compared with experimental results [11]. The widely used "diffusion limited" method [4] (dashed line) gives rates even during the bake which become far less than the postbake room-temperature measurement of about 10^{-13} Torr·L at 0℃ / (s·cm^2). The solid line is a combination of calculated and measured data. For the duration of the 2 h vacuum furnace bake at 950℃ (the 4 h warmup ramp is neglected), the "recombination limited" method is used with a recombination coefficient assumed to be 3×10^{-22} cm^4/(atom·s). After the end of the bake, the solid line represents experimental data. The cooldown from 950 to 25℃ causes a reduction in outgassing rate by a factor of 114 000; this number is extrapolated from the measured postbake changes up to 300℃ [11]. After this, at room temperature, there were no further changes in rate [11]. It appears that this recombination coefficient predicts a postbake outgassing rate near that observed. A number of uncertainties limit the utility of this result: (1) The initial concentration in the experimental beam tubes is not known, it is only assumed to be 0.3 Torr·L at 0 ℃/cm^3 to be consistent with Calder and Lewin [4]. (2) The calculations are one dimensional, they assume that the sheet is a flat sheet, semi-infinite in extent so that the only variations in concentration are normal to the surface. However, the experimental samples were finite beam tubes, cylindrical in shape. (3) The calculation could be refined. The outgassing during warmup and cooldown could be included. B. C. Moore (1995) [2-14]

ファクターで減少します．

ベークが完了した後の冷却時間は無視しています．したがって，そこでガス放出量は垂直に114,000 のファクターで急落しますが，この比は Hsueh and Cui［11］から採ったものです．この時間以降，ガス放出量には何の変化も報告されていません．

文献［2-14］

［4］　R. Calder and G. Lewin, *Br. J. Appl. Phys.* **18**, 1459 (1967).
［11］　H. C. Hseuh and Xiahua Cui, *J. Vac. Sci. Technol. A* **7**, 2418 (1989).

2-6　真空材料としてのステンレス鋼表面（R. O. Adams, 1983 から）

R. O. Adams（1983）［2-15］は，“A review of the stainless steel surface” と題したレビュー論文を発表しました．そこには，超高真空分野で独占的に使用されているステンレス鋼の「ガスの収着と脱離」と，その結果である「ガス放出」などに関する論文 90 編がレビューされています．

アブストラクトを紹介します．

アブストラクト［2-15］

各種ステンレス鋼の表面の特性をレビューします．これらの鋼が錆びないのは，表面に Cr_2O_3 が生成されるからです．この保護膜は加熱，研磨，化学処理，あるいはイオン照射で比較的容易に変質します．変質は表面層の化学的組成や，表面上の分離物質の層の構成を変えてしまいます．これらの変質により，表面の膜の保護膜としての性質が変わります．ステンレス鋼表面のガス放出特性も，これらの表面が受ける処理に依存して変化します．

引用文献

［2-1］　P. A. Redhead, J. P. Hobson, E. V. Kornelsen, “The Physical Basis of Ultrahigh Vacuum”, CHAPMAN AND HALL LTD, 1968.
［2-2］　S. Dushman, “SCIENTIFIC FOUNDATIONS OF VACUUM Technique”, Second Edition, John Wiley and Sons, Inc., New York, London, Sydney, 1961.
［2-3］　熊谷寛夫，富永五郎，辻　泰，堀越源一，「真空の物理と応用」，1994 年 4 月 20 日　第 13 版発行，物理学選書 11 株式会社　裳華房
［2-4］　B. B. Dayton, “Relations Between Size of Vacuum Chamber, Outgassing Rate, and Required Pumping Speed”, 1959 *6th National Symposium on Vacuum Technology Transactions* (Pergamon Press 1960), pp.101-119.
［2-5］　B. B. Dayton, “Outgassing Rate of Contaminated Metal Surfaces”, *Transactions of the 8th National Vacuum Symposium*, 1961 (Pergamon Press 1962), pp.42-57.
［2-6］　N. Yoshimura, *J. Vac. Soc. Jpn.* **52** (2), 2009, pp.92-98. (in Japanese)
［2-7］　K. W. Rogers, “The variation in outgassing rate with the time of exposure and pumping”, *Transactions of the 10th National Vacuum Symposium*, 1963 (Macmillan, New York, 1964) pp.84-87.
［2-8］　B. B. Dayton, “The effect of bake-out on the degassing of metals”, *Transactions of the*

9th National Vacuum Symposium, 1962 (Macmillan, New York, 1963), pp.293-300.
[2-9] N. Yoshimura, H. Hirano, K. Ohara, and I. Ando,"Outgassing characteristics of an electropolished stainless-steel pipe with an operating extractor ionization gauge". *J. Vac. Sci. Technol. A*, **9** (4), 1991, pp.2315-2218.
[2-10] A. Schram, "La desorption sous vide", *LE VIDE*, No. 103, pp. 55-68 (1963).
[2-11] R. Calder and G. Lewin, "Reduction of stainless-steel outgassing in ultra-high vacuum", *Brit. J. Appl. Phys.* **18**, pp. 1459-1472 (1967).
[2-12] D. J. Santeler, "Estimating the gas partial pressure due to diffusive outgassing", *J. Vac. Sci. Technol. A* **10** (4), pp.1879-1883 (1992).
[2-13] M. Li and H. F. Dylla, "Model for the outgassing of water from metal surfaces", *J. Vac. Sci. Technol. A* **11** (4), p.1702-1707 (1993).
[2-14] B. C. Moore, "Recombination limited outgassing of stainless steel", *J. Vac. Sci. Technol. A* **13** (3), p.545-548 (1995).
[2-15] R. O. Adams, "A Review of the stainless steel surface", *J. Vac. Sci. Technol. A* **1** (1), p.12-18 (1983).

第２章のおわりに

第２章は，超高真空技術の基礎である「表面とガス分子との相互作用」がテーマです．詳しく言いますと，「チャンバー表面とチャンバー壁面内部に吸蔵されている水素分子や水分子の拡散移動と，表面からのガス脱離，そしてチャンバー内の残留ガス分子のチャンバー壁面への入射と収着，そして壁内部での拡散移動と最上表面からのガス分子の脱離」が対象分野です．

実際の真空システムは，加熱脱ガス処理がされているとは言え，残留ガス種を単一の水素 (H_2) あるいは水 (H_2O) に限定することは困難です．しかし，金属表面から放出されるガス種は主に水素 (H_2) と水 (H_2O) ですから，この２つのガス種の表面での振舞いを知ることは，超高真空システムの基礎設計に携わっている技術者には非常に重要です．

多くの重要な論文をレビューしましたが，論文は３つのカテゴリーに分類できます．

1. 水素 (H_2) をガス種とする超高真空チャンバー壁内での一方向拡散移動と表面からのガス脱離現象の解析です．代表的な論文は [2-12] (D. J. Santeler, "Estimating the gas partial pressure due to diffusive outgassing" (1992) でしょう．論文では主に，内部から表面への一方向拡散移動が扱われています．

2. チャンバー壁面と壁内部の浅い領域に収着している水 (H_2O) の，壁内部での拡散移動と表面からの脱離現象の解析です．代表的な論文は [2-13] (M. Li and H. F. Dylla, "Model for the outgassing of water from metal surfaces" (1993) でしょう．論文では，壁内部から表面への一方向拡散移動として扱われています．

以上の２つでは，拡散式による解析が主要な部分を占めていますが，次の **3.** は実験データが主体です．

3. 実際に真空排気の過程を測定することによって，ガスの脱離と再吸着現象を考察します．

この分野の論文としては，B. B. Dayton の論文 [2-4]，[2-5]，[2-8]，K. W. Rogers の論文 [2-7]，N. Yoshimura の論文 [2-9] などがあります．論文 [2-9] では，真空チャンバーの排気弁の開閉を繰り返すだけで，チャンバーのガス放出量（rate）が大幅に増大するという現象について，壁面内部の浅い領域で起こっているガス拡散の時定数と，残留ガスの入射飛来の時定数に焦点を合わせて考察されています．

D. J. Santeler［2-12］の論文に，いくつかの興味深い考察が述べられています．

ステンレス鋼板（厚い板：厚さ 3.0 in.）での計算ですが，真空中ということは意識されていません．金属の板材が熔解で生成される工程で含有された水素分子は，その板材が置かれている温度と時間の条件で脱ガスされます．すなわち，枯れた程度に脱ガスされる条件は，

室温（25℃では）　：約 500 時間
100℃では　：約 5.6 時間
200℃では　：約 0.14 時間
300℃では　：約 44 秒
500℃では　：約 1 秒

と論述されています．金属内のガスの拡散移動には，高温処理が最も効果的です．

同じくステンレス鋼板（厚い板：厚さ 3.0 in.）での計算ですが，2×10^{-10} Torr･L/(s･cm^2) という，超高真空システムで要求されるほどの低い H_2 ガス放出量（rate）に脱ガスするのに必要な温度と時間の関係は，次のようです．

300℃では　：約 2 年
600℃では　：約 2 時間
1000℃では　：約 30 時間

通常の真空チャンバーの壁の厚さは 0.3 in. よりもかなり薄いので，真空炉での 1000℃のベーク保持時間は 3 時間もあれば十分であることが分かります．そしてこの高温での脱ガス効果は，一時的な大気放置で消滅しないことは K. W. Rogers（1963）の論文［2-7］に記載されていますが，これは枯れたチャンバー壁の一時的なリーク前後の排気曲線から，明らかです．

M. Li and H. F. Dylla（1993）［2-13］は水蒸気のガス放出源として，次の 2 つを述べています．

1. 一様な吸蔵ガスの分布は，周囲の大気の下で熔解した液体金属が冷えて固まる工程で形成される．

2. 大気圧の湿った空気に曝された結果，金属表面の板厚の中点で対称になる吸蔵ガス分布が形成される．

そして，ベークできないシステムでは，(1) ベントガス中の水成分を減少させることによって，(2) 吸着面積（すなわち表面粗さ係数）を減少させることによって；(3) 拡散定数を減少させることによって，減少させることができます．

主にステンレス鋼で製作されている超高真空システムでのガス出し処理は，一般に真空に排気しながら行う「真空ベーク処理」が殆どでした．チャンバー壁内部に吸蔵されている水素や水の拡散移動は，壁の温度に強く依存し，壁面が真空に曝されているかどうかは，拡散移動のメカニズムには直接の影響はありません．長尺の排気管を真空気密にして比較的高温でベークしますと，長さ方向の膨張のため，真空シール部（ガスケットシール部や溶接部）に過大な張力がかか

り，トラブルが発生することがあります．また，コンフラットフランジの無酸素銅ガスケット部を高い温度でベークしますと，無酸素銅ガスケットの大気側がひどく酸化してしまいます．

このような真空チャンバーを完全密閉しないで，その内部には乾燥不活性ガスを流しながら，かなりの高温でベークすることが考えられます．高温の乾燥ガス（例えばアルゴンガスや窒素ガス）を流しながらベークすれば，システムの内部を効率良くベークすることができます．システムに流すガスとしては，乾燥アルゴンや乾燥窒素ガスが良いと考えられます．

第 3 章

ガス放出量の測定方法

はじめに

ガス放出量（rate）のデータは分子流ネットワーク（線形真空回路）を作図する際に必要になります．分子流ネットワーク解析を行う際の前処理と排気の条件を想定して，被試験体のガス放出量を測定することが重要です．

誤差の少ないガス放出量の測定方法が検討され，多くの真空材料のガス放出量のデータが報告されています．測定方法は大別すると，ガス流量法とポンプ遮断法に大別されます．ガス流量法には従来から多用されているオリフィス法と「新しいパイプ2点圧力法」やそれを簡単化した「新しいパイプ1点圧力法」があります．パイプのガス放出量は「新しいパイプ2点圧力法」あるいは「新しいパイプ1点圧力法」で精度良く測定できます．真空材料片を真空チャンバーに入れて測定する場合は，チャンバー壁のガス放出量（あるいはガス収着量）を補正する必要があります．

オリフィス法で測定する場合，オリフィスの両側の圧力を測定します．パイプ流量法にしても，複数の真空ゲージを用いて測定しますが，真空ゲージ間の感度補正が必要です．この感度補正は，ゲージ管球を大気に曝したときや，ベーク処理を行ったときは，再度補正を行う必要があります．2つ，あるいは3つの真空ゲージの相対感度補正については，章末の「圧力測定での注意事項」のところで詳しく述べます．

本章では多くのガス放出量（rate）の測定方法をレビューしていますが，その中でも，「新しいパイプ2点圧力法」が安価な測定系であり，正確にパイプを流れる流量を測定できるので，好ましい測定法です．「新しいパイプ2点圧力法」と「新しいパイプ1点圧力法」は「新しいパイプ3点圧力法」を簡単化した方法です．「新しいパイプ3点圧力法」では，パイプを流れるリークガス流量とパイプ壁からのガス放出量を同時に別々に，算出できます．

コメント

第3章にはガス放出量という用語が頻繁にでてきます．この用語は“Outgassing rate”という真空用語を日本語に直したものです．

3-1　オリフィス法

オリフィスプレートを製作するのが容易なので，オリフィス法による測定例が多いのですが，オリフィスを通過したガス分子はフローパターンを示しますから，真空ゲージの位置などが不適切の場合には，測定圧力に誤差が入ります．

3-1.1　B. B. Dayton (1959) のオリフィス法

B. B. Dayton（1959）[3-1] は，排気コンダクタンスの異なる2つのオリフィスを切り替えることができる硬質ガラス製装置（**Fig. [1-3]-1**）を用いて，多くのサンプル材料のガス放出量を測定しました．

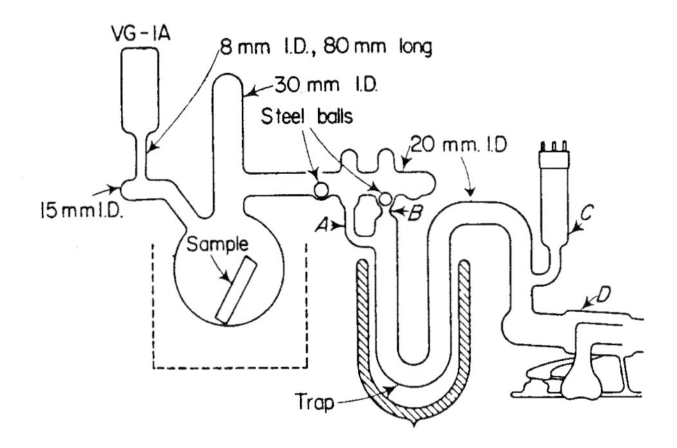

Fig. [3-1]-1. Modified Zabel apparatus. B. B. Dayton (1959) [3-1]

装置の説明 [3-1]

チューブ A の空気に対する正味の排気速度は 0.3 L/sec，チューブ B の排気速度は 1.3 L/sec です．サンプル面積は通常約 100 cm^2 で，サンプル面積と排気速度の比は，鉄鋼球を磁石で動かすことによって変えることができます．サンプルはガラス球状容器の上部から挿入され，バーナで封じます（ガラス細工）．圧力は電離真空系で測定されます．

補足：D はヒックマンポンプ（ガラス製分流型油拡散ポンプ），U 字型 Trap は液体空気で冷却されたと考えられます．測定に際し，2つのオリフィス通路がどのように使い分けられたかのかの記述はありません．

3-1.2 A. Schram (1963) のオリフィス法

A. Schram (1963) [3-2] は，サンプルを挿入するチャンバーとブランクのチャンバーを用いて，チャンバー壁のガス放出量を補正しています（**Fig. [3-2] -1**）．しかし，2つのゲージ間の感度の違いが，測定誤差を増大させる，と述べています．

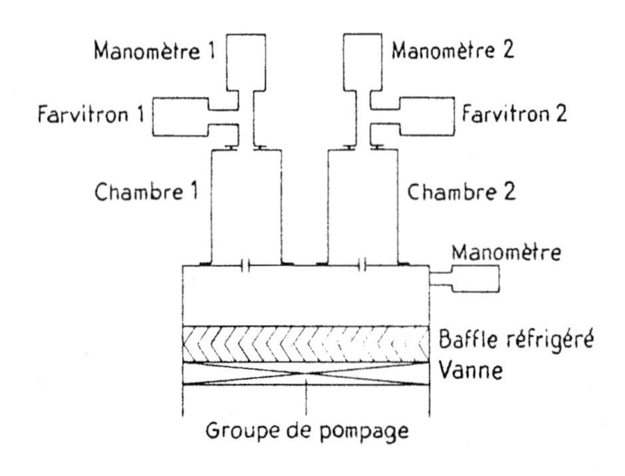

Fig. [3-2]-1. Mesure des taux de désorption. A. Schram (1963) [3-2]

3-1.3 A. Berman *et al.*, (1971) の可変コンダクタンス法

A. Berman *et al.* (1971) [3-3] は, “Corrections in outgassing rate measurements by the variable conductance method” と題した論文を発表しました.

理論 [3-3]

可変コンダクタンス法の一般的な配置を Fig. [3-3]-1 に示します.

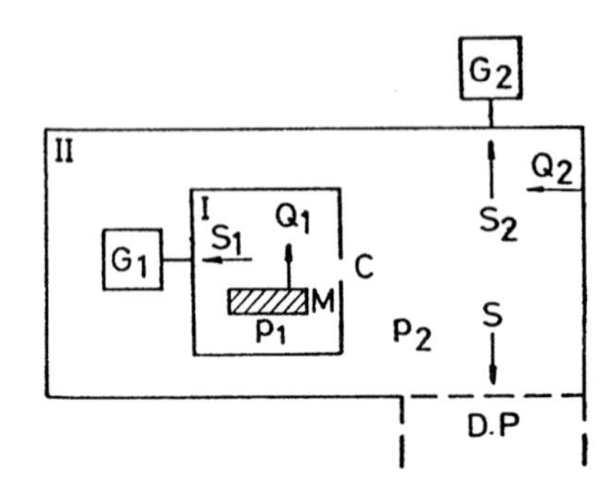

Fig. [3-3]-1. Sketch of the measuring system. M, material; Q_1, outgassing rate of M (The outgassing rate of the walls of chamber I is negligible) ; Q_2, outgassing rate of the walls of chamber II; G_1, G_2, ionization gauges; S_1, S_2, pumping speed of the gauges G_1 and G_2; C, conductance of aperture adjustable to achieve different conductances; p_1, p_2, pressures in chamber I and II, respectively; S, pumping speed of the system; D.P, duffusion pump.
A. Berman *et al.* (1971) [3-3]

チャンバーIIの壁の透過とリークが無視でき, 2つのチャンバーの間に温度勾配がない場合は, 平衡圧力において次式 [3-3]-1, [3-3]-2 が, システムの状態を表わしています.

$$Q_1 - S_1 p_1 = C(p_1 - p_2) \quad [3\text{-}3]\text{-}1$$

$$Q_1 - S_1 p_1 + Q_2 = p_2 S_2 + p_2 S \quad [3\text{-}3]\text{-}2$$

さらに, チャンバーIとIIにおける圧力は以下の式で表わされます.

$$p_1 = \frac{1}{1+\dfrac{S_1}{C}}\left(\frac{Q_1}{C} + p_2\right) \quad \text{(Torr)} \ [3\text{-}3]\text{-}3$$

$$p_2 = \frac{Q_1 - S_1 p_1 + Q_2}{S + S_2} \quad \text{(Torr)} \ [3\text{-}3]\text{-}4$$

式 [3-3]-1, [3-3]-2, [3-3]-4 から次式 [3-3] -5 が導出されます.

$$p_1 = \frac{1}{1+\dfrac{S_1}{C}+\dfrac{S_1}{S+S_2}}\left(\frac{Q_1}{C} + \frac{Q_1 + Q_2}{S+S_2}\right) \quad \text{(Torr)} \ [3\text{-}3]\text{-}5$$

以下の (a) ～ (c) を仮定しましょう.

(a) チャンバーⅡの壁のガス放出量 (rate) (Q_2) がサンプル材料のガス放出量 (rate) (Q_1) を不明瞭にしてしまうことがなく, Q_1 と Q_2 が共に, システムの排気開始から測定の終わりまで, 一定値を保っています.

(b) コンダクタンス (C) の値が $\frac{S_1}{C} \leq 0.1$ を保っています.

(c) ゲージの排気速度 (S_1, S_2) がシステムの排気速度 (S) より少なくとも2桁以上小さく, S_1, S_2, S は不変です.

これらの仮定の下で, 式 [3-3]-5 は次式となります.

$$p_1 = Q_1\left(\frac{1}{C} + \frac{1}{S}\right) \quad \text{(Torr)} \quad [3\text{-}3]\text{-}6$$

Oatley [3] が真空ポンプの排気速度を決定するのに上式を用いましたが, 式 [3-3]-6 は p_1 と $1/C$ を軸とするグラフで直線になります (1, Fig. [3-3]-2).

直線は軸を以下の点で切ります.

直線は軸を以下の点で切ります.

$$p_1 = \frac{Q_1}{S} = p_2 \quad \text{when } \frac{1}{C} = 0$$

$$\frac{1}{C} = -\frac{1}{S} \quad \text{when } p_1 = 0$$

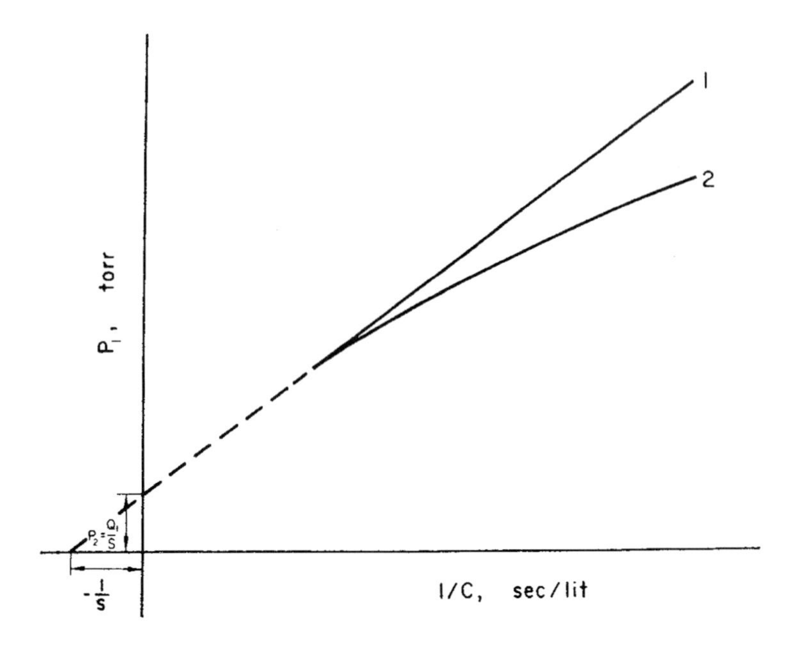

Fig. [3-3]-2. General (2) and particular (1) aspect of Eq. [2-17]-5. Pressure p_1 is supposed to be obtained at the same moment for different values of $1/C$.
A. Berman *et al.* (1971) [3-3]

その傾きからガス放出量 Q_1 が読み取れます.

もし，以前になされた仮定が不変で，さらにコンダクタンスの値が $\frac{S_1}{C} > 0.1$ と選ばれていれば，式 [3-3]-5 は曲線 2 (2, Fig. [3-3]-2) を表わします．この曲線のいかなる点でもその勾配は直線より低い傾き，すなわちより低いガス放出量を示しています.

式 [3-3] -5 と [3-3] -6 を比較すると，次式の形は互いの線を直線 1 から曲線 2 (Fig. [3-3]-2) へ曲げることになることを示しています.

$$\phi\left(\frac{S_1}{C}\right) = \frac{1}{1 + \frac{S_1}{C} + \frac{S_1}{S + S_2}}$$

$\phi\left(\frac{S_1}{C}\right)$ の重要性は，$\left(\frac{S_1}{C}\right)$ の関数としてプロットすると明白です (Fig. [3-3]-3).

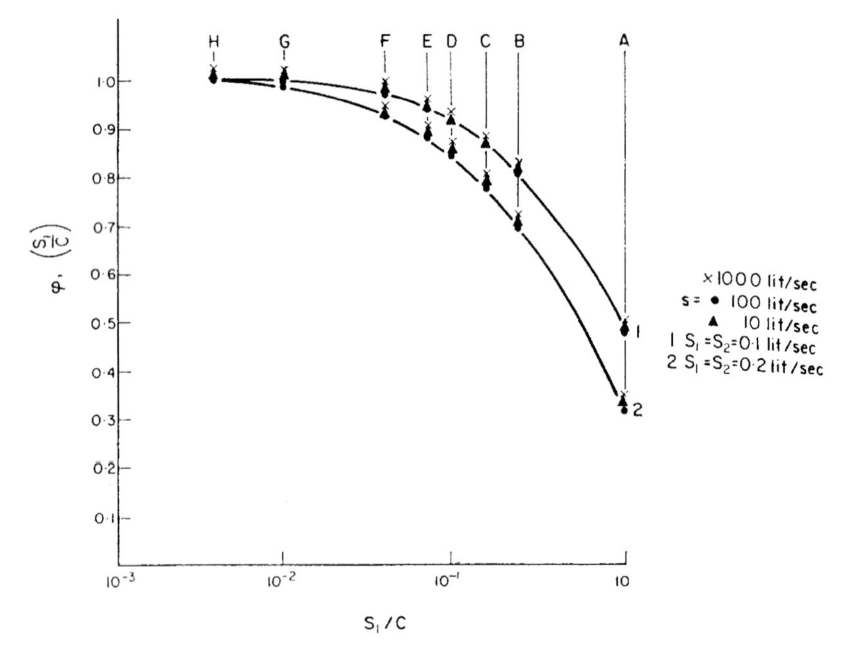

Fig. [3-3]-3. Variation of $\phi\left(\frac{S_1}{C}\right)$ as a function of $\frac{S_1}{C}$. Calculated values.
A. Berman *et al.* (1971) [3-3]

Fig. [3-3]-3 のグラフから以下の結果を得ます.

1. $\left(\frac{S_1}{C}\right)$ の同じ値に対して，ゲージの排気速度 (S_1, S_2) が大きくなるほど $\phi\left(\frac{S_1}{C}\right)$ が曲がることを示しています.
2. 排気速度 (S) を大きく変化させても (10・・・・10^3 L/s) 曲線の外観には影響を与えません.

このように，比 $\frac{S_1}{C}$ を大きくとれば，曲線2（Fig. [3-3]-2)）はより大きくは下に曲がるでしょう．そして，曲線（Fig. [3-3]-2）の曲がりは，曲線のいかなる点においても，直線（1）より小さくなります．

もし $\phi\left(\frac{S_1}{C}\right)$ の値が異なった C の値に対して既知であれば，曲線（式［3-3］-5）は直線（式［3-3］-6）に対して容易に補正でき，その結果ガス放出量が推測できます．

$\phi\left(\frac{S_1}{C}\right)$ の値は，真空系の特性がわからなくても，得ることができます．式［3-3］-5を微分すれば，C の値に対して傾きが次式［3-3］-7のように得られます．

$$\frac{dp_1}{d(1/C)} = \frac{Q_1 - Q_2 \frac{S_1}{S+S_2}}{\left(1 + \frac{S_1}{C} + \frac{S_1}{S+S_2}\right)^2} \qquad [3\text{-}3]\text{-}7$$

$$\frac{dp_1}{d(1/C)} = Q_1''$$

$$Q_1 - S_1 p_1 = C\,(p_1 - p_2) = Q_1'$$

とし，式［3-3］-1の第一項に式［3-3］-5で与えられる値を代入すれば，次式［3-3］-8が得られます．

$$Q_1'' = \frac{Q_1 - Q_2 \frac{S_1}{S+S_2}}{1 + \frac{S_1}{C} + \frac{S_1}{S+S_2}} \qquad (\mathrm{Torr\cdot L/s})\ [3\text{-}3]\text{-}8$$

両式［3-3］-7，［3-3］-8において，

$$Q_2 \frac{S_1}{S+S_2}$$

は，以前に受け入れた仮定の下で無視できるでしょう．

したがって，

$$Q_1'' = \frac{Q_1}{\left(1 + \frac{S_1}{C} + \frac{S_1}{S+S_2}\right)^2} \qquad (\mathrm{Torr\cdot L/s})\ [3\text{-}3]\text{-}9$$

$$Q_1' = \frac{Q_1}{\left(1 + \frac{S_1}{C} + \frac{S_1}{S+S_2}\right)} \qquad (\mathrm{Torr\cdot L/s})\ [3\text{-}3]\text{-}10$$

式［3-3］-9と［3-3］-10の Q_1 を等しいとおくと，次式が成立します．

$$1 + \frac{S_1}{C} + \frac{S_1}{S+S_2} = \frac{Q_1'}{Q_1''}$$

p_1 と p_2 が既知のとき，C の値に対して Q_1' は式［3-3］-1 から計算できます．Q_1' は選んだ C の値に対して曲線の接線の傾きから測定できます．

用いているコンダクタンスに対する $\phi\left(\frac{S_1}{C}\right)$ を計算し，このようにして見出された値をもつ対応する p_1 の値を掛け算することによって，直線が見出されます．この直線の傾きが真のガス放出量（rate）を表わしています．

真空系の特性値，すなわち S，S_1，S_2 が既知であれば，$\phi\left(\frac{S_1}{C}\right)$ は容易に計算できます．

文献［3-3］

［3］ C. W. Oatley, *Br. J. Appl. Phis.* 1954, 358-362.

3-1.4 K. Terada *et al.* (1989) のコンダクタンスモジュレーション法

K. Terada *et al.*（1989）［3-4］は，"Conductance modulation method for the measurement of the pumping speeds and outgassing rate of pumps in ultra high vacuum" と題した論文を発表しました．

原理［3-4］

この解析において考察する真空システムの概要を **Fig.［3-4］-1** に示します．

この系はチャンバーとポンプ，そしてその間に挿入されるオリフィス系から構成されています．オリフィス系のコンダクタンスは，真空チャンバーの外側から操作することによって，C_A から C_B へ変更できます．オリフィス系での排気速度 S_A は S_P と C_A に関係し，次式で表わされます．

$$\frac{1}{S_A} \cong \frac{1}{C_A} + \frac{1}{S_P} \qquad [3\text{-}4]\text{-}1$$

同様に S_B は

$$\frac{1}{S_B} \cong \frac{1}{C_B} + \frac{1}{S_P} \qquad [3\text{-}4]\text{-}2$$

これらの式はオリフィス組み立てとポンプ間の直径の差異による小さい差異を補正していませんから，概算式です．正確な式は以前の発表論文［5］に記述しています．C_A を通して排気されているチャンバーの圧力 P_A は

$$P_A = \frac{Q_i}{S_A} + \frac{Q_W}{S_A} + \frac{Q_P}{S_P} \qquad [3\text{-}4]\text{-}3$$

$$= \frac{Q_i}{S_A} + P_{A0} \qquad [3\text{-}4]\text{-}4$$

ここで P_{A0} は，オリフィスシステム A を通して排気するときの，テストドームの到達圧力です．同様の関係は P_B についても成立します．もし，Q_1, Q_W, Q_P が CM 法のプロセスの間一定であれば，次式［3-4］-5 が得られます．

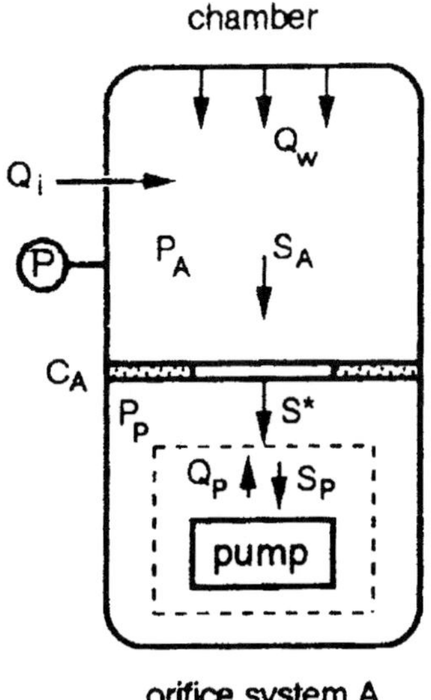

Fig. [3-4]-1. Gas balance in UHV system. S_P: Intrinsic pumping speed. S^*: Net pumping speed. Q_W: Outgassing rate from the wall. Q_P: Outgassing rate from the pump. Q_i: Gas admission rate from outside of the system. C_A: Conductance of the orifice system.
K. Terada *et al*. (1989) [3-4]

$$\frac{(P_A - P_{A0})}{(P_B - P_{B0})} = \frac{S_B}{S_A} \qquad [3\text{-}4]\text{-}5$$

ここで P_{A0} と P_{B0} は，$Q_i = 0$ のときに測定された圧力です．S_P, S_A, S_B の値は式 [3-4]-1, [3-4]-2, [3-4]-5 を用いて得られます．Fig. [3-4]-2 はコンダクタンス モジュレーション期間における，限定値である Q_i と $Q_i = 0$（Q_i: 系の外部からのガス供給量）における圧力変化をスケッチで示しています．

$Q_i = 0$ における圧力 P_{A0} と P_{B0} の差は，Q_W に関係して，次式で表わせます．

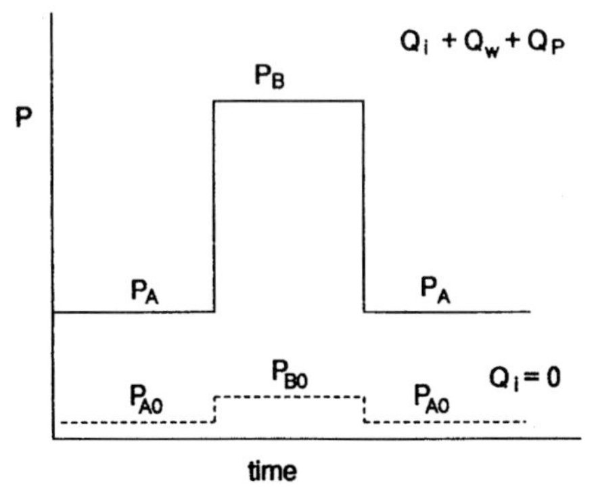

Fig. [3-4]-2. Model of the changes of pressure in the chamber during conductance modulation process: (—) with admission of finite Q_i; (---) $Q_i = 0$.
K. Terada *et al*. (1989) [3-4]

$$P_{A0} - P_{B0} = \left(\frac{1}{S_A} - \frac{1}{S_B} \right) Q_W \qquad [3\text{-}4]\text{-}6$$

Q_P は Q_W の既知値から次のように計算できます．

$$Q_P = \left(P_{A0} - \frac{Q_W}{S_A} \right) S_P \qquad [3\text{-}4]\text{-}7$$

上の計算では，S_P は P_{A0} から P_A の圧力範囲では一定であると仮定されています．この仮定が成り立たないケースでは，式 [3-4]-1, ([3-4]-2, [3-4]-5 から得られる S_P の値は，この圧力範囲での平均値を意味しています．もし，ポンプの動作圧力での S_P の変化を知りたい場合には，Q_i の小さい増加分 ΔQ_i に対応する ΔP_A と ΔP_B の圧力変化から決定されます．このプロセスは式 [3-4]-5 において $(P_A - P_{A0})$ と $(P_B - P_{B0})$ に対して ΔP_A と ΔP_B を代入したのと同じです．

十分に小さい ΔQ_i に対して，特定の圧力における S_P は次式 [3-4]-8 で得られます．

$$S_P = \frac{C_A C_B (\Delta P_B - \Delta P_A)}{C_A \Delta P_A - C_B \Delta P_B} \qquad [3\text{-}4]\text{-}8$$

正味の排気速度 S^* は，S^* のコンダクタンスと定常的な流れの条件の下で得られます．我々は S_A^* と S_B^* を，それぞれオリフィス系 A と B の入り口での正味の排気速度と定義します．式 [3-4]-1 と [3-4]-2 と同様に，S_A^* と S_B^* は次式 ([3-4]-9, ([3-4]-10) で表わされます．

$$\frac{1}{S_A^*} \cong \frac{1}{C_A} + \frac{1}{S^*} \qquad [3\text{-}4]\text{-}9$$

$$\frac{1}{S_B^*} \cong \frac{1}{C_B} + \frac{1}{S^*} \qquad [3\text{-}4]\text{-}10$$

S_A^*, S_B^*, P_A と P_B の間の関係は，定常的な流れの条件の下で，次式 [3-4]-11 で表わされます．

$$\frac{P_A}{P_B} = \frac{S_B^*}{S_A^*} \qquad [3\text{-}4]\text{-}11$$

S^* の値は S_P と同様に，式 [3-4]-9, [3-4]-10, [3-4]-11 から計算されます．$Q_i = 0$ において，式 [3-4]-11 へ P_{A0} と P_{B0} を代入することによって，システムの到達圧力での S^* である S_0^* を得ることができます．これが CM 法の重要な特徴です．

CM 法のスキーム（ねらい）は，以下のようにまとめられます．

1. S^* は P_A と P_B の比から決定されます．
2. S_P は比 $(P_A - P_{A0})/(P_B - P_{B0})$ から決定されます．得られる S_P はコンダクタンスモジュレーション圧力での平均値です．
3. 特定の圧力での S_P は，十分に小さい ΔQ_i に対して，式 [3-4]-8 を用いて得られます．
4. S_P と S^* の測定値を用いて，特定の圧力における放出ガス量（rate）Q_W と Q_P を計算できます．

文献 [3-4]

[5] K. Terada, Y. Tuzi and T. Okano, *J. Vac. Sci. Technol. A* **5**, 2507 (1987).

3-2 差動的圧力上昇法（N. Yoshimura *et al.*, 1970, 1985 から）

排気弁を閉じて，その後の圧力の上昇を測定するビルドアップ法（遮断法とも言います）はリークの有無のチェックや，チャンバーのガス放出のチェックに多用されています．

超高真空用のメタルバルブをトルクレンチで閉めると，無酸素銅製のノーズがステンレス鋼のエッジで締め付けられ，そのとき一時的に大きなガス放出が起こります．このことによる圧力変動の後，圧力はしばらくの間直線的に上昇して，その後ゆっくりと対数曲線のように曲がります．チャンバーのガス放出量は直線的に上昇する部分のその上昇速度から算出します．

差動的圧力上昇法 [3-5]［3-6］は，チャンバー壁のガス放出量の影響を差動的に削除するように工夫されています．

N. Yoshimura *et al.*（1970）［3-5］（in Japanese），N. Yoshimura（1985）［3-6］の差働的圧力上昇法（Differential Pressure-Rise Method）は，チャンバー壁と真空ゲージによる誤差をその場で補正できる，という利点を有しています．

1．原理

Figure［3-6］-1（a）は，測定装置のテストドーム系を示していますが，TD1 と TD2 は，グリースレスコック C1 と C2 を含めて同質の硬質ガラス製です．表面積 A_S のサンプルを入れる TD2 の容積 V_2，表面積 A_2 は共に，空の TD1 の容積 V_1，表面積 A_1 よりずっと小さく製作しています．測定における代表的な圧力上昇曲線を（b）に示します．

2．測定プロセス

Fig.［3-6］-1（b）に示されているように，サンプルを含むテストドーム系を高真空に排気します．排気時間 t_1 で，コック C1 と C2 を順次操作して，サンプルを含めて TD1 と TD2 の合体ドームの圧力上昇速度（rate）$(dP/dt)_1$ を基準圧力 P_r で測定し，次に空のドーム TD1 の圧力上昇速度 $(dP/dt)_2$ を同じ基準圧力で測定します．2つの圧力上昇速度 $(dP/dt)_1$ と $(dP/dt)_2$ を測定するのに要する全時間は僅か数分であり，この時間は排気時間 t_1 と比較して無視できるほどの短さです．このコック操作を，予定の排気時間 t_2, t_3 などで繰り返します．

測定値 $(dP/dt)_1$ から算出される，TD1 と TD2 の基準圧力 P_r における単位面積当たりの正味のガス放出量を，それぞれ q_{11}，q_{21} と表記し，$(dP/dt)_2$ から算出される，TD1 の基準圧力 P_r における単位面積当たりのガス放出量を，q_{12} と表記します．そして，真空ゲージ VG の圧力 P_r における排気速度を $(dP/dt)_1$ の測定に対しては S_{g1}，$(dP/dt)_2$ の測定に対しては S_{g2} と表記すると，次の等式が得られます．

$$(V_1 + V_2)\left(\frac{dP}{dt}\right)_1 = Q_S + q_{11}A_1 + q_{21}A_2 - P_r S_{g1} \qquad [3\text{-}6]\text{-}1$$

$$V_1\left(\frac{dP}{dt}\right)_2 = q_{12}A_1 - P_r S_{g2} \qquad [3\text{-}6]\text{-}2$$

ここで Q_S は，基準圧力 P_r におけるサンプルの正味のガス放出量です．

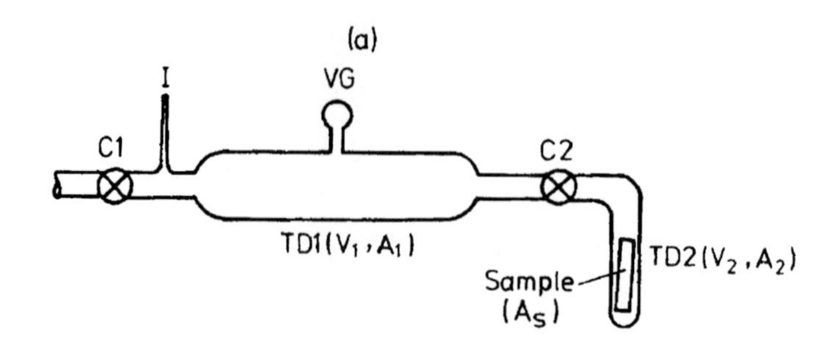

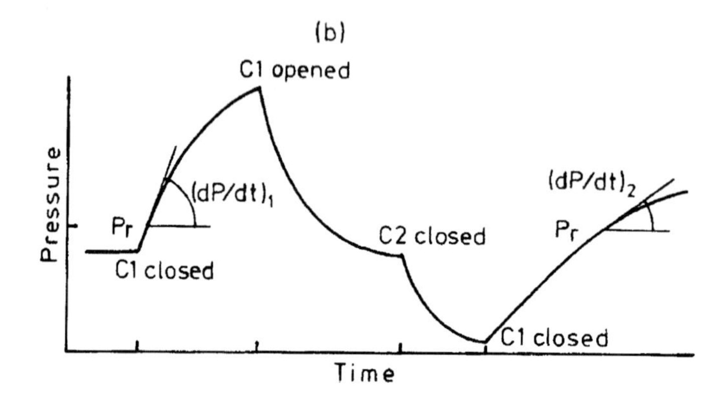

Fig. [3-6]-1. Differential pressure-rise method. (a) Test-dome system, and (b) procedures for measuring $(dP/dt)_1$ and $(dP/dt)_2$. C1, C2: cock, VG: vacuum gauge, I: gas inlet. Parameters are: $V_1 = 0.6$ L, $V_2 = 0.06$ L, $A_1 = 1000$ cm^2, $A_2 = 100$ cm^2.
N. Yoshimura (1985) [3-6]

$$q_{11} = q_{21} = q_{12} = q$$

そして

$$S_{g1} = S_{g2} = S_g$$

と仮定しましょう．すると，式[3-6]-1と[3-6]-2はそれぞれ以下のようになります．

$$(V_1 + V_2)\left(\frac{dP}{dt}\right)_1 = Q_S + (A_1 + A_2)q - P_r S_g \qquad [3\text{-}6]\text{-}3$$

$$V_1\left(\frac{dP}{dt}\right)_{02} = A_1 q - P_r S_g \qquad [3\text{-}6]\text{-}4$$

上で導入した仮定では，両方のドームの真空下での履歴は互いに類似しており，圧力上昇速度，$(dP/dt)_1$と$(dP/dt)_2$の測定に同一の真空ゲージVGが用いられていますから，受け入れることができるでしょう．

さて，従来の圧力上昇法のように，式[3-6]-3の左辺$(V_1 + V_2)\left(\frac{dP}{dt}\right)_1$を$Q_S$として計算すると，両テストドームのガス放出とゲージVGの排気作用による，大きな誤差が入ることになります．そこで以下のように，2つの差働的方法でガス放出量Q_Sを算出します．

方法1

式［3-6］-3と［3-6］-4から，次式［3-6］-5が得られます．

$$(V_1+V_2)\left(\frac{dP}{dt}\right)_1-V_1\left(\frac{dP}{dt}\right)_2=Q_S+A_2q \qquad [3\text{-}6]\text{-}5$$

すなわち，Q_Sは式［3-6］-5の左辺から計算できますが，誤差A_2qが入ることになります．誤差A_2qは従来のように，式［3-6］-1の左辺で算出される値に含まれる誤差よりずっと小さくなります．

方法2

式［3-6］-3と［3-6］-4から，次式［3-6］-6）が得られます．

$$(V_1+V_2)\left(\frac{dP}{dt}\right)_1-V_1\frac{A_1+A_2}{A_1}\left(\frac{dP}{dt}\right)_2=Q_S+P_rS_g\frac{A_2}{A_1} \qquad [3\text{-}6]\text{-}6$$

すなわち，式［3-6］-6の左辺から算出されるQ_Sには真空ゲージVGの排気速度に起因する誤差$P_rS_g\dfrac{A_2}{A_1}$が入ります．しかし，この誤差は比A_2/A_1が0.1と選ばれていますから，小さくなっています．ここで，上で述べた2つの差働的方法で算出された，Q_Sの値に含まれている誤差を比較しましょう．

誤差に関係するパラメータは，

$$A_1,\ 1000\ \mathrm{cm^2},\ A_2,\ 100\ \mathrm{cm^2};\ P_r,\ 10^{-8}-10^{-5}\ \mathrm{Torr};\ q,\ 10^{-11}-10^{-8}\ \mathrm{Torr\cdot L\cdot s^{-1}\cdot cm^{-2}}$$

です．エミッション電流0.5 mAで，Bayard-Alpert（BA）ゲージを用いましたが，この条件でのBAゲージの排気速度S_gは0.01 L/sと見積もられます［3-6］．したがって，方法1による算出の場合では，Q_Sの値に含まれている誤差A_2qは$10^{-9}-10^{-6}$ Torr·L·s^{-1}と見積もられ，一方，方法2による算出の場合にQ_Sに含まれている誤差$P_rS_g\dfrac{A_2}{A_1}$は，$10^{-11}-10^{-8}$ Torr·L·s^{-1}と見積もられます．つまり誤差の見地から，方法2が方法1より優れていると言えます．

3-3　パイプ3—ゲージ法（D. F. Munro and T. Tom, 1965から）

D. F. Munro and T. Tom（1965）［3-7］は，"Speed measuring of ion getter pumps by the 'three-gauge method"と題した論文を発表しました．パイプを流れるガスの流量を，2つの真空ゲージで測定する方法がテーマですから，リーク弁の代わりの真空チャンバーを取り付ければ，真空チャンバーのガス放出特性を測定できます．

1．方法と測定

パイプ3－ゲージ法は**Fig.［3-7］-1**を用いて簡単に述べることができます．ここで，イオンゲージ（電離真空ゲージ）No. 1とNo. 2間のコンダクタンスC_{12}は，長い管の公式を用いて計算します．ガスがリークしていてポンプが動作しているときのガス流量

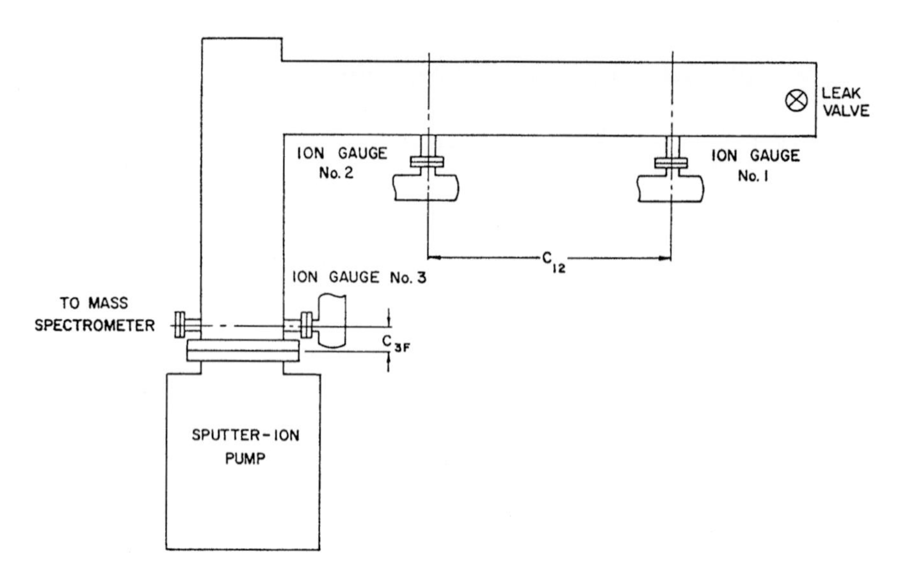

Fig. [3-7]-1.　3-gauge speed dome system.　D. F. Munro and T. Tom (1965) [[3-7]

$$Q = C_{12}(P_1 - P_2)$$

が測定できます．

$$Q = SP$$

ですから，イオンゲージ No. 3 の位置での排気速度 S_3 は次式で得られます．

$$S_3 = \frac{C_{12}(P_1 - P_2)}{P_3} \qquad [3\text{-}7]\text{-}1$$

イオンゲージは絶対圧力ゲージではありませんから，ゲージ間に感度の差異があります．このため，ゲージを互いに感度補正する必要があります．このためには，ポンプを off にして，リーク弁を閉じて，ゲージの校正を行わなければなりません．校正時の圧力レンジは表面ガス放出効果を減じるために，システムのベース圧力より少なくとも 1 桁高い圧力で行う必要があります．ポンプ off，リーク off の下で，システムの各部圧力は次式の関係が保たれていなければなりません．すなわち，

$$\frac{P_1}{P_3} = \frac{P_2}{P_3} = 1$$

でなければなりません．この圧力比が 1 でなければ，排気速度測定において，次式のように補正をします．

$$S_3 = C_{12}\frac{K_{31}I_1 - K_{32}I_2}{I_3} \qquad [3\text{-}7]\text{-}2$$

ここで I_1, I_2, I_3 はそれぞれ測定期間中のゲージの指示値：

$$K_{31} = I_3/I_1$$

と

$$K_{32} = I_3/I_2$$

は，圧力がシステムのどこにおいても同じときの，校正時のゲージ指示値の比です．K_{31} と K_{32} は校正定数（ガス種に依ります）です．もしポンプフランジでの排気速度が望まれるならば，ゲージ No. 3 とポンプフランジ間のコンダクタンス C_{3f} を用いて，次式のように求めることができます．

$$\frac{1}{S_f}=\frac{1}{S_3}-\frac{1}{C_{3f}} \quad [3\text{-}7]\text{-}3$$

実際の排気速度測定で得られた，ゲージ校正されたデータは Table [3-7]-1 に示します．

Table [3-7] -1. Tabulated data from an actual speed measurement,
D. F. Munro and T. Tom (1965) [[3-7]

Time	I_1	I_2	I_3	I_3/I_1	I_3/I_2	S_3	S_f
08:30	Base pressure 7.5×10^{-10}, V_p 5.4 kV, calibration in 10^{-8} Torr scale						
	1.53×10^{-8}	1.78×10^{-8}	1.79×10^{-8}	1.170	1.006	–	–
	2.17	2.43	2.54	1.171	–	–	–
	2.58	2.99	3.03	1.174	1.013	–	–
	3.53	4.12	4.16	1.178	1.009	–	–
	4.13	4.83	4.85	1.174	1.004	–	–
	5.07	5.88	5.93	1.170	1.009	–	–
	5.72	6.72	6.69	1.170	0.996	–	–
	6.35	7.50	7.46	1.175	0.995	–	–
	7.20	8.33	8.45	1.174	1.014	–	–
	C_{12} = 348 L/s-K_{31} = I_3/I_1 aver. = 1.173						
	C_{3f} = 4020 L/s − K_{32}= I_3/I_2 aver. = 1.006						
10:00	Set N_2 leak in 10^{-8} Torr scale					L/s	L/s
10:30	8.38×10^{-8}	5.72×10^{-8}	2.84×10^{-8}			487	555
10:45	8.33	5.70	2.86			491	559
11:00	8.22	5.69	2.86			476	539
11:15	8.22	5.69	2.86			476	539
11:30	8.23	5.69	2.86			477	540
11:45	8.22	5.68	2.87			476	539
12:00	8.20	5.65	2.87			477	540
13:00	8.13	5.64	2.83			475	538
13:15	8.13	5.63	2.83			476	539
13:30	8.13	5.62	2.83			477	540
14:00	8.13	5.58	2.84			480	543
						S (aver.) ≅	543

注記：式 [3-7]-3 から分かるように，パイプ内壁からのガス放出は無視されています．しかしながら，リーク弁から導入されるリーク量（rate）が小さくなると，パイプ壁面からのガス放出がガス流量（rate）の測定値に影響を与えるようになります．次のセクションでは，新しいパイプ3点法 [3-8] と従来のパイプ3点ゲージ法（あるいは従来のパイプ3点圧力法）と比較検討しています．

3-4　新しいパイプ3点圧力法（H. Hirano and N. Yoshimura, 1986 から）

H. Hirano and N. Yoshimura（1986）［3-8］は，“A three-point pressure method for measuring the gas-flow rate through a conducting pipe” と題した論文を発表しました．この方法でガス導入リーク量（rate）とパイプのガス放出量の各々を正確に測定して，超高真空ポンプの排気速度特性を正確に測定できました．ガス導入リーク量（rate）がない場合には，パイプの2点の測定圧力から，パイプのガス放出量が正確に測定できます［3-8］．パイプの排気口が十分に大きい排気速度で排気されている場合には，パイプでの1点圧力からそのガス放出量（rate）が測定できます［3-8］．

なお，この「新しいパイプ3点圧力法」について，「導管におけるガス流量をを測定するための3点圧力法」と題した，詳しい解説論文（日本語）（“A Three-point-pressure Method for easuring the Gas-flow Rate through a Conducting Pipe” (in Japanese)［3-9］）が発表されました．

アブストラクト［3-8］

パイプに沿って，3点を測定する新しい方法で，パイプを流れる窒素ガスの流量を測定しました［3-8］．この3点圧力から算出したガスの流量を，同じ条件で，2点での圧力を用いる従来の算出流量と比較しました．この新しい方法は正しい流量を与えていますが，2点での圧力を用いる従来方法の流量より，特に低い圧力領域でより大きい流量が算出されました．このことは，パイプ壁面からの分布ガス放出が無視できないことを示しています．

1．原理

Fig.［3-8］-1 に示されているように，左に向かってリーク量 Q_L を含む正味の流れがある，ガスを放出している長いパイプの一部分で圧力分布を検討しましょう．長さ L のパイプのコンダクタンス C は，パイプ部分に対して線形のコンダクタンスを示すと仮定して，長いパイプに対するコンダクタンスの公式を用いて計算します．

長さ Δx，コンダクタンス $C_L/\Delta x$ の短いパイプ要素を考えてみましょう．位置 x での全ガス流量は

$$Q_L + (1 - x/L)\,Q_W$$

と計算できますから，パイプ要素での圧力降下は

$$\Delta P = \frac{\left[Q_L + (1 - x/L)Q_W\right]\Delta x}{CL}$$

となります．すなわち，

$$dP/dx = \frac{Q_L + (1 - x/L)Q_W}{CL} \qquad [3\text{-}8]\text{-}1$$

式［3-8］-1 を，x について 0 から l まで積分すると

$$\int_{P_0}^{P_l} dP = \int_0^l \frac{Q_L + (1 - x/L)Q_W}{CL}\,dx$$

したがって，

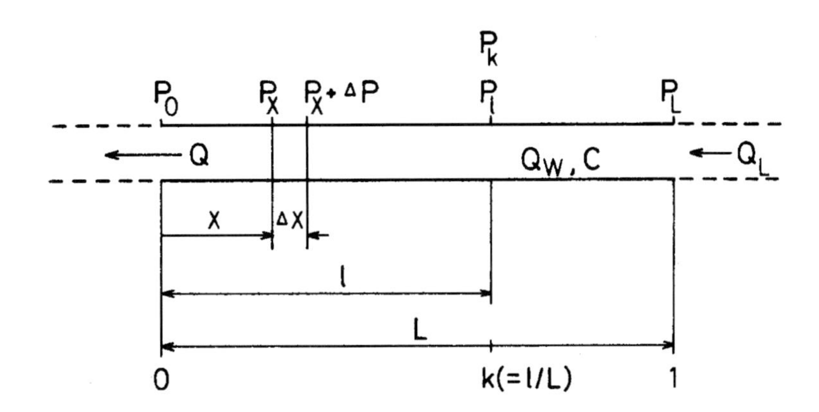

Fig. [3-8]-1.　Pipe portion in a long outgassing tube, where gas effectively flows from the right to the left. Gas-flow rate Q is composed of the leak rate Q_L and the outgassing rate Q_W. H. Hirano and N. Yoshimura (1986) [3-8]

$$P_l = P_0 \frac{\{Q_L + [1 - l/(2L)]Q_W\}l}{CL}$$

ここで P_0 と P_l はそれぞれ $x=0$ と l の位置での圧力を表わしています．l/L の代わりに部分係数 k を用い，P_l を P_k と書き直すと，係数 k で示される位置での圧力 P_k は，次式で与えられます．

$$P_k = P_0 + \frac{k\left[Q_L + (1 - k/2)Q_W\right]}{C} \qquad [3\text{-}8]\text{-}2$$

式 [3-8]-2 は k の関数として，二次式的に変化することを示しています．

式 [3-8]-2 には 3 つの未知因子 Q_L, Q_W, P_0 が含まれています．これらの 3 つの因子は，分数位置 k_i で特定されている 3 点で測定される P_{k1}, P_{k2}, P_{k3} を用いて，式 [3-8]-2 から算出できます．

マトリックス計算

パイプにおける 3 点の圧力 P_{k1}, P_{k2}, P_{k3} は式 [3-8]-2 から，マトリックスの形で次式のように表記できます．

$$\begin{pmatrix} P_{k1} \\ P_{k2} \\ P_{k3} \end{pmatrix} = \begin{pmatrix} 1 & k_1 & k_1(1-k_1/2) \\ 1 & k_2 & k_2(1-k_2/2 \\ 1 & k_3 & k_3(1-k_3/2 \end{pmatrix} \begin{pmatrix} P_0 \\ Q_L/C \\ Q_W/C \end{pmatrix}$$

以下の $|\alpha|$, $|\beta|$, $|\gamma|$ でそれぞれ以下のマトリックス項（determinates）を表わします．

$$|\alpha| = \begin{vmatrix} 1 & P_{k1} & k_1(1-k_1/2) \\ 1 & P_{k2} & k_2(1-k_2/2 \\ 1 & P_{k3} & k_3(1-k_3/2 \end{vmatrix}$$

$$|\beta| = \begin{vmatrix} 1 & k_1 & P_{k1} \\ 1 & k_2 & P_{k2} \\ 1 & k_3 & P_{k3} \end{vmatrix}$$

$$|\gamma| = \begin{vmatrix} 1 & k_1 & k_1(1-k_1/2) \\ 1 & k_2 & k_2(1-k_2/2 \\ 1 & k_3 & k_3(1-k_3/2 \end{vmatrix}$$

すると，ガス流量 Q_L と Q_W の値はクラマーの公式（Cramer's formula）を用いて，以下の式で算出されます．

Q_L = C × $|\alpha|/|\gamma|$ から

$$Q_L = C\frac{(2-k_2-k_3)(k_2-k_3)P_{k1}+(2-k_3-k_1)(k_3-k_1)P_{k2}+(2-k_1-k_2)(k_1-k_2)P_{k3}}{(k_2-k_3)k_2k_3+(k_3-k_1)k_3k_1+(k_1-k_2)k_1k_2}$$

[3-8]-3

Q_W = C × $|\beta|/|\gamma|$ から

$$Q_W = -2C\frac{(k_2-k_3)P_{k1}+(k_3-k_1)P_{k2}+(k_1-k_2)P_{k3}}{(k_2-k_3)k_2k_3+(k_3-k_1)k_3k_1+(k_1-k_2)k_1k_2}$$ [3-8]-4

ここで，

$$0 \le k_i \le l$$

です．結果として全流量

$$Q = Q_L + Q_W$$

は次式のように表記されます．

$$Q = -C\frac{(k_2^2-k_3^2)P_{k1}+(k_3^2-k_1^2)P_{k2}+(k_1^2-k_2^2)P_{k3}}{(k_2-k_3)k_2k_3+(k_3-k_1)k_3k_1+(k_1-k_2)k_1k_2}$$ [3-8]-5

式 [3-8]-5 は，ゲージがパイプの端から十分に離れて，線形コンダクタンスの位置にあれば，正しい計算結果を与えます．この式に基づくガス流量測定方法を「新しいパイプ 3 点圧力法」，あるいは単に「新しい 3PP 法」と呼びます．

2. 測定系の最適化

Q_L と Q_W を正確に計算するためには，分数係数 k_1，k_2，k_3 を，連続している 2 点で測定される圧力の差が殆ど同じになるように，すなわち

$$P_{k1} - P_{k2} \cong P_{k2} - P_{k3}$$

となるように選ぶべきです．例として，$Q_W \ll Q_L$ のとき，k_2 の望ましい値は，$k_1=0.1$ と $k_3=0.9$ に対して 0.5 であることが容易に分かります．反対に，$Q_L \ll Q_W$ の場合，k_2 の望ましい値は，式［3-8］-2 で Q_L を無視した次式から，0.36 と算出されます．式［3-8］-2 で Q_L をゼロにすると，

$$P_k = P_0 + (1-k/2)k\, Q_W/C$$

Q_L が無視できない場合もあると考えられますから，我々の測定系の設計では $k_1=0.1$ と $k_3=0.9$ に対して $k_2=0.4$ と選びました．

式［3-8］-3，［3-8］-4，［3-8］-5 の k_1，k_2，k_3 にそれぞれ 0.1，0.4，0.9 を代入すると，我々の測定系での算出式［3-8］-6，［3-8］-7，［3-8］-8 が得られます．

$$Q_L = (5C/12)\times(7P_{0.1} - 16P_{0.4} + 9P_{0.9}) \qquad [3\text{-}8]\text{-}6$$

$$Q_W = (-5C/3)\times(5P_{0.1} - 8P_{0.4} + 3P_{0.9}) \qquad [3\text{-}8]\text{-}7$$

$$Q = (-5C/12)\times(13P_{0.1} - 16P_{0.4} + 3P_{0.9}) \qquad [3\text{-}8]\text{-}8$$

すなわち，全流量 Q の他に，Q_L と Q_W の個々の流量が３つの測定圧力 P_{01}，P_{04}，P_{09} とパイプのコンダクタンス C を用いて算出できます．

3-5　新しいパイプ３点圧力法によるガス流量の測定
（H. Hirano and N. Yoshimura, 1987 から）

新しいパイプ３点圧力法に関しては，次の２つの論文が発表されています．

(1)　H. Hirano nad N. Yoshimura (1986)［3-8］(*J. Vac. Sci. Technol. A*)

(2)　H. Hirano and N. Yoshimura (1987)［3-9］(真空，日本語論文)

ガス流量の測定に関しては，上記 (2) の論文［3-9］の方が整理されて詳しく記述されていますので，主に論文［3-9］をレビューします．

1．ガス流量の測定

窒素ガスをニードルバルブから導入し，パイプを流れる窒素のガス流量を新しいパイプ３点圧力法 (New 3PP method) で算出し，同時に算出した従来法 (Conventional 2PP method) による算出流量と比較しました．

３個の BA ゲージ G1, G2, G3 を取り付けた導管を，アネルバ（株）スパッタイオンポンプ (60 L/s, triode type) で排気されている典型的なテストドームに取り付けて実験しました．**Fig.［3-8］-2** に示されているように，３個の BA ゲージは，0.1, 0.4, 0.9 の位置係数 k で示されている位置に取り付けられています．

圧力 P_{01}, P_{04}, P_{09} を同一圧力レンジ内に置くために，コンダクタンス 12 L/s の，直径 43 mm，長さ 800 mm の同じ桁に入るように，直径 43 mm，長さ 800 mm（長さ L に対応する）のパイプ

（コンダクタンス 12 L/s）を使用しました．ゲージ G3 はニードルバルブから 240 mm 離れた位置に取り付けたので，パイプの直径 43 mm に対する距離 240 mm の比 6 は，ゲージ G3 がガス到達分布の線形部分にあると考えることのできる比よりも大きくなります．したがって，ゲージ G3 は，ガスのビーム効果の影響を受けていないと考えられます．

前述の式［3-8］-6，［3-8］-7，［3-8］-8 のコンダクタンス C に 12（L/s）を代入し，圧力 P_{01}, P_{04}, P_{09} を各々 $P1, P2, P3$ と書き直すと，各式は以下のようになります．

$$Q_L = 5(7P1 - 16P2 + 9P3) \qquad [3\text{-}9]\text{-}1$$

$$Q_W = -20(5P1 - 8P2 + 3P3) \qquad [3\text{-}9]\text{-}2$$

$$Q = -5(13P1 - 16P2 + 3P3) \qquad [3\text{-}9]\text{-}3$$

一方，パイプに沿って測定された 2 つの圧力を用いて，従来行われている方法でガス流量が計算されます．圧力 $P1$ と $P3$ を用いて，従来法で算出されるガス流量 Q'_{1-3} は，次式で与えられます．

$$Q'_{1-3} = 15(P3 - P1) \qquad [3\text{-}9]\text{-}4$$

ここで，15（L/s）は真空ゲージ G1，G3 間のコンダクタンスです．2 点の圧力を測定して，2 点間で流量は一定であるとして算出する方法を「従来の 2 点パイプ法」，あるいは「従来の 2PP パイプ法」と呼びます．

測定に先立って以下の脱ガス処理を施しました．

（1） 測定系をターボ分子ポンプで排気しながら，高真空下でベークしました．導管は，パイプの 3 点での温度を 200℃に保つように制御して，24 時間一様にベークしましたが，その間，ポンプとテストドームは 300℃でベークしました．

（2） イオンポンプの電極に対して，アルゴングロー放電洗浄処理［20］［21］（アルゴンガス圧力約 40 Pa, 1 A, 300 V_{ac}，20 分間）を施しましたが，その間，パイプの温度とポンプとテストドームの温度は各々150℃と 200℃に保ちました．

測定に際して，ゲージ管球の絶対感度は補正できませんでした．圧力は BA ゲージで測定しましたが，一般に管球間でバラツキがあり［22］［23］，また，それぞれの管球の履歴に依っても変わります．「新しいパイプ 3 点圧力法」では 3 つの管球を用いて流量を測定するため，管球間の相対的な感度の差異により，流量の測定値に大きな誤差が入ります．本実験では流量測定に先立ち，次のようにして全測定領域にわたり，各圧力レンジ毎にゲージの相対感度補正を行いました．

イオンポンプを “on” する前に，**Fig.［3-9］-1.** の系に窒素ガスを段階的に導入しました．窒素ガスを導入してから十分に時間が経過した時点で，G1，G2，G3 の圧力指示値を記録しました．このような相対感度の測定を全実験の期間に，そのつど行いました．**Fig.［3-9］-2** に 10^{-3} Pa レンジにおけるゲージ管球の相対感度の測定結果（14 回）を示します．ここで，ゲージ G1 が基準

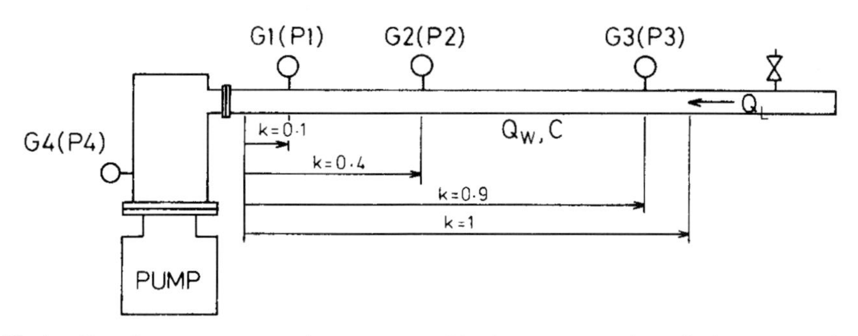

Fig. [3-9]-1.　Gas-flow rate measuring system with three gauges installed on a conducting pipe. G1, G2, G3, and G4 are B-A gauges; Q_L is the leak rate of the introduced gas; Q_W is the outgassing rate of the tube portion from $k = 0$ to 1 of the pipe; and C is the conductance of the same portion.
H. Hirano and N. Yoshimura (1987) [3-9]

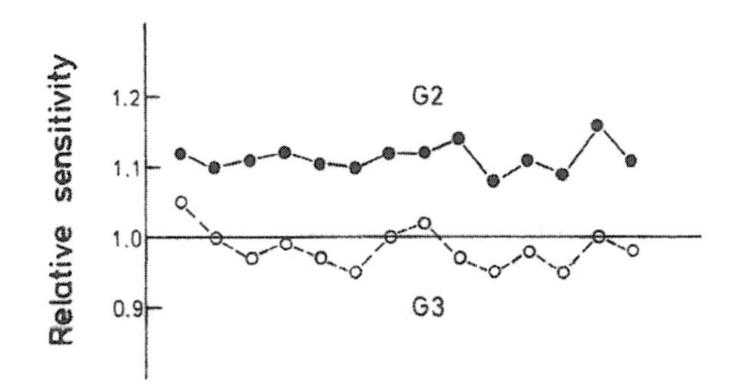

Fig. [3-9]-2.　Relative sensitibity of the B-A gauges in the 10-5 Pa range. The gauge G1 is the reference gauge. —●—; Gauge G2, - - ○ - -; Gauge G3.
H. Hirano and N. Yoshimura (1987) [3-9]

に用いられています．**Fig. [3-9]-2** にみられるように，ゲージ G2 の相対感度の偏差（14 回における）とゲージ G3 の相対感度の偏差（14 回における）は共に約 2%でした．一方，ゲージ G2 感度は G1 と G3 の感度より 12%大きく，また，ゲージ管球の相対感度の圧力レベル依存性は，無視できるほど小さいものでした．

以上の感度補正の結果より，圧力レベルにかかわらず，G2 の圧力指示値を 1.12 で除して $P2$ の圧力としました．なお，ポンプの排気速度測定の際には，測定されたガス流量が圧力で除されるため，排気速度の値そのものにはゲージの絶対誤差のあいまいさに因る誤差は生じません．

ガス流量の測定は以下のように行いました．

系を 1×10^{-6} Pa 以下の圧力に排気した後，圧力 $P1$ が約 1×10^{-5} Pa 以下になるように，ニードルバルブから窒素ガスを導入しました．ガス導入後，5 分，15 分，25 分経過した時点で，$P1$, $P2$, $P3$ の圧力を測定した後，より高い圧力になるようにリークガスの導入量（rate）を増し，5 分，15 分，25 分経過した時点で圧力を測定しました．このプロセスを約 3×10^{-3} Pa まで，種々の圧力レベルで繰り返しました．

25 分経過した時点でのパイプにおける圧力分布を，**Fig. [3-9]-3** に示します．実線曲線は 10^{-5} Pa レンジにおける圧力分布を，破線曲線は 10^{-3} Pa レンジにおける圧力分布を示しています．

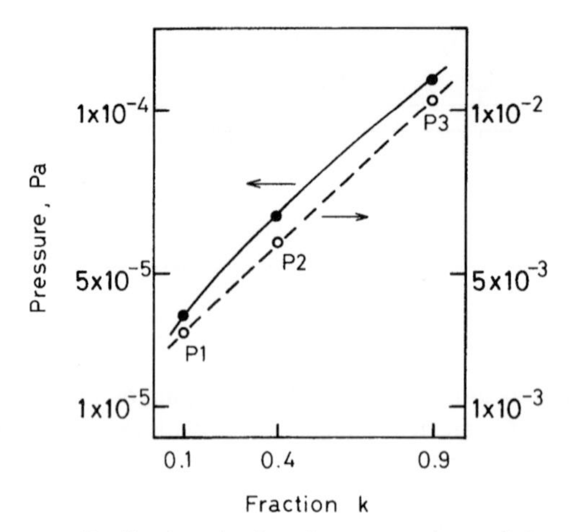

Fig. [3-9]-3. Pressure distributions in the pipe at an elapsed time of 25 min for nitrogen. -●- in the 10^{-5} Pa range, - - ○ - - in the 10^{-3} Pa range.
H. Hirano and N. Yoshimura (1986) [3-9]

10^{-5} Pa レンジで測定された凸の曲線は，パイプ壁からのガス放出量（rate）がリーク量（rate）と比べて，無視できないことを示しています．一方 10^{-3} Pa レンジで測定された直線は，ガス放出量（rate）がリーク量（rate）と比べて，無視できるほど小さいことを示しています．

式 [3-9]-1, [3-9]-2, [3-9]-3 で算出された Q_L, Q_W, Q（$=Q_L+Q_W$）の値と比 Q_W/Q_L を，従来の 2 点圧力法で算出された値 Q'_{1-3} と共に Table [3-9]-1 に示します．

Table [3-9]-1. Gas-flow rates Q_L, Q_W, Q $(=Q_L+Q_W)$, and the ratios Q_W/Q_L by the 3PP method, compared with the rates Q_{1-3} by the conventional 2PP method.
H. Hirano and N. Yoshimura (1986) [3-9]

Elapsed times (min)	Measured pressure (Pa)			Gas-flowrates (Pa/s)					
				Calculated by the new 3PP method				By the 2PP method *	Ratios
	P1 (k=0.1)	P2 (k=0.4)	P3 (k=0.9)	Q_L	Q_W	Q_W/Q_L	Q	Q'_{1-3}	Q''_{1-3}/Q
5	1.23×10^{-5}	2.13×10^{-5}	3.33×10^{-5}	2.3×10^{-4}	1.8×10^{-4}	0.80	4.1×10^{-4}	3.2×10^{-4}	0.78
15	1.18×10^{-5}	2.07×10^{-5}	3.19×10^{-5}	1.9×10^{-4}	2.2×10^{-4}	1.13	4.1×10^{-4}	3.0×10^{-4}	0.73
25	1.15×10^{-5}	2.07×10^{-5}	3.19×10^{-5}	1.8×10^{-4}	2.5×10^{-4}	1.36	4.3×10^{-4}	3.1×10^{-4}	0.71
5	3.72×10^{-5}	6.87×10^{-5}	1.10×10^{-4}	7.6×10^{-4}	6.7×10^{-4}	0.89	1.4×10^{-3}	1.1×10^{-3}	0.76
15	3.72×10^{-5}	6.87×10^{-5}	1.10×10^{-4}	7.6×10^{-4}	6.7×10^{-4}	0.89	1.4×10^{-3}	1.1×10^{-3}	0.76
25	3.72×10^{-5}	6.87×10^{-5}	1.10×10^{-4}	7.6×10^{-4}	6.7×10^{-4}	0.89	1.4×10^{-3}	1.1×10^{-3}	0.76
5	3.46×10^{-4}	6.39×10^{-4}	1.09×10^{-3}	1.0×10^{-2}	2.2×10^{-3}	0.22	1.2×10^{-2}	1.1×10^{-2}	0.91
15	3.46×10^{-4}	6.45×10^{-4}	1.11×10^{-3}	1.0×10^{-2}	2.0×10^{-3}	0.19	1.2×10^{-2}	1.1×10^{-2}	0.92
25	3.46×10^{-4}	6.45×10^{-4}	1.12×10^{-3}	1.1×10^{-2}	1.4×10^{-3}	0.13	1.2×10^{-2}	1.2×10^{-2}	0.94
5	3.46×10^{-3}	6.04×10^{-3}	1.05×10^{-2}	1.1×10^{-1}	-9.6×10^{-3}	-0.09	1.0×10^{-1}	1.1×10^{-1}	1.05
15	3.46×10^{-3}	6.04×10^{-3}	1.04×10^{-2}	1.1×10^{-1}	-3.6×10^{-3}	-0.03	1.0×10^{-1}	1.0×10^{-1}	1.02
25	3.46×10^{-3}	6.04×10^{-3}	1.04×10^{-2}	1.1×10^{-1}	-3.6×10^{-3}	-0.03	1.0×10^{-1}	1.0×10^{-1}	1.02

* Calculated by the conventional 2PP method.

Table [3-9]-1 は以下の証拠を示しています.

(1) リーク導入開始15分経過後には圧力は平衡に達しており，パイプの内壁面は吸着ガスで平衡状態になっています.

(2) リーク導入量 Q_L は経過時間には殆ど無関係です．一方，ガス放出量（rate）Q_W は，$P1=3.72\times10^{-5}$ Pa における Q_W は例外ですが，リーク導入後の経過時間に依存しています．比 Q_W/Q_L は圧力上昇とともに減少し，最後には，10^{-3} Pa レンジでは負の値になります．負の比は，パイプ壁が導入リークガスを実効的に収着することを意味しています．10^{-5} Pa レンジの正の大きい比（1前後）は，パイプ壁のガス放出量がリーク量と同程度であることを示しています.

(3) 従来の2PP パイプ法で計算された Q'_{1-3} の値は，10^{-3} Pa レンジにおける Q'_{1-3} 値は例外として，対応する Q の値より小さく，10^{-5} Pa レンジにおける Q'_{1-3} の値は Table [3-9]-1 の最後の列にみられるように，対応する Q の値より20%～30%小さくなります.

パイプのガス放出量（rate）は，圧力レベルに依存して大きく変わります．したがって，パイプ壁のガス放出の影響は，パイプ内のガスの流量を計算する式に反映させなければならないと考えます．新しいパイプ3点圧力法は実際のガス流量を正確に，測定・計算できます.

2. 従来のパイプ2点法によるガス流量の測定

Fig. [3-9]-1 の系で，従来のパイプ2点圧力法による流量の測定を行うとすると，圧力 $P1$ と $P3$，圧力 $P1$ と $P2$，そして圧力 $P2$ と $P3$ の3つを用いることが考えられます．比較のために，3つの圧力による組み合わせ各々の流量を，Table [3-9]-1 に比較しました．なお，3つの圧力組み合わせによる流量は次の3つの式で算出されます.

$$Q'_{1\text{-}3}=15(P3-P1)\ \text{（既出です）} \quad [3\text{-}9]\text{-}5$$

$$Q'_{1\text{-}2}=40(P2-P1) \quad [3\text{-}9]\text{-}6$$

$$Q'_{2\text{-}3}=24(P3-P2) \quad [3\text{-}9]\text{-}7$$

これらの式で，15（L/s），40（L/s），24（L/s）は各々2つのゲージ間のコンダクタンスです．25分経過した時点において，従来法で算出した各々のガス流量を新しいパイプ3点圧力法で算出した Q 値とともに，Table [3-9]-2 に示します.

Table [3-9]-2. Gas flow rates Q'_{1-3}, Q'_{1-2}, and Q'_{2-3} by the conventional 2PP method, compared with the rate Q by the new 3PP method, all at a time of 25 min and various pressures. H. Hirano and N. Yoshimura (1987) [3-9]

Measured pressures (Pa)			Gas flow rates (PaL/s)			
			By the new 3 PP method	Calculated by the conventional 2 PP method		
$P1$ ($k=0.1$)	$P2$ ($k=0.4$)	$P3$ ($k=0.9$)	Q	Q'_{1-3}	Q'_{1-2}	Q'_{2-3}
1.15×10^{-5}	2.07×10^{-5}	3.19×10^{-5}	4.3×10^{-4}	3.1×10^{-4}	3.7×10^{-4}	2.7×10^{-4}
3.72×10^{-5}	6.87×10^{-5}	1.12×10^{-3}	1.4×10^{-3}	1.1×10^{-3}	1.3×10^{-3}	9.9×10^{-4}
3.46×10^{-4}	6.45×10^{-4}	1.12×10^{-3}	1.2×10^{-2}	1.2×10^{-2}	1.2×10^{-2}	1.1×10^{-2}
3.46×10^{-3}	6.04×10^{-3}	1.04×10^{-2}	1.0×10^{-1}	1.0×10^{-1}	1.0×10^{-1}	1.0×10^{-1}

Table [3-9]-2 に示したように，従来方法で測定された流量 Q'_{1-3}，Q'_{1-2}，Q'_{2-3} 間の差異は，圧力レベルが低くなるにつれてより大きくなり，これらの流量のうちでは流量 Q'_{1-2} が最も大きく，新しいパイプ3点圧力法で算出した流量 Q に最も近い値を示しています．

ガス放出を示すパイプでは，上流でのガス流量 (rate) は下流での流量よりも小さくなり．一方，新しいパイプ3点圧力法では，ゲージの位置にかかわらず，正しい流量を与えます．

3 排気速度測定への応用

Fig. [3-9]-1 に用いられているスパッタイオンポンプ（公称 60 L/s, triode type）の排気速度は，新しい3点パイプ圧力法で測定されたポンプへのガス流量 Q ($=Q_L+Q_W$) と真空ゲージ G4 で測定されたテストドーム圧力 $P4$ を用いて，以下の仮定 (1)，②の下で計算できます．

(1) テストドームのガス放出量 (rate) が，テストドームへ流入するガス流入量 (rate) に比べて，無視できるほど小さい．

(2) スパッタイオンポンプの到達圧力は，テスト圧力に比べて無視できるほど低い．

窒素ガスに対するポンプ排気口における圧力 $P0$ と排気速度 $S0$ は，以下のように算出されます．

$$P0 = P4 - Q/1200$$

$$S0 = Q/P0$$

ここで 1200 (L/s) は，ポンプ排気口と真空ゲージ G4 との間のコンダクタンス，P4 は G4 で測定した，テストドームの圧力です．

従来法による排気速度 $S0'$ も，式 [3-9]-5 の Q'_{1-3} を用いて算出しました（従来の 2PP 法）．

新しいパイプ3点圧力法で計算した $S0$ と $P0$ の値と，従来法である 2PP 法で計算された $S0'$ と $P0'$ の値を Table [3-9]-3 に載せます．新しいパイプ3点圧力法で計算した $S0$ は従来法の $S0'$ と比べて，特に低い圧力領域において，かなり大きい排気速度を示しています．

Table [3-9]-3.　Values of Q, $P0$ and $S0$ by the new 3PP method and Q'_{1-3}, $P0'$, and $S0'$ by the conventional 2PP method at elapsed times of 5, 15, and 25 min atvarious pressure levels. The ratios $S0'/S0$ are also presented.
H. Hirano and N. Yoshimura (1987) [3-9]

Elapsed times	Measured Pressures	Values calculated by the new 3PP method			Values calculated by the conventional 2PP method			Ratios
t (min)	$P4$ (Pa)	Q (PaL/s)	$P0$ (Pa)	$S0$ (L/s)	Q'_{1-3} (PaL/s)	$P0'$ (Pa)	$S0'$ (L/s)	$S0'/S0$
5	8.24×10^{-6}	4.1×10^{-4}	7.9×10^{-6}	51.2	3.2×10^{-4}	8.0×10^{-6}	39.5	0.77
15	8.01×10^{-6}	4.1×10^{-4}	7.7×10^{-6}	53.5	3.0×10^{-4}	7.8×10^{-6}	38.9	0.73
25	7.78×10^{-6}	4.1×10^{-4}	7.4×10^{-6}	57.9	3.1×10^{-4}	7.5×10^{-6}	40.7	0.70
5	2.40×10^{-5}	1.4×10^{-3}	2.3×10^{-5}	62.6	1.1×10^{-3}	2.3×10^{-5}	47.3	0.76
15	2.40×10^{-5}	1.4×10^{-3}	2.3×10^{-5}	62.6	1.1×10^{-3}	2.3×10^{-5}	47.3	0.76
25	2.40×10^{-5}	1.4×10^{-3}	2.3×10^{-5}	62.6	1.1×10^{-3}	2.3×10^{-5}	47.3	0.76
5	1.83×10^{-4}	1.2×10^{-2}	1.7×10^{-4}	71.1	1.1×10^{-3}	1.7×10^{-4}	64.2	0.90
15	1.94×10^{-4}	1.2×10^{-2}	1.8×10^{-4}	67.9	1.1×10^{-2}	1.8×10^{-4}	62.1	0.92
25	1.94×10^{-4}	1.2×10^{-2}	1.8×10^{-4}	67.0	1.2×10^{-2}	1.8×10^{-4}	63.0	0.94
5	1.94×10^{-3}	1.0×10^{-1}	1.9×10^{-3}	54.3	1.1×10^{-1}	1.9×10^{-3}	57.0	1.05
15	2.06×10^{-3}	1.0×10^{-1}	2.0×10^{-3}	51.8	1.0×10^{-1}	2.0×10^{-3}	52.8	1.02
25	2.06×10^{-3}	1.0×10^{-1}	2.0×10^{-3}	51.8	1.0×10^{-1}	2.0×10^{-3}	52.8	1.02

圧力設定後25分経過した時点での，圧力に対する窒素排気速度特性曲線を Fig. [3-9]-4 に示しますが，そこで実線は，新しい3PP法で算出された Q の値を用いて算出された排気速度 $S0$ を示し，破線曲線は，従来パイプ法による Q'_{1-3} の値を用いて算出された $S0'$ の特性を示しています．

3PP法は，圧力が正確に測定されるならば真のガス流量を与え，したがってポンプの正しい排気速度特性を導出します．

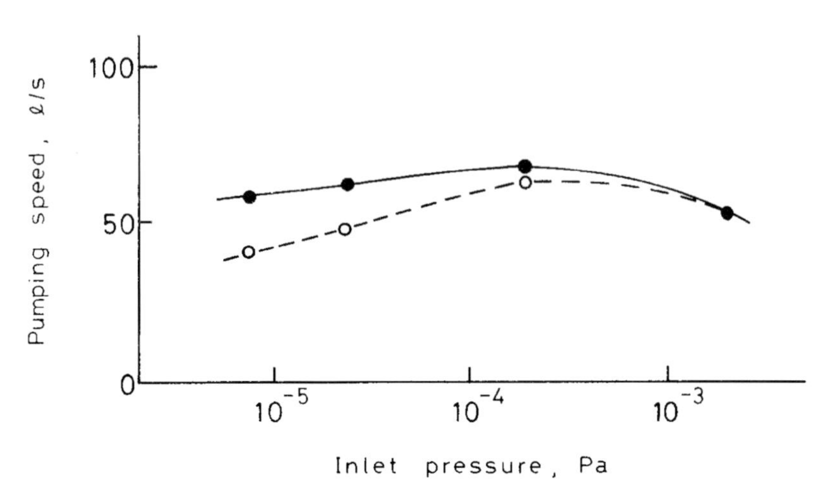

Fig. [3-9]-4.　Pumping speeds for nitrogen as a function of pressure at an elapsed time of 25 min. –●– S_0 by the 3PP method, - - ○ - - S_0' by the conventional pipe method.
H. Hirano and N. Yoshimura (1986) [3-9]

コメント

従来のパイプ流量法では，パイプ壁からのガス放出量は導入リーク量と比べて十分に小さいと考えて，流量を計算していました．これは，パイプは実験前に十分に真空焼きだし処理をしているから，導入リークガスに比べてガス放出量は十分に小さいはず，と考えていたからだと思われます．しかし，パイプ壁は管内の導入したリークガスも収着していますから，パイプ壁からのガス放出量（rate）は，導入ガスの流量と比べて無視できなくなっています．

文献［3-9］

［20］ R. P. Govier and G. M. McCracken, *J. Vac. Science Technol.*, **7**（1970）552.

［21］ R. Calder, A. Grillot, F. Le Normand and A. Mathewson, *Proc. 7th Int. Congr. and 3rd Int. Conf. Solid Surfaces*（1977）p. 231.

［22］ J. M. Laurent, C. Benvenuti and F. scalambin, *Proc. 7th Int. Congr. and 3rd Int. Conf. Solid Surfaces*（1977）p. 113

［23］ P. C. Arnold and D. G. Bills, *J. Vac. Science Technol.*, **A2**（1984）p. 159.

3-6 新しいパイプ2点圧力法とパイプ1点圧力法

（N. Yoshimura and H. Hirano, 1986から）

N. Yoshimura and H. Hirano（1989）［3-10］は，“Two-point pressure method for measuring the outgassing rate”と題した論文を発表しました．

パイプに沿って1点での圧力を測定するパイプ1点圧力法（1PP method）は，金属パイプのガス放出量を測定する最も簡単な方法ですが，これはパイプ2点圧力法（2PP method）を簡単化したものです．この新しいパイプ2点圧力法（2PP method［3-10］）は，パイプの中を流れる流量を正確に測定するために考案された，パイプ3点圧力法（3PP method, H. Hirano and N. Yoshimura（1986）［3-8］）を簡単化したものです．

アブストラクト［3-10］

長尺の板状サンプル材料や，パイプ自体のガス放出量を測定するための「新しいパイプ2点圧力法」を紹介します．この方法では，パイプに沿って2点の圧力を測定してガス放出量を算出します．この方法で，ベルト研磨SUS304板とバフ研磨SUS304板のガス放出量を，実際の高真空システムで期待できる低い圧力の下で測定しました．加えて，1点圧力法（1PP method）を紹介しますが，その有用性を実験装置で測定された圧力で検証しました．そして，同じ種類のSUS304板のガス放出量を，従来のオリフィス法による測定値と比較しました．

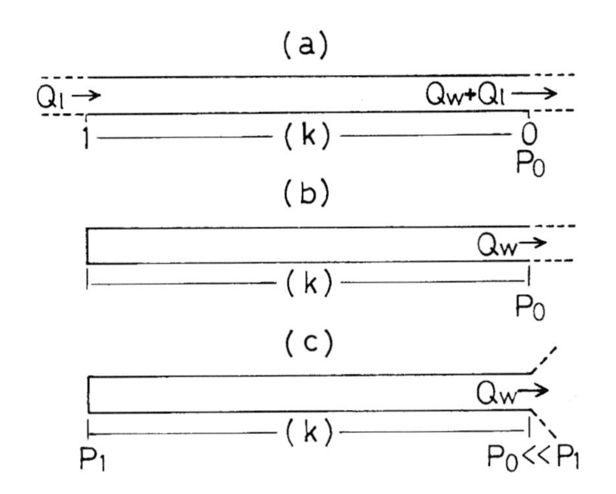

Fig. [3-10]-1.　Outgassing pipe systems. (a) Pipe of a conductance C with a leak rate Q_L, (b) pipe with an end plate whose outgassing rate is negligibly small, and (c) pipe evacuated by a high pumping speed.
N. Yoshimura and H. Hirano (1989) [3-10]

1．原理

未知の導入リーク量 Q_L を伴い，未知のガス放出量が流れている．コンダクタンス C のパイプを考えてみましょう（**Fig. [3-10]-1 (a)**）．パイプは未知の排気速度で排気されていますが，パイプの単位長さ当たりのガス放出量は，その位置にかかわらず同じであると仮定します．この仮定の下で，割合 k $(0 < k < 1)$ で示される位置の圧力 P_k は式 [3-10]-1（**3-4** の式 [3-8]-2 と同じ）で与えられます．

$$P_k = P_0 + \frac{k(Q_L + (1 - k/2)Q_W}{C} \qquad [3\text{-}10]\text{-}1$$

式 [3-10]-1 には3個の未知の因子，Q_L, Q_W, P_0 が含まれています．これらの3つの因子は位置 k_i で表わされるパイプの3点で測定された，3つの圧力 P_{k1}, P_{k2}, P_{k3} を用いて計算できます．

次に，**Fig. [3-10]-1 (b)** に示されているように，リーク量 Q_L のない，ガス放出している管からなる，簡単な系を考えましょう．管の先の端板（蓋）のガス放出量が無視できるほど小さい場合，この仮定は一般に成り立ち，k の位置での圧力 P_k は次式 [3-10]-2 で与えられます．

$$P_k = P_0 + \frac{k(1 - k/2)Q_W}{C} \qquad [3\text{-}10]\text{-}2$$

この式には2つの未知の因子 P_0 と Q_W が含まれています．したがって，Q_W の値は，2つの位置 k_1 と k_2 で測定された2つの圧力 P_{k1} と P_{k2} を用いて，次式 [3-10]-3 のように計算できます．

$$Q_W = \frac{C\left(P_{k2} - P_{k1}\right)}{\left(k_2 - k_1\right)\left[1 - \left(k_1 + k_2\right)/2\right]} \qquad [3\text{-}10]\text{-}3$$

これに基づく測定方法を「新しいパイプ2点圧力法」と呼ぶことにします．最後に，**Fig. [3-10]-1 (c)** に示されているように，パイプがそのコンダクタンス C より十分に大きい速度で排気されている場合を考えましょう．この場合，パイプの入り口での圧力 P_0 をゼロとして扱うことができます．その結果，位置 k での1点の圧力から，パイプのガス放出量 Q_W を次式 [3-10]-4

のように，簡単に導出できます．

$$Q_W = \frac{CP_k}{k(1-k/2)} \qquad [3\text{-}10]\text{-}4$$

これに基づく法を「新しいパイプ1点圧力法」（または簡単に「1PP法」）と呼びます．

コメント

k を0.8ととれば，式[3-10]-4は簡単に次式[3-10]-5となります．

$$Q_W = \frac{CP_{0.8}}{0.8(1-0.4)} = 2.08CP_{0.8} \cong 2CP_{0.8} \qquad [3\text{-}10]\text{-}5$$

なお，超高真空ゲージは，ガス放出の少ないエクストラクターゲージ（EG）が適しています．

パイプ端ではガスの流れが乱れるので，真空ゲージの位置は少なくとも，端板からパイプの直径の2倍程度は離して取り付ける必要があります．

3-7 ゲージ間の相対的感度補正

新しいパイプ2点圧力法，あるいは新しいパイプ3点圧力法では，複数の真空ゲージが用いられますから，ゲージ間の相対感度補正を行う必要があります．

パイプに沿って2つの真空ゲージG1とG2（同種類のゲージ，例えばBAゲージ）が付いている超高真空系を想定してみましょう．この場合には，2つのゲージ間の感度の差異を補正する必要があるということになります．

パイプが真空ポンプで排気されているある時点での真空ゲージG1とG2の指示値を，P_1，P_2とします．超高真空バルブを閉じると，パイプ内のガスの一方向への流れは止まるので，パイプ内は同一圧力になります．排気停止のときの2つのゲージの，同時に測定した指示値を，P_{01}，P_{02}とします．この時のパイプ内圧力は P_0 は，

$$P_0 = \frac{P_{01} + P_{02}}{2}$$

と考えることができるので，ゲージG1の相対感度補正係数 k_1 は，

$$P_1 \times k_1 = \frac{P_{01} + P_{02}}{2}$$

これにより，

$$k_1 = \frac{P_{01} + P_{02}}{2P_1} \qquad [3\text{-}10]\text{-}6$$

同様にゲージG2の相対感度補正係は，

$$k_2 = \frac{P_{01} + P_{02}}{2P_2} \qquad [3\text{-}10]\text{-}7$$

パイプに沿って3つのゲージG1，G2，G3が用いられているときの相対感度補正係数は，

$$k_1 = \frac{P_{01} + P_{02} + P_{03}}{3P_1} \qquad [3\text{-}10]\text{-}8$$

$$k_2 = \frac{P_{01} + P_{02} + P_{03}}{3P_2} \qquad [3\text{-}10]\text{-}9$$

$$k_3 = \frac{P_{01} + P_{02} + P_{03}}{3P_3} \qquad [3\text{-}10]\text{-}10$$

となります.

注記：
スパッタイオンポンプの排気速度が複数の真空ゲージを用いて，流量法で測定されていますが，真空ゲージ間の相対感度補正が行われています.
スパッタイオンポンプの排気系では，遮断バルブを用いないケースがよくあります．このような系で複数の真空ゲージ間の感度補正を行う場合には，スパッタイオンポンプの電源を切り，イオンポンプ作用とゲッターポンプ作用が停止するのを待ってから，ゲージ間の相対的感度補正を行います.

N. Yoshimura（1990）[3-11] は,「真空材料のガス放出量の測定方法の検討（“Discussion on methods for measuring the outgassing rate”）と題した論文（日本語）を発表し，そこで「差動的圧力上昇法」と「新しいパイプ1点圧力法」を詳しく解説しました.

引用文献

[3-1] B. B. Dayton, “Relations Between Size of Vacuum Chamber, Outgassing Rate, and Required Pumping Speed”, 1959 *6th National Symposium on Vacuum Technology Transactions*（Pergamon Press 1960）, p.101-119.

[3-2] A. Schram, “La desorption sous vide”, *LE VIDE*, No. 103, pp. 55-68（1963）.

[3-3] A. Berman, I. Hausman, and A. Roth, “Corrections in outgassing rate measurements by the variable conductance method”, *Vacuum* **21**（9）, pp. 373-377（1971）.

[3-4] K. Terada, T. Okano, and Y. Tuzi, “Conductance modulation method for the measurement of the pumping speed and outgassing rate of pumps in ultrahigh vacuum”, *J. Vac. Sci. Technol. A* **7**（3）, pp. 2397-2402（1989）.

[3-5] N. Yoshimura, H. Oikawa, O. Mikami, “Measurement of outgassing rates from materials by differential pressure rise method”, *J. Vac. Soc. Japan* **13**（1）, pp. 23-28（1970）（in Japanese）.

[3-6] N. Yoshimura, “A differential pressure-rise method for measuring the net outgassing rates of a solid material and for estimating its characteristic values as a gas source”, *J. Vac. Sci. Technol. A* **3**（6）, pp. 2177-2183（1985）.

[3-7] D. F. Munro and T. Tom, “Speed measuring of ion getter pumps by the ‘three-gauge method”, *1965 Trans. 3rd Internl Vacuum Congress*, pp. 377-380.

[3-8] H. Hirano and N. Yoshimura, “A three-point pressure method for measuring the gas-flow rate through a conducting pipe”, *J. Vac. Sci. Technol. A* **4**（6）, pp. 2526-2530（1986）.

[3-9] H. Hirano and N. Yoshimura, “A Three-point pressure Method for Measuring theGas-flow rate through a Conducting Pipe”（in Japanese）, *Shinkuu*（succeded to *J. Vac. Soc. Jpn*）**30**（6）, pp. 531536（1987）.（in Japanese）

[3-10] N. Yoshimura and H. Hirano, “Two-point pressure method for measuring the outgassing rate”, *J. Vac. Sci. Technol. A* **7**（6）, pp. 3351-3355（1989）

[3-11] N. Yoshimura, “Discussion on methods for Measuring the Outgassing Rate” *Vac. Soc. Jpn.* **33**（5）, pp. 475-481（1990）.（in Japanese）

第 3 章のおわりに

超高真空システム構成材料のガス放出量を測定する方法ですが，最も合理的な方法は **3-6** で述べました「新しいパイプ２点圧力法」だと考えられます．ガス放出量は実際のシステムのように，パイプを介して排気されますが，サンプル材料で排気パイプを製作して，パイプに沿った２点の測定圧力からガス放出量を算出できます．

超高真空システムを対象にしていると言っても，エラストマーＯリングや電線被覆材なども，超高真空系内に使用しなければならない場合があります．このような材料サンプルもステンレス鋼線などを使用して，パイプの長軸に沿って並べることにより，「新しいパイプ２点圧力法」でそのガス放出量を測定することができます．

ここで，パイプのガス放出量がパイプに導入したガス流量を比べて無視できない，ということについて，考察しておきます．

新しいパイプ流量法にせよ，従来のパイプ流量法にせよ，測定したパイプシステムは十分に脱ガス処理されています．そして実際に，ニードルバルブから乾燥窒素ガスをリークさせる直前まで，非常に低い圧力の超高真空に達していたのです．そのような条件の下で，乾燥窒素ガスをリークさせるのですが，パイプ内圧力は２桁近く高い圧力まで上昇させていますから，リーク量（rate）はリークする前のパイプのガス放出量の２桁近く大きい，と言えます．では，なぜパイプのガス放出量が増大したのでしょうか？

ひとことでいえば，導入した窒素ガスが頻繁にパイプ内面に入射し，パイプの表面酸化層の浅い内部に収着され，その結果，ガス放出量が増大したからです．

第２章 2-3，4「排気弁の開閉を繰り返したときの圧力上昇特性」に示されている，圧力上昇曲線　群（**Fig. [2-9]-2.** Pressure-rise curves for the isolated pipe which had been *in situ* baked（150℃，20 時間）をみてください．排気弁を閉じて，パイプチャンバーから放出されたガスをチャンバー内にため，排気弁を開けて，たまったガス分子をポンプで排気する，という動作を繰り返すだけで，パイプチャンバーのガス放出量は大幅に増えるのです．それは，表面のガスの再収着と拡散移動，そして再脱離が原因です．

第２章では排気弁の開閉を繰り返したときのガス放出量の増大現象を次のように考察しています．

「圧力上昇して高い圧力になっているときには，表面から脱離したガス分子はチャンバー壁面に高い頻度で入射し，内壁面の浅い場所にたくさんのガス分子が収着します．その結果，チャンバーの内部を短時間再排気し，再び排気弁を閉じたとき，高いガス放出量を示します．」

リーク弁からガスを導入すると，パイプのガス放出量が増大しましたが，その理由は本質的には，排気弁の開閉を繰り返したときの理由と同じです．

スパッタイオンポンプの排気速度特性が，ガス導入の往復で異なっている原因ですが，従来はポンプ自身の排気特性の変化に要因があると考えられていましたが，パイプのガス放出量の変化を考慮に入れる必要があります．

第４章

ガス放出量や透過係数などのデータ

はじめに

発表されている各種材料のガス放出量（rate）を前処理や排気の条件，測定方法などと共に示します．

超高真空系にも，エラストマーやテフロンなどの有機材料が使用されています．アルミナ碍子やステアタイトなどのセラミックスは，電子顕微鏡などの電子線プローブを用いる超高真空システムに多用されています．発表されているデータは，データ集として整理しておくと便利です．ガス放出量は値そのものよりも値の大小の比較で，「こちらの材料の方がガス放出が少ない」というように，選ばれることが多いと考えます．ガス放出量のデータから，想定している真空システム用の候補材料を選出し，想定している前処理を施して，ガス放出量をチェックする，という手順を踏むことが大切だと考えます．

コメント

ガス放出量はガス放出速度と記述される場合もあります．

4-1　構成材料のガス放出量や透過係数

真空系構成材料のガス放出などのデータを紹介します．

4-1.1　B. B. Dayton (1959) のデータ

B. B. Dayton (1959) [4-1] は，自身が測定したデータや多くの研究者のデーターをレビューして，透過係数，拡散係数，ガス放出量の膨大なデータ を表にまとめました．

次ページから，たくさんのデータを紹介します．

Table [4-1]-1. Permeability Coefficient, U_{nm}, for Gases through Non-Metallic Materials in cm^3 (s.t.p.)-sec^{-1}-cm^{-2} for a Pressure Gradient of 1 Torr/mm.
B. B. Dayton (1959) [4-1] From ref. [22]

Gas	Material	Temp. (℃)	U_{nm}
Helium (He)	Neoprene	0	2.2×10^{-10}
	(vulcanized with fillers)	30.4	7.8×10^{-10}
		101.3	9.4×10^{-9}
Helium (He)	Rubber (2% S, 45 min volu'ed)	20	8.6×10^{-10}
Hydrogen (H_2)	Neoprene	18.2	9.0×10^{-10}
	(vulcanized com'ercial)	26.9	1.3×10^{-9}
		63.7	5.3×10^{-9}
Nitrogen (N_2)	Neoprene	27.1	1.4×10^{-10}
		35.4	2.3×10^{-10}
		84.7	2.2×10^{-9}
Argon (Ar)	Neoprene	36.1	6.8×10^{-10}
		86.2	6.6×10^{-9}
Hydrogen (H_2)	Bakelite	20.0	9.5×10^{-12}
		34.2	1.6×10^{-11}
Nitrogen (N_2)	Bakelite	20.0	9.5×10^{-13}
		36.1	4.7×10^{-12}
Helium (He)	Soda glass	283	9.8×10^{-13}
Helium (He)	Pyrex	0	3.7×10^{-13}
		20	6.4×10^{-13}
		300	3.8×10^{-11}
Air	Porcelain	25	1.1×10^{-13}
Air	Rubber	25	4.2×10^{-10}
Water	Soft rubber (vulcanized)	25	2.5×10^{-7}

Table [4-1]-2. Constants for Permeability of Metals by Gases
Calculated Value of U_{nm} at T_m = 289 K (25℃).
B. B. Dayton (1959) [4-1]. Ref. [25]
[anm and U_{nm} in units of cm^3 (s.t.p.) $-sec^{-1}-cm^{-2}$-mm-$Torr^{-1}$]

Gas	Material	E_{nm} (cal/mole)	a_{nm}	U_{nm} (T_m = 298 K)
H_2	Nickel	26,800	1.05×10^{-2}	1.5×10^{-12}
H_2	Platinum	36,000	1.18×10^{-2}	7.5×10^{-16}
H_2	Copper	33,200	2.3×10^{-3}	1.4×10^{-15}
H_2	Iron	19,200	1.63×10^{-3}	1.4×10^{-10}
H_2	Aluminum (anodized)	86,000	4.2×10^{-1}	1.1×10^{-32}
H_2	Molybdenum	40,400	9.3×10^{-3}	1.4×10^{-17}
N_2	Molybdenum	90,000	8.3×10^{-2}	8.1×10^{-35}
N_2	Iron	47,600	4.5×10^{-3}	1.5×10^{-20}
CO	Iron	37,200	1.3×10^{-3}	2.8×10^{-17}
O_2	Silver	45,200	3.75×10^{-2}	9.4×10^{-19}

Table [4-1]-3. Solubility Coefficients for Common Gases in Typical Solids.
B. B. Dayton (1959) [4-1]

Gas	Solid	Temp. (℃)	s_{nm} cm^3 (s.t.p.)/cm^3 (1 Torr)	$(760)^{1/j}s_{nm}$ cm^3 (s.t.p.)/cm^3 (760 Torr)	Ref.
H_2	Rubber (natural)	25	5.1×10^{-5}	0.039	[24]
O_2	Rubber (natural)	25	1.3×10^{-4}	0.099	[24]
N_2	Rubber (natural)	25	6.8×10^{-5}	0.052	[24]
CO_2	Rubber (natural)	25	1.2×10^{-4}	0.90	[24]
H_2	Perbunan	25	3.7×10^{-5}	0.028	[24]
O_2	Perbunan	25	1.0×10^{-4}	0.079	[24]
N_2	Perbunan	25	4.6×10^{-5}	0.035	[24]
H_2	Neoprene G	25	3.8×10^{-5}	0.029	[24]
O_2	Neoprene G	25	9.9×10^{-5}	0.075	[24]
N_2	Neoprene G	25	4.7×10^{-5}	0.036	[24]
Ar	Neoprene	36	2.0×10^{-4}	0.155	[22]
He	Pyrex	500	1.1×10^{-5}	0.0084	[22]
H_2	Silica	300	8×10^{-6}	0.006	[22]
N_2	Iron	750	6.9×10^{-4}	0.021	[25]
H_2	Iron	400	9.9×10^{-4}	0.027	[26]
H_2	Stainless steel	400	9.2×10^{-3}	0.25	[37]
H_2	Copper	400	1.8×10^{-4}	0.0051	[26]
H_2	Molybdenum	420	6.2×10^{-4}	0.017	[26]
H_2	Nickel	200	5.5×10^{-3}	0.15	[26]
O_2	Copper	600	1.5×10^{-2}	0.42	[26]

Table [4-1]-4.　Diffusion Coefficients (in cm^2/sec) for Gases through Non-metallic Materials.
B. B. Dayton (1959) [4-1]

Gas	Material	Temp. (℃)	D_{nm}	Ref.
H_2	Rubber (vulcanized)	25	8.5×10^{-6}	[22]
O_2	Rubber (vulcanized)	25	2.1×10^{-6}	[22]
N_2	Rubber (vulcanized)	25	1.5×10^{-6}	[22]
CO_2	Rubber (vulcanized)	25	1.1×10^{-6}	[22]
H_2	Neoprene (vulcanized)	0	3.7×10^{-7}	[22]
H_2	Neoprene (vulcanized)	17	1.03×10^{-6}	[22]
H_2	Neoprene (vulcanized)	27	1.8×10^{-6}	[22]
N_2	Neoprene (vulcanized)	27.1	1.9×10^{-7}	[22]
N_2	Neoprene (vulcanized)	35.4	3.4×10^{-7}	[22]
He	Pyrex	20	4.5×10^{-11}	[22]
He	Pyrex	500	2.0×10^{-8}	[22]
H_2	Perbunan	25	4.1×10^{-6}	[24]
H_2	Perbunan	43	8.2×10^{-6}	[24]
N_2	Perbunan	25	2.5×10^{-7}	[24]
N_2	Perbunan	43	6.3×10^{-7}	[24]
H_2O	0080 Glass	430	6.1×10^{-13}	[36]
H_2O	0080 Glass	530	6.1×10^{-11}	[36]

Table [4-1]-5.　Diffusion Coefficients (in cm^2/sec) for Gases through Metals.
B. B. Dayton (1959) [4-1]

Gas	Metal	Temp. (℃)	D_{nm}	Ref. e = extrap.
N_2	Iron	400	1×10^{-8}	[39]
N_2	Iron	25	5×10^{-15}	[39] e
H_2	Nickel	85	1.16×10^{-8}	[22]
H_2	Nickel	25	1×10^{-9}	[22] e
H_2	Iron	20	2.6×10^{-9}	[22]
CO	Nickel	700	2.5×10^{-8}	[22]
CO	Nickel	25	2×10^{-20}	[22] e
O_2	Steel	1000	7.5×10^{-10}	[26]

Table [4-1]-6. Constants for Permeation and Diffusion of Gases through Non-Metallic Materials. B. B. Dayton (1959) [4-1]

Enm = activation energy for permeation; a_{nm} = const. in equation

H_{nm} = activation energy for diffusion; d_{nm} = const. in equation

Temperature range: 10–100℃

Gas	Material	E_{nm} (cal/mole)	a_{nm} (perm. units)	H_{nm} (cal/mole)	d_{nm} (cm^2/sec)	Ref.
H_2	Rubber (natural)	6,900	6.0×10^{-4}	5,900	0.23	[24]
O_2	Rubber (natural)	6,600	1.1×10^{-3}	7,500	0.57	[24]
N_2	Rubber (natural)	9,300	6.2×10^{-3}	8,700	2.9	[24]
He	Rubber (natural)	6,500	1.8×10^{-4}	–	–	[24]
H_2	Neoprene G	8,100	1.2×10^{-3}	6,600	0.28	[24]
O_2	Neoprene G	9,900	7.1×10^{-3}	9,400	3.1	[24]
N_2	Neoprene G	10,600	7.4×10^{-3}	10,300	9.3	[24]
N_2	Perbunan	11,000	1.4×10^{-2}	10,200	7.2	[24]
He	Perbunan	7,000	1.6×10^{-4}	–	–	[24]
He	Pyrex	6,200	2.6×10^{-8}	6,500	4.8×10^{-4}	[40]

Table [4-1]-7. Outgassing Rate Constants for Non-Metallic Materials. B. B. Dayton (1959) [4-1]

A_m = area of sample (cm^2) ;
S_α = pumping speed for air at 25℃ (L/sec) ;
K_1 = air equivqlent outgassing rate after 1 hr of pumping (Torr-L-sec^{-1}-cm^{-2}) ;
K_4 = outgassing rate after 4 hr of pumping;
α_1 = absolute value of slope of log-log graph of outgassing rate vs. time after 1 hr of pumping;
α_4 = absolute value of slope of log-log graph after 4 hr;
t_m = time at which α begins to increase rapidly above α_1 for given sample (hr) ;
w_m^2 = square of sample thickness, w_m (mm).

Material	Am	S_α	10^7K_1	α_1	10^7K_4	α_4	t_m	w^2_m	Ref.
A. Elastomers									
1. Natural gum rubber (32 Durometer)	75	0.5	12	0.5	6.0	0.5	12	9	[41]
Natural gum rubber (32 Durometer)	1	0.5	13	0.5	6.5	0.5	10	9	[41]
2. Natural white rubber J.1260 total outgassing	100	0.35	11.5	0.4	6.6	0.42	5	2.6	[43]
3. Natural white rubber J.1260 non-condensable in liquid air	100	0.35	2	0.5	0.2	1.6	–	2.6	[43]
4. Natural crepe rubber (vulcanized with S 20 min)	22.2	0.7	73	0.7	31	0.65	–	*	[7]
5. Natural crepe rubber (vulcanized with Te 20 min)	22.2	0.7	61	0.5	28	0.60	–	*	[7]
6. Neoprene F-905	65	0.3	50	0.49	25	0.55	> 30	16	[41]
7. Neoprene 60° Shore	–	1	80	0.45	43	0.49	> 7	–	[10]
8. Neoprene	65	3.5	300	0.4	180	0.4	15	–	[11]
9. Neoprene (24 hr at 95% humidity)	7.6	0.32	1400	0.75	480	0.96	> 5	–	[9]
10. Neoprene (outgassing + 24 hr dry N_2)	7.6	0.32	120	0.5	–	–	–	–	[9]
11. Neoprene GNA V-4-2) (1/2 hr 50% rel. humidity)	30	2	–	–	30	–	–	–	[44]
12. Neoprene (bell jar gasket, 50 Durometer)	68	0.4	30	0.5	14.5	0.5	–	*	[41]
13. Neoprene 1157 (sulfur free)	65	1.5	54	0.45	30	0.45	> 20	10	
14. Red vacuum hose (24 hr at 95% humidity)	141	0.32	88	0.6	30	0.8	3	*	[9]
15. Red vacuum hose (outgassing + 24 hr dry N_2)	141	0.32	11	0.5	–	–	–	*	[9]
16. Perbunan	65	3.5	35	0.3	22	0.5	5	–	[11]
17. Perbunan PD 651 (vulcanized 30 min)	22.2	0.7	56	0.4	31	0.5	4	*	[7]
18. Perbunan DR-39 (low acrylonitrile)	22.2	0.7	94	0.5	41	0.56	20	*	[7]

19. Perbunan (Bayer)	12	0.1	20	0.5	10	0.5	–	–	[3]
20. Perbunan (Bayer) (tempered)	12	0.39	4	0.59	1.2	1.1	–	–	[3]
21. Butyl GR1 (V-3) (1/2 hr 50% relative humidity)	30	2	–	–	20	–	–	–	[44]
22. Butyl (DR-41) (40%C black; vulcanized 12 min)	22.2	0.7	15	0.68	4	0.64	–	*	[7]
23. Butyl (BU. 12000)	100	0.35	20	0.64	6	0.42	–	2.6	[43]
24. Butyl (BU. 12000) (non-condensable liq. air	100	0.35	1	0.42	0.55	0.51	–	2.6	[43]
25. Convaseal	65	3.55	14	0.2	9	0.39	–	–	[11]
26. Convaseal (extruded 3/8 in. square)	39	0.4	10	0.5	4.9	0.6	> 50	91 *	[41]
27. Convaseal	100	0.4	5.0	0.46	2.6	0.4	> 30	10	[41]
28. Poly*iso*cyanate rubber D-43	22.2	0.7	280	0.45	127	0.57	10	*	[7]
29. Nygon	65	3.5	130	0.5	65	0.6	5	–	[11]
30. Hycar H-50 (ASTM spec. SB-510)	6.5	1.5	120	0.2	70	0.45	> 50	10	[41]
31. Hycar H-50 (ASTM spec. SB-510)	65	1.5	140	0.48	74	0.5	> 96	10	[41]
32. Silicone rubber (Wacker R 60)	12	0.39	70	1.07	17	1.1	–	–	[3]
33. Silicone rubber (Wacker R 80)	12	0.39	180	1.0	44	1.2	–	–	[3]
34. Silicone rubber (24 hr 95% humidity)	100	0.32	230	0.65	46	1.3	–	–	[9]
35. Silicone rubber (outgassed + 24 hr dry N_2)	100	0.32	13	0.5	–	–	–	–	[9]
36. Silastic	–	1	25	0.55	6	1.8	–	–	[10]
37. Silicone rubber	22.2	0.7	94	0.75	31	0.8	20	*	[7]
38. Silastic X-6145-C	65	1.5	25	1.0	5.6	1.07	> 96	10	[41]
39. Silastic 8-164 (red, 62 Durometer)	65	1.3	12	0.9	3.7	0.9	> 70	10	[41]
40. Silastic 80 (white, cured 24 hr at 480° F, 74 Durometer)	65	1.3	28	1.0	6.0	1.0	> 50	10	[41]
41. Silastic 50 (white,55 Durometer)	65	1.3	30	1.0	6.4	1.0	> 50	10	[41]
42. Silastic 67-163 (red, 61 Durometer)	65	1.3	19	0.93	5.4	1.0	> 50	10	[41]
B.Plastics									
1. Teflon, Dupont	12	0.23	4	0.7	1.6	0.7	–	–	[3]
2. Teflon, high temperature (24 hr at 95% humidity)	27	0.32	42	0.93	6	–	–	–	[9]

3. Teflon, high temperature (outgassed + 24 hr dry N_2)	27	0.32	0.1	2	–	–	–	–	[9]
4. Teflon, Ceroc (24 hr at 95% humidity)	42	0.32	35	0.46	19	–	–	–	[9]
5. Teflon, Dupont	65	1.5	5	0.68	1.2	1.2	3	2.6	[41]
6. PTFE	–	1	3	0.45	1.5	0.56	–	–	[10]
7. Kel-F (Oak Ridge National Laboratory)	65	1.5	0.4	0.57	0.17	0.53	–	10	[41]
8. Kel-F 270 (Resistoflex Corp.)	47	0.4	–	–	0.16	0.55	–	0.6	[41]
9. Araldite D	650	3.5	80	0.8	22	0.78	–	–	[11]
10. Araldite D	30	0.7	19	0.3	12.5	0.5	–	–	[5]
11. Araldite B	30	0.7	18	0.4	9.2	0.5	–	–	[5]
12. Araldite F	30	0.7	15	0.5	7.3	0.5	–	–	[5]
13. Araldite, Type 1 (Ciba, cured 15 hr 266° F)	62	0.4	5.5	1.3	0.9	1.3	10	0.3	[41]
14. Epoxy resin 200 (24 hr at 95% humidity)	50	0.32	110	0.6	–	–	–	–	[9]
15. Epoxy resin 200 (outgassed + 24 hr dry N_2)	50	0.32	0.2	1.6	–	–	–	–	[9]
16. Eppon Shell Oil Co. (outgassed + 24 hr dry N_2)	41	0.4	40	1.2	8.5	1.2	50	40	[41]
17. Plexiglas (Alsthom)	30	0.7	31	0.4	18	0.4	–	–	[5]
18. Plexiglas M222 (Röhm and Haas)	12	0.10	19	0.43	10	0.57	–	–	[3]
19. Plexiglas M222 (24 hr at 95% humidity)	62	0.32	115	0.65	40	0.75	–	–	[9]
20. Plexiglas M222 (outgassed + 24 hr dry N_2)	62	0.32	10	0.5	–	–	–	–	[9]
21. Mylar (24 hr at 95% humidity)	289	0.32	0.1	4.3	–	–	–	–	[9]
22. Mylar V-200 (24 hr at 95% humidity)	370	0.32	23	0.75	4	–	–	–	[9]
23. Mylar V-200 (outgassed + 24 hr dry N_2)	370	0.32	1.3	1.33	–	–	–	–	[9]
24. High temp. Thermalon (24 hr at 95% humidity)	82	0.32	13	2.3	0.1	–	–	–	[9]
25. Polyvinylchloride (24 hr at 95% humidity)	70	0.32	8.5	1.0	0.2	–	–	–	[9]
26. Polyvinylchloride (outgassed + 24 hr dry N_2)	70	0.32	0.08		3.2	–	–	–	[9]
27. Polyethylene (BASF)	12	0.10	2.3	0.5	1.15	0.5	–	–	[3]

28. Polyethylene (Dynamit-AG)	12	0.23	2.6	0.5	1.3	0.5	–	–	[3]
29. Polyamid (Bayer)	12	0.12	46	0.5	23	0.5	–	–	[3]
30. Ultramid (BASF)	12	0.1	17	0.5	8.5	0.5	–	–	[3]
31. Polystyrol (BASF)	12	0.23	16	0.5	8	0.5	–	–	[3]
32. Polystyrol (BASF)	12	0.14	6	0.5	3	0.5	–	–	[3]
33. Polystyrol (Dynamit-AG)	12	0.14	15	0.5	7.5	0.5	–	–	[3]
34. Polyurethane (Bayer)	12	0.85	5	0.5	2.5	0.5	–	–	[3]
35. Textolite 11564 (24 hr at 95% humidity)	61	0.32	55	0.7	18	1.1	–	–	[9]
36. Textolite 11564 (outgassed + 24 hr dry N_2)	61	0.32	0.1	3.3	–	–	–	–	[9]
37. Nylon	–	1	120	0.5	60	0.5	–	–	[10]
38. Peramfil (G E Co.)	57	0.4	400	1.8	40	1.2	50	23	[41]
39. Polyester (Zenith Plastic Co., fiber glass laminate)	52	0.4	23	0.84	7	0.84	50	16	[41]
40. Polyester (Plastone, fiber glass laminate)	59	0.4	25	0.84	8	0.81	50	40	[41]
41. Polyester (Perault)	30	0.4	24	0.72	13.5	0.67	40	40	[41]
42. Polyester, Norsodyne	430	0.7	16	0.36	10	0.36	100	–	[7]
43. Celluloid	12	0.39	86	0.5	43	0.5	–	–	[3]
44. Polythene	80	0.4	200	1.6	20	1.6	–	–	[41]
45. Methylmethacrylate	174	0.7	42	0.9	14	0.57	–	–	[7]
46. Epicote	82	0.7	25	0.5	12.5	0.5	–	–	[7]
C.Ceramics									
1. Porcelain, glazed	30	0.7	6.5	0.5	3.0	0.5	–	–	[5]
2. Syeatite	30	0.7	0.9	1	0.24	1	–	–	[5]

* Sample not in form of flat sheet (O-ring, tube, etc.)

文献 [4-1]

[3] R. Jaeckel and F. J. Schittko; *Forschungsberichte der Wirtschafts-und Verkehrsministeriums Nordrhein-Westfalen* Nr. 369.

[5] R. Geller; *Le Vide* **13** (74) ,71 (1958).

[7] J. C. Boulassier; *Le Vide* **14** (80), 39 (1959).

[9] D. J. Santeler; *Vacuum Symposium Transactions*, 1958, Pergamon Press, London, General Electric Co. Report No. 58GL303 (1958).

[10] B. D. Power and D. J. Crawley; Transactions, *First International Congress on Vacuum Techniques, Namur, Belguim*, Pergamon Press, London (1960).

[11] J. Blears, E. J. Greer and J. Nightingale; *Transactions, First International Congress on Vacuum Techniques, Namur, Belguim*, Pergamon Press, London (1960).

[22] R. M. Barrer; *Diffusion in and through Solids*, Cambridge University Press (1941).

[24] G. J. van Amerongen; *J. Appl. Phys*, **17**, 972 (1946).

[25] C. J. Smithells; Gases and Metals, John Wiley, New York (1937).

[26]　S. Dushmann; *Scientific Foundations of Vacuum Technique* Chs.7-12, John Wiley, New York (1949).
[36]　B. J. Todd; *J. Appl. Phys*, **26**, 1238 (1955) ; *Ibid*. **27**, 1209 (1956).
[37]　M. H. Armbruster; *J. Amer. Chem. Soc*. **65**, 1043 (1943).
[39]　P. E. Busby, D. P. Hart and C. Wells; *J. Metals* **8**, 686 (1956).
[40]　W. A. Rogers, R. S. Buritz and D. Alpert; *J. Appl. Phys*, **25**, 868 (1954).
[41]　B. B. Dayton, F. Trabert, G. Gerow and R. B. Morse; *Outgassing Data from the Modified Zabel Apparatus*, Coinsolidated Vacuum Corporation.
[43]　R. H. V. M. Dawton; *Brit. J. Appl. Phys*, **8**, 414 (1957) : Report No. AERE-G/R-393, Ministry of Supply. Harwell, Berks. (1949).
[44]　J. R. Britt; NRL Report 3827, Naval Research Laboratory, Washington, D.C. (1951).

4-1.2　N. Yoshimura *et al.* (1970) のデータ

N. Yoshimura *et al.*, (1970) [4-2] は，“Measurement of outgassing rates from materials by differential pressure rise method” と題した日本語の論文を発表しました．また，N. Yoshimura (1985) [4-3] は，“A differential pressure-rise method for measuring the net outgassing rates of a solid material and for estimating its characteristic values as a gas source” と題した論文も発表しました．

論文 [4-3] にはガス放出量 (rate) の特性値という新しい概念を含めて，種々の脱ガス条件での Viton-A, Teflon, steatite, porous alumina の排気時間に対するガス放出量 (rate) 特性が，線図で示されています．

ここでは論文 [4-3] に載っているエラストマー，プラスチック，セラミックスの放出ガス量 (rate) を次ページ Table [4-3]-1 に示します．

Table [4-3]-1. Outgassing rates $K(t)$ (Torr L $s^{-1}cm^{-2}$) of typical nonmetallic materials after t-hour evacuation.
N. Yoshimura (1985) [4-3]

Materials, conditions, pretreatments	Outgassing rates K (Torr L $s^{-1}cm^{-2}$)		
	$10^{10}K$ (3)	$10^{10}K$ (7)	$10^{10}K$ (10)
Elastomers:			
Natural rubber, thick	32 000	23 000	20 000
Nitril, O -ring	4 500	2 300	2 000
Nitril, O -ring, vacuum bakeout (100℃, 3 h)	3.0	1.2	0.9
Viton, O-ring	4 000	2 000	1 600
Viton, O-ring, vacuum bakeout (100℃, 3 h)	0.6	0.3	0.18
Viton, O-ring, exposure to dried air (0.5 h) following vacuum bakeout (100℃, 3 h)	80	20	15
Plastics:			
Polyvinylchloride, thick	18 000	7 500	5 000
EM[a] film	15 000	2 500	800
Teflon, O-ring	25	4	1.5
Teflon, O-ring, vacuum bakeout (100℃, 3 h)	0.07	0.005	0.003
Teflon, O-ring, exposure to dried air (0.5 h) following vacuum bakeout (100℃, 3 h)	0.4	0.02	0.01
Ceramics:			
Alumina, stick, porous	300	60	40
Alumina, stick, porous, vacuum bakeout (100℃, 3 h)	0.3	0.05	0.04
Alumina, stick, porous, exposure to dried air (0.5 h) following vacuum bakeout (100℃, 3 h)	50	1	0.8
Alumina, stick, fine	0.12	0.02	0.01
Steatite, stick	90	7	6
Steatite, stick, vacuum bakeout (100℃, 3 h)	0.4	0.015	0.01
Steatite, exposure to dried air (0.5 h) following vacuum bakeout (100℃, 3 h)	5	0.04	0.03

[a]Electron microscope.

4-2　超高真空チャンバー構成材料のガス放出量やガス透過量

より低い圧力の超高真空を追及して，ステンレス鋼を中心に，種々の前処理を施したときのガス放出量が測定されています．

4-2.1　ステンレス鋼，軟鋼，クロムメッキされた軟鋼のガス放出量
（Y. Ishimori *et al.*, 1971 から）

Y. Ishimori *et al.*（1971）［4-4］は，“Outgassing rates of stainless steel and mild steel after different pretreatments” と題した論文（日本語）を発表しました．

アブストラクト［4-4］

ステンレス鋼，軟鋼，そしてクロムメッキ軟鋼も，ガス放出量を種々の前処理を施して，オリフィス法で測定しました．用いたオリフィスは 3 mm diam. でした．前処理は，以下の 3 種です．

(1) テトラクロライド－カーボン（四塩化炭素）溶液で洗浄後ジェッター―で熱風乾燥．

(2) ステンレス鋼サンプルに対して，100℃～450℃の真空ベーク．軟鋼とクロムメッキ軟鋼に対して，100℃～300℃の真空ベーク．

(3) 真空ベーク後アルゴンガスや空気でベント．

(1) の前処理後，ステンレス鋼とクロムメッキ軟鋼のガス放出量は共に，10^{-9} Torr・L/（s・cm^2）オーダ，軟鋼に対しては，それより 1 桁大きかった．300℃の真空ベークを施したステンレス鋼は，3×10^{-12} Torr・L/（s・cm^2）のガス放出量を示し，サンプル中最も少ないガス放出量でした．450℃の真空ベークされたステンレス鋼サンプルのガス放出量は，1×10^{-13} Torr・L/（s・cm^2）にまで低減しました．真空ベーク処理の脱ガス効果は，ステンレス鋼が最大で，クロムメッキ軟鋼に対して最小でした．ベントガスでは，アルゴンベントが最も低いガス放出量を示しました．

コメント

真空ベーク処理を行わない場合，ステンレス鋼とクロムメッキされた軟鋼のガス放出量には，大きな差はありませんでした．軟鋼は，ステンレス鋼と比べて熱伝導が約 3 倍大きいという長所があります．また，電磁波や X 線を遮へいするという，電子線プローブを利用する場合に必要な機能を有しています．

4-2.2　超高真空チャンバー材料のガス放出量

1．J. R. Young (1969) のデータ

J. R. Young（1969）［4-5］は，“Outgassing characteristics of stainless steel and aluminum with different surface treatments” と題した論文を発表しました．

実験手順と結果

放出ガス量の測定に用いた装置を，Fig. [4-5]-1 に示します．サンプルタンクは厚さ 1/8 in.，直径 6 in. 長さ 1/8 in. で，304 ステンレス鋼製とアルミニウム製のパイプです．

Table [4-5]-1 に示すように，ガス放出量 Q はゲージ No.1 と No.2 の差（$P_1 - P_2$）を測定し，

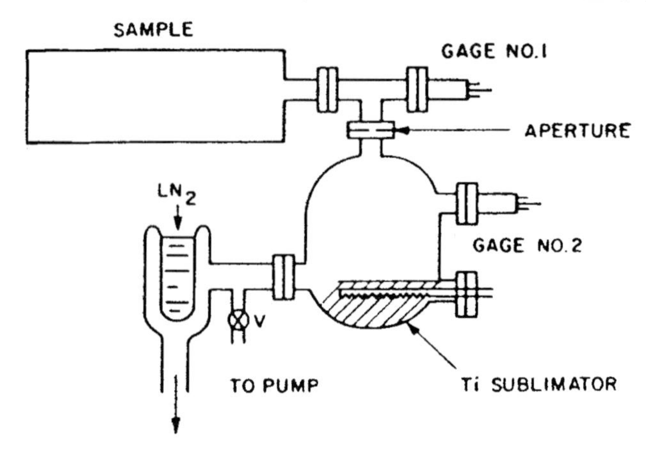

Fig. [4-5]-1. Schematic of experimental apparatus for measuring the outgassing rate of stainless steel and aluminum samples.
J. R.Young（1969）[4-5]

Table [4-5]-1. Outgassing rates of 1/8 in.-thick stainless steel and aluminum after different processing.
J. R.Young（1969）[4-5]

Sample	Material and surface treatment	Outgassing rate after 24 h at room temperature Torr·L/（s·cm^2）
A	304 stainless steel（S. S.）cleaned by glass-bead shot blasting（32μin. Surface, baked 30 h at 250℃）.	2×10^{-12}
B	304 S. S., 4-6 μin. electropolished surface（baked 30 h at 250℃）.	3×10^{-12}
C	304 S. S., 20-25 μin. electropolished surface（baked 30 h at 250℃）.	2×10^{-12}
D	Sample B（above）baked with inner and outer surface exposed to air 16 h at 250℃（plus an additional 15 h at 250℃ under vacuum）.	5×10^{-13}
E	304 stainless steel（S. S.）cleaned by glass-bead shot blasting, then baked with inner and outer surface exposed to air 61 h at 450℃（additional 15 h at 250℃ under vacuum）.	3×10^{-13}
F	Sample E（above）after removal of inner and outer oxide by glass-bead shot blasting（additional 15 h at 250℃ under vacuum）.	3×10^{-13}
G	304 S. S., 20-25 μin. electropolished surface baked 30 h at 250℃ plus 17 h at 450℃（continuation of sample C above）.	4×10^{-13}
H	Aluminum, type 1100, cleaned with detergent, rinsed in acetone, baked 15 h at 250℃ under vacuum.	4×10^{-13}

アパーチャーのコンダクタンスを用いて，$Q = (P_1 - P_2) \times C$と算出されます（オリフィス法）．2つのゲージ間の相対感度補正がなされて，コンダクタンスCは，放出ガス種を水素として算出されています．

2. R. Nuvolone (1977) のデータ

R. Nuvolone（1977）[4-6] は，316Lステンレス鋼製高真空系で低いガス放出量（rate）を得るために，熱処理プロセスを実験で評価しました．

実験

測定系は，流量法（オリフィス法）を用いる標準的なものです．圧力はBA（Bayard-Alpert）ゲージで測定し，残留ガスの組成とその全圧への寄与をチェックするために，四重極マスフィルターを接続しました．サンプルとして，種々の処理を施した直径100 mm，長さ400 mmの小さなチャンバーを用意しました．それらのサンプルは，溶接したコンフラット（"Conflat"-type）フ

Table [4-6]-1. Outgassing rates of 316L stainless steel after different processing as a function of the various gases observed.
R. Nuvolone (1977) [4-6]

Sample	Surface treatment	Outgassing rates in unit of 10^{-13} Torr·L/ (s·cm^2)				
		H_2	H_2O	CO	A	CO_2
A	Pumped under vacuum for 75 h	670	430	65	・・・	10
	50 h vacuum bakeout at 150℃	290	13	4.5	・・・	0.3
B	40 h vacuum bakeout at 300℃	62	0.5	1.7	・・・	0.01
C	Degassed at 400℃ for 20 h in a vacuum furnace (5×10^{-9} Torr)	14	0.2	0.33	0.12	0.08
	Degassed at 800℃ for 2 h in a vacuum furnace (5×10^{-9} Torr)	2.7	・・・	0.05	・・・	0.04
D	Exposed to atmosphere for 5 months pumped under vacuum for 24 h.	・・・	55	50	・・・	10
	20 h vacuum bakeout at 150℃	2.5	・・・	0.06	・・・	0.03
	2 h. in air at atmospheric pressure at 400℃	13	・・・	0.84	・・・	0.3
E	Exposed to atmosphere for 5 months, pumped under vacuum for 24 h.	・・・	60	52	・・・	25
	20 h vacuum bakeout at 150℃	13	0.56	0.28	・・・	0.13
F	20 h in oxygen at 200 Torr at 400℃	450	190	・・・	92	・・・
	20 h vacuum bakeout at 150℃	3.9	0.07	0.3	0.38	・・・
G	2 h in oxygen at 20 Torr at 400℃	・・・	15	10	6.5	・・・
	20 h vacuum bakeout at 150℃	・・・	0.67	0.48	0.34	・・・
H	2 h in oxygen at 2 Torr at 400℃	・・・	12	39	14	・・・
	20 h vacuum bakeout at 150℃	4.3	2.4	0.27	1.5	・・・

ランジで接続しました．フランジ材は316 Lステンレス鋼です．サンプルの表面は粗く削られ，フランジは超高真空仕様です．真空内表面積は全て合算して，1300 cm^2 です．

各サンプルは，熱処理前に以下の洗浄処理を施しました．(a) パークロロエチレンによる蒸気洗浄（125℃），(b) Diversey 708洗浄剤（55℃）による超音波洗浄，(c) きれいな水による洗浄と乾燥です．種々の熱処理プロセスを施したのちのステンレス鋼とアルミニウムサンプルのガス放出量を，Table [4-6]-1に示します．

3. K. Tsukui *et al.* (1993) の論文から

K. Tsukui *et al.*（1993）[4-7] は，"Treatment of the wall materials of extremely high vacuum chamber for dynamical surface analysis" と題した論文を発表しました．

アブストラクト [4-7]

表面上の残留分子の影響を，ダイナミックに低減させる表面構造を研究するために，極高真空（XHV, 10^{-12} Torr）条件の下で，表面を観察する方法を討論します．壁材料のガス放出量を低減させるために，電気化学研磨（electrochemical polishing）と高温ベークという，2つのプロセスを組み合わせることを提案します．ガス放出量を最小にする2つの最適方法で処理されたステンレス鋼チャンバーの内面を，表面分析とガス放出の測定と行うことによって特性付けました．XHV条件を得るには，チャンバーの壁材自身を1300 Kで完全に脱ガスした後に，その内面を電気化学研磨するべきであることを見出しました．この組み合わせによって，チャンバー壁のガス放出を最小にすることができます．

4. B. C. Moore (1998) の論文から

B. C. Moore（1998）[4-8] は，オーステナイトステンレス鋼壁の大気透過現象を討論しました．Mooreは，現在一般に真空チャンバーに使用されているオーステナイトステンレス鋼の厚さでの，大気中水素の壁を透過する量を過大評価して，厚めの板を用いている，と主張しています．「室温透過量は，実際は数桁小さいと見積もられます．したがって，実際の真空システムは，大気圧の外圧に耐えられる範囲で，実質的に薄い壁で設計できます．そのような薄いチャンバーはシンプルな脱ガス工程が使えるようになり，実際に低いガス放出量を達成できます」と論述しています．

B. C. Moore（2001）[4-9] はオーステナイトステンレス鋼のチャンバーで，望む仕様の真空レベルに達するのに必要な時間，労力，コストを算出し，表にまとめました．種々の排気時間と壁厚に対して，室温での片側ガス放出量の算出値を次ページ Table [4-9]-1に示しています．

Table [4-9]-1. Room temperature, single side outgassing rates for various times and wall thickness. Outgassing rates are for single sided outgassing. The equations correspond to those of Calder and Lewin for two sided outgassing, and for twice the wall thickness. For $t > 0.1d^2D^{-1}$, where the residual atomic hydrogen concentration is a quarter sine wave with peak at the air surface and zero at the vacuum surface, then $Q = 2c_0Dd^{-1} \times \exp[-\pi^2(2d)^{-2}Dt]$ where Q = outgassing rate, Torr·L·s^{-1}·cm^{-2}; c_0 = initial uniform hydrogen concentration (= 0.3 Torr・L/cm^3 as given by Calder and Lewin) ; D = room temperature diffusion coefficient=5 × 10^{-14} cm^2/s, d = wall thickness, cm; t = time under vacuum, seconds. The concentration may be reduced orders of magnitude by a high temperature bake, the concentration has returned to a uniform distribution. The subsequent outgassing rate is not constant, as commonly presumed, but follows the same transient shape as the original, with zero time reset to the end of bake.
B. C. Moore (2001) [4-9]

Wall thickness in cm	Time to begin exponential	Time to reach outgassing rate of:			
		10^{-13}	10^{-15}	10^{-17}	T・L/(s・cm^2)
0.0001	5.556 h	7.51	11.84	16.15	days
0.001	23.15 days	1.47	2.65	3.83	years
0.01	2314.5 days	0.874	2.06	3.24	centuries
0.1	634.2 yr	2.83	14.7	26.5	millenia

5. V. Nemanič and J. Šetina (2000) のデータ

V. Nemanič and J. Šetina (2000) [4-10] は，“Experiments with a thin walled stainless-steel vacuum chamber” と題した論文を発表しました．

アブストラクト [4-10]

壁厚が 0.6 mm の，同一とみなされるステンレス鋼製チャンバー ((AISI type 304, 容積 12 L) を 2 つ製作しました．各々のチャンバーには，小さいイオンゲッターポンプとスピニングロータゲージ (SRG) を取り付けました．2 つのチャンバーはターボ分子ポンプ系で排気され，その場ベーク (2.5 h, 150℃) されました．ガス放出量 q_{out} (rate) と全放出量を決定するために，ガス蓄積法 (圧力上昇法) を適用しました．ベーク中の圧力測定には，ベーク中はキャパシタンスマノメータを，チャンバーを閉めた後の圧力は SRG を用いて測定した．

はじめのベークアウト後の室温における q_{out} は，3 × 10^{-12} mbar·L/ (cm^2·s) のオーダでした．数日排気後の 50℃での q_{out} の測定値は，時間経過と共に，少しずつ低減する傾向がありました．チャンバーのベークアウトを，200℃で 72 h の間隔で繰り返しました．水素の放出量は予期したよりずっと少なく，一方 q_{out} の低減は顕著でした．事実，q_{out} の値はベークアウト前の値の 10 分の 1 でした．この結果は，適切な薄い壁のチャンバーを用いる利点を示しており，ステンレス鋼からのガス放出が，再結合制限水素ガス放出のモデルと一致しています．

6. M. Bermardini *et al.* (1998) のデータ

M. Bermardini *et al.* (1998) [4-11] は，“Air bake-out to reduce hydrogen outgassing from stainless steel” と題した論文を発表しました．

アブストラクト [4-11]

大気中で，400℃で未処理材料を加熱処理することは，従来の真空中950℃ベーク処理に替わる，費用の安い方法として提案されています．我々は，異なった処理を施したステンレス鋼サンプルに対して行った，水素濃度分析の結果を報告します．そしてプロトタイプのチューブ（1.2 m-diameter, 48 m-long）で行った測定結果を報告します．大気中ベークアウトは，バルクステンレス鋼内に吸蔵されている水素の大半を脱ガスさせますが，表面に酸化層が存在することが水素ガス放出を減少させているのではない，というように結論できます．

7. Y. Ishikawa and V. Nemanič (2003) のデータ

Y. Ishikawa and V. Nemanič（2003）［4-12］は，“An overview of methods to suppress hydrogen outgassing rate from austenitic stainless steels with reference to UHV and extremely high vacuum（EHV）” と題したレビュー論文を発表しました．

結論

「この分野のいくつかの論文は，最も低い q_{out} の材料を用いると，超高真空（UHV）や極高真空（EHV）を得る道筋がシンプルになる，ということに常に関心を示しています．研究に駆り立てているのは，最も低い到達圧力を得ることだけでなく，いくつかのUHVの応用に関して，単にコスト合理性を解決することにあるという印象を受けます．この解決にはいくつかの可能な手法への妥協が必要になります．」

「$q_{out} = 1 \times 10^{-13}$ mbar·L·cm^{-2}·s^{-1} という手頃な値の達成は，真にガス放出量制限因子は何かというメカニズムの点は別途として，今日では日常的に得ることができます．この限界を超えるためには，材料を脱ガスするために，通常述べられているよりももっと長い処理時間が必要になります．高い q_{out} の問題を克服する工学的解決方法のなかで，構造的健全性の限界まで壁の厚さを薄くするという，異なった構造物上の概念が最もシンプルな方法と思われます．従来のチャンバー設計の範疇では，高密度Cr酸化物やTiNのような，よく考えられた固着層形成製法が最も有望と思われます．」

参考論文に載っている，種々の脱ガス処理後のガス放出のデータを次ページ Table［4-12］-1 に紹介します．

Table [4-12]-1. Some published data of outgassing rates q_{out} of stainless steel chamber walls after different outgassing procedures.
Y. Ishikawa and V. Nemanič (2003) [4-12]

Preprocessing			Processing *in situ*					
T (℃)	t_0 (h)	F_0	T (℃)	t_0 (h)	F_0	$\sum F_0$	q_{out} (mbar.l.s^{-1}.cm^{-2})	Refs
950	2	39.6	150	168	0.12	39.7	2.5×10^{-14}	
400	38 (air)	9	150	168	0.12	9.1	1.1×10^{-14}	[15]
			150	24[a]	0.03	0.03	3×10^{-12}	
390	100 (air)	3.3	150	24[a]	0.03	3.33	5×10^{-15}	[14]
			200	48	0.1	0.1	4×10^{-12}	
950	2	43	200	48	0.1	43.1	4×10^{-13}	
			250	72	0.46	0.46	3.8×10^{-12}	[53]
400	72	7.7	250	72	0.46	8.16	4×10^{-15}	
550	72	46	250	72	0.46	46.5	1×10^{-15}	[20]
			404	1.4	70	70	3×10^{-16}	[22]
			200	72	3	3	1×10^{-13}	[23]

[a]Estimated, since the exact *in situ* bake-out time was not specified.
Meaning of the columns: temperature (T) and duration (t_0) of pre-treatment in vacuum furnace or in the air, Fourier (F_0) number for pre-treatment, temperature (T) and duration (t) of in situ bakeout, F_0 for in situ bakeout, $\sum F_0$—accumulated F_0 for the whole treatment.

文献 [4-12]

[14] Marin P., Dalinas M., Lissolour G., Marraud A. *Vacuum* 1998; **9**: 309.

[15] Bernardini M. *et al., J. Vac Sci Technol A* 1998, **16**:188.

[20] Hseuh H, Cui X, *J. Vac Sci Technol. A* 1989; **7**: 2418.

[22] Messer G., Treitz N. Proceedings of the Seventh International Vacuum Conference on Solid Surface, Vienna, 1977. P.223.

[23] Nemanič V, Šetina J, *J. Vac Sci Technol. A* 1999; **17**: 1040.

[53] Nemanič V, Šetina J, *J. Vac Sci Technol. A* 2000; **18**: 1789.

8. B. Zajec and V. Nemanič (2005) の論文紹介

B. Zajec and V. Nemanič (2005) [4-13] は, “Hydrogen pumping by austenitic stainless steel” と題した論文を発表しました.

アブストラクト [4-13]

ここでは，水素の平衡に近い状態の収着と脱離の動力学をピンチオフ AISI 316 鋼セルで，感度の高い圧力上昇法で研究しました．圧力はピンチオフの直前から，それ以降 6ヵ月間にわたって，安定化された 25℃ と 50℃の温度に保ってスピニングローターゲージ（SRG）で測定しました．セル（一様な壁の厚さ 0.15 mm，容積 125 cm^3，内表面 460 cm^2）の前処理として，超高真空（UHV）への数回の排気サイクルと共に，200℃で 109 h のベークが行われました．

ベーク処理期間での放出された水素の量は，平均濃度変化で $\Delta C = 2.8 \times 10^{17}$ at. H/cm^3 でした．水素が代表的残留ガスである高真空領域で，意図的に行ったピンチオフ後に，驚くべきことに，水素圧力ははじめの p (328 K) = 3.7×10^{-4} mbar から初期の減少割合 $dp/dt = -5.5 \times 10^{-11}$mbar/s でゆっくりと減少していき，その後は平衡状態といえる安定した圧力を示しました．類似の実験では UHV 領域でバルブを閉じましたが，dp/dt は常に正で，数桁の圧力レンジで一定の上昇率でした．6 か月の測定期間において，25℃から 55℃への突然の温度上昇，あるいは逆の温度低下を数回行って，圧力行程が安定しているかどうかを調べました．

結果の説明は討論のところに述べていますが，水素がセルの壁を透過しているか，もしくはセルの壁に吸着していたと考えられます．

4-3 エラストマーシールのガス透過とガス放出

Viton O-rings（fluoroelastomer）や Kalrez O-rings（perfluoroelastomer）が，多くの高真空システムに選択的に用いられています．

4-3.1 ダブル O リングシールによる水の透過の防止
（L. de Csernatony and D. J. Crawley, 1967 から）

L. de Csernatony and D. J. Crawley（1967）[4-14] は，"The properties of Viton 'A' elastomers. Part V. The practical application of Viton 'A' seals in high vacuum" と題した論文を発表しました．その論文の中で，以下のように述べています．

「大気の透過を阻止することが重要であり，そのために全金属ガスケットシールに替わるものとして，中間スペースを排気するダブル O リングを採用することになりました．ダブル O リングシールを用いたとき，約 10^{-10} Torr の圧力が得られ，ハイドロカーボン系のコンタミ（汚れ）ガスは非常に低いレベルでした．」

4-3.2 バイトン O リングシールの水の透過（N. Yoshimura, 1989 から）

N. Yoshimura（1989）[4-15]は，"Water vapor permeation through Viton O ring seals" と題した論文を発表しました．

実験系を **Fig. [4-15]-1** に示します．4 重極子マスフィルター（MS）と BA ゲージ（BA1）が付いたステンレス鋼製テストドーム（TD）を，カスケード油拡散ポンプ系（DP1-DP2-RP 系）（DP1, Diffstak 100/300, 280 L/s, Santovac-5, Edwards Ltd., DP2, 2.5 in., Santovac-5）で排気しました．DP1 と TD の間には，太いバイトン O リング（Co-seal, 4 in., Edwards Ltd.）が使われています．そして BA1 は小さいバイトン O リング（P-14，Mitsubishi Cable Industries Ltd.）でシールされて

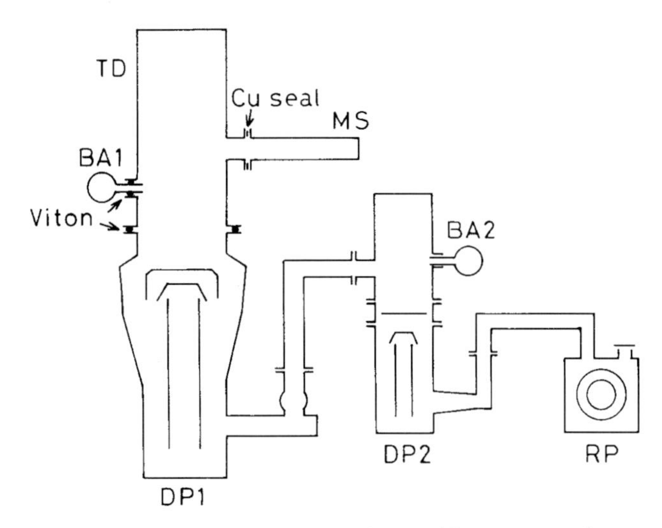

Fig. [4-15]-1.　Experimental setup. A thick Viton O ring (Co-seal, 4 in.) is used between the test dome (TD) and the first diffusion pump (DP1, Diffstak 100/300). In experiment B, Diffstak of DP1 was replaced by another diffusion pump (4 in.) with a cold cap and a water-cooled chevron baffle.
N. Yoshimura (1989) [4-15]

います．なお，MS は銅ガスケットでシールされています．

実験は夏季（温度；約 25℃，湿度；約 75%）に，1ヵ月にわたって行いました．最初に，MS を含む TD を，その場（高真空で排気しながら）でベーク処理（約 100℃，3 日間）しました．Co-seal 部のベーク温度は約 50℃でした．BA1 と MS は，ベークのヒータをスイッチ "off" した時に動作させ（emission current, 1 mA），ガスの断続的な脱離と吸着が起こらないように連続運転しました．DP1 の前段ドームに取り付けた BA2 は，圧力チェックの際にだけスイッチ "on" しました．MS は連続動作させましたが，残留ガスの記録はその都度行いました．

ベークヒータ "off" 後 2 日目と 29 日目の残留ガススペクトルを，Fig. [4-15]-2 の (1) と (2) に示します．

水蒸気のピーク [17 (OH^+)，18 (H_2O^+)] は数日間一定値を保っていましたが，その後徐々に増加し，29 日目には水蒸気のスペクトルである $M/e^-=17,18$ は，約 10 倍に上昇しています．一方ハイドロカーボンのピークは，ベーク "off" 後の数日間は低減し，その後最低レベルを維持しました．水蒸気分圧の上昇は，大気中の水蒸気がバイトン O リングを透過したと考えられますが，その透過量 (rate) は非常に大きく，全圧を 4～5 倍程度増大させています．

ベークヒータ "off" 後の全圧，水蒸気関連ピーク，酸素ピークの上昇の足取りを，Fig. [4-15]-3 に示します．

全圧の上昇は，水蒸気の透過による上昇を反映しています．O_2 ピーク (32) も明らかに上昇しており，バイトン O リングは水蒸気以外の酸素も，少しですが透過すると言えます．大気中の水蒸気分圧が，酸素分圧より桁違いに小さいことを考慮に入れると，水蒸気の透過量が非常に大きいと言えます．一方，大気中の他のガス (CO and N_2 (28)，Ar (40)，CO_2 (44)) のピークは上昇しませんでした．

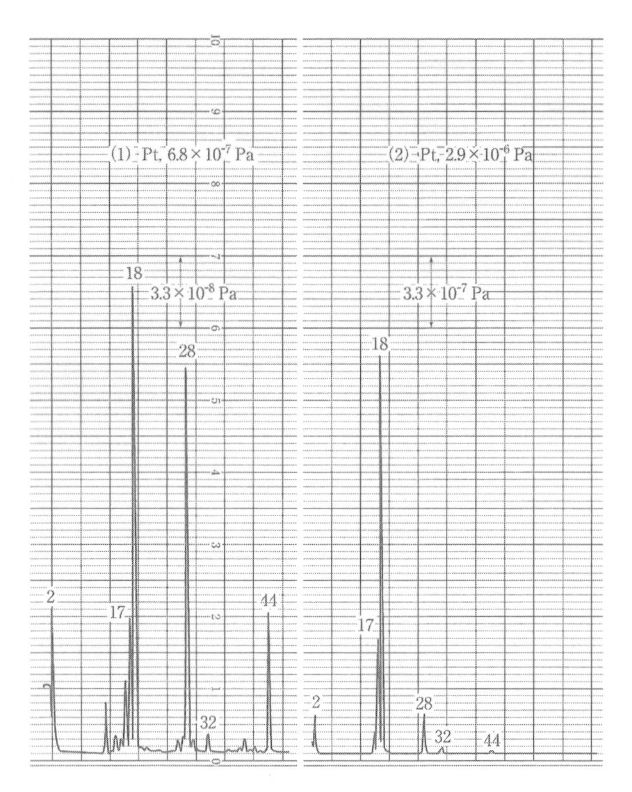

Fig. [4-15]-2. Residual gas spectra in experiment A: (1) on the second day after baking and (2) on the 29th day.
N. Yoshimura (1989) [4-15]

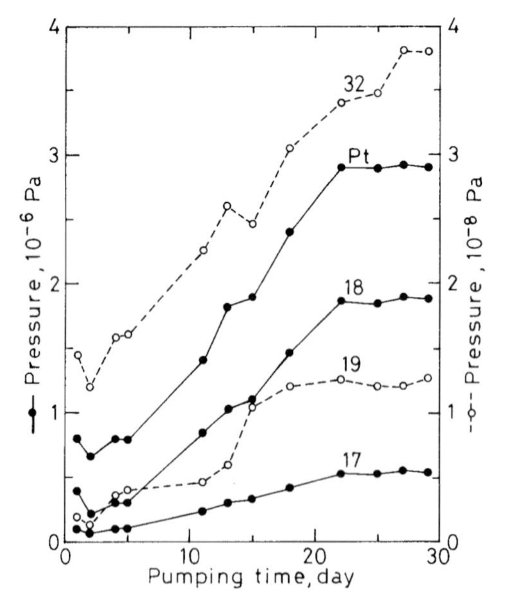

Fig. [4-15]-3. Pressure-rises with pumping time in experiment A. Total pressure P_t and pressures of masses 17 and 18 are read by the ordinate of the left-hand side, and pressures of 19 and 32 by the ordinate of the right-hand side.
N. Yoshimura (1989) [4-15]

4-3.3　エラストマーシールの最近の進歩（L. de Chernatony, 1977から）

L. de Chernatony（1977）［4-16］は，“Recent advances in elastomer technology for UHV applications”と題した論文を発表しました．その論文では新しいエラストマーであるKalrezの特徴を述べています．

アブストラクト［4-16］

最近のUHV仕様のエラストマー（Kalrez）の開発中に行われた，真空用エラストマーの特性の進歩を簡単にレビューします．Kalrezと最近のViton（E60C）の劣化特性に関する全圧とマススペクトルデータはKalrezの方が優れた特性を示すこと実証しており，UHV向けの応用に適しています．

4-4　エラストマーシールの選択（R. N. Peacock, 1980から）

R. N. Peacock（1980）［4-17］は，真空シールを選択する際に考慮すべき事項のいくつかを真空に携わっている人々に紹介することを意図して，真空シールのエラストマー材料の実際的な選択の基準を記述しました．

1．ポリマーシール材の耐薬品性

ポリマーシールの使用環境や薬品に対する化学的耐性を，Table［4-17］-1にまとめました．

Table［4-17］-1.　Relative chemical resistances for polymer seal materials to ozone, oils, chlorinated solvents, esters and ketones, and acids and alkalies. [4], [6], [7], [12], [13], [14]
R. N. Peacock, 1980［4-17］

	Ozone	Oils	Chlorinated solvents	Esters/ ketones	Acids/ alkalies
Flouroelastomer	excellent	excellent	good	poor	good
Buna-N	poor	very good	poor	poor	fair
Buna-S	poor	poor	poor	poor	poor
Neoprene	very good	good	poor	poor	poor
Butyl	very good	good	poor	poor	poor
Polyurethane	good	good	poor	poor	poor
Propyl	excellent	poor	poor	poor	fair
Sillicone	good	poor	poor	poor	poor[a]
Perfluoroelastomer	excellent	excellent	fair[b]	excellent	excellent
Teflon	excellent	excellent	excellent	excellent	excellent
KEL-F[c]	excellent	excellent	excellent	excellent	excellent
Polyimide	good	good	good	–	fair

[a] HF removessilicon.
[b] Damaged by Freon

2. ポリマーシール材の選択における一般的な考察点

各種ポリマーシール材の機械的特性などの考慮すべき点を Table [4-17]-2 にまとめています.

Table [4-17]-2. A summary of various mechanical and general considerations regarding the selection of polymer seal materials. [1], [4], [7], [13], [18]~[23]. R. N. Peacock (1980) [4-17]

	Linear coefficient of thermal expantion $\alpha \times 10^5$℃	Maximun recommended operating temperature℃	Cold flow at applicable operating temperature	Gas Petrmiation	Water/abrasion resistance	Prime seal application
Fluoroelastmer						
Viton E-60C	16	150	good	moderate	good	generally usud vacuum seal
Viton A	16	150	fair	moderate	good	generally usud vacuum seal
Buna-N	23	85	good	moderate	very good	Best all-around, lowcost vacuum seal
Buna-S	22	75	good	high	good	little vacuum application
Neoprene	24	90	good	moderate	very good	oil resistance, low cost
Butyl	19		good	moderate	good	for specific chemical application
loPolyurethane	3-15	90	poor	moderate	excellent	radiation, mechanical properties
Propyl	19	175	good	high	very good	good mechanical properties
Silicone	27	230	poor	Very high	poor	elevtrical applications
Perfluoreelastomer	23	275	poor		excellent	general chemical resistance
TEFLON	5-8	280	very good	moderate	excellent	general chemical resistance
KEL-F	4-7	200	good	low	very good	general chemical resistance
Polymide	5	275	good	moderate	very good	High temperature, general chemical resistance

3. ガス放出量

新しいPerfluoroelastomer Kalrezの以前のレポートでは，Kalrezは（フランジ溝での）締め付けと付着の問題があることを示していましたが，これらの困難さは，フランジの溝の設計を改善することで克服できます．ベーク脱ガスを施した，あるいは施していないポリマーのガス放出量のデータは多くの文献に示されていますが，それらを要約して紹介します．また，種々のポリマーの透過のデータも報告します．

多くの真空システムにおいて，エラストマーシールは大きなガス負荷ですので，ガス放出とその低減のための処理が重要です．Table [4-17]-3には文献から，ベークなしでの１時間排気後の，ガス放出量のデータと，ベーク後の到達のデータを載せています．良い条件の下でベーク処理されたエラストマーのデータは，非常に低いガス放出量であると言えます．

Table [4-17]-3.　Outgassing rates for unbaked and baked polymers in Torr・L・s^{-1}・cm^{-2}.
R. N. Peacock (1980) [4-17]

Polymer	Unbaked, 1 h pumping	Baked, ultimate	References
Fluoroelastomer	4×10^{-7}–2×10^{-5}	3×10^{-11}–2×10^{-9}	[19], [25]～[30], [35]
Buna-N	2×10^{-7}–3×10^{-6}	–	[2], [31]
Neoprene	5×10^{-5}–3×10^{-4}	–	[2], [30], [32]
Butyl	2×10^{-6}–1×10^{-5}	–	[2], [30]
Polyurethane	5×10^{-7}	–	[30], [31]
Silicone	3×10^{-6}–2×10^{-5}	–	[30], [32], [33]
Perfluoroelastomer	3×10^{-9}	3×10^{-11}–3×10^{-10}	[24], [34], [35]
Teflon	2×10^{-8}–4×10^{-6}	–	[2], [25], [29], [31], [32], [36]
KEL-F	4×10^{-8}	3.5×10^{-10}	[2]
Polyimide	8×10^{-7}	3×10^{-11}	[28]

4. ガス透過量

拡散と透過，そしてガス放出の効果を分離することは，実際問題として困難です．ポリマー材料で多く観察されるガス放出は，実際にサンプル内部からのガス拡散です．もし討論を平衡状態のケースに限ると，透過量（rate）は，種々のガスやポリマーに対して比較できます．このシンプルなケースでは，ガス透過量 Q（sccm/s）は

$$Q = KA\,(P_1 - P_2)/d$$

ここで K は透過定数（sccm・s^{-1}・cm^{-2}・cm・atm^{-1}），A バリアの面積（cm^2），P_1 は高い側の圧力，そして P_2 は低い側の圧力（共に大気圧単位），d はバリアの厚さ（cm）です．文献には種々の単位が用いられていますが，それは種々の著者の結果を比較しているためです．

Table [4-17]-4には，いくつかのポリマーの透過データが含まれています．文献には多くの

他のポリマーの情報が含まれています．2つの例として，実用的に重要な透過のデータが示されています．Oリングを用いている真空システムのリークテストをした技術者は，たぶん透過によるリークシグナル（He^+）を観察した経験があるでしょう．透過はテスト対象物がバッグ（“bagged”）状の時はいつも非常に厄介です．エラストマーシールからのヘリウムが区別できない場合は，エラストマー部分のリークか否かを明言することは困難です．プローブガスを吹き付けて1分以内に検知される信号は，通常リークです．1分以降に検知され，その後ゆっくりと信号が増大していく場合は透過と考えられます．

Table [4-17]-4. Permeation data for various polymers and gases.[3], [19], [47]~[50]. The temperature range is 20 ℃ -30 ℃. The units are sccm・s^{-1}・cm^{-2}・cm・atm^{-1}. 1 $sccms^{-1}$ (atm・cm^3・s^{-1}) = 100 Pa・L/s.
R. N. Peacock (1980) [4-17]

Polymer	Helium (K × 10^8)	Nitrogen (K × 10^8)	Oxygen (K × 10^8)	Carbon dioxide (K × 10^8)	Water (K × 10^8)
Fluoroelastomer	9 - 16	0.05 - 0.3	1.0 - 1.1	5.8 - 6.0	40
Buna-N	5.2 - 6	0.2 - 2.0	0.7 - 6.0	5.7 - 48	760
Buna-S	18	4.8 - 5	13	94	1800
Neoprene	10 - 11	0.8 - 1.2	3 - 4	19 - 20	1400
Butyl	5.2 - 8	0.24 - 0.35	1.0 - 1.3	4 - 5.2	30 - 150
Polyurethane	-	0.4 - 1.1	1.1 - 3.6	10 - 30	260 - 9500
Propyl	-	7	20	90	-
Silicone	-	-	76 - 460	460 - 2300	8000
TEFLON	-	0.14	0.04	0.12	27
KEL-F	-	0.004 - 0.3	0.02 - 0.7	0.04 - 1	-
Polyimide	1.9	0.03	0.1	0.2	-

文献 [4-17]

[1] A. Roth, *Vacuum Sealing Techniques* (Pergamon, New York, 1966).

[2] B. B. Dayton, *1959 Sixth National Symposium on Vacuum Technology Transactions* (Pergamon, New York, 1960), p. 101

[3] W. G. Perkins, J. Vac. Sci. Technol. 10, 543 (1973).

[4] R. F. Beets, “Materials For Sealing Applications”, NASA Spec. Publ. 1969 (SP-3051), p. 293.

[5] N. J. Broadway, R. W. King, and S. Palinchak, “Space Environmental Effects on Materials and Components. Vol. 1. Elastomeric and Plastic Materials with Appendix A through I.”NITS no. AD 656 925, Apr. 1964.

[6] The Precision O-ring Handbook (Precision Rubber Products Corporation, Lebanon, Tennessee, 1976).

[7] Parker Packing Engineering Handbook (Parker Packing, Salt Lake City, Utah, 1976).

[8] “Answers to Questions Frequently Asked about ‘Viton’”, J. E. Alexander, VT-000.2 (R1) (E. I. du Pont de Nemours and Co., Wilmington, DE).

[9] J. F. Smith and G. T. Perkins, J. Appl. Polym. Sci. 5, 460 (1961).

[10] J. W. Coburn and H. F. Winters, J. Vac. Sci. Technol. 16, 391 (1979).

[11] Chesterton Packings and Seals (A. W. Chesterton Company, Stoneham, MA, 1977)
[12] "The General Chemical Resistance of Various Elastomers"in the 1970 Yearbook, The Los Angeles Rubber Group, Inc. (Los Angeles Rubber Group, Inc., Los Angeles, CA, 1970).
[13] "Dupont Kalrez Perfluoroelastomer Parts", E-19829 (E. I. du Pont de Nemours and Co., Wilmington, DE).
[14] "A Look at Problem-Solving with Custom-made VESPEL Parts,"E-19547 (E. I. du Pont de Nemours and Co., Wilmington, DE).
[15] W. R. Wheeler, J, Vac. Sci. Technol. 8, 337 (1971).
[16] B. W. L. M. Sessink and N. F. Verster, Vacuum 23, 319 (1973).
[17] S. M. Ogintz, "Perfluoroelastomer O-ring Seals For Severe Chemical and High Temperature Applications", ASLE Preprint No. 77-AM-5A-1, (E. I. du Pont de Nemours and Co., Wilmington, DE).
[18] "Types of VITON Fluoroelastomer", V-K-5-119 (E. I. du Pont de Nemours and Co, Wilmington, DE).
[19] A. Lebovits, Mod. Plast. 43, 139 (1966)
[20] "NORDEL hydrocarbon rubber engineering properties and applications", E-13193 (E. I. du Pont de Nemours and Co., Wilminhton, DE).
[21] "A Capsule View of the A, B, and E Types ofViton'", J. E. Alexander, VT-000.1 (R2), (E. I. du Pont de Nemours, Wilminton, DE).
[22] Materials Engineering, Materials Seelector 1975, 80, 264 (1974).
[23] J. D. Hensel, Plast. Eng. 33, 20 (1977).
[24] L. Firth and D. G. Stringer, "KALREZ Perfluoroelastomer For Use In UHF Systems", Culham Laboratory Report RFX/VA/N15. Unpublished.
[25] R. Jaeckel, *1961 Transactions of the Eighth National Vacuum Science and Technology,* (Pergamon Press, New, York, 1962), p. 17.
[26] A. Schram, Le Vide 103, 55 (1963).
[27] L. de Csernatony, Vacuum 16, 129 (1966).
[28] P. W. Hait, Vacuum 17, 547 (1967).
[29] R. S. Barton and R. P. Govier, J. Vac. Sci. Technol. 2, 113 (1965).
[30] I. Farkass and E. J. Barry, *1960 Seventh National Symposium on Vacuum Technology Transactions* (Pergamon, New York, 1961), p. 35.
[31] F. Markley, R. Roman, and R. Voseck, *1961 Transactions of the Eighth National Vacuum Symposium combined with the Second International Congress on Vacuum Science and Technology* (pergamon, New York, 1962), p. 78.
[32] D. J. Santeler, *1958 Fifth National Symposium on Vacuum Technology Transactions* (Pergamon, New York, 1959), p. 1.
[33] R. J. Elsey, Vacuum 25, 347 (1957).
[34] M. F. Zabielski and P. R. Blaszuk, J. Vac. Sci. Technol. 13, 644 (1976).
[35] L. de Chernatony, Vacuum 27, 605 (1977).
[36] G. Thieme, Vacuum 13, 137 (1963).
[37] R. R. Addiss, Jr., L. Pensak, and N. J. Scott, *1960 Seventh National Symposium on Vacuum Technology Transactions* (Pergamon, New York, 1961), p. 39.
[38] L. Laurenson, Vacuum 27, 431, 1977.
[39] T. Sigmond, Vacuum 25, 239 (1975).
[40] G. L. Gould and J. C. Schuchman, IEEE Trans. Nucl. Sci. NS-14, 821 (1967).
[41] T. Kraus and E. Zollinger, Vacuum 23, 40 (1974).
[42] R. M. Barrier, *Diffusion in and Through Solids.* (Cambridge U. P., Cambridge, 1951).

[43] N. Buchner, Kunststoffe 49, 401 (1959).
[44] C. J. van Amerongen, J. Polym. Sci. 5, 307 (1950).
[45] C. E. Rogers in *Engineering Design for Plastics, edited by E. Baez* (Reinhold, New York, 1964).
[46] *Diffusion in Polymers*, edited by J. Crank and G. S. Park (Academic, New York, 1968).
[47] J. E. Ayers, D. R. Schmitt, and R. M. Mayfield, J. Appl. Polym. Sci. 3, 1 (1960).
[48] A. W. Myers, V. Tammela, V. Stannett, and M. Szwarc, Mod. Plast. 37, 139 (1960).
[49] R. A. Pasternak, M. V. Christensen, and J. Heller, Macromolecules 3, 366 (1970).
[50] "*The Oil, Solvent, Chemical Resistance and Permeability of Commercial Elastomers*", 2-8426 Adiprene-L Permanent File (E. I. du Pont de Nemours and Co., Wilmington, DE).
[51] M. H. Van de Voorde and C. Restat, *Selection Guide to Organic Materials For Nuclear Engineering*, CERN 72-7 (European Organization For Nuclear Research, Geneva, 1972).
[52] Parker Seal Company Report No. K10,063A, (Parker Seal Company, Culver City, CA, 1973).

4-5 バイトンＯリングのフレオンガス雰囲気中での膨潤

（N. Yoshimura, 2014 から）

書籍 "Historical Evolution Toward Achieving Ultrahigh Vacuum in JEOL Electron Microscopes" [4-18] では，セクション 'Viton O-rings, Softened and Swollen When Used in Freon-Gas Environment' を設けて，バイトンＯリングの膨潤問題について，次のように記述しています．

「バイトンＯリングはフッ素樹脂で造られていますが，これはフレオンガスと化学的に同種類です．フレオンガス雰囲気中で長期間使用したバイトンＯリングは柔らかくなり，膨らみ，雰囲気のフレオンガスが真空の加速管の中へ透過して，問題を起こしました．バイトンＯリングはガス放出量（rate）が低いので，超高電圧の加速管のシール材には適しているのですが，加速管の外部のフレオンガス（耐高電圧の絶縁ガス）で膨潤します．一方ニトリルＯリング（Nitril O-ring）はガス放出量（rate）が高く，真空的には問題ですが，フレオンガスで膨潤することはありません．そこで，ニトリルＯリングをフレオンガス側に，バイトンＯリングを真空側にするダブルＯリングシールにして，この問題を解決しました．」[4-18]

4-6 元素の蒸気圧（R. E. Honig, 1957 から）

代表的な元素の蒸気圧のデータは，ベーク処理を行って超高真空を得る場合に重要です．構成材料のいくつかの元素は，高温になったときにかなり高い蒸発量（rate）が発生します．亜鉛（Zn）を含んでいる真鍮製のネジが 300℃（573 K）程度の高温で脱ガスされると，亜鉛（Zn）は約 10^{-3} Torr の蒸気圧を示し，トラブルになります．もし真鍮製のネジが高エネルギーの電子（線）で衝撃されると，亜鉛（Zn）の蒸発によってトラブルを引き起こすことがあります．

R. E. Honig（1957）[4-19] は，"Vapor pressure data for more common elements" と題した論文を発表しました．

要約 [4-19]

蒸気圧，融点と沸点，そして蒸発熱に関し，表にしましたが，特にエレクトロニクスと高真空技術の分野で仕事をしている多くの人々に，特に興味があると思われる 57 個の元素を選択しました．蒸気圧データを，log p (mmHg) versus log T (K) のプロットとしてグラフにすると便利であり，特定の蒸気圧に対する絶対温度という形の表にしました．1957 年 3 月 1 日以前に発行されている，あるいは利用できるデータを集めています．

Fig. [4-19]-1 と Fig. [4-19]-2 は蒸気圧のデータを線図の形にまとめたものです (次ページから)．互いにグラフの線が重ならないように，2 つの別々のシートにまとめました．ほとんどの線図に示されているサークル点 (○) は融点を示しています．融点がグラフの圧力範囲の外に出ている場合は，文字 “s” (solid) あるいは “l” (liquid) が化学記号に付記されています．

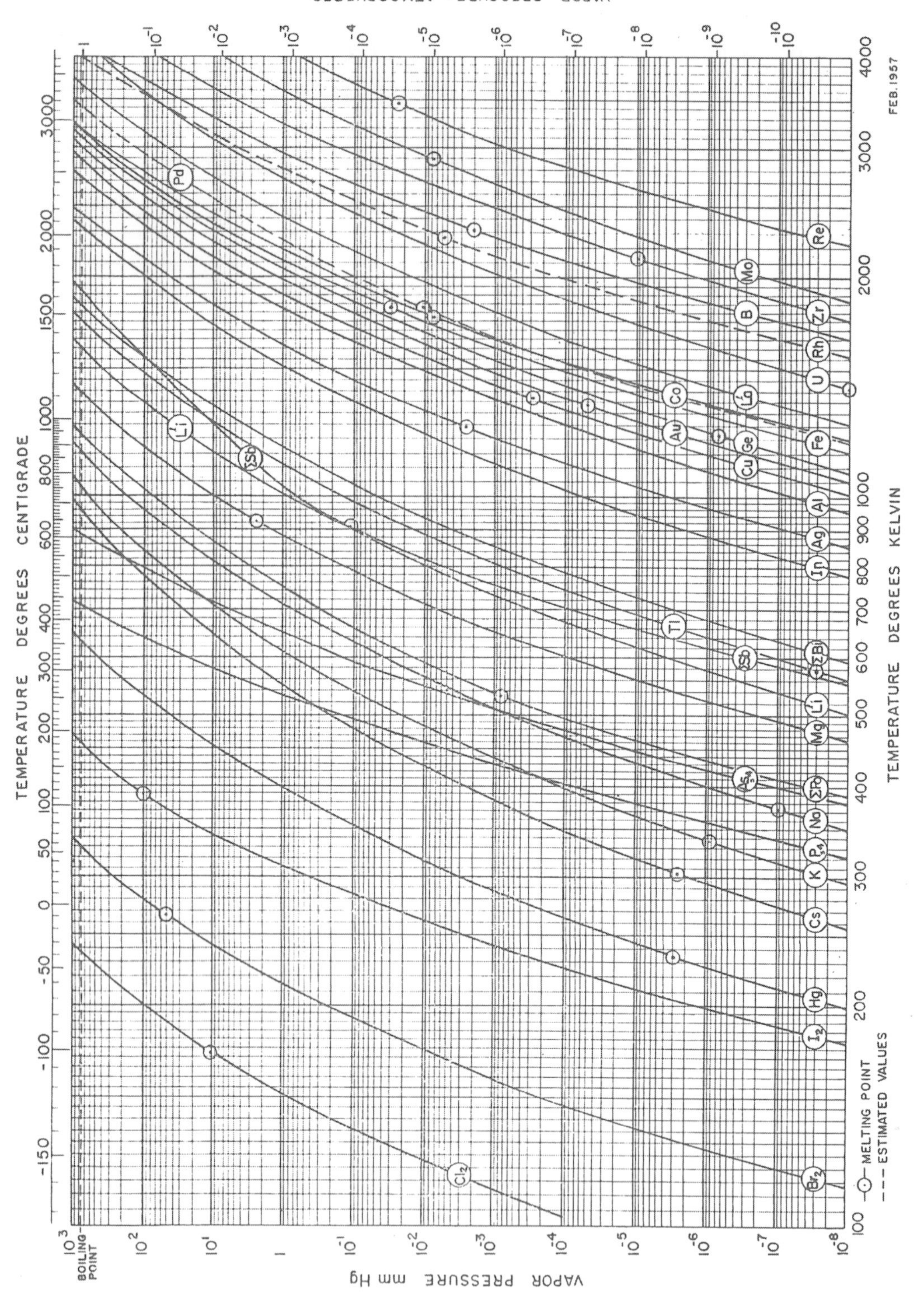

Fig. [4-19]-1. Vapor pressure curves for the more common elements (1).
R. E. Honig, (1957) [4-19]

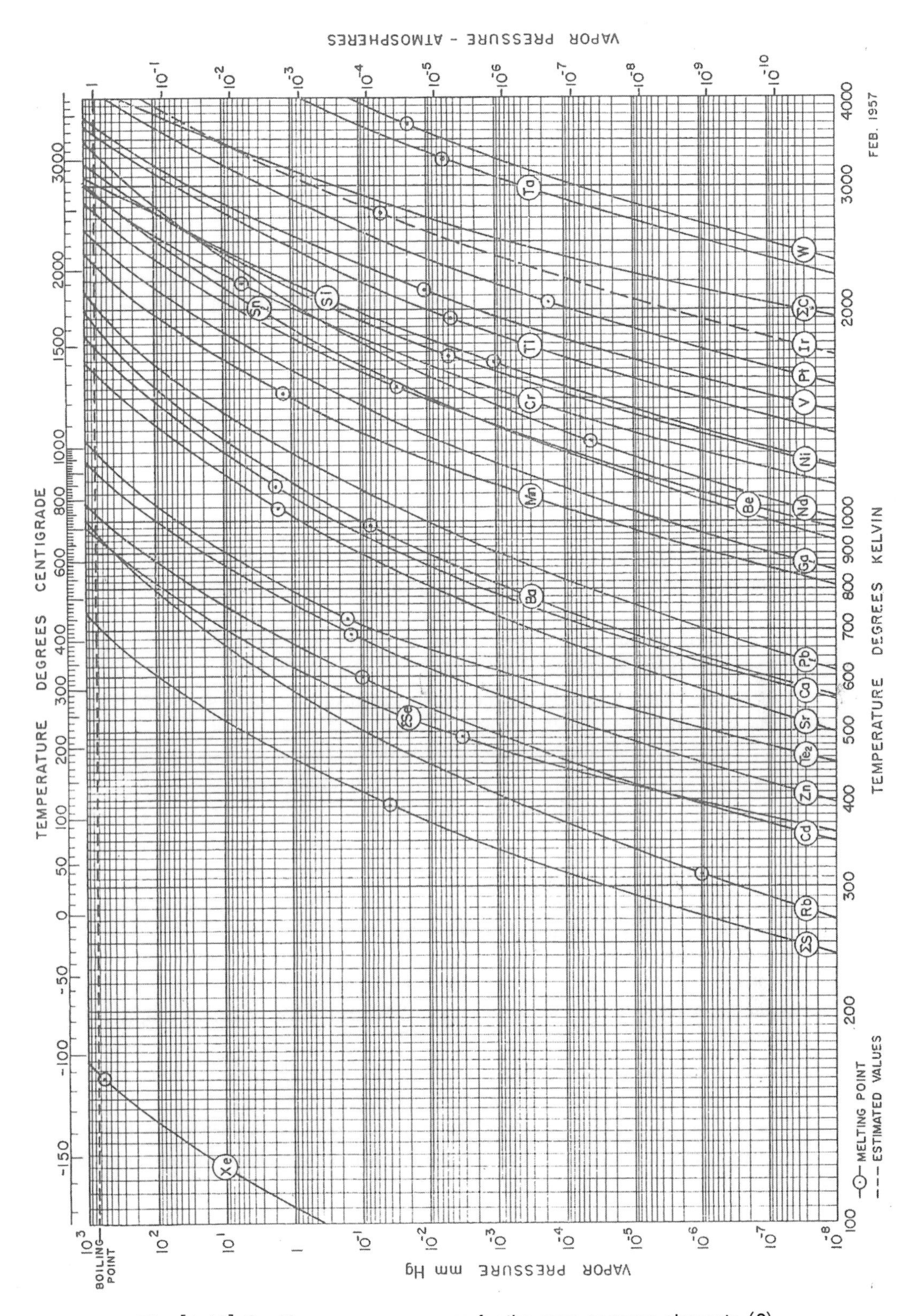

Fig. [4-19]-2. Vapor pressure curves for the more common elements (2).
R. E. Honig, (1957) [4-19]

引用文献

[4-1] B. B. Dayton, "Relations Between Size of Vacuum Chamber, Outgassing Rate, and Required Pumping Speed", 1959 *6th National Symposium on Vacuum Technology Transactions* (Pergamon Press 1960), p.101-119.

[4-2] N. Yoshimura, H. Oikawa, O. Mikami, "Measurement of outgassing rates from materials by differential pressure rise method", *J. Vac. Soc. Japan* **13** (1), pp. 23-28 (1970) (in Japanese).

[4-3] N. Yoshimura, "A differential pressure-rise method for measuring the net outgassing rates of a solid material and for estimating its characteristic values as a gas source", *J. Vac. Sci. Technol. A* **3** (6), pp. 2177-2183 (1985). Rewritten from [4-2].

[4-4] Y. Ishimori, N. Yoshimura, S. Hasegawa and H. Oikawa, "Outgassing rates of stainless steel and mild steel after different pretreatments", *J. Vac. Soc. Jpn.* **14** (8), pp. 295-301 (1971). (in Japanese)

[4-5] J. R. Young, "Outgassing characteristics of stainless steel and aluminum with different surface treatments", *J. Vac. Sci. Technol.* **6** (3), pp. 398-400 (1969).

[4-6] R. Nuvolone, "Technology of low-pressure systems-establishment of optimum conditions to obtain low degassing rates on 316L stainless steel by heat treatments", *J. Vac. Sci. Technol.* **14** (5), pp. 1210-1212 (1977).

[4-7] K. Tsukui, R. Hasunuma, K. Endo, T. Osaka, and I. Ohdomari, "Treatment of the wall materials of extremely high vacuum chamber for dynamical surface analysis", *J. Vac. Sci. Technol. A* **11** (2), pp. 417-421 (1993).

[4-8] B. C. Moore, "Atmospheric permeation of austenitic stainless steel", *J. Vac. Sci. Technol. A* **16** (5), pp. 3114-3118 (1998).

[4-9] B. C. Moore, "Thin-walled vacuum chambers of austenitic stainless steel", *J. Vac. Sci. Technol. A* **19** (1) pp. 228-231 (2001).

[4-10] V. Nemanič and J. Šetina, "Experiments with a thin walled stainless-steel vacuum chamber", *J. Vac. Sci. Technol. A* **18** (4), pp. 1789-1793 (2000).

[4-11] M. Bernardini, S. Braccini, R. De Salvo, A. Di Virgilio, A. Gaddi, A. Gennai, G. Genuini, A. Giazotto, G. Losurdo, H. B. Pan, A. Pasqualetti, D. Passuello, P. Popolizio, F. Raffaelli, G. Torelli, Z. Zhang, C. Bradaschia, R. Del Fabbro, I. Ferrante, F. Fidecaro, P. La Penna, S. Mancini, R. Poggiani, P. Narducci, A. Solina, and R. Valentini, "Air bake-out to reduce hydrogen outgassing from stainless steel", *J. Vac. Sci. Technol. A* **16** (1), p. 188-193 (1998).

[4-12] Y. Ishikawa and V. Nemanič, "An overview of methods to suppress outgassing rate from austenitic stainless steel with reference to UHV and EXV", *Vacuum* **69**, pp. 501-512 (2003).

[4-13] B. Zajec and V. Nemanič, "Hydrogen pumping by austenitic stainless steel", *J. Vac. Sci. Technol. A* **23** (2) pp. 322-329 (2005).

[4-14] L. de Csernatony and D. J. Crawley, "The properties of Viton 'A' elastomers. Part Ⅴ. The practical application of Viton 'A' seals in high vacuum", *Vacuum* **17** (10), pp. 551-554 (1967).

[4-15] N. Yoshimura, "Water vapor permeation through Viton O ring seals", *J. Vac. Sci. Technol. A* **7** (1), pp. 110-112 (1989).

[4-16] L. de Chernatony, "Recent advances in elastomer technology for UHV applications", *Vacuum* **27** (10/11), pp. 605-609 (1977).

[4-17] R. N. Peacock, "Practical selection of elastomer materials for vacuum seals", *J. Vac. Sci.*

Technol. **17** (1), pp. 330-336 (1980).
[4-18] Nagamitsu Yoshimura, Book "Historical Evolution Toward Achieving Ultrahigh Vacuum in JEOL Electron Microscopes", Springer Tokyo, 2014.
[4-19] R. E. Honig, "Vapor Pressure Data for the More Common Elements", *RCA Review,* June, pp. 195-204 (1957).

第4章のおわりに

B. B. Dayton (1959) [4-1] の莫大なデータ (Tble [4-1]-1～Table [4-1]-7) は，一般材料のガス放出や透過，拡散などのデータ集として貴重です．

N. Yoshimura *et al.*, (1970) [4-2] のガス放出量のデータ (Table [4-3]-1. Outgassing rates $K(t)$ (Torr $Ls^{-1}cm^{-2}$) of typical nonmetallic materials after t-hour evacuation.) は，サンプル材料が硬質ガラスチャンバーに挿入されて，圧力上昇法で測定されましたが，ガラスチャンバーのガス放出量の影響や，BA ゲージ管球のガス放出量や，ガス排気作用は，差動的にその場で補正されています．遮断弁には，ガス放出の少ないグリースレスコックが使用されていますから，測定されたガス放出量のデータは信頼が高いと考えられます．**第8章8-5** で記述しています「電子顕微鏡高真空システムの圧力分布シミュレーション」の分子流ネットワーク（真空回路）の設計では，Table [4-3]-1 のデータが用いられ，試料室の試料近傍や電子銃室の圧力がシミュレーションされました．そのシミュレーション結果は，実験で測定された試料室などの圧力と良い一致を示していますが，これは，真空回路の設計に用いた，各部の構成材料のガス放出量のデータが適切であったからと考えられます．

第 5 章

電子励起ガス脱離と光励起ガス脱離

はじめに

マイクロ・ナノ電子線装置では，電子線引出し電極や絞り板（Aperture）に高速の電子線が当たり，ガスが放出します．このような電極や絞り板には，電子励起ガス脱離（ESD）の少ない金属材料を選択する必要があります．

清浄真空下で，微細電子線プローブの照射で起こるSEM像の暗化現象は，電子励起ガス脱離（ESD）に因って起る，と考えられますから，本章のテーマだと言えます．しかし，この現象は「コンタミネーションのビルドアップ」と表裏の関係にありますので，**第6章**で述べます．

電子励起ガス脱離（ESD）は，電子誘起ガス脱離（Electron Induced Desorption）と呼ばれることもあります．

5-1　電子励起ガス脱離

5-1.1　M. H. Achard *et al.* (1979) のデータ

M. H. Achard *et al.*（1979）［5-1］は，ステンレス鋼，インコネル600，インコネル718，チタン合金，無酸素銅，そしてアルミニウム合金について，150℃から600℃の範囲でベーク処理した後，加速電圧1.4 keVの電子照射による中性ガスの脱離係数と，同じく1.4 keVのイオン照射による中性ガスの脱離係数を測定しました．ガスのリザーバーとなっている多孔質の酸化層を，オージェース電子ペクトロメータで調べていますが，すべて類似していたと述べています．

316 L + Nステンレス鋼，チタン合金，インコネル600を，**Fig.［5-1］-1〜Fig.［5-1］-3**（この章の115〜117ページに掲載してあります.）に示します．調べられた材料の中では，インコネル600の電子誘起ガス脱離係数が最も小さいことが注目されます．インコネル600は，電界放出電子銃の電子引き出し電極の，有力候補の1つです［5-1］．

コメント

電子誘起ガス脱離と，電子励起ガス脱離は同じ意味です．

5-1.2　Gómez-Goñi and A. G. Mathewson (1997) のデータ

J. Gómez-Goñi and A. G. Mathewson（1997）［5-2］　は，“Temperature dependence of the electron induced gas desorption yields on stainless steel, copper, and aluminum” と題した論文を発表しました．

アブストラクト [5-2]

ステンレス鋼，銅，アルミニウムの表面からの電子誘起ガス脱離係数を，300 eV の入射電子に対して測定しました．主な脱離ガスは，H_2, CH_4，H_2O，CO，CO_2 でした．ガス脱離係数に対する温度上昇の影響を測定しましたが，H_2O と H_2 に対して影響がありましたが，他のガスは一定値のままでした．2つの同一サンプルに対して，ドーズと温度に対する依存性も測定しました．

脱離係数は，ドーズに対して log-log メモリで比例しました（指数係数は正）．温度に対しては，大差はありませんでした．H_2 に対する指数の値は，拡散モデルで予期される値より大きく，被覆度と温度に対する依存性も分析しましたが，サンプルがきれいになるのは温度が高いほど速やかであり，その傾向は特に H_2 で強く出ました．実験結果を説明するために，H_2 に対する拡散モデルを適用しましたが，材料のバルクにわたって H_2 濃度が指数関数的に減少していると考えると，拡散モデルで説明できます．

SS316，OFHC-Cu，Al に対する脱離係数対ドーズの実験結果を，Fig. [5-2]-1～Fig. [5-2]-3（この章の 118～120 ページに掲載してあります.）に示します.

5-2　光励起ガス脱離

5-2.1　S. Ueda *et.al.* (1990) のデータ

S. Ueda *et al.*（1990）［5-3］は，"Photodesorption from stainless steel, aluminumalloy and oxygen free copper test chambers" と題した論文を発表しました．光励起ガス脱離は，シンクロトロンラジエーション（synchrotron radiation, SR）で重要になります.

実験に用いたテストチャンバーの材料とその表面処理条件を，Table [5-3]-1 に示します.

Table［5-3］-1.　Treparation of all test chambers.　S. Ueda *et al.*（1990）［5-3］

Sample	Material	Surface treatment
S1	SUS316	Electrolytic abrasive polishing
S2	SUS316	Glass beads blast
S3	SUS316	Electrolytic polishing and 450℃ × 48 h prebaking
S4	A6061	Electrolytic abrasive polishing
S5	A6063	Extrusion
S6	OFC C-1	Electrolytic abrasive polishing
S7	OFC C-1	Machining

実験結果

測定データを，Fig. [5-3]-1～Fig. [5-3]-4（この章の 121～124 ページに掲載してあります.）に示します.

結論 [5-3]

異なった材料と異なった表面処理のPSDに及ぼす影響を調べました．OFCの全分子脱離イールド（率）（total molecular yield）（N_2等価値）が最も小さく，続いてステンレス鋼，そしてアルミニウム合金の順でした．低いビームドーズ（beam dose）で，初期のイールドのバラツキが大きいことが分かりました．機械加工で仕上げたOFCのイールドは，9×10^{-6} molecule $photon^{-1}$に減少しましたが，これが最も小さい値でした．しかしながら，その「機械加工で仕上げたOFC」のPSDの特性は，製作技術により敏感に変化します．450℃で48 h前もってベーク処理したステンレス鋼は，2番目に小さいイールドを示しています．ステンレス鋼は常に初期イールドが低く，より高いビームドーズでのステンレス鋼のイールドは，アルミニウム合金と比べて低いイールドを示します．電解研磨表面は，中間的な効果を示します．個々のガス種のイールド特性は，全圧（N_2等価圧力）のイールド特性と非常に似ています．

引用文献

[5-1] M. H. Achard, R. Calder, and A. Mathewson, “The effect of bakeout temperature on the electron and ion induced gas desorption coefficients of some technological materials”, *Vacuum* **29** (2), pp. 53-65 (1979).

[5-2] J. Gómez-Goñi and A. G. Mathewson, “Temperature dependence of the electron induced gas desorption yields on stainless steel, copper, and aluminum”, *J. Vac. Sci. Technol. A* **15** (6), pp. 3093-3103 (1997).

[5-3] S. Ueda, M. Matsumoto, T. Kobari, T. Ikeguchi, M. Kobayashi, and Y. Hori, “Photodesorption from stainless steel, aluminum alloy and oxygen free copper test chambers”, *Vacuum* **41** (7-9), pp. 1928-1930 (1990).

第5章のおわりに

電子顕微鏡に代表されるマイクロ・ナノ電子線装置では，電子線でたたかれた加速管の電極などから，ESD（電子励起ガス脱離）現象でガスや二次電子が放出し，それが原因で微小放電が誘起される可能性があります．

次章（**第6章**）で扱いますが，電子線でたたかれた試料からガスが脱離して，その結果二次電子線像が暗化して観察されることがあります．

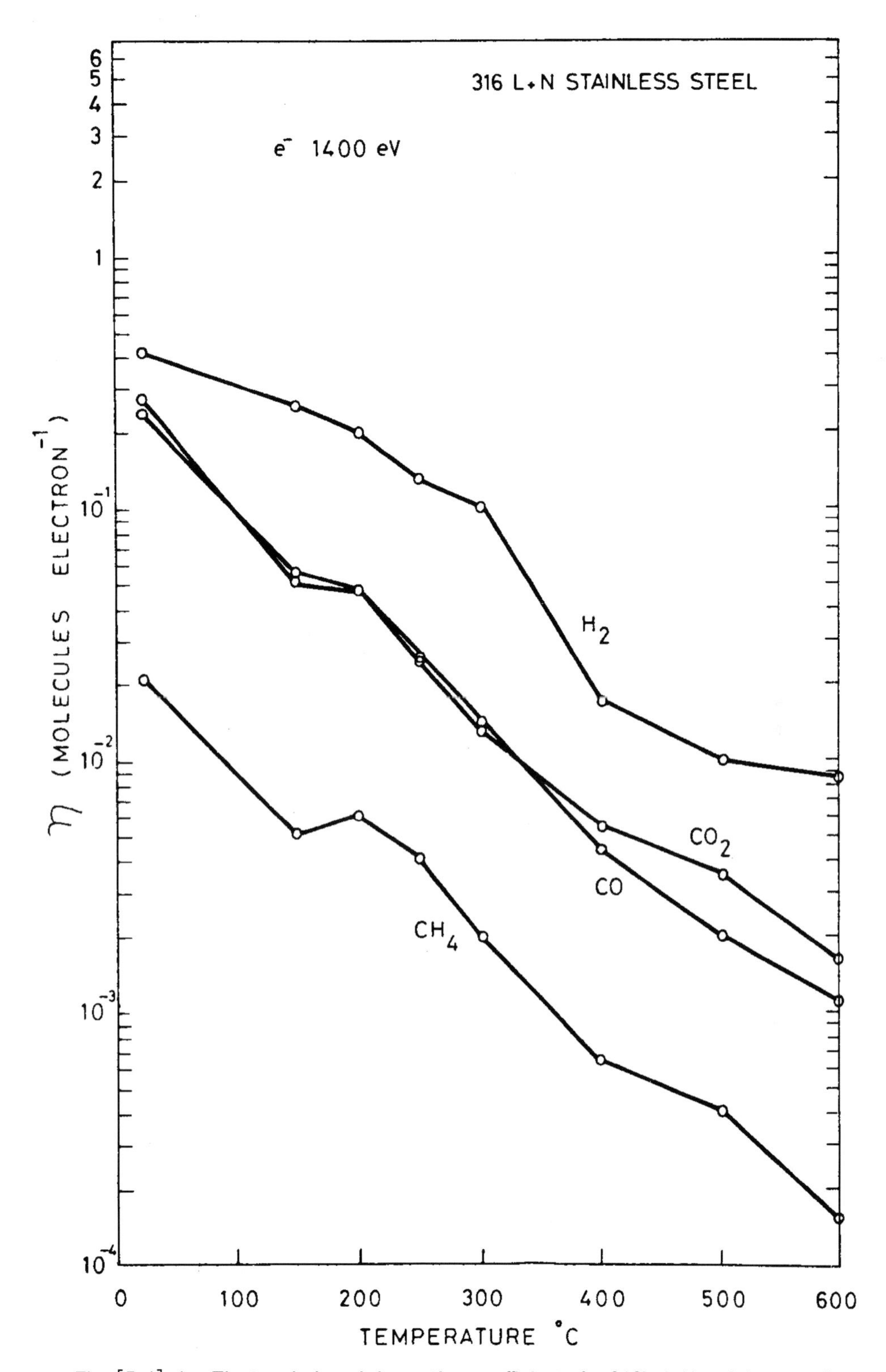

Fig. [5-1]-1.　Electron induced desorption coefficients for 316L + N stainless steel.
M. H. Achard *et al.* (1979) [5-1]

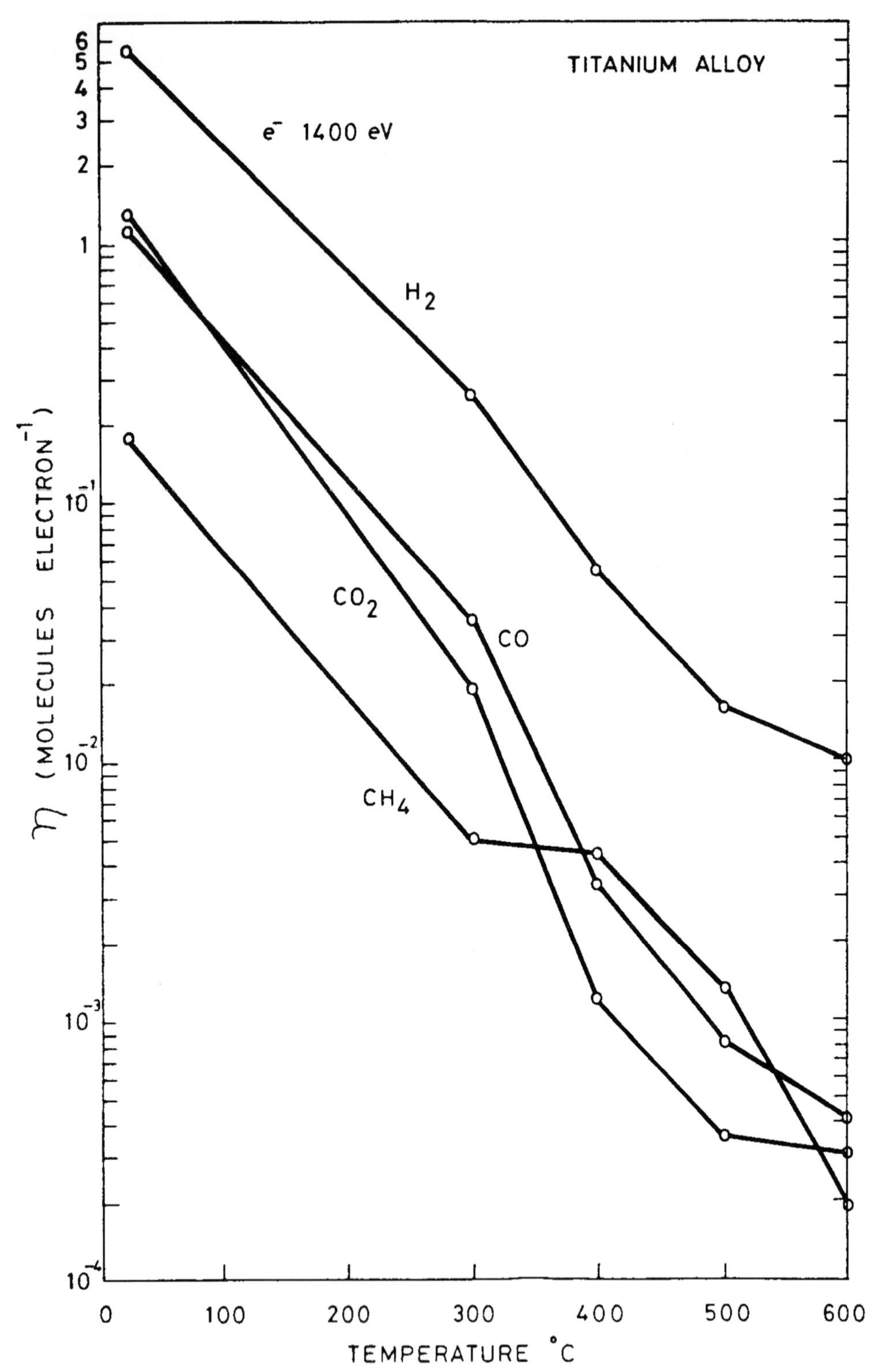

Fig. [5-1]-2. Electron induced desorption coefficients for titanium alloy.
M. H. Achard *et al.* (1979) [5-1]

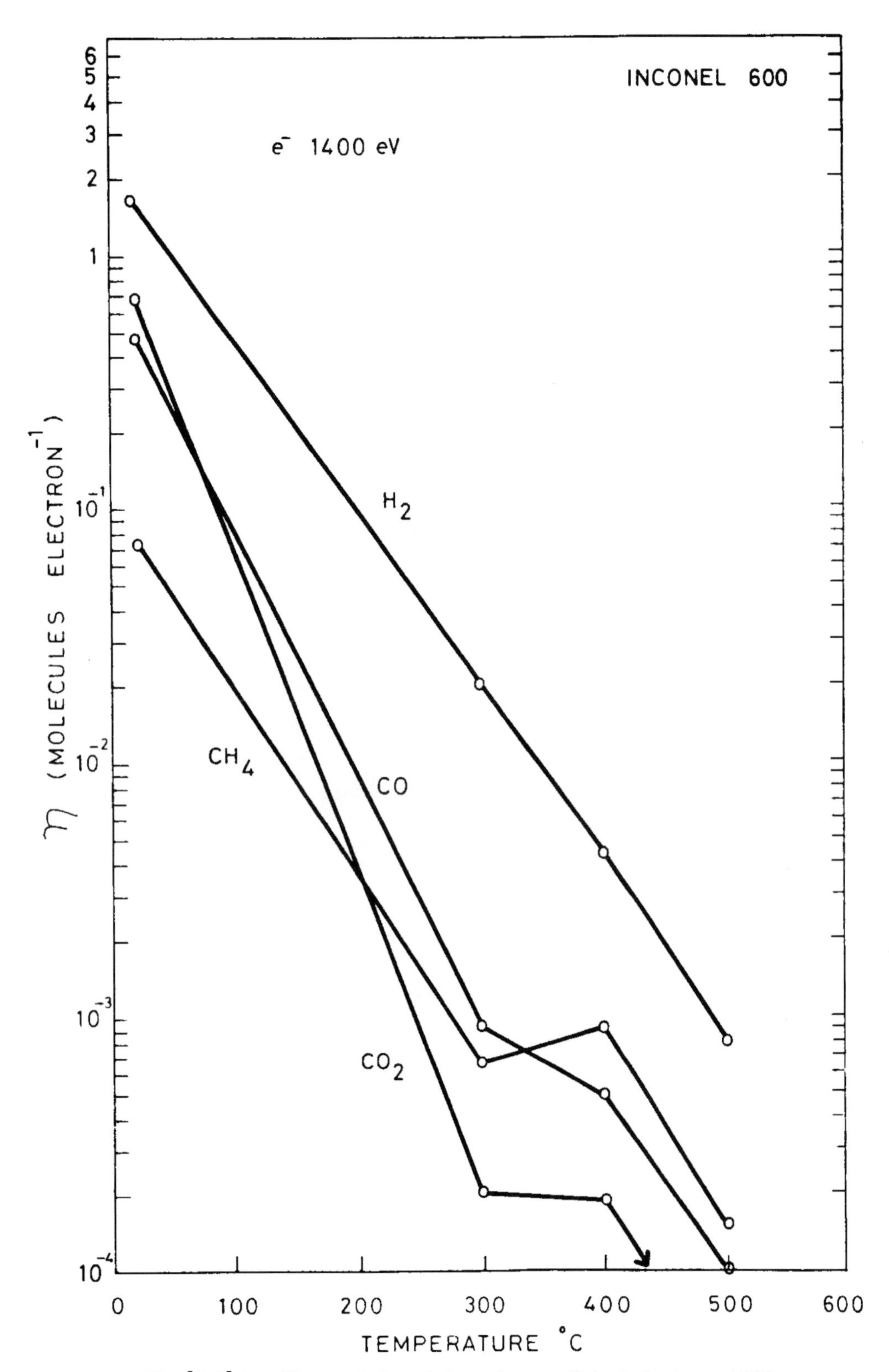

Fig. [5-1]-3.　Electron induced desorption coefficients for Inconel 600.
M. H. Achard *et al.* (1979) [5-1]

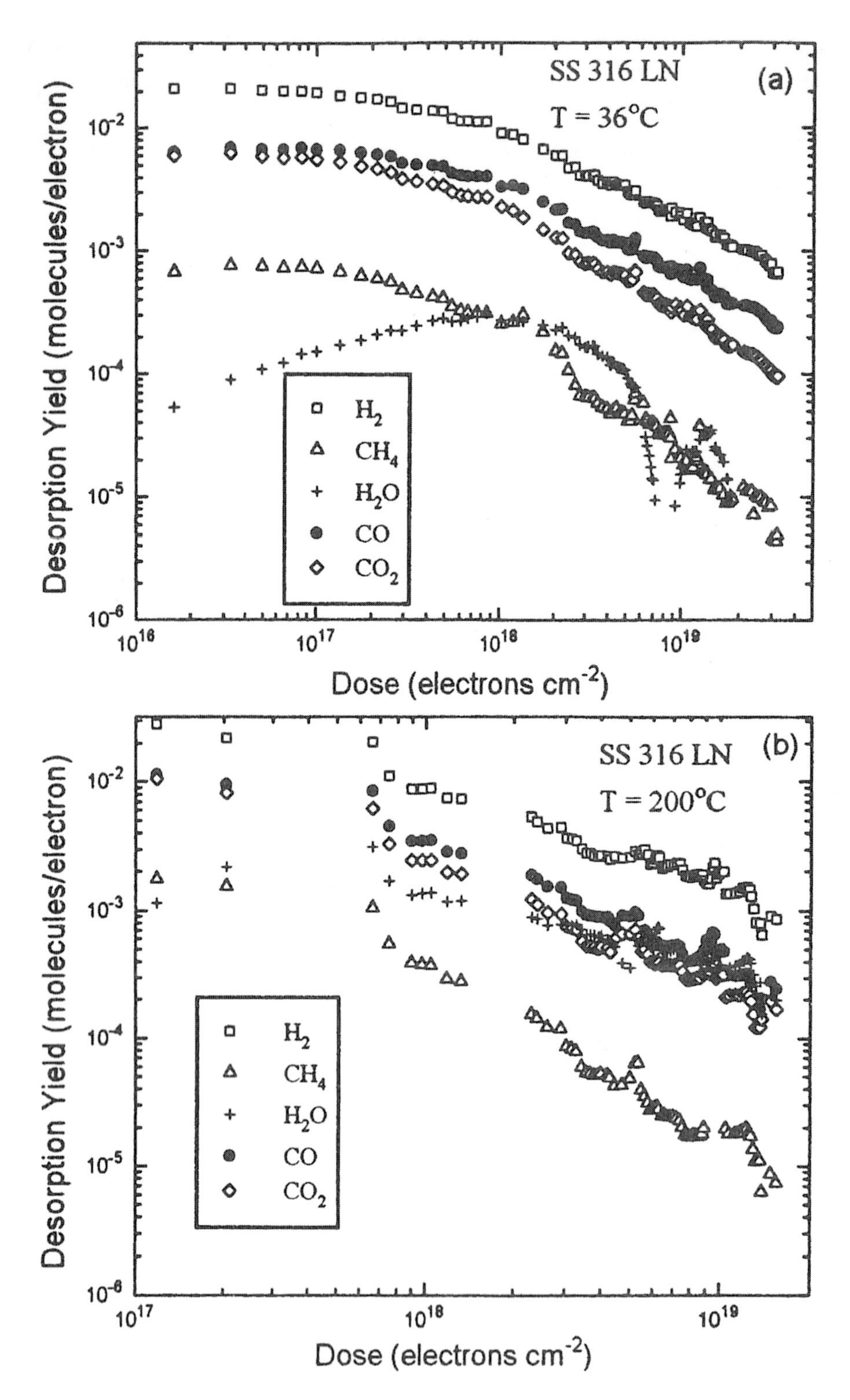

Fig. [5-2]-1. Electron induced gas desorption yields for a 316L + N stainless steel sample as a function of the dose for an electron beam of 300 eV energy.
(a) $T = 36$℃, (b) $T = 200$℃.
J. Gómez-Goñi and A. G. Mathewson (1997) [5-2]

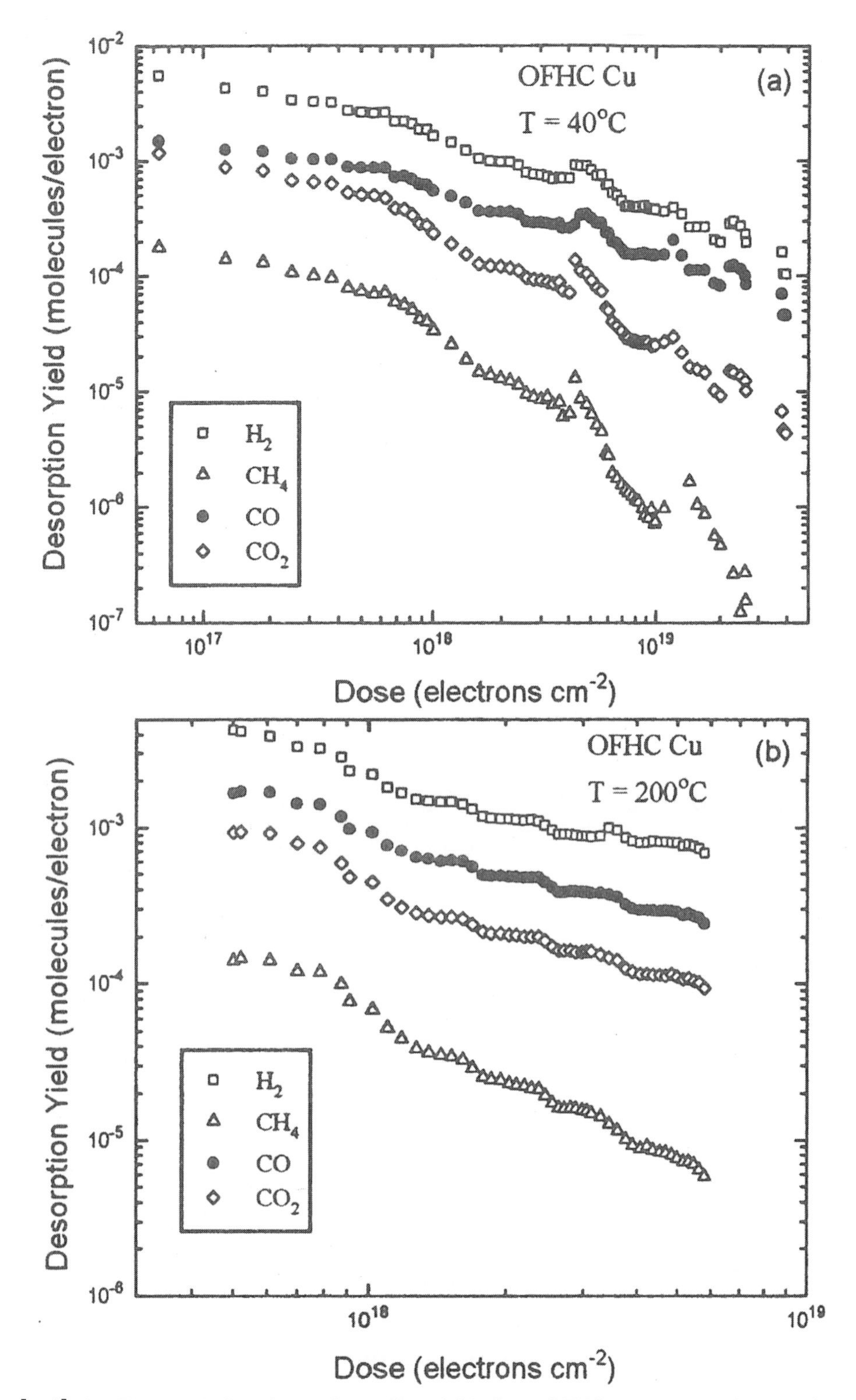

Fig. [5-2]-2.　Electron induced gas desorption yields for a OFHC copper sample as a function of the dose for an electron beam of 300 eV energy. (a) T = 40℃, (b) T = 200℃. J. Gómez-Goñi and A. G. Mathewson (1997) [5-2]

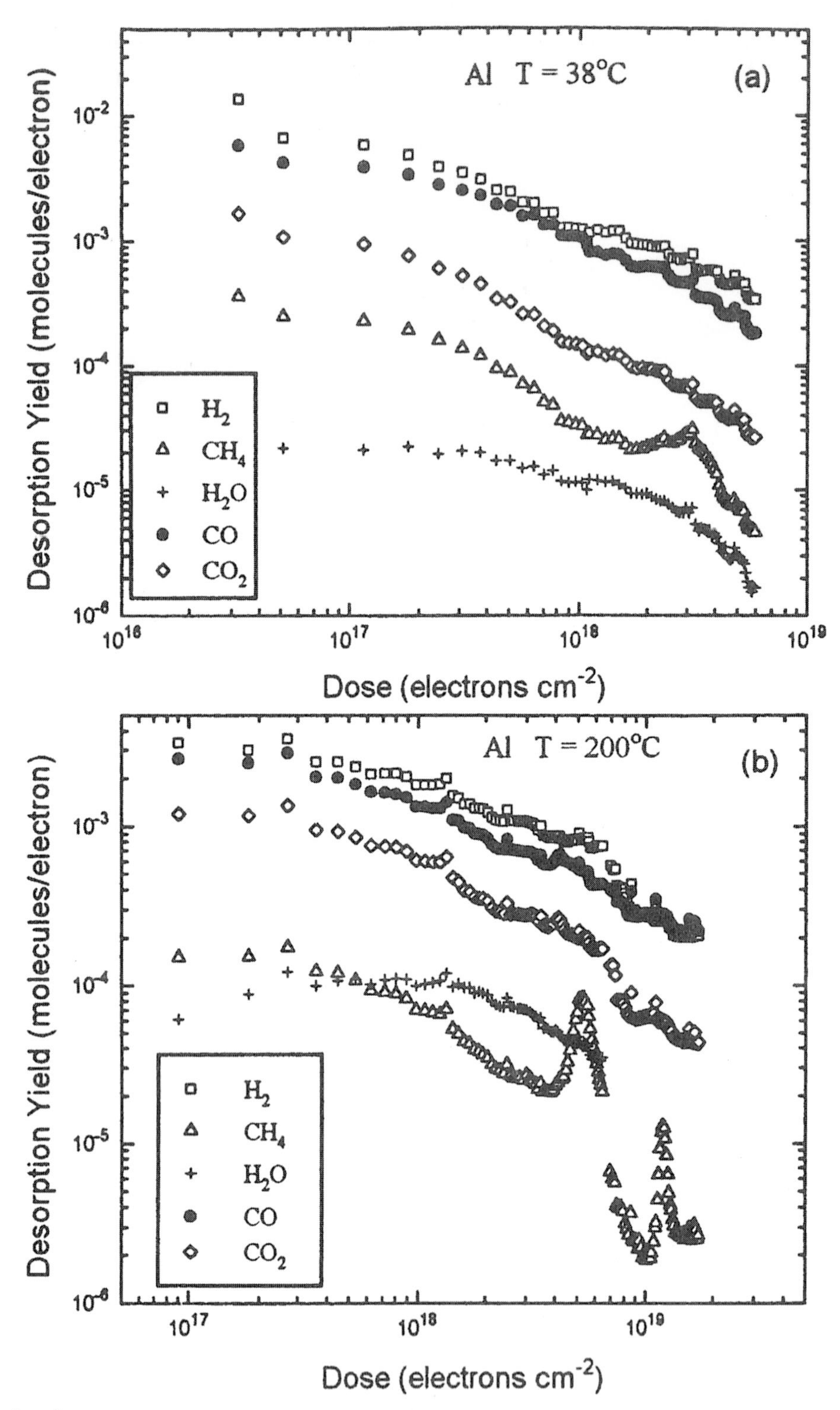

Fig. [5-2]-3. Electron induced gas desorption yields for an anticorodal aluminum sample as a function of the dose for an electron beam of 300 eV energy.
(a) T = 38℃, (b) T = 200℃.
J. Gómez-Goñi and A. Mathewson, 1997 [5-2]

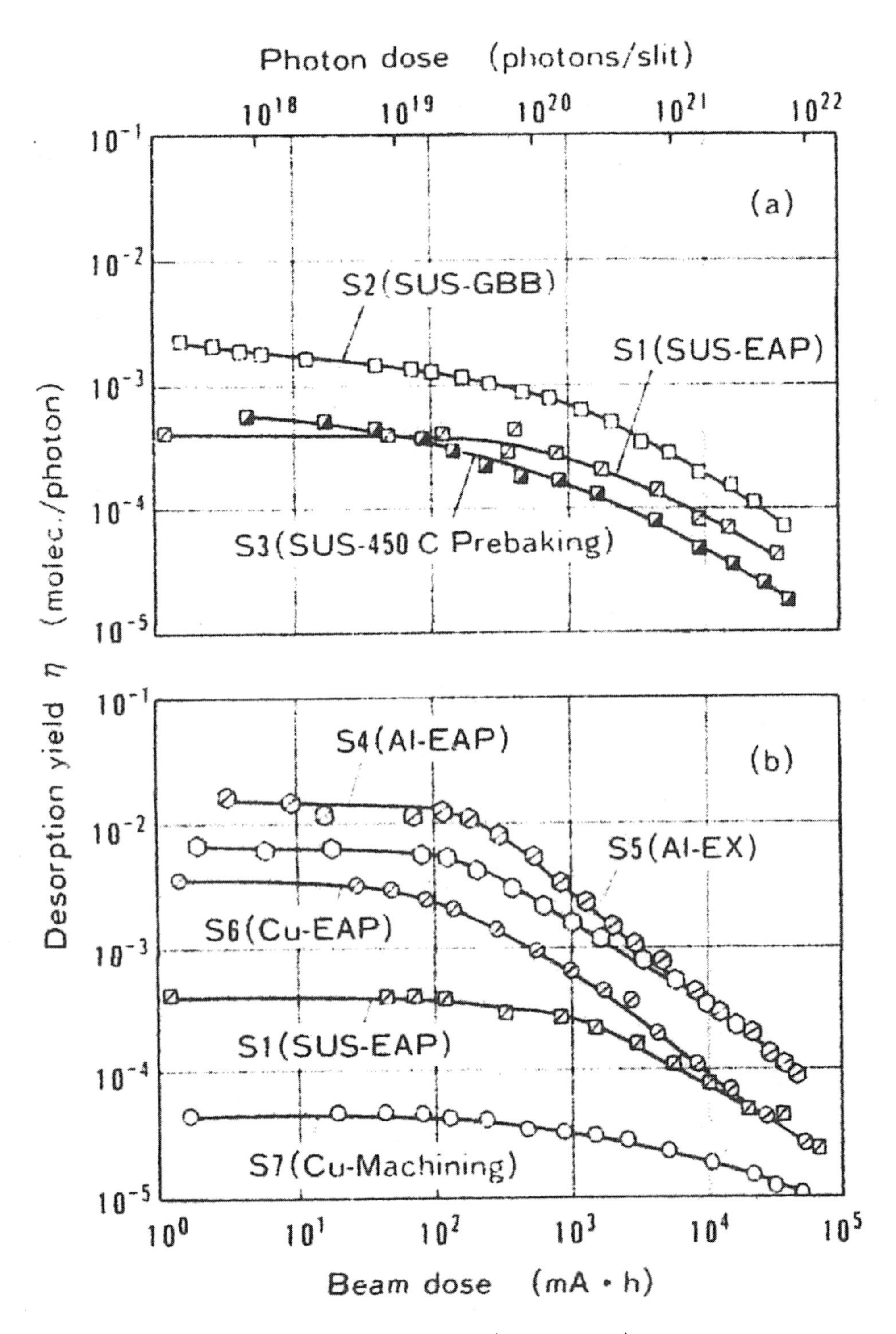

Fig. [5-3]-1. Photodesorption yields η (total pressure) vs beam dose.
(a) Effect of surface treatments of stainless steel.
(b) (b) Effect of materials and surface treatments
S. Ueda *et al.* (1990) [5-3]

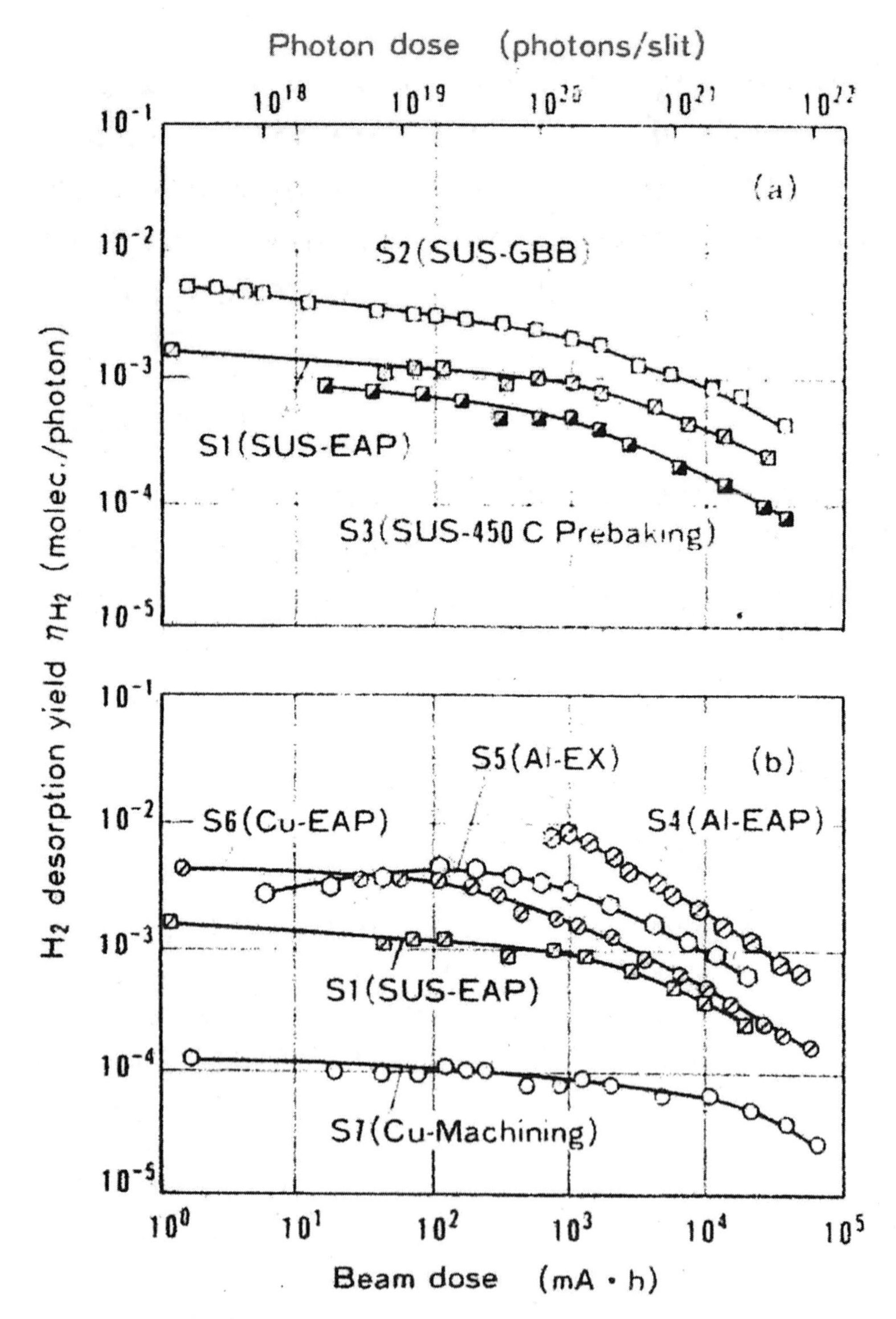

Fig. [5-3]-2. H_2 photodesorption yields η_{H2} vs beam dose.
(a) Effect of surface treatments of stainless steel.
(b) Effect of materials and surface treatments.
S. Ueda *et al.* (1990) [5-3]

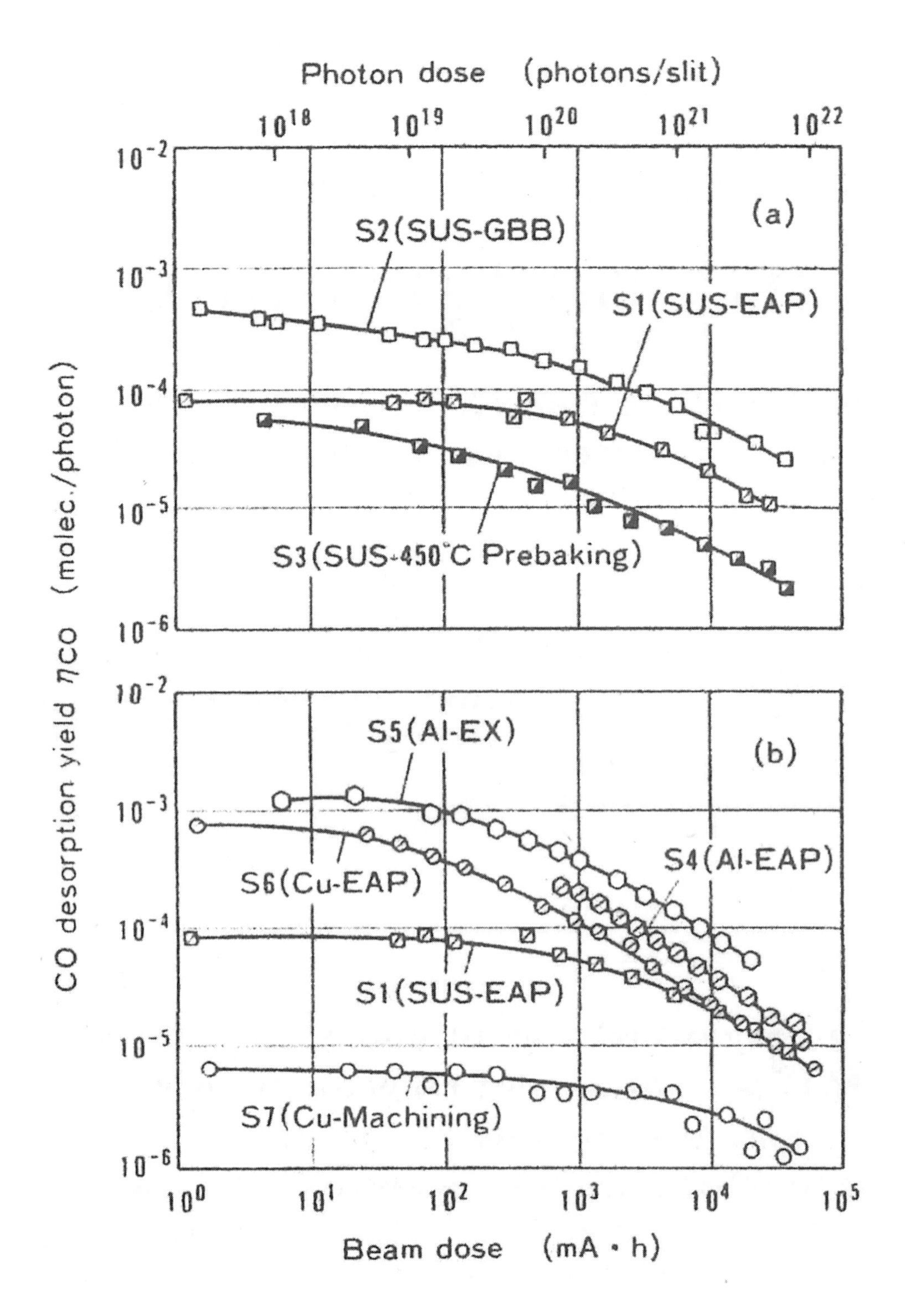

Fig. [5-3]-3.　CO photodesorption yields η_{co} vs beam dose.
(a)　Effect of surface treatments of stainless steel.
(b)　Effect of materials and surface treatments.
S. Ueda *et al.* (1990) [5-3]

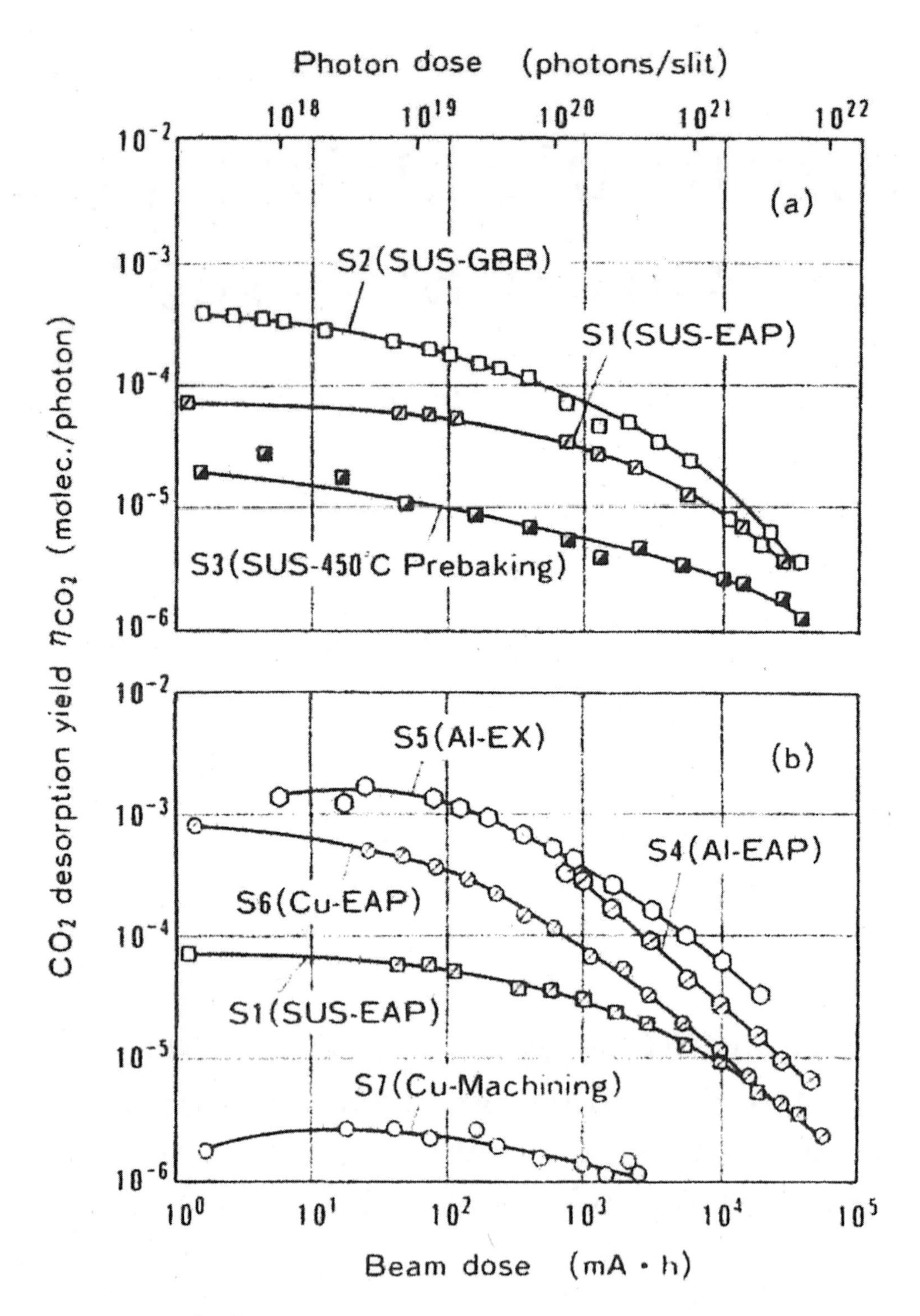

Fig. [5-3]-4. CO_2 photodesorption yields η_{CO_2} vs beam dose.
(a) Effect of surface treatments of stainless steel.
(b) Effect of materials and surface treatments.
S. Ueda *et al.* (1990) [5-3]

第 6 章

微小電子プローブ照射で起こる
コンタミネーションの堆積

はじめに

電子顕微鏡などのマイクロ・ナノ電子線装置に携わる技術者は，コンタミ（試料汚染）となる物質が試料の電子線照射スポットにやってくるプロセスを，正しく理解する必要があります．

A. E. Ennos（1953）[6-1] は，汚染物質が試料の電子線照射スポットにやってくるプロセスとして，①電子線照射スポットに飛来する，②汚れている物品からハイドロカーボン分子が表面上を拡散してくる，というプロセスのどちらが主であるかを明らかにするために，丁寧な実証実験をしました．その結果，汚染物質は真空空間から照射スポットに飛来してくる，と結論しました．もしそうだとすると，有効な対策は①試料を加熱して吸着しているハイドロカーボンガス分子を脱離させる，②試料をとり囲む冷却フィンから成るアンチコンタミネーションデバイス（ACD, Anti-Contamination Device）を用いて，ハイドロカーボンガス分子が試料へ飛来してくるのを阻止する，ということになります．

一方 N. Yoshimura *et al.*（1983）[6-3] は，スポット領域が小さくなるとコンタミ堆積量（rate）が非常に大きくなることに注目して，試料全面に飛来して吸着したハイドロカーボン系の蒸気分子やガス分子が，試料面上を拡散移動してやってくるプロセスも，無視することはできないことを明らかにしました．

「コンタミ」「コンタミネーション」という専門用語

微細な電子線プローブを使用する透過型電子顕微鏡では，試料面上で起こるハイドロカーボン分子と電子線との重合反応で，炭素系物質の重合膜が堆積します．その結果，試料表面の微細な構造が隠されてしまいますから，電子顕微鏡にはこの「コンタミ」「コンタミネーション」は大敵であり，「コンタミ」が皆無の電子顕微鏡というのが，電子顕微鏡にかかわる技術者の目標の１つです．(二次電子走査型電子顕微鏡では，試料の比較的広い領域が走査されますので，広い領域に比較的薄く重合膜が生成されます．倍率を下げて，もっと広い領域を観察しますと，直前に走査した狭い領域が暗化して観察されます．このダークニング現象を，走査型電子顕微鏡でのコンタミネーションと呼んでいます．

透過型電子顕微鏡において，電子線を微細に絞って試料面をスポット照射しますと，尖ったコーン状の「コンタミ」が生成されることがあります．このようなコーン状のコンタミを走査型二次電子像モードで観察しますと，斜め入射の電子による二次電子放出率は大きいので，明るい（白い）コーン状の像として観察されます．透過型走査像モードで観察すると，コンタミネーションは黒化したスポットとして観察されます．

「コンタミ」あるいは「コンタミネーション」という専門用語は，このように電子顕微鏡分野では重要な用語として多用されてきましたが，クリーンルーム内で使われる半導体関連の真空装置でも，「コンタミ」という用語が多用されています．この分野では「コンタミ」あるいは「コンタミネーション」という用語で，埃（ホコリ）がウエファ（Wafer）にくっつくことを言います．クリーンルームに入る半導体関連の真空装置が急増していますから，今や「コンタミ」と言えば埃（ホコリ）を指すのが主流なのかもしれませんが，本書では電子顕微鏡分野で従来から使われてきたように，電子線照射による「重合膜」,「重合膜の堆積」という意味で,「コンタミ」「コンタミネーション」「コンタの堆積」という用語を使用します．

6-1　コンタミとなるハイドロカーボン分子の源と移動のプロセス

6-1.1　A. E. Ennos (1953) の実験と考察

A. E. Ennos (1953) [6-1]　は，“The origin of specimen contamination in the electron microscope” と題した論文を発表しました．

アブストラクト [6-1]

電子ビームによるコンタミネーションの源は何か，コンタミを阻止する合理的な方法は何か，ということを究明するために，シンプルな真空系を用いて実験しました．コンタミネーションは，電子でたたかれる表面上に吸着している有機分子と電子との反応で重合し，有機分子は蒸気相から供給される，と結論します．コンタミネーションの堆積は，電子で打たれる表面を加熱することによって，あるいはその表面を効率の良い冷却トラップで取り囲むことによって，阻止することができます．

1. 種々のメカニズム説

コンタミネーションの生成を説明するために，種々のメカニズム説が提唱されました．Watson [4] は,「真空システムの残留油蒸気雰囲気で，電子ビームがイオンクラスターを生成し，それらのイオンが電気伝導性表面の近くに堆積する」と提唱しました．しかしながら，真空システム内の圧力でのイオン生成量 (rate) は，観察される量 (rate) より桁数が小さい値になります．さらにコンタミネーションは，電子ビームで直接照射された部品にのみ生成しているので，このクラスター説はコンタミのメカニズムではありません．Cosslett [5] は,「コンタミネーションは電子衝撃によって，メッシュ線から噴出した吸着物質から生じているのではないか」と言っていますが，支持膜の中心にコンタミが見られることを説明できません．さらに言えば，電子衝撃の際に生じるはずの，粒上の堆積物 [6] は観察されていません．

コンタミネーションの影響についての最近の研究で，Ellis [10] は，試料汚染は試料支持棒 (the specimen supports) に沿って表面移動 (migration) してくる有機の分子が，電子ビーム照射で重合するためである，と提唱しました．Ellis によると，これら分子の源は，壁上の有機蒸気凝結物の寄与も考えられますが，洗浄後に残っている装置の内壁上の，有機汚染となる物質の残渣である，としています．Ellis が述べているいくつかの実験は，彼の見解を支持していますが，他の実験は確定的ではないし,表面移動理論 (the migration theory) と矛盾する結果もあります．

もっと可能性が高いように思われるコンタミネーション源は，真空雰囲気に残留している有機蒸気だと思われます．これらの蒸気は装置の壁に吸着膜として，部分的に凝結しています．膜の分子が，電子との反応で効率良く取り除かれると，新しい蒸気分子が真空雰囲気からやってきて凝結します．

この論文の研究は，はっきりした実験結果を得て，そこから試料汚染のメカニズムと汚染物質の源を突き止めることを目的としています．次の論文では，汚染源を定量的に扱いたいと，念じています．

2. 電子顕微鏡におけるコンタミ成長速度

最初の実験は，電子顕微鏡で，酸化亜鉛スモーククリスタル周りのコンタミネーション成長速度について行いました．これらの実験では，Watson [4] と一致していますが，コンタミの成長は時間に対して直線的に成長し，その成長はいつまでも続きました．一般に，(試料を保持している) グリッドのメッシュ線に近接している領域で，いつも成長速度が高かったのですが，コンタミの絶対的な成長速度は，試料によって大幅に変化しました．一定の電子電流密度の条件の下，同じ結晶試料で行ったコンタミ成長速度の測定では，通常用いる 40-70 kV の範囲で，汚染成長速度は加速電圧に依存しませんでした．電子線電流密度の関数として測定したコンタミ成長速度は，Fig. [6-1]-1 に示すように，小さい電流密度の範囲で電流密度に正比例し，大きい電流密度では比例関係から外れて曲がっています．

電子顕微鏡では，そこで得られる最も高い電流密度に対して，3 Å/se までの成長速度が観察されました．

3. シンプルな真空システムでの実験

油拡散ポンプで 10^{-5} mmHg の圧力に排気される，標準的な蒸着装置のベルジャー内部に，3 つの電極をもつ真鍮製の電子銃を取り付けました (Fig. [6-1]-2)．電子銃は，適切に置かれたターゲットに向かって電子ビームを放射します．電子銃とターゲットの間には，シャッターが設けられており，真空システムの外部から磁石で操作します．ターゲットが加熱されるのを防ぐために，電子顕微鏡で用いている加速電圧 50 kV の代わりに，2 kV の加速電圧を用いました．0.5 mA/cm^2 の電流密度で 10 分間ターゲットを電子照射したところ，薄い褐色の汚れ (stain) がター

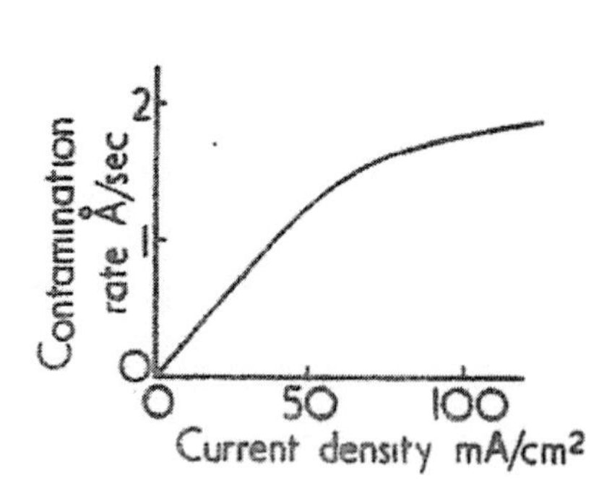

Fig. [6-1]-1. Variation of contamination rate with current density. A. E. Ennos (1953) [6-1]

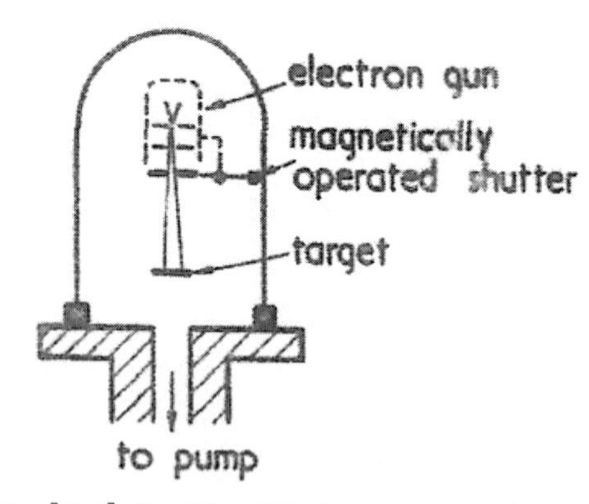

Fig. [6-1]-2. Simplified vacuum system for investigation of contamination. A. E. Ennos (1953) [6-1]

ゲットの表面上で観察されました．汚れの外観は，表面の性質に影響されませんでした．すなわち，金属ターゲットでもガラスでも，汚れが付着しました．さらに電子衝撃を続けると，Stewart [11] が指摘したように，ダークブラウン－黒色の堆積物が生成されました．ガラスや磨いた金属表面上の非常に薄いコンタミは目では見えませんでしたが，ターゲットに息を吹きかけたときに見られる波紋から検出できました（後の測定で，50 Å 以下の厚さであることが分かっています）．

2 kV 電子銃を用いたときのコンタミネーションの堆積速度が，電子顕微鏡で観察される類似の電子電流密度での堆積速度と，同程度であることをチェックするために，ガラスターゲット上に生成した堆積物の厚さを，多重ビーム干渉計を用いて測定しました．低強度電子衝撃では，電子顕微鏡で測定されたコンタミネーション堆積量（rate）と全てのケースで良い一致を示しました．このことから，電子銃の加速電圧は，コンタミネーションの生成には大きな影響を与えないと確信しています．電子顕微鏡で倍率× 10,000 で写真を撮る際に通常用いられる試料電流密度は 5 mA/cm^2 であり，これは今回の実験で用いた低電圧電子銃での試料電流の約 10 倍です．

4. コンタミの温度依存性

コンタミ成長速度に及ぼす表面温度の効果を知るために，定性的な実験を行いました．はじめに，研磨したステンレス鋼のディスク（disk）を化学溶剤で洗浄し，その後に残存しているグリース膜を除去するために，その表面をスパーク放電しました．それからディスクはベルジャー内のヒータに取り付け，温度測定にサーモカップルを用いました．絞り（aperture）が付いているシャッターを，磁石で動かすことによって，真空を破ることなく，試料の離れた場所を順次電子衝撃できます．ディスクの各々の領域を 2 coulombs/cm^2 の電子衝撃をして，表面温度昇温の効果を調べました．表面を温めると，コンタミネーションは著しく減少しました．ターゲット温度が室温で，中間の褐色の汚れが見られるようなコンタミ成長速度のときに，ディスク温度を 100℃に上昇させると，同じ程度の電子線照射で殆ど見えない程度にしか堆積物は付着しませんでした．しかしながら，コンタミの完全な除去（差動の息吹きかけ波紋が観察されないこと）は，表面温度を約 250℃まで上昇させて，初めて達成されました．ターゲットを冷やしたときの類似の実験では，表面温度の低下と共にコンタミ成長速度は，はじめは上昇しました．ターゲット温度を十分に冷やす（約－50℃）と，油蒸気の目に見える凝結が起こりました．この時は，電子ビームで照射すると，通常の褐色ではなく，白色のコンタミが生成しました．

コメント

拡散ポンプ油はシリコン系，例えば DC704 などではなかったか？　シリコン系のコンタミは熱く堆積していても，褐色になる程度は低い（6-1.3 参照）．

Fig. [6-1]-3 は，ポンプ油の凝結がない温度領域での，コンタミ成長速度と表面温度の特性です．

電子顕微鏡でのコンタミの事例の多くは，温度依存性で説明できました．例えば，ビーム強度

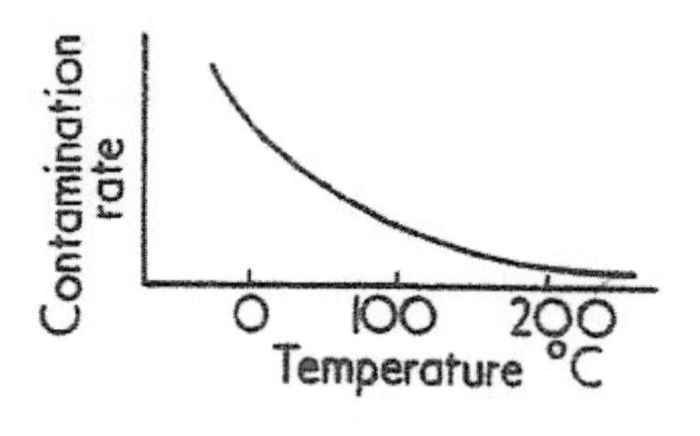

Fig. [6-1]-3.
Quantitative relation between contamination rate and temperature.
A. E. Ennos (1953) [6-1]

を増加するとコンタミ成長速度が低減しますが，これはビームエネルギー増加による試料温度の上昇効果で説明できます．メッシュ線の近くで優先的にコンタミが付くのは，メッシュ開口の中央と縁での試料温度の差に因ります．Von Borries [13] は，通常の動作条件におけるコロイド支持膜（collodion support film）における温度分布を計算し，（試料の）中心では，温度は200℃の近辺に達していると結論しました．支持膜を使用しないスモーク結晶（smake crystals）では，温度は個々のパーティクル間の接触の程度に大きく依存し，この接触が不十分の場合には，温度は電子線照射で非常に速やかに上昇します．通常使用されている銅製のグリッドメッシュの温度は，周囲温度より数度高いですが，それ以上には上昇しないでしょう．しかしながら，もしステンレス鋼製グリッドが用いられると，熱伝導が小さいので，線（wires）は50℃またはそれ以上に上昇するでしょう．このことが，Ellis が報告している，これらのグリッドを用いた場合のコンタミの減少を説明していると考えますが，このことは A. E. Ennos の実験でも確かめられています．

5. コンタミ堆積のメカニズム

Hillier [8] と König [9] の仕事は，コンタミ堆積物はアモルファス構造（amorphous structure）で，カーボンのような性質をもっていることを示しています．このことはその元の物質は有機物であり，試料上で電子ビームと有機分子との反応で生成されたことを暗示しています．油拡散ポンプで排気される真空システムでは，残留ガスには飽和蒸気圧のポンプオイル蒸気が多く含まれているでしょう．一方 Blears [14] は，液体空気トラップを備えたシステムでも，あるいは水銀ポンプで排気されているシステムでも，真空雰囲気には高い割合でハイドロカーボン成分が存在することを示しています．これらのハイドロカーボン成分は，システムを100℃でベークした後何時間も排気しても，しつこく残っています．有機蒸気の源についてはここでは詳しく述べませんが，一般にシステム内の油，グリース，ガスケット材料などが源と言われています．これらの有機物質がコンタミ堆積物に変化するのは，試料の表面上であり，真空空間ではありません．試料面上には，高い濃度の吸着ハイドロカーボン層が存在していると考えらえられます．

衝撃する電子は，分子の再結合を打ち砕くことによって，分子の電離や解離を起こします．その後の，イオンから分子に戻る反応や分子の再結合に因って，熱励起によるエネルギーよりずっと大きい形成エネルギーをもつ，安定な化学的化合物質を造ることになります．

Harkins [15] が述べていることですが，ハイドロカーボン蒸気を通過する電気放電に含まれている高速電子は，分光学的にフリーラディカルを造りだし，ラディカルはここで討論しているコンタミ化合物と性質が似ているポリマー化合物になります．したがって，電子衝撃の結果として，フリーラディカルが表面上に形成されることは可能と思えます．

どのようなメカニズムでコンタミが生成されるにせよ，もともとの有機物質が電子ビームでコンタミとなり，固定されます．化学的な反応を引き起こすのに必要な電子エネルギーは，用いているビームエネルギーと比較すると，小さいです（ハイドロカーボンであるメタンやベンゼンの臨界ポテンシャルは，それぞれ 14.4 V と 9.6 V です）．このことは，コンタミネーションの電子エネルギーに大きく依存するすることがないことを説明しています．

生成する実際のコンタミ化合物は，化学溶剤には溶けにくく，ハイドロカーボンガス中を放電が走ったときに得られるタイプのカーボンポリマーである高い可能性があります．これらの化合物は König and Helwig [16] や他の研究者 [15]，[17] によって，広く研究されています．続いての電子衝撃が，ポリマー化合物の部分的な，あるいは全体の炭化を引き起こします．

コンタミネーションのプロセスは，電子ビームが引き出されている限り連続的であり，したがって，表面上でハイドロカーボン分子がコンタミネーションに変質する速度と，外部からやってくる新しい分子の供給量との間に，平衡条件が成り立っていなければなりません．電子ビームがない場合，表面上でハイドロカーボンのビルドアップは起こりません（積みあがった層は光学顕微鏡で直接観察できます）から，何らかのハイドロカーボンが表面上に存在しているのは，表面に到達する分子と表面を去る分子との平衡の結果ということになります．したがって，通常の温度条件の下での表面濃度は低いので，ハイドロカーボン分子はターゲット領域に高い割合（rate）で近づきますが，その領域には非常に短い時間しか滞在していないと推論されます．これらの低い表面濃度で，コンタミ成長速度は表面の分子の濃度と電流密度に，直接比例することになります．しかしながら，高いビーム電流密度では，十分に多い分子がコンタミネーションになり，ガス分子は除去され，それが新たな分子の供給と同程度になる可能性があります．この場合には，表面上の有効な分子の濃度が減少して，コンタミ成長速度がビーム電流密度と共に，相対的に減少することになります．

6. ハイドロカーボンフィルムへの物質補給

電子衝撃される領域の表面にハイドロカーボン膜の物質が補給されるのに，2つのプロセスが考えられています．それは（1）（Ellis が提唱していますが）ビームで照射される領域の周りから，分子が表面移動してくる表面移動説と（2）周囲の蒸気からの凝結で分子が到達する凝結説です．実際面からみて，これら2つのメカニズムのどちらが支配的かを決めることは，重要です．もし表面移動（migration）だけが分子補給のメカニズムであれば，試料支持棒（specimen supports）を冷やして表面移動を阻止すれば，コンタミネーションを減少させることができます．もし蒸気が源であれば，電子線照射領域を囲む効果的な冷却トラップが，コンタミ阻止に十分役立つと考えられます．これら2つの可能性を，コンタミの温度依存性と共に詳細に調べました．

(1) 表面移動理論 (Migration theory)

表面上に吸着している分子は，表面上を自由に移動し照射領域へやってくると仮定して，表面温度を変化させることのコンタミネーションに対する効果を予測できます．ハイドロカーボン分子の表面移動は少ししか分かっていませんが，分子が低濃度のとき，分子は二次元ガスのように振舞うと仮定することは理に適っています．その状態式は

$$\pi A = RT \qquad [6\text{-}1]\text{-}1$$

ここで π は表面圧力 (surface pressure)，A はグラム分子 (gram-molecule) 当たりの表面積です．照射される領域の温度 T の変化に際して，表面圧力 π は装置全体で一定を保っていますが，このことはグラム分子 (gram-molecule) 当たりの表面積 A が変化することを意味します．したがって，電子衝撃がない場合，表面濃度 δ (これは A に反比例します) は，次式のように温度に依存します．

$$\delta \propto 1/T \qquad [6\text{-}1]\text{-}2$$

この式 [6-1]-2 では，δ に比例するコンタミ成長速度は実験で観察されたように，温度上昇と共に減少することを示しています．しかしながら討論には，電子ビームで固定されることによって分子が除去されることを考慮に入れていません．

電子で衝撃されているターゲットの円形領域を考えましょう．分子が電子ビームで固定されると，新しい分子が固定された分子と置き換わるように，照射される領域と照射されていない領域との境界を超えてやってきます．そしてこの供給速度 (rate) は，表面移動する分子の移動係数 (mobility) に依存するでしょう．Lennard-Jones [18] の理論によると，各々の分子の表面移動の速度は次式の関係で温度 T に依存します．

$$\gamma \propto e^{-B/T} \qquad [6\text{-}1]\text{-}3$$

ここで B は定数です．

低い温度では，この因子すなわち供給量 (rate) がかなり低減し，したがってコンタミ成長速度も低減します．しかしこのようなコンタミ量の低減は，実際には観察されません．

(2) 凝結理論

現今の吸着理論に従うと，ガスや蒸気と接触している固体の表面は，吸着したガス分子の層に覆われています．これらの分子の濃度ですが，蒸気とダイナミックな平衡状態にありますが，蒸気の圧力，表面温度，表面上における蒸気分子の活性化エネルギーに依存します．非常に高い (試料) 温度では，表面上に十分な時間留まっていることはできませんが，温度が下がるにつれて，分子が表面上に留まっている平均時間が増加し，その結果表面での濃度が増加します．通常の真空システムに存在する低い蒸気の圧力においては，蒸気分子の表面濃度は，表面温度が非常に低いという条件でなければ，決して単層を超えないと仮定するのが合理的ですから，蒸気の圧力に直接比例します (蒸気の圧力は，表面上に分子が飛来する量 (rate) を決めています)．表面

領域が分子で覆われる分数割合は，Langmuir［20］による次式の公式で与えられます．

$$\theta = \frac{\alpha_0 \nu}{\nu + \mu_0 e^{-Q/RT}} \qquad [6\text{-}1]\text{-}4$$

ここで α_0 は適応係数（ほぼ1に等しい定数），ν は表面上に蒸気相から飛来する分子の量（rate）（蒸気の圧力に比例します），Q は凝結物質の1グラム分子（1 gram-molecule）を蒸発させるのに必要な活性化エネルギー，そして T は絶対温度，μ_0 は定数です．

表面濃度の温度上昇に依存する式［6-1］-4によって計算した減少の様子は，**Fig. [6-1]-3**の形に似た特性曲線になります．凝結理論はこのように，コンタミ成長速度は表面濃度に比例すると仮定して，コンタミの温度依存性を説明できます．さらに，蒸気分子の供給量（rate）は，表面移動理論の場合にそうであったように，試料の表面温度に制限されることはありません．気体運動論で，圧力 p mmHgの蒸気が1秒間に $1cm^2$ の表面を打つ質量 G は，次式で与えられます．

$$G = 5.83 \times 10^{-2} p \sqrt{(M/T)} \text{ grams} \qquad [6\text{-}1]\text{-}5$$

ここで M は分子量，T はシステムにおける蒸気分子の温度（絶対温度単位）です．考察している表面の小さな領域の温度は，蒸気の平均温度（これが通常の周囲温度です）から大きくかけ離れているかもしれないことを思い起こしましょう．

10^{-5} mmHgの蒸気の圧力値と，通常の取外し可能な真空システム内に存在する油蒸気に対して分子量350を代入すると，次式が得られます．

$$G = 6 \times 10^{-7} \text{ g.sec.cm}^{-2}$$

この蒸気が全て密度1のコンタミになったと仮定すると，コンタミ層の最大可能成長速度（rate）は，60 Å/secになります．電子顕微鏡では3 Å/secまでの成長速度が観察されていますが，Ellisは60 Å/secまでの成長速度を報告しています．

Ellisは，このコンタミ成長速度は油蒸気ポンプでは考えられない程大きい値であると考えています．（彼は，蒸気の圧力を 10^{-7} mmHgと見積もっています）しかしながら，真空油の他に多くのハイドロカーボン源があります．例えば，Blears［14］は，金属真空システムを排気した後の少なくとも25分の間では，10^{-5} mmHgの分圧を示しています．そしてこのことは，A. E. Ennosの，種々のガスケット材料などコンタミネーション特性に関する実験で，サポートされています．

このように，コンタミネーションは電子衝撃されている表面にマイグレーション（表面移動）で移動してくるというよりも，蒸気雰囲気から有機分子が飛来してくる，と言えるように思われます．しかしながら，両方のメカニズムが同時に，ある程度関与している可能性もありますから，この研究をさらに続けました．

7．表面膜（物質）補給に関する実験

周囲の蒸気からハイドロカーボン分子が飛来してコンタミネーションになっている，という点を確かめるため，以下の実験を行いました．

第 1 の実験：ステンレス鋼ターゲットを前もってきれいにし，そのターゲットを Fig. [6-1]-4 に示されている構造の，長くて狭いガラス製の液体空気トラップの内部に，図のようにセットしました．ターゲットは 1/6 in. 直径の鋼材の棒で支えられ，トラップの冷えた壁に触らないようにして，棒の他の端を電子銃に取り付けました．2 kV 電子銃からの電子は，ターゲットに向かって照射します．そして，磁石で操作するシャッターを用いて，ターゲットの隣合う領域の 2 点を，最初の 1 つはトラップを冷却しないで，もう 1 つはトラップを冷却して電子線で照射しました．すると，最初の照射では通常の褐色の堆積物が得られましたが，2 番目の照射では，ごくわずかのコンタミネーション（息を吹きかけてやっとわかるぐらいの）が，かすかに見える程度でした．

液体空気トラップは，その端の開口を真直ぐに通り，トラップの壁に当たることなくターゲットに到達する分子を除いて，全ての凝縮性蒸気を阻止します．液体空気トラップが動作しているときに観察された，非常に小さいコンタミは，トラップの開口の効果で説明できるでしょう．トラップの寸法から，コンタミは 1/10～1/20 に減少することが期待されます．有機分子の表面移動は阻止できませんが，ターゲットと支持棒の輻射熱交換による温度低下により，ゆっくりと移動すると考えられます．しかしながら，ターゲットに取り付けられたサーモカップル（熱電対）の温度表示から，この輻射による温度降下は無視できる程度でした．分子の表面移動によるコンタミネーションへの寄与は，非常に小さいと思われます．

第 2 の実験：Fig. [6-1]-5 に示されているように，清浄な顕微鏡カバースリップガラス板をターゲットとし，ターゲットを支えている細いタングステン線を太いタングステン線から吊るし，太いタングステン線に電流を流して加熱しました．熱いタングステン線の表面を移動してくるハイドロカーボン分子は，そこで炭化するか，蒸発するでしょう．実験結果は，タングステン線が熱いときも，熱くないときも，ターゲットには同程度のコンタミネーションが生成されました．熱い線からの輻射によってターゲットが加熱されないように，ターゲットは熱い線から十分

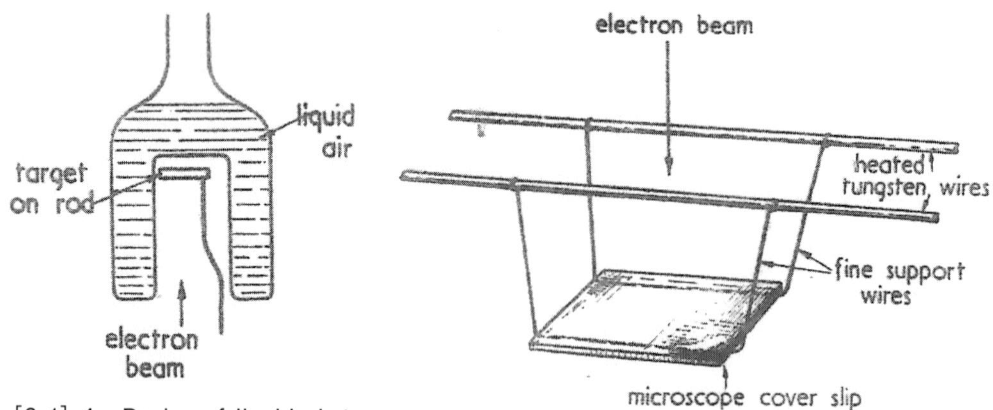

Fig. [6-1]-4. Design of liquid air trap.
A. E. Ennos (1953) [6-1]

Fig. [6-1]-5. Target consisting of glass microscope cover slip.
A. E. Ennos (1953) [6-1]

に離しています．ガラスのターゲットに金を蒸着した後も（金蒸着によってターゲット面は清浄になる），電子線を照射すると，やはりコンタミネーションが生成しました．この実験結果も，コンタミネーション成長への表面移動の寄与は，もしあるにしても非常に小さいことを示しています．

8. 結論

述べてきました実験と考察から，電子顕微鏡でのコンタミは，電子ビームと試料表面上の有機分子との反応で生成される，と言えます．これらの分子は，連続排気の取外し可能な真空システムには，常に存在する残留有機蒸気からやってくることが示されました．そして，これらの分子は蒸気雰囲気から直接飛来するのであって，Ellis が以前に提唱したように，表面移動してくるのではありません．

これらの蒸気の多くは，装置の金属壁やガスケットなどから出てくるもので，避けることはできません．しかし試料を加熱することで，表面上の蒸気の凝結を防いで，これらの影響を少なくすることは可能です．ただし電子顕微鏡の場合は，試料を高い温度で安定に保つことは困難です．

その方法に替わって，試料を導入し電子ビームをアパーチャー開口から通過させることができれば，この試料を取り囲む冷却トラップは，コンタミを阻止するでしょう．電子回折カメラにおける試料を取り囲む冷却トラップは，コンタミを阻止するのに非常に有効であることが見出されています．しかしながら，電子顕微鏡においては，このような冷却トラップでコンタミを阻止する方法は，設計の際に困難を伴うかもしれません．

コメント

試料を取り囲む冷却トラップは，アンチコンタミネーション装置（ACD, Anti-Contamination Device）と呼ばれて実用化されています．二重フィンをもつ ACD の構造の一例は **6-1. 3** の **Fig. [6-3]-1** に示されています．

文献［6-1］

［4］ Watoson, J. H. L., *J. Appl. Phys.* **18**, p. 153 (1947).
［5］ Cosslett, V. E., *J. Appl. Phys.* **18**, p. 844 (1947).
［6］ Burton, E. F., Sennet, R. S., and Ellis, S. G., *Nature*, London., **160**, p. 565 (1947).
［8］ Hillier, J., *J. Appl. Phys.*, **19**, p. 226 (1948).
［9］ König, H., *Z. Phis.*, **129**, p. 483 (1951).
［10］ Ellis, S. G., Paper read to Amer. E. M. Soc., Washington (November 1951).
［11］ Stewart, R. L., *Phys. Rev.*, **45**, p. 488 (1934).
［13］ von Borries, B., *Optik*, **3**, p. 321 (1948).
［14］ Blears, J., *J. Sci. Instrum.*,, Supplement No. 1, Vacuum Physics, p. 36 (1951).
［15］ Harkins. W. D., *Trans Faraday Soc.*, **30**, p. 221 (1934).
［16］ König and Helwig, G., *Z. Phis.*, **129**, p. 491 (1951)

［17］ Linder, E. G., and Davies, A. P., *J. Phys. Chem.*, **35**, p. 3649 (1931).
［18］ Lennard-Jones, *J. E., Amer. Chem., Soc.*, **40**, p. 1361 (1918).
［20］ Langmue, J. E., *Amer. Chem., Soc.*, **40**, p. 1361 (1918).

6-1.2 R. W. Christy の実験と理論

R. W. Christy (1960)［6-2］は，“Formation of Thin Polymer Films by Electron Bombardment” と題した論文を発表しました．

アブストラクト [6-2]

シリコン油蒸気が存在する真空環境で基板を電子衝撃することによって，100 Å以下から数1000 Åまでの薄い絶縁重合膜を生成させました．重合膜の堆積速度は，基板の温度，電子ビーム電流密度，そして油の蒸気圧に依存することが見出されました．重合膜の堆積速度の理論式を論述しますが，それは実験データと良い一致を示しています．堆積した重合膜は優れた絶縁特性を有していました．

コメント

アブストラクト [6-2] には，シリコン油の蒸気の重合膜は絶縁性を示すことが記述されています．電子顕微鏡などの，高電圧電子ビーム装置の基礎設計に携わる技術者として，この記述は見逃せません．高電圧加速管や電子銃を使用する真空装置では，コンタミネーションが絶縁性ですとチャージアップを起こしますから，重大な問題です．シリコングリースやシリコン系の油拡散ポンプの蒸気で生じる重合膜が絶縁性であることは，N. Yoshimura *et al.*, (1970)［6-4］の実験でも確認されました．

1. 実験結果

実験は，拡散ポンプに作動油 DC 704 を用いたベルジャーの真空システムで行いました．ポンプ油からのコンタミを避けるために，実験用のシリコン蒸気としても，DC 704 を選択しました．その理由ですが，我々のシステムでは，実験等の蒸気をトラップすることなくポンプ油だけをトラップすることはできないからです．この注意は必要なものであることが分かりました．別個の室温の DC704 源（表面積：30 cm^2）をシステム内に置きましたが，この源による重合膜成長の増加分は僅か約 20％でした．真空システムの全圧は 4×10^{-6} mmHg と 2×10^{-5} mmHg の間で変化しました．膜成長速度は全圧には鈍感でしたが，油の分圧には非常に敏感でした．

重合膜は平板ガラス基板上に前もって蒸着しておいた 1500 Å厚さの錫（Sn）膜上に堆積させました．基板は熱リザーバーと熱接触していますから，その温度はコントロールできます．電気接続は，基板にロウ付けされた熱電対を通して，薄膜とつながっています．

電子源は，この目的のために設計された三極型電子銃［9］です．電子銃は基板から約 2 in. 離れています．円形絞り板（aperture）は，基板から 3/4 in. 離れています．電子ビームは，直径約

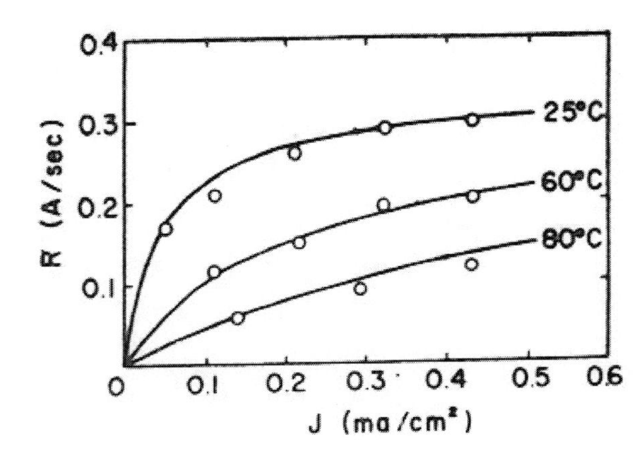

Fig. [6-2]-1.
Deposition rate R of solid polymer film as a function of electron beam current density *J*, at three different substrate temperatures. The lines are theoretical. R. W. Christy (1960) [6-2]

2 mm の一様な電流密度のスポットが基板上で得られるように，焦点を外しています．電子銃は加速電圧 225 V で動作させました．

基板での電子電流密度の測定ですが，二次電子放出に起因する問題があります．採用した手順では，アノードを接地電位にして電子銃を動作させました．膜に流れる一次電子は，膜に＋90 V 印加して測定しましたので，ほとんど全ての二次電子が集められ，その正味電流への寄与を除くことができます．それから基板を接地電位にして膜を生成させ，二次電子を集めないように，グラウンド（接地）に流れる全電流をモニタリングしました．測定した電流密度は，約 10％の精度と考えられます．

生成した膜の厚さは，膜に不透明な銀の層を蒸着した後，干渉膜法［10］で測定しました．この測定の不確実性はおよそ±70 Å でした．電子衝撃の結果，基板上の固体膜は時間に対して直線的に成長しました．DC704 蒸気の下で，基板での電子電流密度の関数として，3 つの異なった基板温度に対して測定した堆積速度特性を，Fig. [6-2]-1 に示します．各々の堆積では 60 分間照射を続けましたが，厚さ測定の不確実性は約 0.02 Å/sec です．成長速度は，Ennos［2］が見出しているように，温度上昇と共に減少しています．ビーム電流との関係は直線的ではなく，高い電流密度で飽和するようにみえます．

我々（R. W. Christy）の真空システムでは，油の平衡圧力を高めることはできません．油の源を加熱できますが，室温の大きい表面積がシンクとして働きますから，唯一の機能は，ソースから油蒸気をベルジャー内面に蒸発させることです．しかしながら有効蒸気圧力は，排気系内の冷却バッフルを冷やすことによって，低くすることができます．このような状況の下で，膜成長速度は 1 桁低減します．

形成された膜は，その厚さが 200 Å より厚い場合は目視でき，少し光吸収性です．吸収と光干渉色の目視評価で，屈折インデックスの真の部分は 1.6 と 2.0 の間に現われ，想像上の部分（imaginary part）の消滅係数（extinction coefficient）は，たぶん 0.1 より大きいことはありません．膜物質の電気抵抗は，低い電圧に対して 10^{14} ohm-cm より大きくなります．電流一電圧特性は薄い膜に対して，電流値の少なくとも 6 桁以上でほぼ指数関数的であり，300℃と 4 K の温度範囲で，僅かに帯電します．電気破壊強度（electrical breakdown strength）は，10^7 V/cm のオーダです.

2. コンタミ成長の理論

基板上に，単位面積当たりN個の油分子（平均滞留時間τ）があるとします．これらの分子に電子が衝突すると，分子は重合して固体膜に変質します．単位面積当たりの重合した分子数をPとすると，重合膜の成長速度はdP/dtとなります．重合反応を一次反応と仮定すると，

$$dP/dt = \sigma fN \qquad [6\text{-}2]\text{-}1$$

ここで，σは重合反応の衝突断面積，fは単位時間に単位面積に入射する電子の数です．重合反応ごとに基板上の油分子数Nから分子が1つ除去されるので，次式が成立します．

$$dN/dt = F - N/\tau - dP/dt \qquad [6\text{-}2]\text{-}2$$

ここで，Fは基板に入射する単位時間，単位面積当たりの油分子の数です．式 [6-2]-1 を式 [6-2]-2 に代入して積分すると，次式が得られます．

$$N = \left[\frac{F}{\sigma f + 1/\tau}\right] \times \left[1 - Ke^{-(\sigma f + 1/\tau)t}\right] \qquad [6\text{-}2]\text{-}3$$

ここで，Kは表面に最初から存在していた油分子の数に依存する係数です．

表面が油分子で完全には覆われていない場合は，$N < 1/a$となります（aは油分子の断面積）．この場合は次式のように表わされます．

$$F < (\sigma/a)\,f + 1/a\tau$$

式 [6-2]-3 を式 [6-2]-1 に代入して積分すると，次式が得られます．

$$P = \frac{F}{1 + (1/\sigma\tau f)}\left[t + \frac{K}{\sigma f + 1/\tau}\left\{e^{-(\sigma f + 1/\tau)t} - 1\right\}\right]$$

σfと$1/\tau$が，共に1と比べて非常に小さいのでなければ，（非常に小さい場合は，Pはtに二次式的に依存します）

$$P = \left[F/\{1 + (1/\sigma\tau f)\}\right]t \qquad [6\text{-}2]\text{-}4$$

νを分子の体積とすると，膜の厚さはνPとなります．したがって，膜の成長速度（rate）を$R \equiv \nu P/t$と定義すると，次式が得られます．

$$R = \frac{\nu F}{1 + (1/\sigma\tau f)} \qquad (F < (\sigma/a)f + (1/a\tau)\text{のとき}) \qquad [6\text{-}2]\text{-}5$$

式 [6-2]-5 によると，高電流密度あるいは低温の場合（$\sigma\tau f \gg 1$）は，膜の成長速度は油の蒸気圧によって決まるνFで飽和します．一方，電流密度が非常に低いか高温の場合は，成長速度Rはおよそ$\sigma\tau f\nu F$となり，電流密度と温度にも依存します．

まだ検討していないケースで，油分子のフラックスが十分に大きくて，油の単層が常に存在し

ている場合には，$N = 1/a$ を式［6-2］-1に代入すべきであり，そうすると次式が得られます．

$$R = (\sigma/a)vf \qquad (F \geq (\sigma/a)f + (1/a\tau) \text{のとき}) \qquad [6\text{-}2]\text{-}6$$

この式は油蒸気圧力に依存しない，ということを表わしていますが，それは常に各電子で打たれる1つの油分子が存在するからです．逆の極端なケース，すなわち電子フラックスが非常に大きくて，全ての油分子はその場所を離れる前に電子に打たれる場合には，膜の成長速度は電子電流密度に無関係になります．

1つの電子が1回以上の衝突をすることはないと考えると，膜成長速度は電子のエネルギーに依存しないと考えられます．しかしながら，もし（電子の）自由行程が膜厚より短いならば，そして電子が十分なエネルギーをもっていれば，より多くの連鎖が下の層で起こる可能性がありますから，連鎖の割合が電子のエネルギーに依存するかもしれません．もし，各々の電子が1つの連鎖を起こすならば，単位時間に単位領域面積で生じる連鎖の数はfです．式［6-2］-4から計算される膜生成速度（rate）で割り算することによって，分子当たりの連鎖数δは次式のように求められます．

$$\delta = \left(1 + \sigma\tau f\right)/\sigma\tau F \qquad [6\text{-}2]\text{-}7$$

一方，式［6-2］-6を適用すれば，$\delta = 1$になります．もし，電子が1つ以上の連鎖を起こすのに十分なエネルギーを持っているならば，δはそれに応じて大きくなるでしょう．以下にみられるように，δは通常大きいことが分かります．

油分子が平衡蒸気から表面に入射する場合，Fは蒸気圧pから次式に基づいて算出されます［11］．

$$F = \alpha p \Big/ (2\pi mkT)^{\frac{1}{2}} \qquad [6\text{-}2]\text{-}8$$

ここでmは油分子の質量，kはボルツマン定数，Tは絶対温度，蒸発係数aは表面を打つ入射分子に対する割合です．

3. 結論

記述した理論と実験から，シリコン油蒸気の存在する真空雰囲気の下で，電子衝撃で生成される固体重合膜の成長速度（rate）は，電子電流密度，基板上への油分子の入射速度（rate），そして基板温度に依存します．基板温度は，基板上に吸着している油分子が電子と出会って連鎖を起こす前に，自発的に表面から脱離する確率を決定するのに支配的な影響を与えます．温度が低いほど，電子と出会うように長い時間表面に留まって待つことになり，膜生成速度も速くなります．電子の照射量が非常に大きくて，油分子が表面に到達すると全て連鎖するという条件でなければ，膜成長速度は電子の入射フラックス量に依存します．そして，電子フラックス量が非常に大きい場合は，油分子がターゲット表面に到達すれば，それらの油分子の全てが電子と出会うことになり，この場合は膜成長速度は表面にやってくる分子のフラックスだけに依存します．逆の極端な場合（油分子フラックスが非常に大きい場合）は，電子が表面に到達する度に連鎖するので，膜成長速度は電子電流密度だけに依存することになります．

固体膜は多分完全に連鎖しています．連鎖の性質と膜の構造は決定されていません．連鎖の可能性のあるタイプはSi-Si，Si-CH_2-Si，そしてSi-CH_2-CH_2-Siであり，C_6H_5に類似した構造です．放射（radiation）で連鎖させた固体（重合物）からの放出ガスを分析した結果は［7］，後の2つのタイプの存在を示しています．重合膜は多分，有機物質と連鎖した一酸化シリコンと類似した構造をしていると考えられます．生成した膜は素晴らしい電気絶縁性を有しています．加えて，より薄い膜は，興味深い非オーミック特性を示しました．この点はさらに研究します．

文献［6-2］

［2］ A. E. Ennos, *Brit. J. Appl. Rhys.* **5**, 27 (1954).

［7］ A. Charlesby, *Nature* 173, 679 (1954).

［9］ H. Moss, J. *Brit. Inst. Radio Engrs.* **6**, 99 (1946).

［10］ S. Tolansky, *Multiple Beam Interferometry* (Oxford University Press, New York, 1948).

［11］ E. H. Kennard, "*Kinetic Theory of Gases*" (McGraw-Hill Book Company, Inc., New York, 1938), pp. 63-69.

6-2 微小電子プローブ照射で起こるコンタミ堆積のメカニズム

電子顕微鏡の分解能が向上するにつれて，電子線プローブの直径が極めて細くなってきます．そして，電子線が非常に細くなると，コンタミが付きやすいという現象が顕著になってきました．この現象は，A. E. Ennos (1953)［6-1］が実験で確かめた凝結理論（Condensation theory）では説明できません．

N. Yoshimura *et al.* は高分解能の透過型分析電子顕微鏡を用いて，コンタミ堆積のメカニズムを究明する実験を行い，"Mechanism of contamination build-up induced by fine electron-probe irradiation" (1983)［6-3］と題した研究論文を発表しました．

6-2.1 微小電子プローブ照射実験（N. Yoshimura *et al.* 1983から）

実験に用いた高分解能電子顕微鏡は，走査像観察装置をもつJEM-200CX（加速電圧200 kV）です．この透過型電子顕微鏡では，透過電子顕微鏡像（TEM像），二次電子走査電子顕微鏡像（SEM像），透過電子走査電子顕微鏡像（STEM像）の観察ができます．

汚染となる分子の輸送メカニズムと，汚染となる物質の源を解明するために，高分解能の分析電子顕微鏡を用いて，電流密度7.6×10^2 A/cm^2，加速電圧200 kV，直径12 nmの電子プローブでカーボン薄膜試料を照射しました．その際，試料を取り囲む3つのタイプのアンチコンタミネーションデバイス（ACD・液体窒素で冷却されるフィン）を各々用いて，実験しました．

1．試料と試料カートリッジの洗浄

実験に用いた試料は，ところどころに穴のあるプラスチック膜上にカーボン膜を蒸着したものです（簡単のため，カーボン試料と呼びます）．合わさった膜の厚さは20-50 nmで，3 mmの

カートリッジチップで保持されています．

試料と試料カートリッジは，最初にフレオン 113（$C_2F_3Cl_3$）溶液に約 1 時間に浸して，表面に吸着しているハイドロカーボン分子を除去しました．この試料を試料位置にセットし，さらに，照射実験前に表面で同一条件を得るために，直径 2 mm，電子電流密度約 2×10^{-5} A/cm^2，加速電圧 200 kV の電子ビームシャワー（EBS）処理を行いました．

2. 3つのタイプのアンチコンタミネーションデバイス（ACD）

試料周辺のハイドロカーボンの分圧を可変するために，3 種類のアンチコンタミネーションデバイス（ACD）を使用しましたが，それらの構造のスケッチを **Fig. [6-3]-1** に示します．ACD のフィンは液体窒素で約 −120℃ 冷却されます．試料と Type 1 ACD の配置を，**Fig. [6-3]-2** に

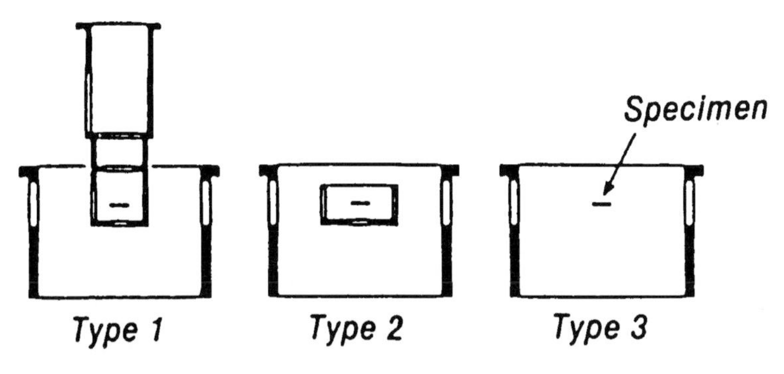

Fig. [6-3]-1.
Three types of ACD with different fins.
N. Yoshimura *et al.* (1983) [6-3]

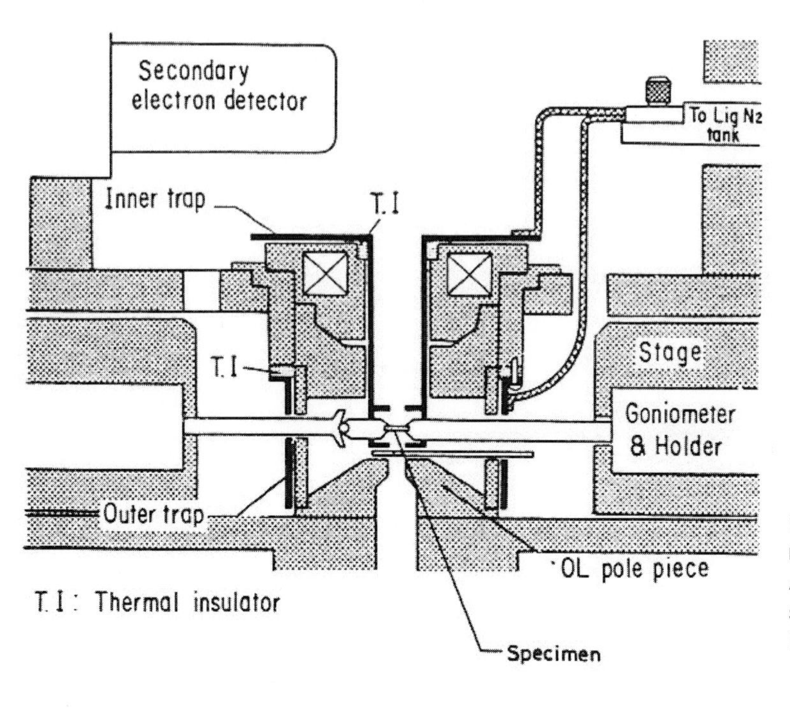

Fig. [6-3]-2.
rrangement of type 1 ACD around the the specimen.
N. Yoshimura *et al.* (1983) [6-3]

示します.

ACDの効果は試料周りのハイドロカーボン分圧を低減させることと，入射するガス分子を減らすことです．これらの効果はType 1，2，3の順でより大きいと期待されます.

ACD冷却フィンの上側で，4重極マスフィルターで分析した残留ガスの窒素等価圧力を，Table [6-3]-1に示します．試料近傍のハイドロカーボンの実際の分圧は，Table [6-3]-1に示されている分圧よりも小さく，特にType 1の場合は大幅に小さいと考えられます.

Table [6-3]-1. Partial pressures of hydrocarbon gases measured at the upper side of the ACD. Partial pressure data in nitrogen equivalents in Pa. From JEOL Product Information. This paper was originally published in "*Vacuum*", 33, 7, 1983 [6-3].

	C2H5+	C3H7+	C4H9+	H2O+
With ACD				
Type 1	1.1×10^{-7}	1.7×10^{-8}	1.7×10^{-9}	1.0×10^{-6}
Type 2	1.2×10^{-7}	2.1×10^{-8}	1.7×10^{-9}	1.1×10^{-6}
Type 3	1.5×10^{-7}	3.1×10^{-8}	2.7×10^{-9}	3.1×10^{-6}
Without ACD	1.7×10^{-7}	1.1×10^{-7}	8.8×10^{-9}	1.7×10^{-5}

3. 照射と観察のプロセス

照射と観察のプロセスをFig. [6-3]-3に示します.

EBS処理後の経過時間T_1で，試料上のとなりあった5点を，順々に一定時間Δt照射しました．そしてこのプロセスを経過時間T_1，T_2，T_3，・・・で繰り返しました．一連の照射後，照射した領域を走査電子顕微鏡像（SEM像，SEIs）で観察しました.

4. コンタミ成長速度の測定

微小電子プローブで照射された試料膜の両側に，円錐形のコンタミ堆積物が生成します．実験

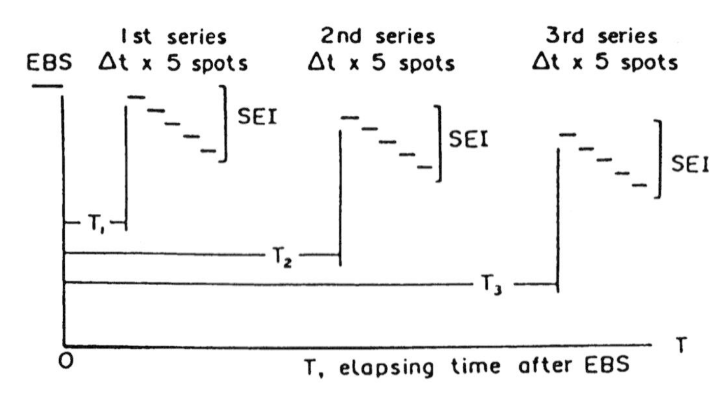

Fig. [6-3]-3.
Typical procedures for fine-probe irradiation and SEI observation.
N. Yoshimura *et al.* (1983) [6-3]

では，W. A. Knox [4] や Y. Harada *et al.* [9] が提唱しているように，片側の円錐堆積物の堆積を mL/min 単位で測定しました．コンタミ成長速度 CR は，短い Δt の間は一定と考えることができます．

6-2.2　実験結果（N. Yoshimura *et al.* 1983 から）

1. ACD を使用しない場合

最初に，ACD を使用していないときのコンタミの成長を以下のように，二次電子走査像（SEI）で観察しました．

最初に，電子ビームシャワー（EBS）処理後 2 分において，ACD を用いないで試料の 25 点を 20 秒ずつ，微細電子線で照射しました．さらに，この照射プロセスを EBS 処理後の経過時間 20 分と 80 分で行いまた．一連の照射プロセスの後，試料を 45° 傾けて照射領域を走査電子顕微鏡像（SEIs）で観察しました．その測定結果を Fig. [6-3]-4 (a)，(b)，(c) に示します．

各々の照射シリーズにおいて，照射は最初の行の右端から左に向かって照射しました．最初のスポットで，すでに小さい堆積物が観察できます．堆積物の体積は，照射時間は一定ですが，EBS 処理後の経過時間と共に増加しました．経過時間とコンタミ成長速度との関係は，[6-2.3 討論] で論述します．

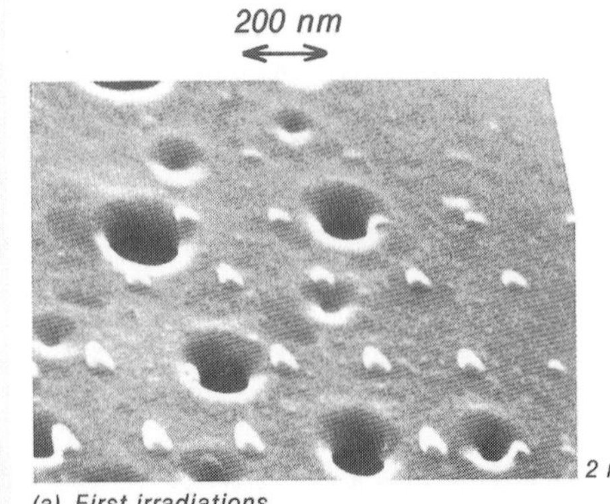

(a) First irradiations

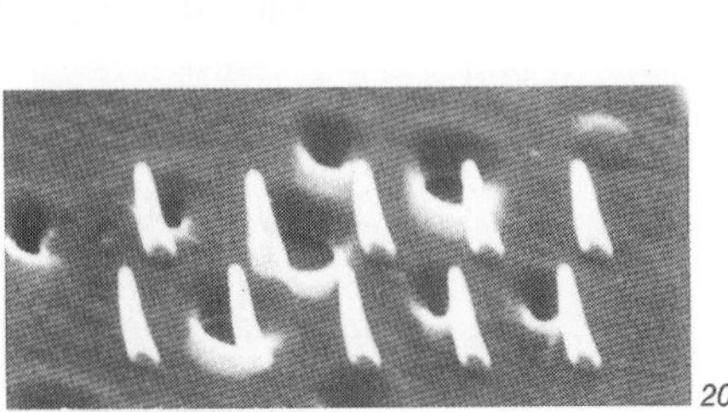

(b) Second irradiations

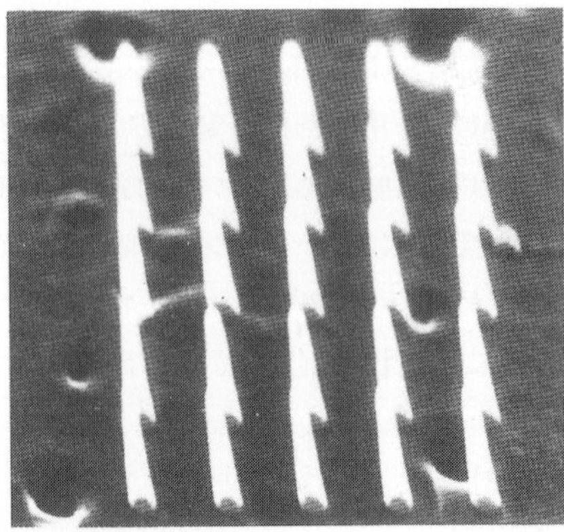

(c) Third irradiations

Fig. [6-3]-4.
Secondary-electron images (SEIs) of the irradiated area with the specimen inclined 45° to the electron beam, in three series. In each series, the irradiation started from the extreme right spot in the first row. Small conical images show the contamination deposits which are arranged along horizontal, parallel lines. Large black images show the holes arranged irregularly. The times of 2 min, 20 min and 80 min at the right side of each figure show the elapsed time after the EBS treatment for each series. The fine-probe irradiation was conducted without an ACD.
N. Yoshimura *et al.* (1983) [6-3]

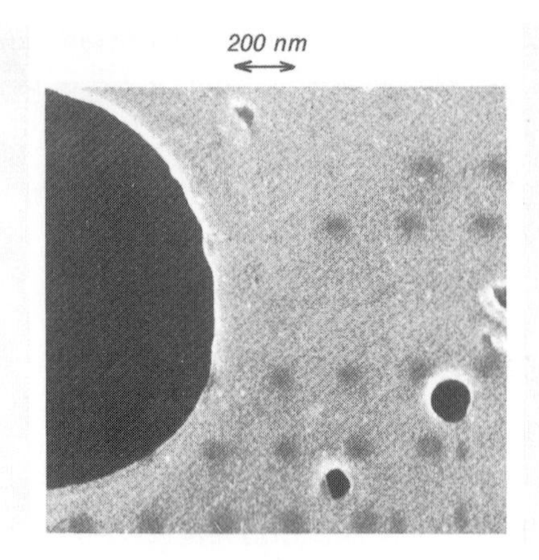

Fig. [6-3]-5. Darkening images at irradiated spots along horizontal parallel lines. The fine prove irradiation was conducted with the typa 1 ACD.
N. Yoshimura *et al.* (1983) [6-3]

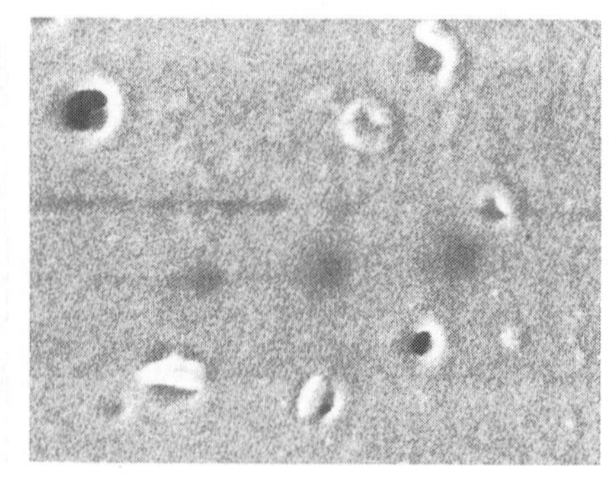

Fig. [6-3]-6. Three darkening images after irradiation period, 1, 5 and 10 min. The fine prove irradiation was conducted with the typa 1 ACD.
N. Yoshimura *et al.* (1983) [6-3]

2. タイプ1，2，3のACDを用いた場合

タイプ1ACDを用いて，試料上の25点をEBS処理後直ちに，50秒ずつ連続して照射しました．照射領域のSEIをFig. [6-3]-5に示します．

タイプ1ACDを用いた他の実験で，EBS処理後直ちに連続して，3点のスポットを各々1分，5分，10分ずつ照射しました．照射領域のSEI（二次電子像）をFig. [6-3]-6に示します．両方の写真には照射点にダークニング（暗い像）が見られますが，それらの点は，照射時間が長くなるにつれて大きくなっていますが，像の暗化の程度はほとんど変化はありません．なお，3点の暗い像の上に，暗化した点線が横方向に走っていますが，これは手動で照射走査したときの足跡です．

Fig. [6-3]-5とFig. [6-3]-6とに示されている領域をTEI（透過電子像）とSTEI（走査透過電子像）で観察しましたが，両者の写真は微小電子プローブ照射前のTEI（透過電子像）と認識できる差異は認められませんでした．すなわち，微小電子プローブ照射で何らかの物質が付着したり，エッチングされたりはしていないことが分かりました．したがって，SEI（走査二次電子像）で観察されたダークニングは，照射された領域で電子励起ガス脱離が起こり，その結果二次電子放出が減少しているのであって，試料自体の質量には何ら変化はありません．

照射されたスポット領域のSEI暗化像は，時間経過と共に徐々に薄れていき，照射後3時間経過すれば，暗化像は認められなくなりました．これはカーボン試料がガスを収着したためと考えられます．

タイプ1ACDを用いて，EBS処理後，200秒，0.5，1，1.5，2，2.5，3時間で，同様の微小電子プローブ照射実験を行いました．コンタミの堆積はEBS処理後2時間までは堆積しませんでしたが，処理後2.5時間と3時間の経過時点では，かすかにコンタミの生成が認められました．

処理後の経過時間が長くなるにつれて，コンタミ堆積物は大きくなっていきました．同様の実験を，各々タイプ2とタイプ3のACDを用いて行いました．

タイプ3ACDを用いて行った照射領域のSEI写真を，Fig. [6-3]-7に示していますが，堆積物は短い経過時間で生成しているのが分かります．この写真では，試料の両面に円錐形のコンタミが付着しているのを，はっきり確認できます．

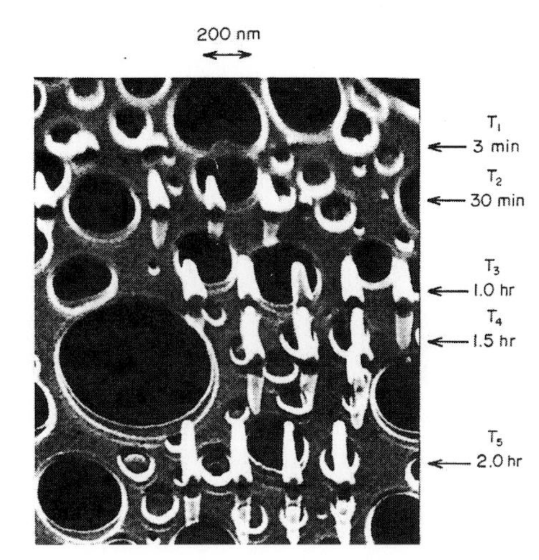

Fig. [6-3]-7. Secondary electron image of the irradiated area in the specimen inclined 45° to the electron beam. The figure with an arrow shows the elapsed time after EBS treatment for each series. The fine probe irradiation was conducted with the type 3 ACD.
N. Yoshimura *et al.* (1983) [6-3]

ACDを使用しない場合と，タイプ1，2，3のACDを使用したときの，それぞれの堆積物に対して，コンタミ成長速度（CRs）をmL/分単位で算出しました．EBS処理後の経過時間Tに対する堆積物の成長速度（CRs）の特性を，Fig. [6-3]-8に示します．各々の特性曲線において，コンタミ堆積が始まるまでには潜伏期間（T_0）が存在し，その期間後にCR（コンタミ成長速度）は増大して，飽和値に達しています．

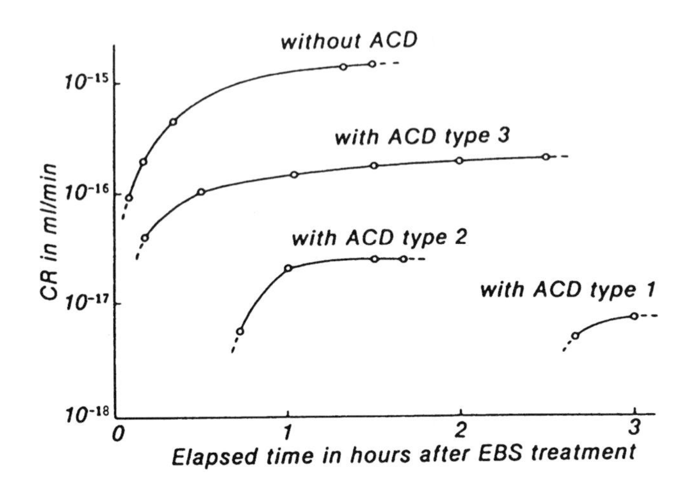

Fig. [6-3]-8.
Contamination rates as a function of the elapsed time *T* after the EBS treatment, obtained without and with types 1, 2 and 3 ACD, individually.
N. Yoshimura *et al.* (1983) [6-3]

3. 試料洗浄に関する実験

電子ビームシャワー（EBS）とフレオン（Freon）113溶液の試料洗浄効果を，以下のように確かめました．

最初に，タイプ1ACD使用時にEBS処理後4時間の時点で，微小電子プローブ照射でコンタミ堆積物が成長することを確かめました．次に再び，EBS処理後直ちに，微小電子プローブ照射を行いました．すると，照射スポットのSEI（走査二次電子像）で，ダークニングが観察され，EBS後少なくとも2時間経過するまでは，微小電子プローブ照射を行っても，コンタミは付着しませんでした．この結果は，EBS処理は試料表面を清浄にするのに，大きな効果があることを示しています．

他の実験ですが，時間タイプ1ACD使用条件の下で，試料を4～5時間試料観察位置に放置しておきました．その後試料を取り出して，フレオン113溶液に約10分浸しました．この試料を通常の手順で再び試料観察位置にセットし，通常の手順で真空に排気した後，EBS処理は行わずに，微小電子プローブに曝しました（タイプ1ACD使用）．結果は，時々コンタミ堆積の有無をチェックしましたが，試料を再挿入後2時間はコンタミの堆積は起こりませんでした．

Freon 113溶液に浸す洗浄は，EBS処理と同様に有効であることが分かりました．

6-2.3 討論（N. Yoshimura *et al.* 1983から）

Fig. [6-3]-8の実験結果は以下の特性を示しています．

(1) ACDを使用したとき，コンタミが成長するまでに潜伏期間 T_0 が存在する．そして，各成長速度（CR）は経過時間と共に増加し，飽和値に達する．

(2) 潜伏期間 T_0 と飽和CR値は，用いているACDのタイプに大きく依存する．タイプ1のACDを用いたとき，潜伏期間 T_0 は非常に長く，飽和CR値は大幅に小さい．

最初に，照射領域への直接の飛来・凝結がコンタミとなる物質の輸送の主なメカニズムならば，コンタミ成長速度（CR）はEBS処理後の経過時間には無関係のはずであり，潜伏期間 T_0 は観察されないはずです．次に，コンタミとなる分子がJ. S. Wall [5] が考えたように，試料と接触している，比較的汚れている部品から表面移動で輸送されるならば，潜伏時間 T_0 と飽和CR値は，ACDのタイプには依存しないはずです．

試料の全面へのコンタミとなるガス分子の収着と，その分子の表面拡散（表面移動）が，我々の実験結果を説明しています．清浄な試料表面はきれいな超高真空下にあっても，残留ガス分子の入射を受けます．入射した分子のいくつかは，吸着物質として表面に残ります．吸着している分子の量（amount）は真空中に保持されている時間と共に，飽和値になるように増加することが知られています．コンタミとなる分子は，シンク（sink，電子プローブ照射領域）を取り囲む領域からの吸着分子の表面拡散で，シンクへ供給されます．しかしながら，EBS処理の経過時間が潜伏期間 T_0 より短い場合は，供給量（rate）は小さすぎて，検出できるほどの堆積物（コンタミ）は生じません．期間 T_0 の後，コンタミ成長速度（CR）は，吸着分子の量（amount）の増加と共に速まっていくでしょう．さらに言えば，ACDのタイプに依存して，すなわち試料近傍の残留ガスの減少に伴って，潜伏期間 T_0 が長くなるでしょう．コンタミ成長速度（CR）は，吸着

分子の飽和量（amount）に依存しています．［10］

J. S. Wall［5］は，彼のモデル（そこでは試料膜を保持しているグリッドがコンタミ源と考えられました）で，単位照射時間当たりに堆積した見かけの厚さは，$1/r_0^2$（r_0はシンクの半径）に比例すると結論しました．今や，コンタミ成長速度（時間当たりの高さで定義される）のシンク半径への依存性は，以下のように簡単に導出できます．

吸着分子の飽和量が，主として周囲から移動してくる表面拡散量とシンク面積との関係で決まる場合は，拡散分子のシンクへの輸送量（rate）はシンクの円周の長さに比例しますから，コンタミ成長速度CRは，

CR（高さ / 時間）$\propto 2\pi r_0/\pi r_0^2 \propto 1/r_0$　（ここでr_0はシンクの半径）

一方，全試料表面上に入射するハイドロカーボン分子のある割合が半径r_0のシンクで重合するとすれば，

CR（高さ / 時間）$\propto K/\pi r_0^2 \propto 1/r_0^2$　（K：定数）

となります．ここで討論した両方のケースは両極端と考えられるので，実際には，CRは$1/r_0$～$1/r_0^2$に比例すると考えられます．

さて，超高真空下にて微小電子プローブでカーボン試料を照射した場合，SEI（二次電子像）でコンタミ堆積が始まる前に，ダークニングが観察されたことに注目しましょう．ダークニングは通常の吸着分子や収着分子のないときに起こり，そのような表面状態は，収着分子が微小電子プローブ照射で脱離させられたところで起こる，と考えられます．収着分子のない状態は，微小電子プローブ照射後ある程度の潜伏期間で続くと考えられます．

超高真空，微小電子線照射の場合の汚染となる分子の供給メカニズムですが，全試料表面上に吸着したガス分子の表面拡散モデルが，実験結果を最も良く説明しています．

文献［6-3］

［4］　A. Knox, *Ultramicroscopy*, **1**, 175 (1976).

［5］　J. S. Wall, *Scan Electron Microscopy*, Ⅰ, 99 (1980).

［9］　Y. Harada, K. Tomita, T. Watabe, H. Watanabe and T. Etoh, *Scan Electron Microscopy*, Ⅱ, 103 (1979).

［10］　S. Brunauer, P. H. Emmett and E. Teller, *J. Am. Chem. Soc.*, **60**, 309 (1938).

コメント

SEI（走査二次電子像）に関する C. Le Gressus *et al.* (1979) の論文を，次ページからの 6-3 で紹介します．

6-3 電子線プローブ照射で起こるSEM像の暗化

6-3.1 C. Le Gressus *et al.* (1979) の実験

C. Le Gressus *et al.* (1979) [6-4] は，“Secondary Electron Emission Dependence On Electron Beam Density Dose And Surface Interactions From AES And ELS In An Ultra High Vacuum SEM” と題した長編の論文 (12 ページ) を発表しました．

ここでは，SEM 像 (SEI) の暗化現象を示している 2 つの写真を，その説明文と共に紹介します．

1. 表面のコンタミネーション

電子ビーム照射によるダークニング現象は，超高真空では残留ガスに起因する表面コンタミネーションではなく，サンプルの電子励起ガス脱離 (ESD) に起因しています．このサンプルの変質は，一次電子が到達する深さまで及んでいることが，次の実験で確かめられました．

(1) 汚れている表面 (contaminated surface) の一部をアルゴンイオンエッチングすると，その部分が二次電子像 (SEI) の観察で，ダークニングしました (**Fig. [6-4]-1**)．これは，汚れている部分からの二次電子放出が (相対的に) 増加した結果です．きれいになった部分は，光学顕微鏡でも観察しました．

(2) 表面のイオンスパッタの後，時間経過と共にダークニング (これは汚れが除去された結果です) が目立たなくなってきます．このイオンスパッタの技法は，通常の SEM (10^{-4}～10^{-5} Torr) にも適用できます (**Fig. [6-4]-2**)．

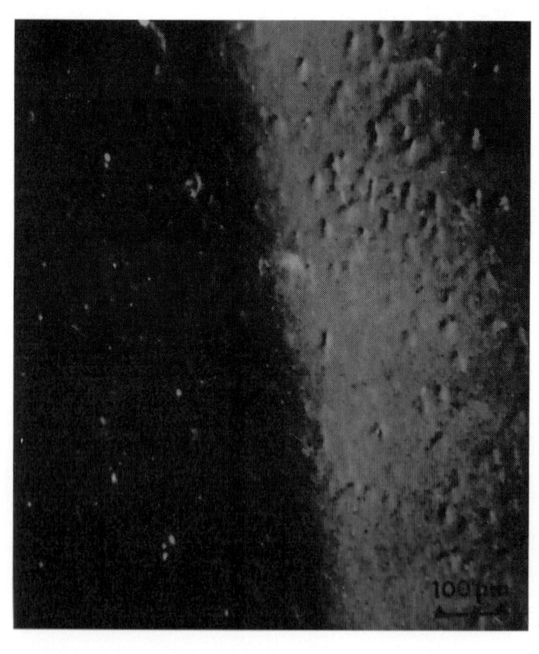

Fig. [6-4]-1.
The darker area corresponds to the zone ion-etched before SEI observation. C. Le Gressus *et al.* (1979) [6-4]

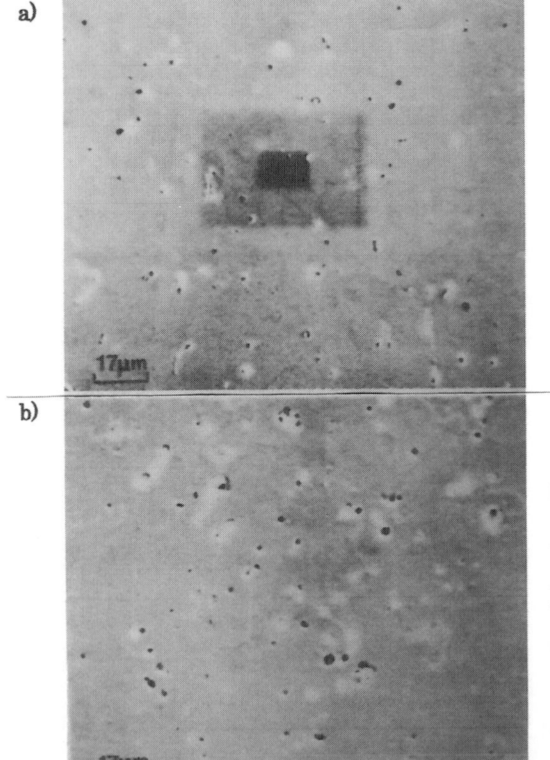

Fig. [6-4]-2.
Electron beam darkening on aluminum alloy. a) The surface has been observed in a JEOL JSM-35 at 10^{-6} Torr. A dark area is seen. b) The sample is sputtered in a JEOL JFC-1100 unit, under argon for 5 minutes at 1 kV and 4 mA, and then examined in the same SEM. The gain of the electron multiplier is increased to the same brightness level. The darkening effect disappears.
C. Le Gressus *et al.* (1979) [6-4]

6-4　電子顕微鏡における炭素系試料のエッチング

炭素膜試料は，ある試料環境の下で電子線照射中にエッチングされることがあります．この試料のエッチング現象は，デ・コンタミネーション（de-contamination）と呼ばれており，通常の「コンタミネーションの堆積」とは逆の現象です．

このデ・コンタミネーション現象は，次のような3つの条件の下で起こります．

1．空気リークのため試料近傍の酸素分圧が非常に高い場合．
2．試料近傍の水蒸気の分圧が非常に高い場合．試料近傍にアルマイト部品を用いたとき，水蒸気放出が非常に大きく，エッチング現象が起こったことがあります．
3．アンチコンタミネーション装置（ACD）の冷却フィン（液体窒素タンクから細い銅線を束ねた線で冷却）の温度が低下していく過程で起こることがあります．

エッチング現象は，酸素や水蒸気の分子が電子ビームで照射されることによって電離し，生成した酸素イオンが炭素膜試料と反応してCO分子となり，質量欠損すると考えられています．しかし，冷却フィンが冷却していく過程において，水蒸気分圧も低減しますから，理解しにくい現象です．

H. G. Heide（1962）[6-5]は，“The Prevention of Contamination Without Beam Damage To The

Specimen" と題した論文を発表し，この理解しにくい現象を丁寧な実験で解明しました．

6-4.1 H. G. Heide (1962) の実験

Elmiskop I（電子顕微鏡）を用いて，冷却チャンバーに試料を装着したときのコンタミネーションの成長プロセスを，詳しく実験しました．この目的のために，新しい冷却装置を用いました．冷却チャンバーの温度は−190℃まで冷却でき，一方試料温度は同様に冷却することも，室温に保っておくこともできます．試料を冷却した場合は，低い温度でいつもカーボンの質量欠損が起こりました（Fig. [6-5]-1 (a)）．Fig. [6-5]-1 (b) は試料が室温の場合の結果を示しています．この場合，通常では冷却チャンバーの温度がかなり低い場合に起こるカーボンのエッチングが，さらに低い冷却チャンバー温度，すなわち−100℃から−120℃へ低下させると停止しました．[6-5]

H. G. Heide [6-5] は以下のように考察しています．

「これらの結果を説明するために，試料近傍の分圧を考えます．通常の条件では以下の分圧であると仮定します：H_2O，2×10^{-5} Torr; ΣCH，5×10^{-6} Torr; C O，N_2，CO_2，H_2 の各々，約 1×10^{-6} Torr; O_2，1×10^{-7} Torr．冷却チャンバーの温度を下げていくと，ハイドロカーボンの分圧が低減し，試料のコンタミネーション堆積速度も低減します．約−60℃でハイドロカーボンの分圧は十分に低くなり，その結果，もはやコンタミネーションは堆積しなくなります．−60℃と−100℃の間では，カーボンのエッチング速度は 6 Å /s に達することが観察されましたが，この速度は約 4×10^{15} carbon atoms・cm^{-2}・s^{-1} のエッチング速度に相当します．この温度範囲ではハイドロカーボン分子以外のガスの分圧は，上記の分圧と殆ど同じに留まっています．試料表面は吸着ガス分子（たぶん水です）の単層で覆われています．」

「これらの分子の電離断面積と入射電子ビームの強度を考慮に入れて計算すると，表面層での

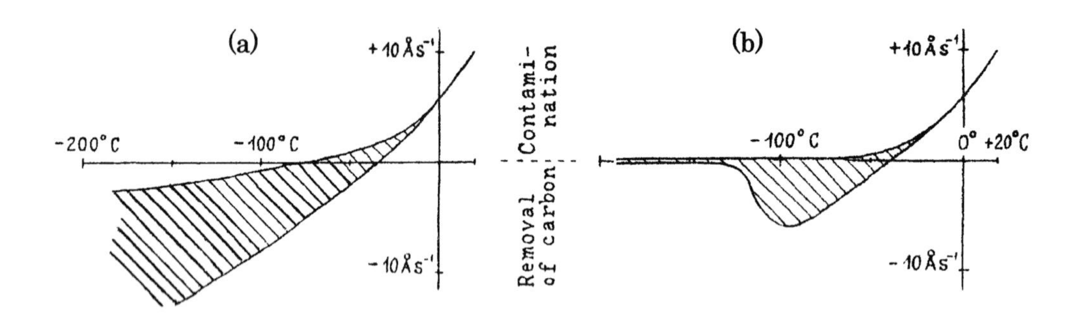

Fig. [6-5]-1. Rates of contamination build-up and carbon removal as functions of the cool chamber temperature. Beam-current density at object 0.4 A/cm^2, diameter of irradiated area about 1.8 μm, total pressure in microscope 2 to 5 × 10^{-5} Torr.
(a) Specimen temperature ≅ Cool chamber temperature.
(b) Specimen temperature ≅ Room temperature.
H. G. Heide (1962) [6-5]

1秒当たりに行われる電離プロセスの数で，カーボン脱離速度を十分に説明できます．例えば，$H_2O \rightarrow H_2O^+ + e^-$ や $C + H_2O^+ \rightarrow H + H^+ + CO$ のようなプロセスが起こりますが，そのような反応のためには，表面上の空になった場所が，新しい水分子で速やかに補充されなければなりません．この条件は 1×10^{16} 水分子・cm^{-2}・s^{-1}（2×10^{-5} Torr に相当します）の入射速度で達成されます．チャンバー壁の温度が−100℃以下に低下すると，水蒸気の分圧は非常に速やかに低減します（−100℃から−130℃への低下は，水蒸気圧の 1×10^{-5} Torr から 1×10^{-8} Torr への降下に相当します）．それと同時に，ターゲット（試料）が冷却されていない場合は，カーボンの離脱もまた停止します．他方，ターゲットがチャンバーと同じ低温のときには，凍結していないガス分子が表面に留まっている時間がより長くなり，そして冷却チャンバーのアパーチャー（絞り板）を通過し，試料に直接衝突して，試料上で凝結する H_2O 分子は単層より厚くなります.」

氷の低温における蒸気圧を Table [6-6]-1 に示します.

Table [6-6]-1. Vapor pressures of ice at low temperatures.
S. Dushman [6-6]

t [°C]	*T* [K]	P [μmHg]	*t* [°C]	*T* [K]	*P* [μmHg]
0	273.2	···	−80	193.2	4.13×10^{-1}
−10	263.2	1960	−90	183.2	7.45×10^{-2}
−20	253.2	779	−100	173.2	1.10×10^{-2}
−30	243.2	293.1	−110	163.2	1.25×10^{-3}
−40	233.2	99.4	−120	153.2	1.13×10^{-4}
−50	223.2	29.85	−130	143.2	6.98×10^{-6}
−60	213.2	8.40	−140	133.2	2.93×10^{-7}
−70	203.2	1.89	−150	123.2	7.4×10^{-12}
−78.5	194.7	0.53	−183	90.2	1.4×10^{-19}

Note: When the temperature is lowered from −140 ℃ to −150 ℃ , the vapor pressure of ice goes down by five orders.

6-5 各種真空用油の汚染源としての評価

溶液（油）の中には，その重合膜が電子線照射でチャージアップするものや，コンタミになりにくいものなどもあります.

6-5.1 N. Yoshimura *et al.* (1970) の実験

N. Yoshimura *et al.* (1970) [6-7] は，"Observation of Polymerized Films Induced by Irradiation of Electron Beams" と題した論文（日本語）を発表しました.

アブストラクト [6-7]

有機ガス雰囲気に置かれたガラス銀蒸着ターゲットに電子ビームを照射して，重合汚染膜を堆積させました．真空用グリースや潤滑油として使用される可能性のある拡散ポンプ用の作動油について，コンタミ成長速度（rate）を評価しました．

有機材料は清浄なガラスチャンバー内に入れ，電子銃からの電子ビームで，銀蒸着したガラスターゲットを照射しました．重合膜の厚さはマルチビーム干渉計で測定しましたが，その厚さは電子ビームの密度に依存していました．テストした全ての拡散ポンプ用作動油（Santovac-5 は例外です）は，コンタネーションの成長に大きく寄与しましたが，中でもシリコングリースが非常に大きい汚染源でした．一方 Apiezon-M と Apiezon-L は長時間の照射にもかかわらず，コンタミ堆積の寄与は僅かでした．

1．実験

実験装置のテストドーム周辺（以下，実験系と称す）を **Fig. [6-7]-1** に示します．

実験系は電子銃，フォーゲル（Fogel）型電離真空計管球以外，すべて硬質ガラスで構成されています．電子銃の構成材料は，コバールシール，ステンレス枠，送信管用ステム，パイレックスガラス棒，モリブデンピン，モネル板，ニッケル線，そしてタングステン線です．これらは真空材料として，各々に適した処理（弗酸・硫酸処理，メタノール・硫酸電解研磨，水素焼鈍など）が施されています．各部はアルゴンアーク熔接，およびスポット溶接で接合しました．

Fig. [6-7]-1 の破線内の部分は，取り外し可能な電気炉で 400℃までの任意の温度で真空焼き出し処理を施すことができます．ガラス細工及び基板の出し入れの際に，アルゴンガスを流しながら行うため，アルゴンガスインレットが設けられています．

コンタミ成長速度は，汚染源であるサンプルと基板との相互位置に依存するので［13］，概略の位置関係を **Fig. [6-7]-1** に示しています．寸法の単位は mm です．**Fig. [6-7]-1** より明らかなように，試料からのハイドロカーボンガスは直接基板に入射するのではなく，電極などと衝突を繰り返しながら，基板に到達します．基板を載せる集電子電極は直径 20 mm ϕ，厚さ 0.3 mm のモネル円板です．レンズ系を構成している 3 つの電極は同一の形状をしており，その外形は 20 mm ϕ で，中央に 5 mm ϕ の開孔があります．フィラメントを取り囲んでいるウェーネルト電極は円筒状をしており，中央の開孔の直径は 2 mm ϕ です．

電子ビームの電流と電流密度

ガラス基板の両面および 1 つの側面には銀が蒸着されており，電子ビーム電流が流れます．ビーム電流がセットした値になるように，フィラメント電流が追従して変化する，負帰還制御回路方式を用いたので，電子ビーム電流は安定しています．各電極に印加する電圧値は，基板に電気伝導性の液（硝酸バリウム 0.1 規定）を配合した電子感光蛍光塗料（P-22-G4 と水ガラスとの混合液）を塗り，ビームスポットを観察し，その直径が約 1 mm ϕ になるように調整しました．

上述した固定バイアス制御系を用いることにより，ビームスポットの形状を約 1 mm ϕ の円形に保ったまま，電子ビーム電流 I_b を 10 μA から 100 μA までの範囲で可変することができました．

電子ビーム電流密度は，ヘアピン型フィラメントの投影のために，ビームスポットの全体にわ

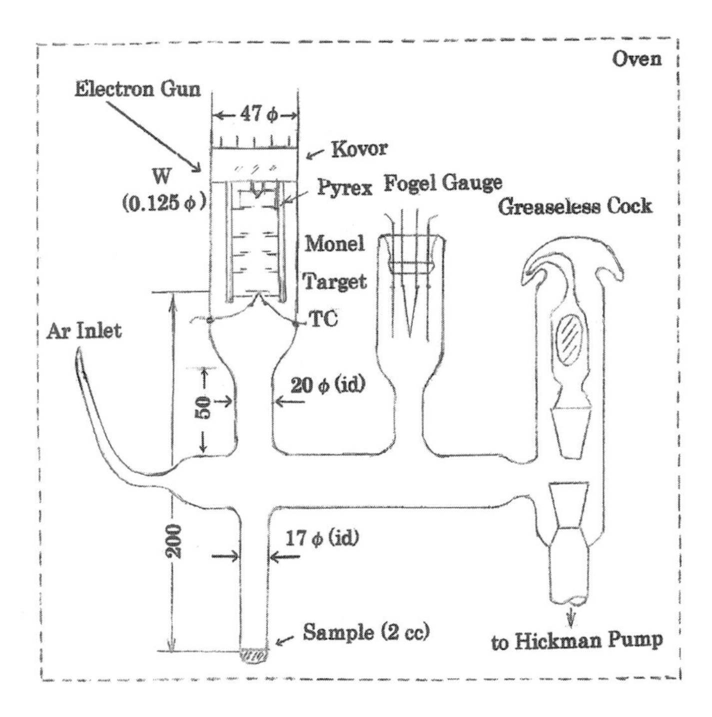

Fig. [6-7]-1.
Experimental arrangement.
N. Yoshimura and H. Oikawa (1970) [6-7]

たって一様ではありません．ビームスポットの面積を直径1 mm ϕの円形の面積と見なせば，電子ビーム電流 I_b と平均の電子ビーム電流密度 i_b との関係は **Table [6-7]-1** のようになります．なお，加速電圧は1.2 kVでした．

Table [6-7]-1.　Relation between electron current I_b and electron current density i_b. N. Yoshimura and H. Oikawa (1970) [6-7]

Electron Current I_b (μA)	Electron Current Density i_b (mA/cm^2)
20	2.6
40	5.2
60	7.8

基板の温度

汚染量（rate）は基板温度に依存します［5］．電子ビームで照射されている基板の温度分布の測定は極めて難しく，測定できませんでした．基板は光学顕微鏡用スライドグラス（厚さ1mm）を10 mm × 15 mmの長方形に切ったもので，厚さ約500 Åの銀膜が蒸着されています．

集電子電極を直接電子ビームで照射したときの電極裏面中心点の温度を，クロメル・アルメル熱電対で測定しました．このときの温度上昇特性を **Fig. [6-7]-2.** に示します．

照射開始後約2分で温度が平衡に達し，I_b = 20 μA，40 μA，60 μA，80 μAの各々に対し，平衡温度は38℃，48℃，52℃，57℃でした．

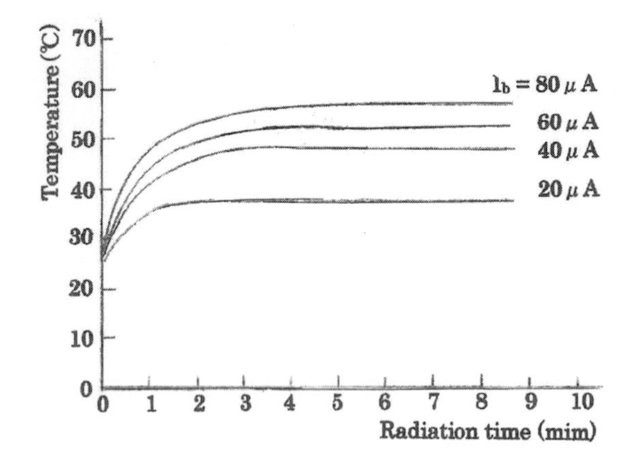

Fig. [6-7]-2.
Temperature change with radiating time at various electron beam currents. N. Yoshimura and H. Oikawa (1970) [6-7]

実験手順

重合膜の生成に用いた真空系を，Fig. [6-7]-3 に示します．系の大部分は硬質ガラスで構成されています．

重合膜は以下のようにして生成させました．

テストドームにサンプル油や基板を挿入する前に，Fig. [6-7]-3 の破線内の部分を 300℃で，ヒックマンポンプの高真空側配管を約 200℃で約 5 時間，その場ベークしました．次に，Ar インレットよりアルゴンガスを導入して，系内を一気圧のアルゴンガスで充満させた後，ガラス管を切断してサンプル（約 2 cc）と基板を挿入しました．そして，アルゴンガスを流しながら，ガ

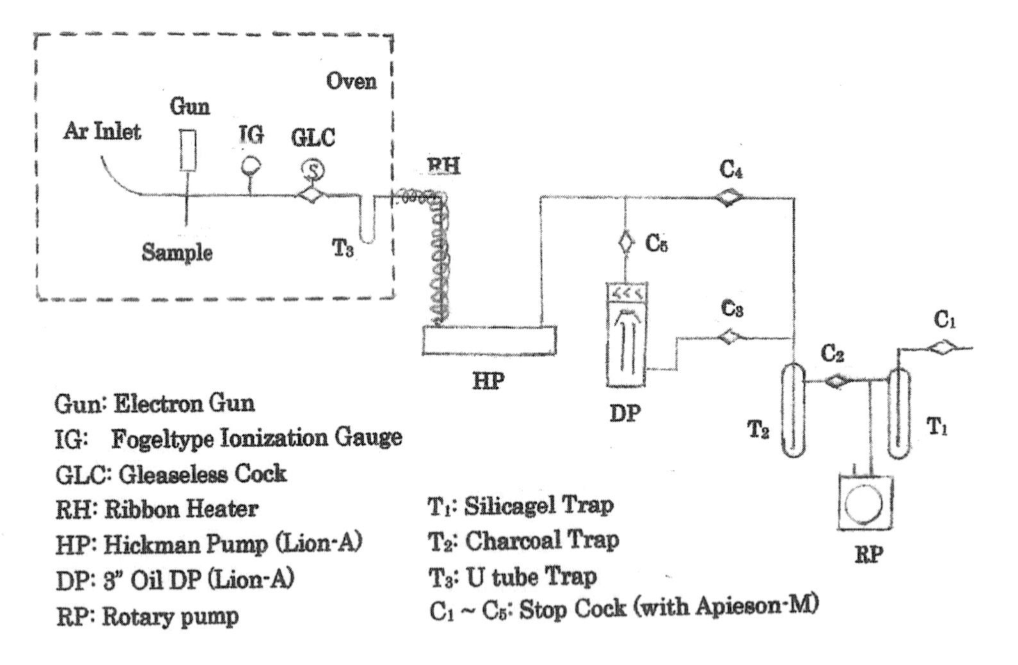

Fig. [6-7]-3. Experimental vacuum system.
N. Yoshimura and H. Oikawa (1970) [6-7]

ラス細工でシールしました.

次に，通常の手順で高真空に排気しました．我々の実験では，ヒックマンポンプ作動油や回転ポンプ油の逆流による重合膜の生成は無視できました．すなわち，バックグランドの測定として，サンプルは挿入せず，U字管トラップを室温のままにして，$I_b = 40\ \mu A$ で連続200 h基板を照射しましたが，重合膜の生成は認められませんでした．したがって，長時間の重合膜生成実験において，U字管トラップ T_3 は冷却しませんでした.

電子銃からのガス放出の影響 [6] を避けるために，ウェーネルトバイアスのみを印加した状態でフィラメントを点火し（$I_f = 1.8\ A$），フィラメントの近傍を30分間加熱脱ガスしました．その後，電子銃の各々の電極に設定電圧を印加して，電子ビームで基板を照射し，そこに重合膜を生成させました.

圧力の測定はチェック程度に留めました．圧力は大部分のサンプルに対して，10^{-6} Torrオーダでした．同じサンプルで電子ビームの照射条件を変えて照射する場合には，サンプルはそのままにして，基板のみを取り替えました.

重合膜の厚さの測定

重合膜の厚さは,繰り返し光反射干渉計で測定しました．測定方法を **Fig. [6-7]-4** に示します.

段差の作成

あらかじめ，ガラス基板に銀膜 Ag_{-1} を蒸着しておきます．この基板上に，既に述べた方法で重合膜を生成させます．その重合膜の上を横切るように，先端のとがったピンセットでガラス面まで傷をつけ，さらにその上から銀膜 Ag_{-2} を蒸着します.

Fig. [6-7]-4 a) より明らかなように，段になったところの差を繰り返し光反射干渉計で測定すると，Ag_{-1} と重合膜の合計の厚さ T_1 が測定されます．同様に **Fig. [6-7]-4 b)** より分かるように，重合膜の上でないところのピンセットの傷の深さを測定すると，Ag_{-1} の厚さ T_2 が分かります．そして，T_1 と T_2 の差が重合膜の厚さを表わしています.

繰り返し光反射干渉計による測定可能最小厚さは，約50 Åです．段の作成は，ピンセットで傷をつける方法をとりました．A. E. Ennosなどが用いた方法，すなわち，基板を照射している電子ビームスポットの一部をナイフエッジで遮り，段を作成する方法 [5]，[6]，[8] は次の理由で採用しませんでした．基板に対して有機ガスが垂直に，ビーム状をなして入射する場合には，A. E. Ennos [5] が用いた方法で良いのですが，我々の実験では，有機ガスが四方八方から入射するので，ナイフエッジが有機ガスの入射を遮り，段が明確に現われない危険性があるからです. [3]，[14]

銀膜は劣化しやすく，そうなると光の反射が悪くなり，干渉縞が明確に現われません．銀膜の代わりに，アルミニウム膜と金膜を試用しました．アルミニウム膜の場合，アルミニウム膜とガラス基板との間の付着力が強く，そのためにピンセットで傷をつけるのが困難でした．金膜の場合，金膜とガラス基板との間の付着力は弱く，ピンセットで傷をつけるのは容易でしたが，光の反射は銀膜の場合よりも悪く，また金膜の色が重合膜の色と似ているため，視覚的に重合膜を観

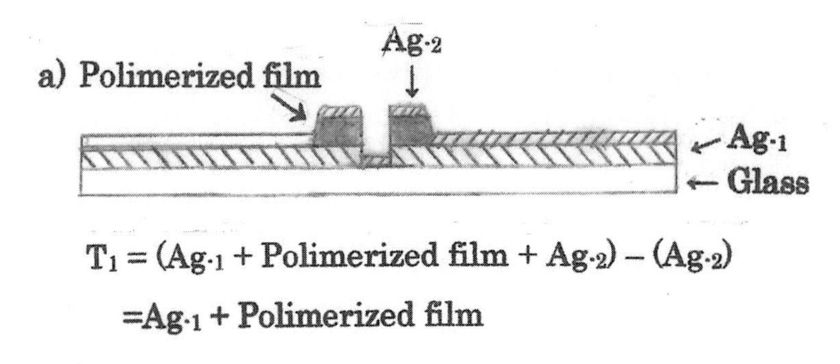

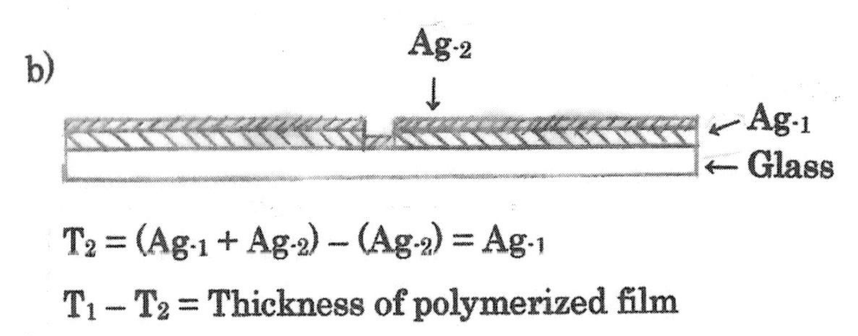

Fig. [6-7]-4. Thicknessmeasurement of a polymerized film by a multi-beam interferometer. N. Yoshimura and H. Oikawa (1970) [6-7]

察するのに不都合でした．以上の理由で銀膜を使用しました．

2. コンタミ成長速度の測定結果

種々のサンプルに対して汚染量を測定した結果を，電子ビームの照射条件と共に Table [6-7]-2 に示します．

重合膜の特徴

(1) カネクロールー 500

エジェクターポンプ用の作動油です．汚染量は極めて大きくなります．

(2) シリコーングリース

－40～200℃で安定なグリースとして広く用いられていますが，汚染量は極めて大きいと言えます．重合膜の黒化する程度は小さく，その厚さを測定すると，黒化の程度は小さいですが，意外と厚いのに驚きました．

電子ビーム照射中に，重合膜の一点が紫色に輝きました．この現象は重合膜の厚さ，電子ビームのエネルギーや密度がある条件のときにみられました．これは重合膜の導電性が小さく，そのために起こるチャージアップ現象と考えられます．重合膜の形状が乱れ，少し大きめの重合膜が生成しましたが，これもシリコン系の重合膜の電気絶縁性が大きい [5-3-7] ためと考えられます．

Table [6-7]-2.　Results of measurements for contamination rates.
N. Yoshimura and H. Oikawa (1970) [6-7]

Sample	I_b (μA)	i_b (mA/cm^2)	t (min)	Thickness (Å)	Contami-rate (Å/min)
Kanekuroru	40	5.2	5	900	180
- 500	60	7.8	5	800	160
	10	1.3	60	1700	28
Silicone grease	20	2.6	60	3400	57
	40	5.2	60	6000	100
	60	7.8	60	6500	108
	20	2.6	180	860	4.8
Octoil-S	40	5.2	180	1000	5.5
	60	7.8	180	950	5.3
	10	1.3	300	150	0.5
DC704	20	2.6	300	500	1.7
	40	5.2	300	600	2.0
	10	1.3	600	750	1.3
Apiezon-B	20	2.6	600	870	1.4
	40	5.2	600	950	1.5
	10	1.3	600	300	0.5
Lion-A	20	2.6	600	500	0.8
	40	5.2	600	600	1.0
	10	1.3	600	300	0.5
DC705	20	2.6	600	380	0.6
	40	5.2	600	430	0.7
	10	1.3	600	~100	-0.2
Apiezon-T	20	2.6	600	~100	-0.2
	40	5.2	600	300	0.5
	10	1.3	6000	~100	~0.02
Lion-S	20	2.6	1800	200	0.1
	40	5.2	600	300	0.5
Apiezon-M	40	5.2	600	< 50	< 0.01
Apiezon-L	40	5.2	600	< 50	< 0.01
Polyphenylether *	40	5.2	600	< 50	< 0.01

* Experimental data on Polyphenylether were not presented in the article by N. Yoshimura and H. Oikawa (1970) [6-7].

(3) Octoil-S, DC704, Apiezon-B, Lion-A

全て拡散ポンプ用作動油ですが，ときには潤滑油としても使用されることもあります．これらのサンプルによる汚染量はかなり大きく，蒸気圧の見地より，サンプルから低沸点成分のハイドロカーボンガスが大量に放出されていると考えられます．なお，DC704による重合膜[7],[14],[18]とApiezon-Bによる重合膜[6]については報告があります．

(4) DC705, Lion-S

共に超高真空用拡散ポンプ作動油です．DC705による汚染量が，その極めて低い蒸気圧（25℃で 4×10^{-10} Torr）のわりには大きいのが目につきます．Lion-Sによる汚染量は $I_b = 10\ \mu A$ のときにかなり小さくなっています．このことは，実験を $I_b = 40\ \mu A$，$20\ \mu A$，$10\ \mu A$ の順序で行ったために，$I_b = 10\ \mu A$ の実験では，既に低沸点成分のハイドロカーボンガスの放出が少なくなっていたと考えられます．事実，Lion-Sサンプルを多めに（約4 cc）に入れて再測定すると，DC705サンプルの汚染量と同じ程度の汚染量が，$I_b = 40\ \mu A$，$20\ \mu A$，$10\ \mu A$ の各々で得られました．

拡散ポンプ用作動油から低沸点成分のガスが放出することに関して，報告があります[20]．また，DC705による重合膜に関しても報告があります[14]．

(5) Apiezon-T, Apiezon-M, Apiezon-L,

全て真空用グリースです．蒸気圧はApiezon-T，-M，-Lに対して，20℃で各々10^{-8} Torr, 10^{-7} Torr～10^{-8} Torr, 10^{-10} Torr～10^{-11} Torrです．

Apiezon-M，-Lに対して，$I_b = 40\ \mu A$ で連続100 h電子ビーム照射を行いましたが，重合膜の生成は認められず，蒸気圧は非常に低いと評価しました．Apiezon-M，-Lは蒸留生成が十分に行われていると考えられます．

(6) Polyphenylether

その当時はPolyphenyletherは非常に蒸気圧の低い油として，市場に出回っていましたがこの油を作動油とする油拡散ポンプは，まだ自社で開発できていなかったこともあり，論文[6-7]には載せませんでした．重合膜作成実験では，測定可能なほどの重合膜は堆積せず，非常に蒸気圧が低いことが分かりました．

3. 考察と結論

電子顕微鏡などの試料表面の汚染を防ぐために，種々の方法が考えられ，また実施されています．例えば，試料を取り囲む冷却トラップ[5]，[6]，[11]，試料の加熱[6]，酸素ガスジェット[12]などの方法があります．しかし，これらの方法にはそれぞれ欠点があります．試料を取り囲む冷却トラップを用いて，ハイドロカーボンガスが試料表面に入射するのを防ぐ方法では，試料によっては負の汚染が起こることがあります[8]．試料を加熱することによって，入射ハイドロカーボンガスが試料表面に吸着している時間を減少させ，電子による重合化の機会を減少させる方法も，全ての試料に対して適用することはできません．酸素ガスを試料表面に吹きつけ，電子ビームを照射して重合膜を燃焼してしまう方法には，電子銃のフィラメントの寿命を短かくするなどの問題があります．

上述したような各種の装置を用いることによって，試料汚染を防止する方法は応急的な対策であり，汚染の根本的な除去とはなりえないように思われます．汚染を減少させる対策としては，ハイドロカーボン源を除去することが根本的対策です．

汚染の源として，拡散ポンプの作動油の逆流や油回転ポンプの潤滑油の逆流を考慮に入れなければなりませんが，試料室などの被排気系に用いられている種々の材料が大きな原因を占めていることを見逃してはならないと考えます．すなわち，処理方法を含めて，真空系材料の選択が大切です．

以下の結論を得ました．

(1) 汚染の低減には真空グリースとして，Apiezon-M，Apiezon-L が優れていると考えます．

(2) 耐熱性のあるグリースとして，Silicone grease が広く使用されていますが，このグリースは大きい汚染源となります．シリコーン系の重合膜は電気絶縁性が大きく，高電圧の加速管を使用する電子線装置では，放電圧放電が誘起される可能性があるので，使用してはいけないと考えます．

(3) 一般に広く用いられている油拡散ポンプを，潤滑油として電子顕微鏡などの系内に持ち込むと，大きな汚染源となる可能性があります．

(4)新しく市販されるようになった Polyphenylether（耐熱性・低蒸気圧の油）は非常に蒸気圧が低く，電子顕微鏡の試料室内に用いても汚染の原因にはならないと考えられます．一方，Polyphenylether を潤滑材として考えると，濡れ性が悪いという欠点があります．

コメント

上記の (4) の結論は論文 [5-3] には記述されていません．また，バイトン O リングをサンプルとして実験したところ，ターゲットには鼠色の重合膜が生成しましたが，その厚みは測定不能でした．このことも，この論文には記述されていません．

文献 [6-7]

[3] James Hiller, *J. A. P.* **19** (1948) 226.

[5] A. E. Ennos, *Brit. J. A. P.* **4** (1953) 101.

[6] A. E. Ennos, *Brit. J. A. P.* **5** (1954) 27.

[7] R. W. Christy, *J. A. P.* **31** (1960) 1680.

[8] H. G. Heide, *Fifth Internal Congress for Electron Microscopy* (1962) A-4.

[11] 内山　洋，紀本静雄，橋本　寛，馬替敏治，第 13 回応用物理学関係連合講演会予稿集 (1966) 274.

[12] 紀本静雄，橋本　寛，小菅孝男，安藤一郎，最上明矩，第 29 回応用物理学会学術講演会予稿集 (1968) 238.

[13] H. Hashimoto, A. Kumao, K. Hosoi, *Fourth European Reginal Conference on Electron Microscopy* (1968) 39.

[14] L. Holland, *Vacuum* **13** (1963) 173.

[18] L. Holland, L. Laurenson, *Vacuum* **14** (1964) 325.

[20] 木下時重，富永五郎，第 9 回真空に関する連合講演会予稿集 (1968).

6-5.2 Fluorocarbon oxide fluidの評価（B. K. Ambrose *et al.*, 1972から）

B. K. Ambrose *et al.*（1972）［6-8］は，"Reduction of polymer growth in electron microscopes by use of a fluorocarbon oxide pump fluid" と題した論文を発表しました．論文の全体を紹介します．

まとめ

電子顕微鏡で通常経験するコンタミネーション問題は，油拡散ポンプで排気される電子顕微鏡の電極や，試料の表面に電子誘起重合膜が堆積することです．ハイドロカーボン油は，透過電子顕微鏡（AEI 802）の真空ポンプに使用されています．この電子顕微鏡に新しいFluorocarbon oxide合成油の蒸留油に取り換えて，コンタミネーション成長速度を低減させました．すなわち，回転ポンプの潤滑油はFluorocarbon oxid潤滑油に取り換え，拡散ポンプ油はFluorocarbon oxid蒸留油に取り換えました．このようにFluorocarbon oxide合成油を用いることで，試料汚染と電極の汚染は大幅に低減しました．有機油とFluorocarbon oxide合成油の蒸気雰囲気に長く曝した後に，生成された汚染量レベルを比較しました．

透過電子顕微鏡における電子光学部品表面や，試料表面の上に堆積する重合汚染の問題が顕在化しています．通常の電子顕微鏡はエラストマーガスケットで組み立てられ，トラップなしの真空ポンプで排気され，通常，10^{-5}～10^{-6} Torrの真空で運転されます．ポンプの逆流蒸気とエラストマーシールに用いられる潤滑油が，電子衝撃で重合する有機蒸気の主たる源です．鉱物油（mineral oils）からできる重合膜はシリコン系重合膜と違って，電気伝導性です．しかしながら，分子と電子の入射率の比が低い場合には，表面上に絶縁性の樹脂膜が生じる可能性があります．

Baker, M, A. *et al.*,（1971）［1］は，Perfluoropolyether（'Fomblin' − Montecatini Edison SpA）は回転ポンプの潤滑油に使用可能であり，蒸気あるいは液体のこの油を電子衝撃しても劣化せず，重合膜も生じないことを報告しました．Holland, L. *et al.*（1972）［2］はさらに，適切な分子量分布のPerfluoropolyether液を拡散ポンプに使用したとき，排気されたマススペクトロメータ衝撃型イオン源は，ずっとこの蒸気に曝されていましたが，動作に支障はきたさなかった，と報告しました．ポンプにFluorocarbon oxide合成油を使用することによって，電子顕微鏡におけるコンタミネーションの成長速度が低減するかどうかを調べるために，透過電子顕微鏡AEI 802を用いて実験しました．単純な汚染成長速度の比較実験として，ハイドロカーボン雰囲気とFluorocarbon oxide雰囲気において，試料をある長い期間電子ビームに曝した後の，電子顕微鏡像の像質を比較しました．

電子顕微鏡はトラップなしで，回転ポンプと拡散ポンプで排気されました．最初は，回転ポンプには鉱物油（Shell Co.）を入れ，拡散ポンプ（76 mm diam.）にはApiezon Bを使用しました．拡散ポンプの上で測定された平均圧力は，10^{-5} Torrでした．重合膜の成長を速めるために，アンチコンタミネーションシールドは冷やしませんでした．金の単結晶膜を，焦点を合わせた100 kV電子ビームを用いて，倍率×100,000で観察しました．試料における電子電流は3×10^{-7} Aで，照射15分後にスクリーン（電子感光蛍光板）上の像は，試料上に堆積したコニタミのために消滅しました．倍率を×1000に減じることによって，明視野マイクログラフ（bright-field micrograph）コンタミの全体像を，きれいな領域で囲まれた黒いスポットとして観察できました．

その後，回転ポンプ作動油を適切なグレードのFluorocarbon溶液に取り換えました．拡散ポンプからハイドロカーボン油を取り除き，ポンプ内部を徹底的に洗浄した後，蒸気流用途のFluorocarbon溶液を再び入れました．バルブのような関連付属品から，ハイドロカーボン油を可能な限り除去しました．アノード，スクリーン管，そしてアパーチャー（絞り）は通常の保守のやり方で洗浄しました．電子顕微鏡は真空に排気され5×10^{-5} Torr以下に達しました．6日間連続通常使用した後，上で述べたコンタミテストを同じ金膜を用いて，同じ照射条件で繰り返しました．15分の電子衝撃後でも，試料の像の細部がまだはっきりと見分けられました．倍率を×1000に減じると，明視野マイクログラフには，照射領域でいくらかダークニングが起こっていました．

倍率×1000での明視野マイクログラフを比較すると，有機油を用いた真空ポンプの場合，照射スポットを囲む領域がより暗くなっていることが分かります．この暗化は，散乱電子（scattered electrons）によって誘起されるコンタミのレベルの差異，あるいは写真を撮る際に起こる光学的密度の差異から起こる現象です．金試料上の隣接したコンタミ領域のマイクログラフは，分割（split）スクリーン技術を用いる単一写真プレート（single photographic plate）上に撮影しました．付加的なコンタミネーションと電子ビーム条件の変化を避けるために，マイクログラフは互いに30秒以内に撮影しました．Fig. [6-8]-1の1，2に示すこれらのマイクログラフは，

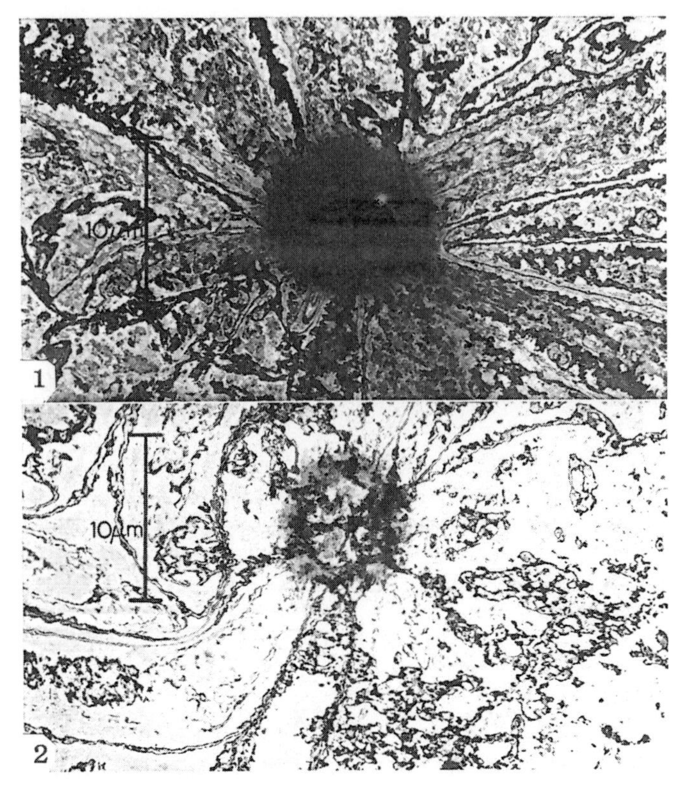

Fig. [6-8]-1.
1; Bright-field micrograph showing the extent of the contamination on the specimen when using hydrocarbon fluid in the vacuum pumps. 2; Bright-field micrograph showing the reduction in contamination of the specimen when using fluorocarbon oxide fluid in the vacuum pumps.
B. K. Ambrose *et al.* (1972) [6-8]

Fluorocarbon oxide 合成油を使用することが，一次電子と散乱電子で生成されるコンタミネーション成長速度を減少させる結果になることを示しています．

上述したように，Fluorocarbon 溶液を電子衝撃しても重合生成物を生じさせることもなく，試料膜を劣化させることもないことを示しています．したがって，Fig.［6-8］-1 の 2 に示されているコンタミネーションは，エラストマーや洗浄による除去が不完全な，鉱物油の残渣が原因で生じている，と考えられます．

文献［6-8］

［1］ Baker, M, A., Holland, L and Laurenson, L.,（1971）"The use of perfluoroalkyl polyether fluids in vacuum pumps", *Vacuum*, **21**, 479.

［2］ Holland, L., Laurenson, L., Baker, P. N., and Davis, H. J.,（1972）"Perfluoropolyether – A vacuum pump fluid resistant to electron induced polymerization", *Nature, Lond.* **238**, 36.

6-6 Perfluoropolyether

Perfluoropolyether は，電子線で照射されたときに重合しない真空用油として注目されました．

6-6.1 L. Holland *et. al.* (1973) の論文

L. Holland *et al.*（1973）［6-9］は，"The behaviour of perfluoropolyether and other vacuum fluids under ion and electron bombardment" と題した論文を発表しました．

アブストラクト［6-9］

電子とイオンの衝撃の下で行われた Perfluoropolyether［FOMBLIN］（tradename of Montedison SpA）溶液の研究から，これらの溶液は荷電粒子が存在する真空に使用するのに適していることが示されています．事前に Perfluoropolyether 溶液を塗った平板電極間で，水素，酸素，ヘリウム，空気，フレオン（Freon）14 雰囲気の下で，直流グロー放電を持続させました．放電実験後にカソードとアノードの両電極のコンタミ付着の様子を調べましたが，水素雰囲気以外では目視できれいでした．水素雰囲気ではポリマー状の膜がカソード電極に，アノード上には褐色の膜が堆積しました．アノード上の褐色の堆積物は電子衝撃には無関係の中性物質でした．比較のために，Apiezon C, Silicone 704, Santovac 5, Dow Corning FS.1265 が各々サンプルとして，アルゴンと水素の直流グロー放電に曝したところ，固体の堆積物がアノードとカソードの両方に生成しました．Perfluoropolyether［FOMBLIN］を rf イオン源の石英ボトル（quartz bottle）の中に塗り，水素とアルゴンのガスの中で放電させました．すると，ボトル内部でかなりのエッチングが起こっているのが観察されました．一方ボトル内部に Santovac 5 を塗った場合は，エッチングは起こらず，タール状の堆積物が残りました．

1．実験システムと実験結果

弗酸（HF）が生成されることを論述している RF プラズマ放電の実験結果と，その考察を中心にレビューします．

実験は，19”（インチ）直径のベルジャー内に組み込まれた平行板電極間で，Perfluoropolyether溶液を冷陰極グロー放電に曝す，という形で行われました．高真空バルブ内の可動バッフル板のシールとチャンバーベースのシールには，バイトン（Viton）が用いられましたが，それ以外のシールにはインジウム（indium）線シールが用いられました．システムは前段がEdwards ED250回転ポンプ（鉱物油潤滑，アルミナソープショントラップ付き）で排気されるEdwards F903油拡散ポンプ（作動油DC-705）で排気されました．

Perfluoropolyether溶液は，高真空の下で電子衝撃されても重合しないことを確かめるために，予備実験を行いました．Perfluoropolyether溶液を塗った金属板を1 keVの電子で，0.3～15 μA cm^{-2}の一定電流密度で電子衝撃しました．これらの多くのテストでは溶液は完全に蒸発し，目に見える残渣は残りませんでした．溶液が残っている場合，洗浄液で取り除きましたが，このことは重合が起こっていないことを示しています．〔序〕で述べた，よく知られた真空油の場合，これらの条件の下では，表面付着物やタール状の残渣が残りました．

冷陰極放電による研究

Perfluoropolyetherr溶液と他の真空溶液の実験は，Fig. [6-9]-1に示されている直流グロー放電システムの電極に溶液を塗って行いました．各実験では同じ量の溶液を電極に塗りました．電

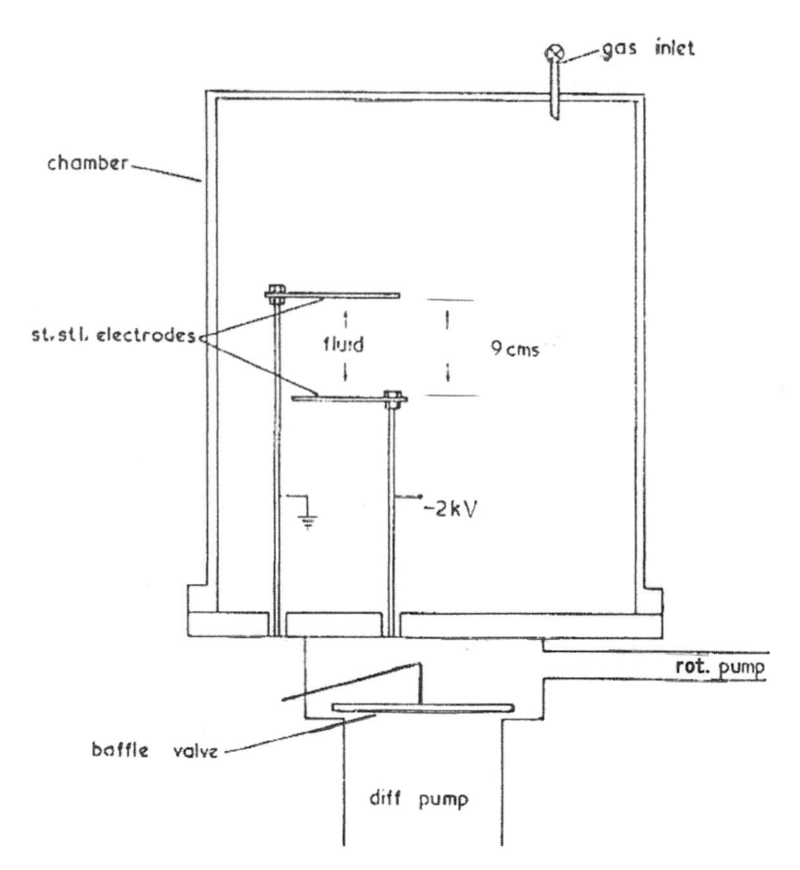

Fig. [6-9]-1.
General arrangement of apparatus for glow discharge experiments.
L. Holland *et al.* (1973) [6-9]

極は平行ステンレス鋼板で，間隔は9 cm，電極面積は50 cm^2 です．真空容器は～10^{-6} Torrまで排気され，それから種々のガスを，10^{-4} Torrになるまでニードルバルブから導入しました．2 kVの電圧を電極に印加し，バッフル弁を部分的に閉めて調節して，2つの電極間でグロー放電を観察しました．放電は15分間持続させましたが，その間バッフルとニードル弁を調節して，放電電流を50 mAに保ちました．2つの電極間の放電を制限するシールドは用いていませんので，放電の電流密度を正確には言えませんが，0.5-1 mA/cm^2 程度です．各実験後，電極は大気に曝したときに熱酸化のような化学的な変化を起こさないよう，真空中で30分間冷却しました．実験はH_2，He，O_2，Ar，空気そしてフレオン14を導入して行いました．次の2つのグレードのPerfluoropolyether溶液を研究対象としました．1つは質量数が3000 amu，もう1つは質量数が6000～7000 amuのものです．シリコン油（MS.704），鉱物油（Apiezon C），Polyphenylether（Santovac 5），そして部分的にフッ化された溶液（partially fluorinated fluid）（Dow Corning FS.1265）も実験しました．Perfluoropolyetherr溶液をイオンや電子の衝撃に曝しても，水素雰囲気以外では目に見える膜はできませんでした．他の真空溶液ではアルゴンや水素の放電で，カソードとアノードの両方の電極に，重合堆積物が生成しました．種々の溶液に対する結果をTable [6-9]-1に比較します．

Table [6-9]-1. Condition of electrodes smeared with various pump fluids after exposure to the ionisedgases hydrogen and argon, containing ions, electrons, neutrals and active species; ion energy = 2 keV, discharge current = 50 mA, time of bombardment = 15 min. L. Holland *et al.* (1973) [6-9]

Fluids	Hydrogen		Argon	
	Cathode	Anode	Cathode	Anode
Fomblin YR	Brown deposit	Coloured film	Clean	Clean
Apiezon C	Dark brown deposit	Coloured film and polymer	Dark brown deposit	Coloured film and polymer
Dow Corning FS.1265; Fluoro Silicone Fluid	White deposit	Polymer	Yellow deposit	Polymer
Santovac 5	Brown deposit	Light polymer	Yellow deposit	Light polymer
Silicone 704	Dark brown deposit	Polymer	Yellow deposit	Polymer

RFプラズマ放電

rfイオンソースの石英ボトル内側にPerfluoropolyether溶液を塗り，最初は水素中で，その後アルゴン中で，発振器（oscillator）を用いて120 MHz，500 Wの強い放電を発生させました．イオン源の引き出し導管（extraction canal）のコンダクタンスは，アルゴンに対して0.1 L/sですから，溶液から生じた蒸気は蒸気生成後十分な期間イオン源内に，効率よくトラップされています．実験結果はFig. [6-9]-2に示されています．Fig. [6-9]-2のaとbの白い領域はカップリング電極（coupling electrodes）の位置に対応しています．その位置では電極は石英ボトルと完全には接触しておらず，これらの領域は音を発することは少なく，その場所は明確でした（Fig.

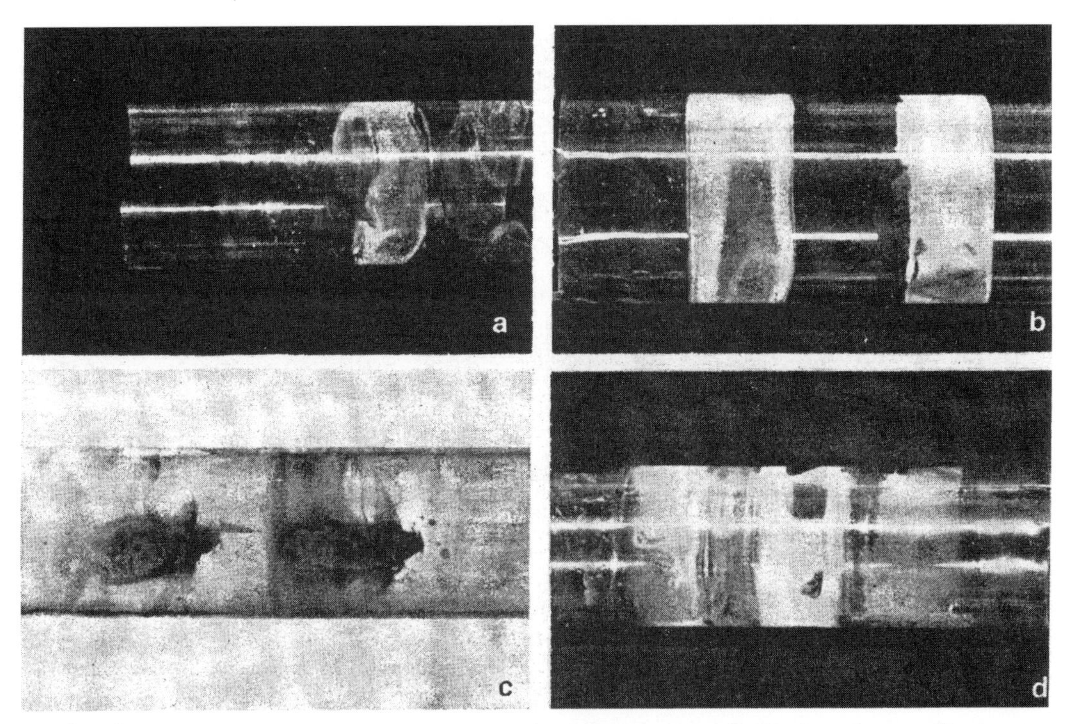

Fig. [6-9]-2. a ; Hydrogen discharge, perfluoropolyether fluid. b ; Argon discharge, perfluoropolyether fluid (silver film coated on outside of bottle beneath coupling electrodes and subsequently removed before photography). c; Argon discharge, polyphenylether fluid. d; Argon discharge, perfluoropolyether fluid (showing white P.T.F.E.-like deposit which was removed before photographing in (b). L. Holland *et al.* (1973) [6-9]

[6-9]-2a). このことは電極の下側の領域において，ボトルの外側を銀膜でコーティングすることで確かめられました．生じた白い領域では厚さは一様でした（Fig. [6-9]-2b）．水素放電の場合，カップリング電極間とその側面は，P.163［**冷陰極放電による研究**］で述べた外観と同様の，褐色の膜が付着していました．写真（Fig. [6-9]-2）に見られる白い領域は確かにスパッタ，あるいはエッチングされた領域であり，目視検査では，エッチングは特に水素放電の場合に顕著でした．アルゴン放電の後では，おびただしい，外観はテフロン（P.T.F.E）に非常に似ている，白いはがれやすい堆積物が，イオン源ボトル内部にみられました．これらはエッチングされた領域を写真（Fig. [6-9]-2b）に撮るために除去しましたが，エッチングされた領域は，別個に行った実験の結果に明瞭にみられます（Fig. [6-9]-2d）．電子マイクロプローブ分析を行いましたが，はがれやすい堆積物にはシリコンが多く含まれていました．しかし，装置（Stereoscan Mark 11A）の最小検出感度の限界が質量数23であり，Perfluorocarbon種を検出できません．実験はアルゴン放電とイオン源にPolyphenylether溶液（Santovac 5）を入れて行いました．この場合，黒化した，糖蜜のようにねばねばした密度の高い溶液を，外皮が覆っていました．Polyphenylether溶液を用いたイオン源では，エッチングや付加的な堆積物はみられませんでした．

2. 討論

上述の実験結果から，カソード表面に固着堆積物が形成される水素放電の場合を除くと，Perfluoropolyether 溶液は電子やイオンで衝撃されたとき，重合反応を起こさないという耐力がある，と考えられます．水素放電の場合，カソード表面で中性分子蒸発が同時に起こり，そして弗酸蒸気の放出を伴う化学反応が，カソード表面で起こっていると確信します．後者の弗酸の放出は前ページの［**RF プラズマ放電**］で述べた，石英ボトルの明白なエッチング現象から分かります．rf 放電に伴う反応性成分の直接の質量分析は，質量分析計（mass spectrometer）イオン源内に抽出して注入することが困難です．しかしながら，Perfluoropolyether 蒸気の質量分析を，電子衝撃型イオン源を用いている磁場セクター型マススペクトロメータを用いて行った結果，フリーフッ素（free fluorine）と弗酸がフラグメントスペクトルに観察されました［3］．弗酸はフッ素と脱離水蒸気との反応で生成された，と結論されました．

可能性のある化学反応式：

$$[C_3F_6O_{1.1}\ \mathrm{to}_{1.2}]_n + H^+ + H_2O \rightarrow [\mathrm{polymer}] + HF + \text{solid deposit and vapours.}$$

試用した全ての真空用溶液について，水素中でアルゴン中でグロー放電を走らせると，アノード上に重合フィルムが，カソード上に固着堆積物が生成しました（Table［6-9］-1）．アノードの膜（films）は疑いなく電子衝撃で重合した結果です［4］．他方，カソード堆積物は同定されていませんが，イオン衝撃［5］，二次電子衝撃［6］，あるいは放電期間の水素を含む残留ガスとの化学反応などを含む合算効果によって生成したと考えられます．

これらの結果がイオンビームやグロー放電の仕事に，実際上どのような影響があるかですが，Perfluoropolyether 溶液は拡散ポンプ，回転ポンプ，ターボ分子ポンプの作動油としてかなりの利点を有していますから，実用上重要な問題です［1］，［7］，［8］．水素放電では，Perfluoropolyether 溶液が存在すれば，HF の生成，重合反応，そして中性の凝結物の放出などの有害な影響が起こります．しかしながら，実際問題として，それらの溶液を用いている真空システムにはこれらの溶液の低い蒸気圧（10^{-8} Torr）のものだけが存在すると考えられ，すでに述べたテストでは，5×10^{-6}Torr までの Perfluoropolyether 蒸気の存在している環境で，水素放電を走らせたとき，電極表面には何ら重大な反応は起こしませんでした．また，Perfluoropolyether は，連続運転の rf イオン源テストベンチアッセンブリの回転ポンプと拡散ポンプに使用していますが，数か月の連続運転で，腐食やエッチングそして異常な堆積物の生成などはみられていません．

3. 結論

Perfluoropolyether 溶液は，その溶液を水素放電に直接曝さなければ，電子衝撃を受けても，dc グロー放電内にあっても，耐性があることが分かっています．水素放電に曝した場合，中性の凝結物を放出し，グロー放電におけるカソード上に残渣を固着させます．このことは，もしもエネルギーをもつ水素イオンが存在する所に，潤滑剤としてこの溶液を用いれば，トラブルの原因になるでしょう．rf イオン源においても，結合電極の下の領域においても，放電によるエッチングが起こり，一方アルゴンを用いたときはテフロンに似た堆積物がイオン源でみられました．この結果から，イオンが多数存在するチャンバーを排気する系であっても，電極やイオン光学系を排気するポンプにPerfluoropolyetherを使うのであれば，安全であると言えます．しかし，水素イオンがかなりの密度で存在する場所でPerfluoropolyetherを使う場合には，注意しなければなりません．通常の条件の下では，水素イオンが真空ポンプを貫通するのでなければ，この溶液（Perfluoropolyether）を真空ポンプに使うことができる，と言えます．

文献［6-9］

［1］ M. A. Baker, L. Holland and L. Laurenson, *Vacuum* **21**（1971）479.
［3］ P. N. Baker, L. Holland and L. Laurenson to be published（1973）.
［4］ L. Holland and L. Laurenson, *Vacuum* **14**（1964）325.
［5］ K. Kanaya, K. Shimizu and Y. Ishikawa, *Brit. J. Appl. Phys.*（*J. Phys. D*）Ser. 2, **1**（1968）1657.
［6］ L. Holland, *Brit. J. Appl. Phys.*（*J. Phys. D*）Ser. 2,. **2**（1969）767.
［7］ L. Holland and L. Laurenson and P. N. Baker, *Vacuum* **22**（1972）315.
［8］ L. Holland, *Vacuum* **22**（1972）234.

コメント

私たちはFig.［6-9］-2のHF（弗酸）によるガラスのエッチング情報から，Perfluoropolyether溶液を高電圧の電子線装置には使えないと判断しました．その理由は次の3点です．

（1）溶液のフッ素と水素との化学反応でHF（弗酸）が生じる可能性があります．水蒸気のH_2Oには水素原子があります．高電圧の加速管内で放電が起これば，水蒸気から水素が分離すると考えられます．バイロンOリングガスケットから大気中の水蒸気が真空内へ透過します．

（2）Perfluoropolyether溶液を真空ポンプだけに使用しても，加速管や試料近傍や電子銃の近傍にポンプ油蒸気の逆流が起こります（連続運転時，スイッチオーバー時，逆流事故など）．

（3）Perfluoropolyetherで汚れた真空装置を洗浄する技術がまだ確立できていません．その点に関して，ハイドロカーボン系の溶液は通常の洗剤や溶液で洗浄できます．ハイドロカーボン系のコンタミネーション膜は電気伝導性をもち，高電圧放電に関して，扱いやすい汚れです．

引用文献

［6-1］ A. E. Ennos,“The origin of specimen contamination in the electron microscope”, *Brit. J. Appl. Phy.*, **4** April, pp. 101-106（1953）.
［6-2］ R. W. Christy, “Formation of Thin Polymer Films by Electron Bombardment”, *J. Appl. Phy.*, **31**（9）, pp.1680-1683（1960）.
［6-3］ N. Yoshimura, H. Hirano, and T. Etoh, “Mechanism of contamination build-up induced by fine electron probe irradiation”, *Vacuum* **33**（7）, pp. 391-395（1983）.
［6-4］ C. Le Gressus, D. Massignon, A. Mogami, and H. Okuzumi, “Secondary electron emission dependence on electron beam density dose and surface interactions from AES

and ELS in an ultrahigh vacuum SEM", *Scanning Electron Microscopy/1979/ I* , pp. 161-172.
[6-5] H. G. Heide, "The Prevention of Contamination without Beam Damage to the Specimen," *Fifth International Congress for Electron Microscopy*, A-4 (1962).
[6-6] S. Dashman, Book "SCIENTIFIC FOUNDATIONS OF VACUUM Technique", Second Edition, John Wiley and Sons, Inc., New York, London, Sydney, 1961.
[6-7] N. Yoshimura and H. Oikawa, "Observation of polymerized films induced by irradiation of electron beams", *J. Vac. Soc. Jpn* **13** (5), pp. 171-177 (1970). (in Japanese)
[6-8] B. K. Ambrose, L. Holland, and L. Laurenson, "Reduction of polymer growth in electron microscopes by use of a fluorocarbon oxide pump fluid", *J. Microscopy* **96**, Pt 3, pp. 389-391 (1972).
[6-9] L. Holland, L. Laurenson, R. E. Hurley, and K. Williams, "The behaviour of perfluoropolyether and other vacuum fluids under ion and electron bombardment", *Nuclear Instruments and Methods III*, pp. 555-560 (1973).

第6章のおわりに

N. Yoshimura *et al.* (1983) [6-7] は，超高真空の透過型電子顕微鏡が備えている透過電子像，走査二次電子顕微鏡像，そして走査透過電子顕微鏡の機能を用いて，汚染となるハイドロカーボン分子が輸送されてくるメカニズム，重合膜の堆積，電子線照射による電子励起ガス脱離と走査二次電子像の暗化現象のメカニズムを明確にしました．二重の冷却フィンをもつアンチコンタミネーションデバイス（ACD）を使用すれば，微細な電子線プローブを使用しても，試料汚染（重合膜の堆積）は起こらないほどの，清浄な超高真空が試料位置で達成されています．なお，この分析型電子顕微鏡は，第13章の Fig. [13-2]-5 に示されている，カスケード DP 排気系（先行低速度高真空排気用バイパス弁付き）で排気されています．

N. Yoshimura *et al.* (1983)] は，コンタミとなるハイドロカーボン分子の供給について，次のように結論しました．

吸着分子の飽和量が，主にガス分子の吸着と脱離の平衡関係で支配されている場合には，CR の成長速度（高さ / 時間）は，シンク領域へ入る拡散分子の量（rate）はシンクの円周に比例しますから，$\propto 2\pi r_0/\pi r^2 \propto 1/r_0$（ここで r_0 はシンクの半径）．一方，全試料表面上に入射するハイドロカーボン分子のある割合が，半径 r_0 のシンクで重合するとすれば，CR（高さ / 時間）$\propto K/\pi r_0^2 \propto 1/r_0^2$（$K$：定数）．上記で討論した両方のケースは両極端と考えられますので，実際には，CR は $1/r_0 \sim 1/r_0^2$ に比例すると考えられます．

清浄な超高真空の下では，全試料表面上に吸着したガス分子の表面拡散モデルが，実験結果を最もよく説明できます．

第 7 章

分子流コンダクタンスと
ガスフローパターン

はじめに

本章のテーマは，導管やオリフィスの分子流コンダクタンスや通過確率，そしてアパーチャーの形状寸法とガスフローパターンの関係などです．分子流コンダクタンスや通過確率は流れ抵抗値に変換して，分子流ネットワーク（線形真空回路）に適用されます．ビーム効果を示すフローパターンは真空回路に反映できませんから，別途検討する必要があります．

超高真空チャンバーにおける圧力を計算し，あるいは分子流ネットワーク（線形真空回路）を用いて圧力分布をシミュレーションするためには，導管のコンダクタンスや各種形状の邪魔板などの，分子流コンダクタンスを算出する必要があります．抵抗回路網では，分子流コンダクタンスは，コンダクタンスの逆数である線形流れ抵抗の形で用います．

油拡散ポンプ系に適用される，不可視のシェブロン型水冷バッフルや液体窒素トラップ，あるいは電子顕微鏡の加速管を排気するスパッターイオンポンプの排気管に適用される，イオンシールド（邪魔板）も排気抵抗を示します．これらの複雑な形状のコンダクタンスは，開口オリフィスのコンダクタンス C_0 に通過確率を乗じて求めます．通過確率は D. H. Davis（1960）[7-1]や，L. L. Levenson *et al.*（1960）[7-2]が発表している透過確率の線図から求めます．

ストレート円筒を通る分子流のガスは，円筒の出口でビームパターンを示しますが，コサイン分布（the cosine law distribution）からの乖離は，管半径に対する長さの比に依存します．真空回路による解析には，この効果は反映されませんから，別途考察する必要があります．

7-1　導管やオリフィスの分子流コンダクタンス

公式において，R_0，気体定数：T，温度 in K（絶対温度単位）：M，分子量です．

<u>オリフィスのコンダクタンス C_0</u>

$$C_0 = A\sqrt{\frac{R_0 T}{2\pi M}}$$　　A はオリフィスの面積（cm^2）

$$= 3.64A\sqrt{T/M} \quad (L/s)$$

$$= 2.86d^2\sqrt{T/M} \quad (L/s)$$　　d はオリフィスの直径（cm）

$$C_{0\text{-}air} = 11.6\,A\ (L/s)\ \text{for air at } 20℃.$$

$$= 9.16\,d^2\ (L/s)$$　　d はオリフィスの直径（cm）

<u>一定円断面の長いチューブのコンダクタンス C_{LT}</u>

$$C_{LT} = 3.81\frac{d^3}{L}\sqrt{\frac{T}{M}} \quad (L/s)$$　　直径（一定）d と長さ L（cm）

$$C_{LT\text{-}air} = 12.1d^3/L\ (L/s)$$　　20℃の空気

一定円断面の短いチューブのコンダクタンス C_{ST}

$$\frac{1}{C_{ST}} = \frac{1}{C_{LT}} + \frac{1}{C_O} = \frac{1}{C_{LT}}\left(1 + \frac{C_{LT}}{C_O}\right)$$

$$C_{ST} = \frac{C_{LT}}{\left(1 + C_{LT}/C_O\right)} = C_{LT}\frac{1}{\left(1 + C_{LT}/C_O\right)}$$

$$C_{ST} = 3.81\frac{d^3}{L}\sqrt{\frac{T}{M}}\frac{1}{\left(1 + \frac{4}{3}\frac{d}{L}\right)} \text{(L/s)}$$ 直径（一定）d と長さ L（cm）

$$C_{ST-air} = 12.1\frac{d^3}{L}\frac{1}{\left(1 + \frac{4}{3}\frac{d}{L}\right)} \text{(L/s)}$$ 20℃の空気

7-2　ガス通過確率

油拡散ポンプ（DP）システムは，不可視の邪魔板から成る水冷のバッフルを備える必要があります．高電圧の加速管や負の高電圧が印加される，電子エミッター付の電子銃を含む電子銃室の排気管には，通常アース電位の邪魔板から成るイオンシールドが排気管に組み込まれます．このような各種邪魔板付き排気管の分子流コンダクタンスは，D. H. Davis（1960）[7-1]や L. L. Levenson *et al.*（1960）[7-2]が発表している通過確率（Clausing's factor とも呼ばれています）P を用いて，$C = C_0 \times P$（ここで C_0 はパイプ開口の分子流コンダクタンス）と算出されます．

7-2.1　D. H. Davis の通過確率（1960）

D. H. Davis（1960）[7-1] は，"Monte Carlo calculation of molecular flow rates through a cylindriceal elbow and piped of other shapes" と題した論文を発表しました．

次ページからの Fig. [7-1]-1～Fig. [7-1]-4 を参考にしてください．

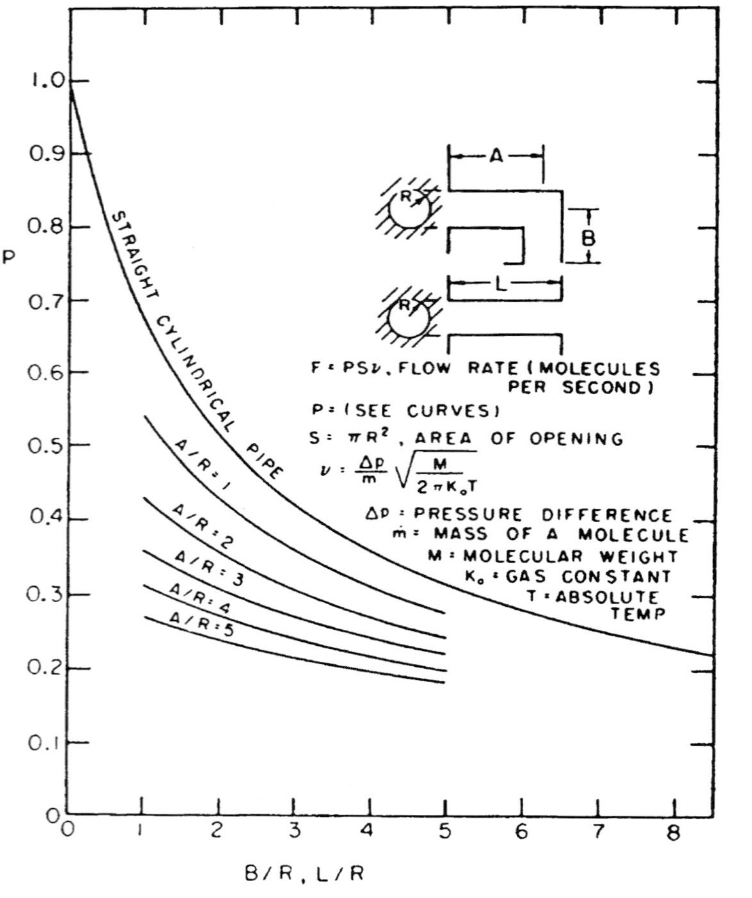

Fig. [7-1]-1. Molecular flow rate in a 90° cylindrical elbow calculated by the Monte Carlo method, and in a straight cylindrical pipe calculated by Clausing.
D. H. Davis (1960) [7-1]

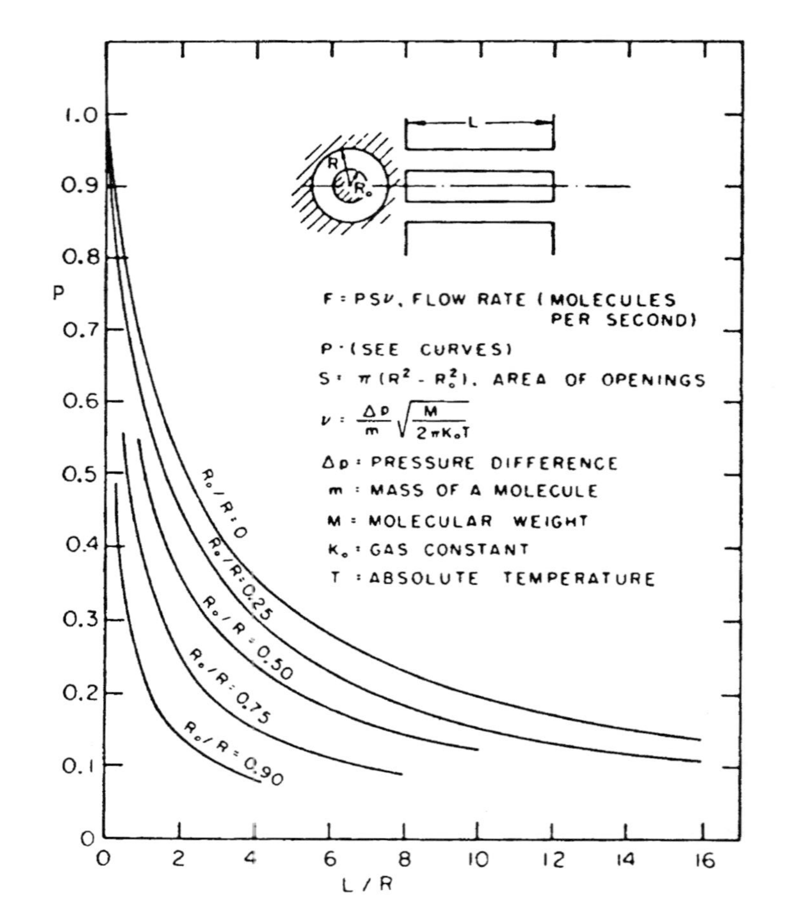

Fig. [7-1]-2. Molecular flow rate in a cylindrical annulus.
D. H. Davis (1960) [7-1]

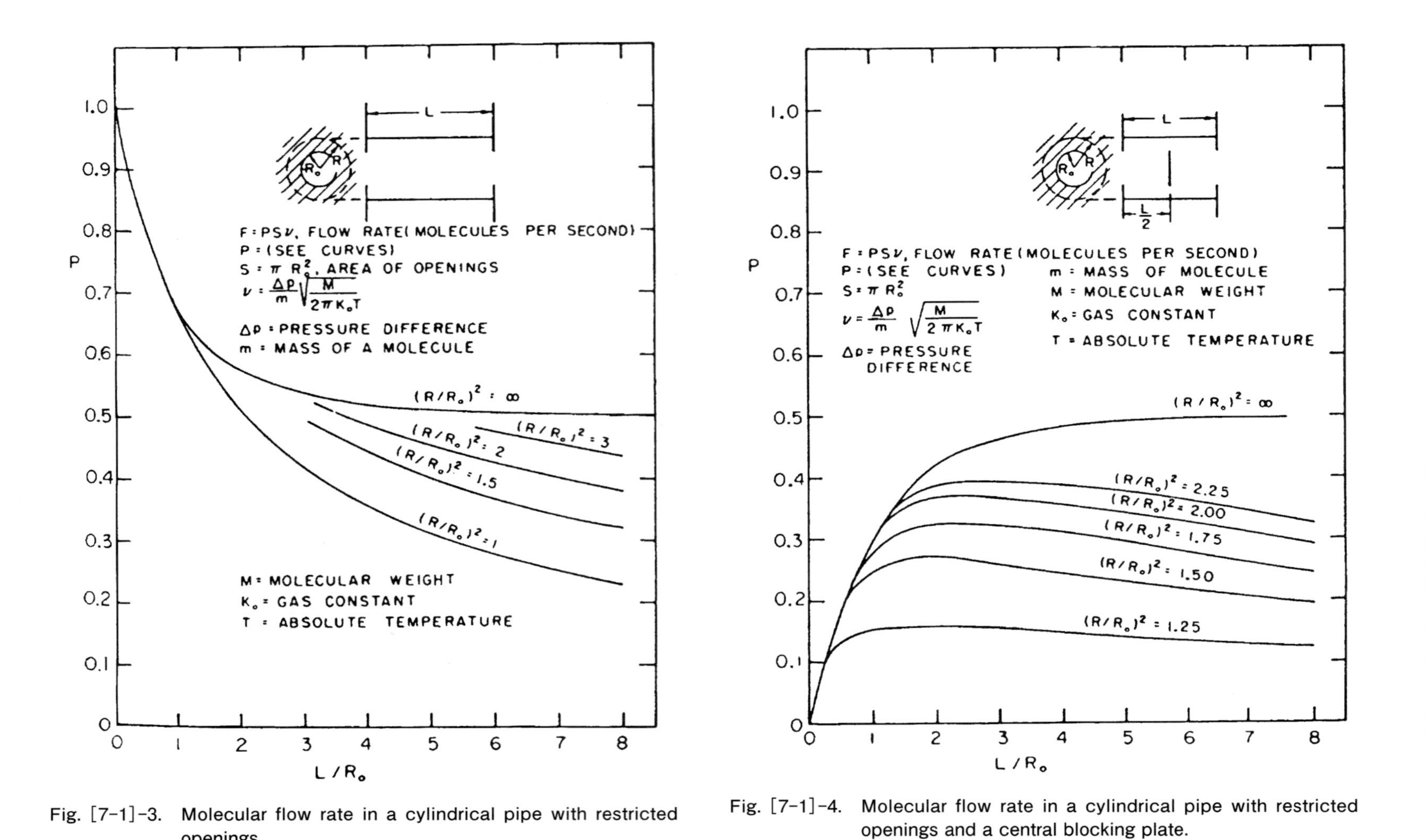

Fig. [7−1]−3.　Molecular flow rate in a cylindrical pipe with restricted openings.
D. H. Davis（1960）[7−1]

Fig. [7−1]−4.　Molecular flow rate in a cylindrical pipe with restricted openings and a central blocking plate.
D. H. Davis（1960）[7−1]

7-2.2 L. L. Levenson *et al.*, の通過確率 [7-2]

L. L. Levenson et al., (1960) [7-2] は "Optimization of Molecular Flow Conductance" と題した論文を発表しました. **Fig. [7-2]-1～Fig. [7-2]-7** を参考にしてください.

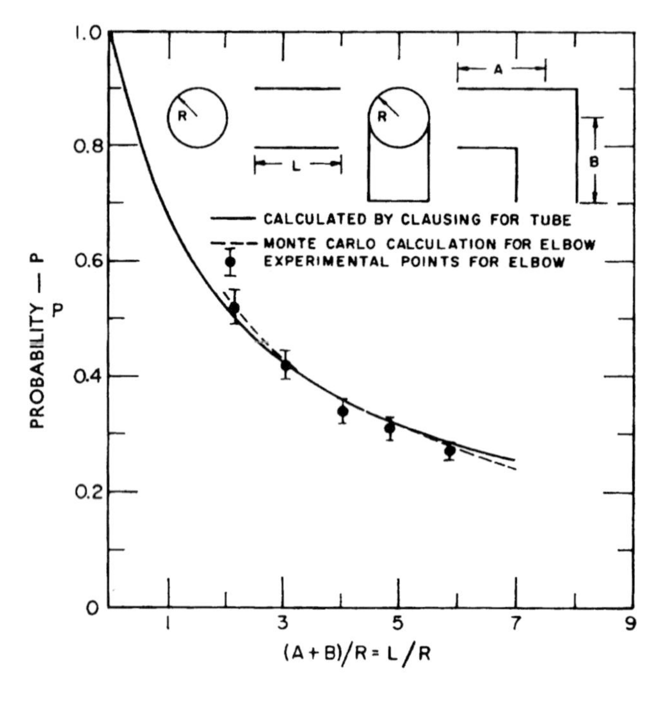

Fig. [7-2]-1.
P for 90° elbow.
L. L. Levenson *et al.* (1960) [7-2]

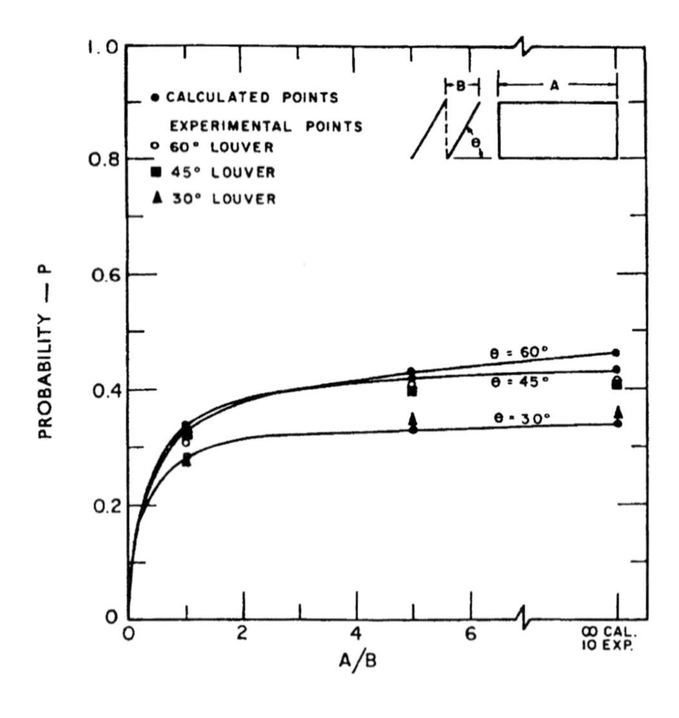

Fig. [7-2]-2.
P for louver geometries.
L. L. Levenson *et al.* (1960) [7-2]

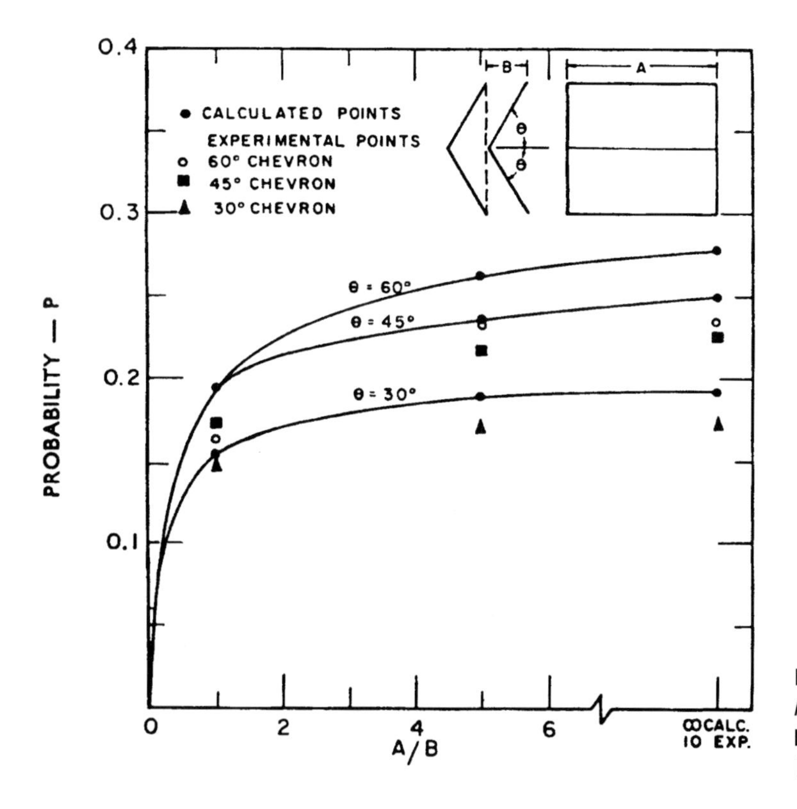

Fig. [7-2]-3.
P for chevron geometries.
L. L. Levenson *et al.* (1960) [7-2]

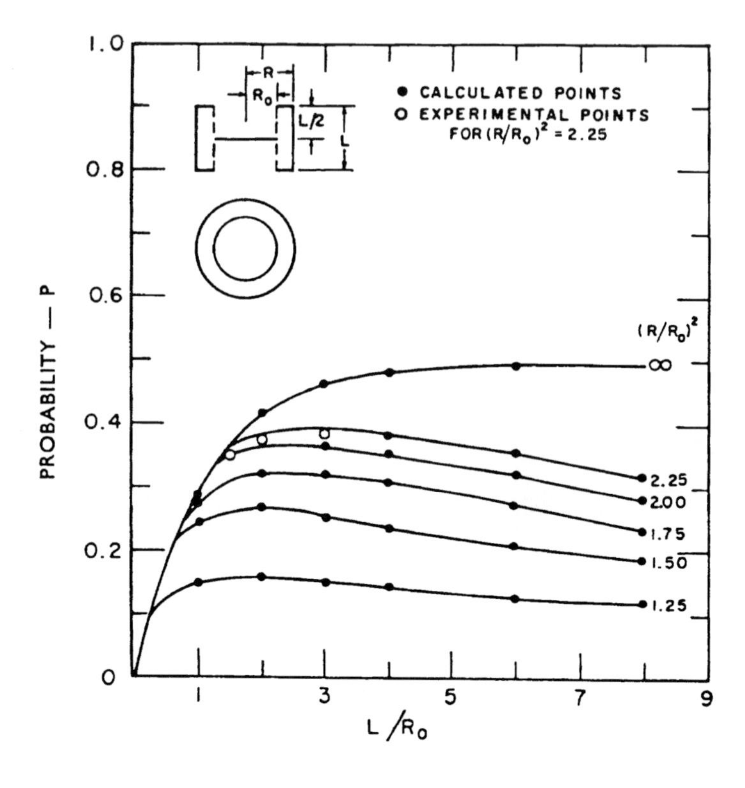

Fig. [7-2]-4.
P for straight cylinder with two restricted ends and circular blocking plate.
L. L. Levenson *et al.* (1960) [7-2]

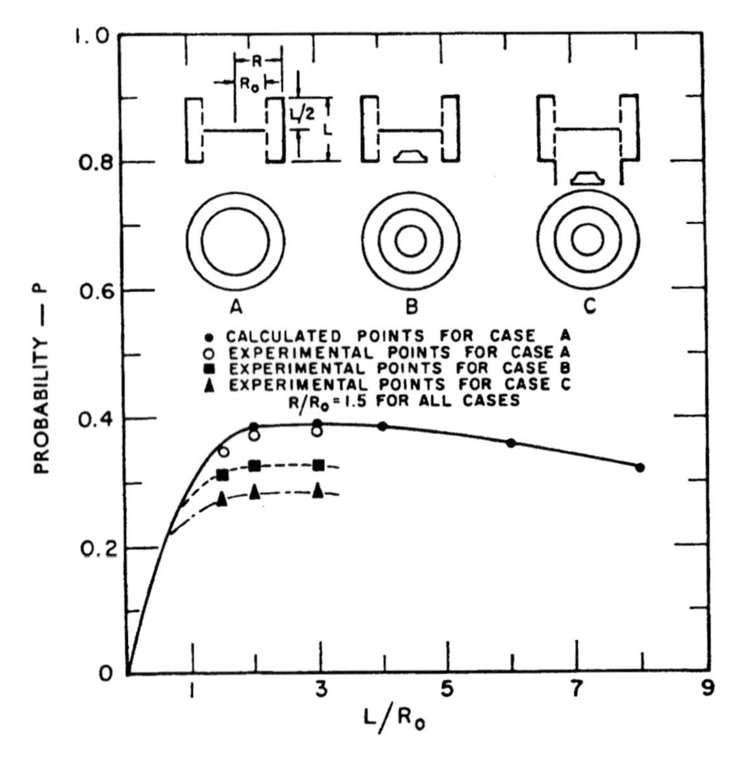

Fig. [7-2]-5.
P for straight cylinder with two restricted ends and circular blocking plate in diffusion-pump system.
L. L. Levenson *et al.* (1960) [7-2]

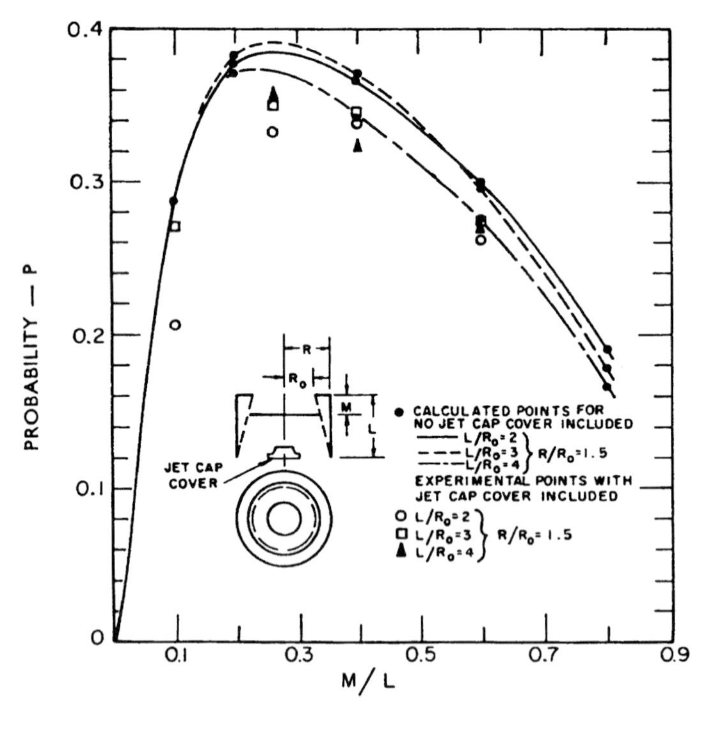

Fig. [7-2]-6.
P for small end of straight cylinder with one restricted end and circular blocking plate.
L. L. Levenson *et al.* (1960) [7-2]

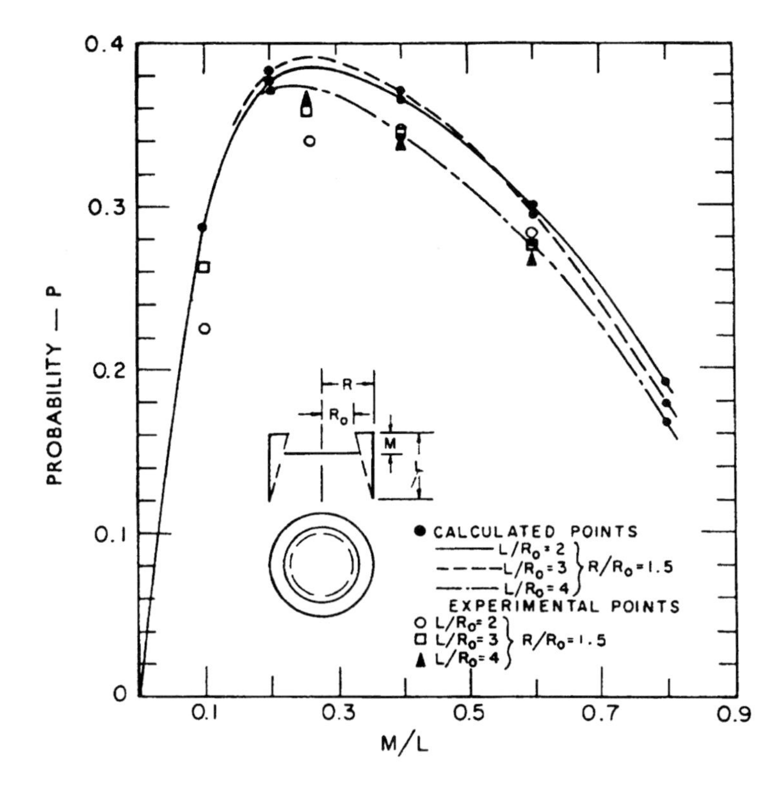

Fig. [7-2]-7.
P for small end of straight cylinder with one restricted end and circular blocking plate in diffusion-pump system.
L. L. Levenson *et al.* (1960) [7-2]

7-3　ガスフローパターン

分子流であっても，導管を流れるガス分子は導管から広い空間へ出るときに，ガスフローパターンという，一種のビーム効果を示します．このビーム効果によるチャンバー内の圧力分布は分子流ネットワーク解析には反映されませんから，ガスフローパターンは別途考慮する必要があります．

7-3.1　B. B. Dayton (1956) のガスフローパターン

B. B. Dayton (1956) [7-3]は，“Gas flow patterns at entrance and exit of cylindrical tubes” と題した論文を発表しました．

B. B. Dayton [7-3]は，以下のように述べています．

「1930年にP. Clausingは分子流の条件下で，短い円筒管出口から出てくるガス分子の角度分布パターンを表わす公式を導出しました（*Z. f. Physik* **66**, 471-76, 1930 [1]）．彼はジェットの形でガスが出てくること，そして（分布の）広がりがコサイン分布則（破線）から外れるのは，管の半径と長さの比にだけに依存していることを示しました．Clausingは彼の公式を，半径対長さの比が2の場合に適用した結果をFig. [7-3]-1に示しました」．

B. B. Dayton (1956) [7-3]は，半径r対長さLの比が種々の値をもつ円筒管について，フローパターンを表わす式と線図を示しました．**Fig.** [7-3]-2 は，L/r = 10 の円筒管に対するフローパターンを示しています．

コサイン分布則は，**Fig.** [7-3]-1 に破線で示されていますが，薄い板にあけた穴の半径に対する長さの比がゼロの場合に得られます．Clausing が指摘しているように，薄い板にあけられた穴という限られた場合の円形分布も，他の方向よりも穴の軸の方向に，より多くの分子がビームのように向かう，と考えられます [7-3]．

文献 [7-3]

[1] *Z. f. Physik* **66**, 471-76, 1930.

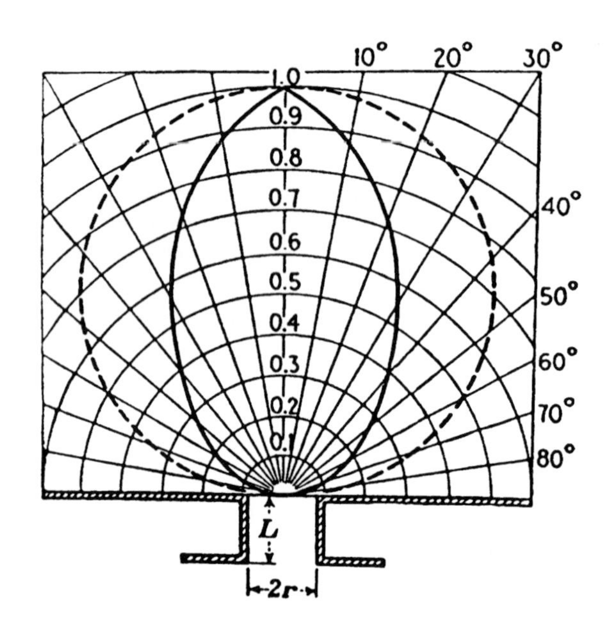

Fig. [7-3]-1.
Clausing's diagram of the exit pattern for L = 2 r.
B. B. Dayton (1956) [7-3]

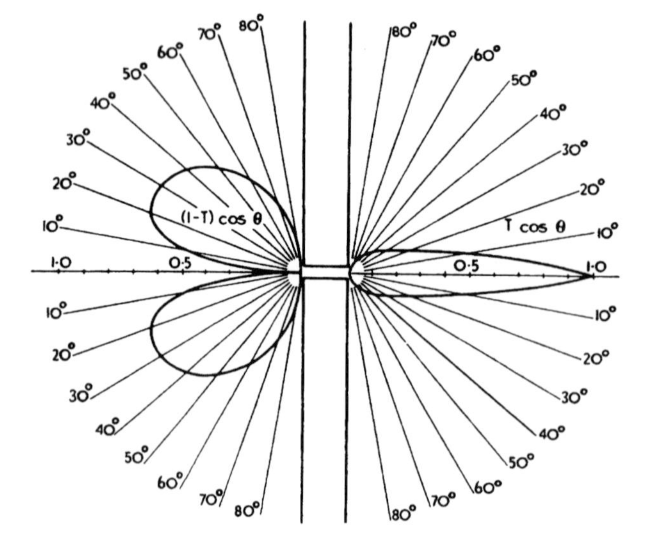

Fig. [7-3]-2.
Entrance and exit patterns for L = 10 r.
B. B. Dayton (1956) [7-3]

7-3.2　K. Nanbu (1985) のガスフローパターン

K. Nanbu（1985）[7-4]は，“Angular distributions of molecular flux from orifices of various thicknesses” と題した論文を発表しました．

アブストラクト [7-4]

厚さ―直径の比が2以下の，円形オリフィスからの分子フラックスの角度分布を，テスト―粒子モンテカルロ法を用いて計算しました．そこで得られた数値データから，ベストフィット式（best fit equations）を作成しました．0.3のような小さい，厚さ対直径の比においてさえ，分布はコサイン分布からはっきりと外れてます．厚さ対直径の大きな比においては，ガスフラックスの大半はオリフィスの軸近くでそろっています．

正規化した確率分布 $P(\theta)/P(0)$ の極座標線図（polar diagram）を，Fig. [7-4]-1 に示します．

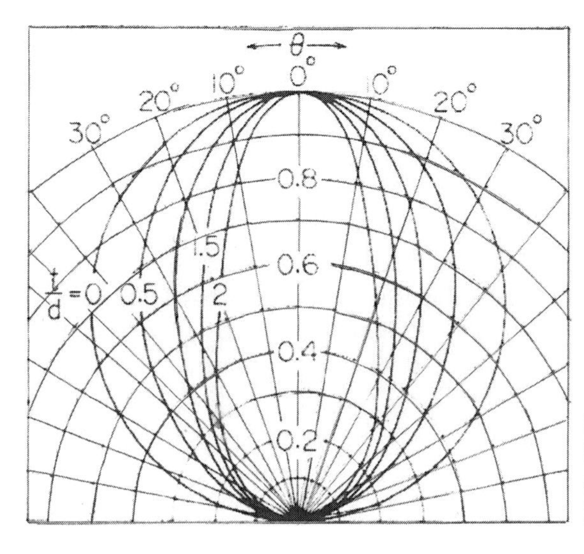

Fig. [7-4]-1.
Polar diagram of normalized probability distribution $P(\theta)/P(0)$.
K. Nanbu *et al.* (1985) [7-4]

7-3.3　Tu Ji-Yuan (1988) のガスフローパターン

Tu Ji-Yuan（1988）[7-5]は，“A further discussion about gas flow patterns at the entrance and exit of vacuum channels” と題した論文を発表しました．

論文では，1. 序で，W. Steckelmacher（1986）[1]，P. Clausing（1932）[2]，B. B. Dayton（1956）[3]の論文を紹介した後，2. “Blade channels of the turbomolecular pump”（「ターボ分子ポンプの刃流路」），3. “Cylindrical tubes”（「円筒管」），4. “Inclined channels”（「傾いたガス通路」）の ”Polar diagrams of the gas flow patterns”（「ガスフローパターンの極座標図」）の計算結果を線図で示しています．

1. 序

チューブにおけるガスフローパターンについての討論は，いくつかの論文（W. Steckelmacher

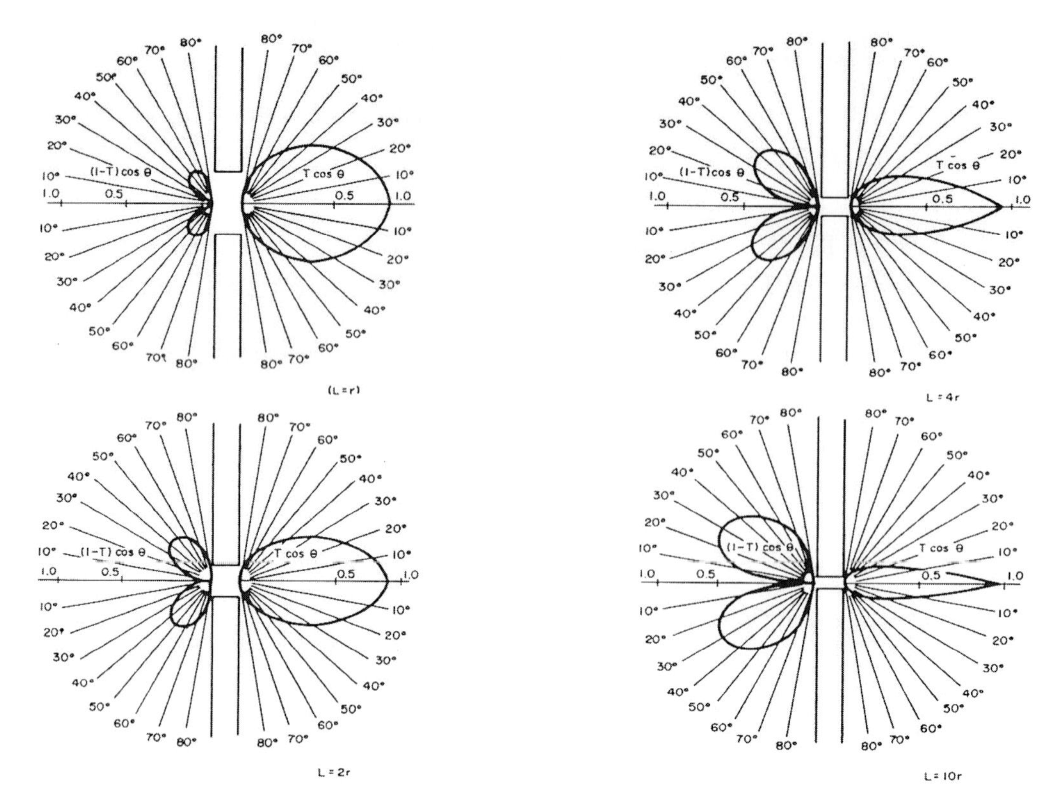

Fig. [7-5]-1.　Polar diagrams of gas flow at the entrance and esit of cylindrical tubes (calculated by Dayton [7-3]) for the case $L = r$, $L = 2r$, $L = 4r$ and $L = 10r$. Tu Ji-Yuan (1988) [7-5]

[1]など) でなされています.

B. B. Dayton [7-3]は，チューブを通過することなく戻ってきた分子によって，入り口のところに，補足的な角度分布パターンが形成されることを示しました．第一チャンバーからチューブに入ってくることから，これらの分子によるパターンは，出口のところで余弦法則の分布を形成するパターンとは補完的なものになります (Fig. [7-5]-1).

2. ターボ分子ポンプの刃流路 (Blade Channels)

Fig. [7-5]-2 はターボポンプの刃 (blade) を二次元図で示しています [6]．一般的なパラメータは spacing-chord (間隔—刃長比)，刃角度 α，そして分子速度に対する刃の運動速度の比 $C = u/Vp$ です．もし，チャンネル (ガス通路) 内で分子流条件が成立し，領域 2 における圧力 P_2 がゼロであるとするならば，次の静的ステージに送られるためには不利になる，ジェットパターンが分子によって出口のところにでき，それらの大半は刃の表面と衝突することなく，刃通路 (Blade Channels) を通過します (Fig. [7-5]-2 (a))．しかし実際は，領域 2 の圧力 P_2 は，この動翼の圧縮効果で圧力 P_1 より大きく，極端な場合で $P_1 = P_2$ ですから，領域 2 から流路 (channel) へ入ってくる分子の数は領域 1 より多くなります．ステージの排気作用のために，領

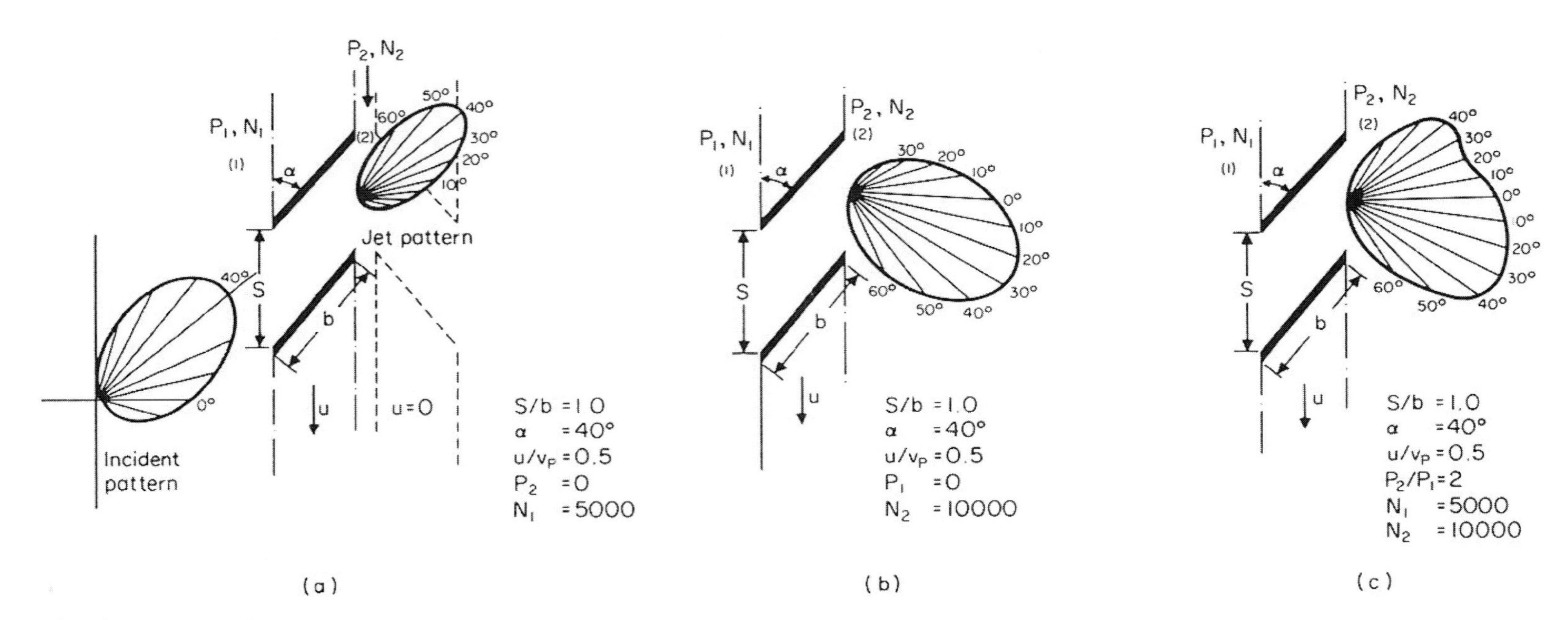

Fig. [7-5]-2. Polar diagrams of the gas flow patterns at the esit of a blade channel of the moving stage of a turbomolecular pump, where N_1 and N_2 are the number of molecules incident from the side 1 and 2 of the stage (simulated by the computer according to Monte Carlo method). Tu Ji-Yuan (1988) [7-5]

域2から流路（channel）へ入ってくる分子の大半は刃表面の上側表面から領域2へ跳ね返されるでしょう（Fig. [7-5]-2 (b) 参照）．このようにして，分子の，これら2つのグループの合計が動翼の出口でガスフローパターンを造り出し，これが次の静翼ステージの入口に向かうことになります．このことはFig. [7-5]-2 (c) に示されています．

明らかなことですが，円筒管の刃通路（Blade Channels）の出口と入口におけるガスフローパターンは，チャンネルやチューブを通り，あるチャンバーから他のチャンバーへ移動する分子のフローパターンと，チャンネルやチューブを通ることなく作られ，チャンバーへ戻ってくる分子のパターンとが合作されたものです．

3. 円筒チューブ

上述の検討にしたがって，真空チャンネルの入口と出口でのガスフローパターンについて，特に円筒チューブの3つの特定ケースについて検討します．

Fig. [7-5]-3 に示されているように，非常に小さいコンダクタンス C のチューブが大きいチャンバーの間につながっており，チューブの入口における圧力と有効排気速度は，各々P_1，S_e であり，他の大きいチャンバー内ではチューブの出口で圧力と排気速度は，各々P_2，S（$S >> C$）です．排気の式より，有効排気速度は

$$S_e = \frac{SC}{S+C} = C \quad (S >> C \text{ の場合}) \qquad [7\text{-}5]\text{-}1$$

ガス流量の式から，ガスフラックス Q は次式で与えられます．

$$Q = C\left(P_1 - P_2\right) = S_e \times P_1 \qquad [7\text{-}5]\text{-}2$$

式［6-5］-1を上式［6-5］-2に代入すると次の結果になります．

$$P_2 = 0 \qquad [7\text{-}5]\text{-}3$$

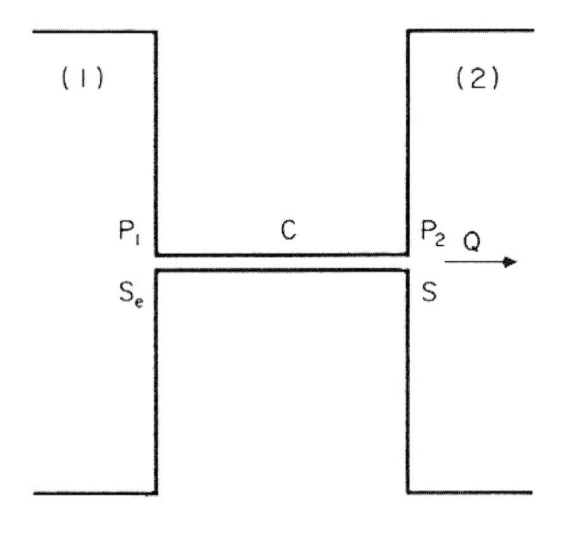

Fig. [7-5]-3.
Illustration of a cylindrical tube connecting two large chambers.
Tu Ji-Yuan (1988) [7-5]

$S >> C$ の条件でのみチャンバー (2) での圧力は殆どゼロになりますが，円筒チューブの出口と入口でのガスフローパターンは，**Fig. [7-5]-2** で与えられます (文献 [3]参照).

$S = C$ の場合，有効排気速度は

$$S_e = \frac{SC}{S+C} = C/2 \qquad [7\text{-}5]\text{-}4$$

式 [7-5]-4 を式 [7-5]-2 に代入すると，次式が得られます.

$$Q = C\left(P_1 - P_2\right) = C \times P_1/2 \qquad [7\text{-}5]\text{-}5$$

すなわち

$$P_1 = 2P_2$$

2つの大きいチャンバー内の温度が等しい場合，次式が並立します.

$$\frac{P_1}{P_2} = \frac{n_1}{n_2} = \frac{N_1}{N_2} \qquad [7\text{-}5]\text{-}6$$

ここで n_1 と n_2 は各々チャンバー (1) とチャンバー (2) におけるガス密度，N_1 と N_2 は各々チャンバー (1) とチャンバー (2) から，単位時間にチューブの単位開口面積に入射する分子の数です.

したがって，円筒チューブの出口と入口におけるガスフローパターンは各々

$$[T \times \cos(\theta) + \left(1 - T\right) \times \cos(\theta)]/2 = [\left(1 + T\right) \times \cos(\theta)]/2 \quad \text{(出口で)} \qquad [7\text{-}5]\text{-}7a$$

そして

$$[T \times \cos(\theta)]/2 + \left(1 - T\right) \times \cos(\theta) = [\left(2 - T\right) \times \cos(\theta)]/2 \quad \text{(入口で)} \qquad [7\text{-}5]\text{-}7b$$

ここで T は，Dayton [3]が計算していますが，角度 θ と比 L/r にだけ依存する確かさ分布関数 (the probability distribution function)，θ はチューブ軸と分子の軌道の間の角度です.

もし，$S_e = S$，すなわち $C \to \infty$ の場合，ガスフラックス Q は

$$Q = S_e \times P_1 = S \times P_2 \qquad [7\text{-}5]\text{-}8$$

すなわち

$$P_1 = P_2 \qquad [7\text{-}5]\text{-}9$$

そして，出口と入口での両方のパターンは

$$T \times \cos(\theta) + \left(1 - T\right) \times \cos(\theta) = \cos(\theta) \qquad [7\text{-}5]\text{-}10$$

これは余弦法則分布 (the cosine law distribution) です.

一般に，私たちが $P_1/P_2 = N_1/N_2 = R$ とする場合，両方 (出口と入口) でのガスフローパターンの一般的な表現式は次式で与えられます.

$$T\times\cos(\theta)+(1-T)\times\cos(\theta)/R=[T+(1-T)/R]\times\cos(\theta)\ .\ \text{(出口で)} \qquad [7\text{-}5]\text{-}11$$

そして

$$T\times\cos(\theta)/R+(1-T)\times\cos(\theta)=[1-T\times(R-1)/R]\times\cos(\theta)\ \text{(入口で)} \qquad [7\text{-}5]\text{-}12$$

上の式から，$P_1/P_2 = R \rightarrow \infty$の場合，出口と入り口におけるパターンは文献［7-5-3］に与えられているように，各々$T \times \cos(\theta)$と$(1-T) \times \cos(\theta)$になり，$R = 1$のときは両者は共に$\cos(\theta)$すなわち，余弦法則の分布になります．**Fig.［6-5］-5** は式［7-5］-11，［7-5］-12で$R = 2$の場合に，$L = r$，$L = 2r$，$L = 4r$，そして$L = 10r$のケースにおける出口と入口でのパターンを示しています．

4. 傾いたチャンネル (Inclined channels)

チューブの両側で，圧力比がある円筒チューブのガスフローパターンを計算するための一般公式を，この最後のセクションで述べます．そして，モンテカルロ法 (Monte Carlo method) で計算された，静止傾斜チャンネルのガスフローパターンのいくつかの計算結果を，**Fig.［7-5］-6** に示します．

予期されることですが，**Fig.［7-5］-5** と **Fig.［7-5］-6** (両図とも二次元図です) を比較すると分かるように，傾斜チャンネルでのガスフローパターンは，まっすぐなチャンネルのパターンと

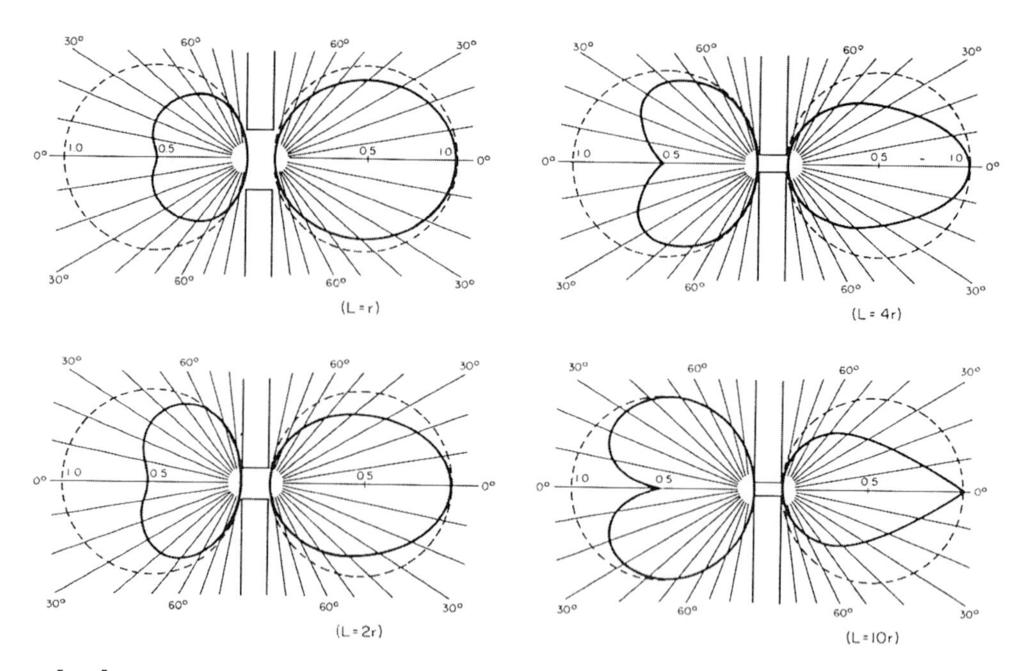

Fig.［7-5］-4. Polar diagrams of gas flow at the entrance and exit of cylindrical tubes calculated by the current formulae for the cases $L = r$, $L = 2r$, $L = 4r$ and $L = 10r$ when the pressure ratio $P_1/P_2 = R = 2$. Tu Ji-Yuan (1988)［7-5］

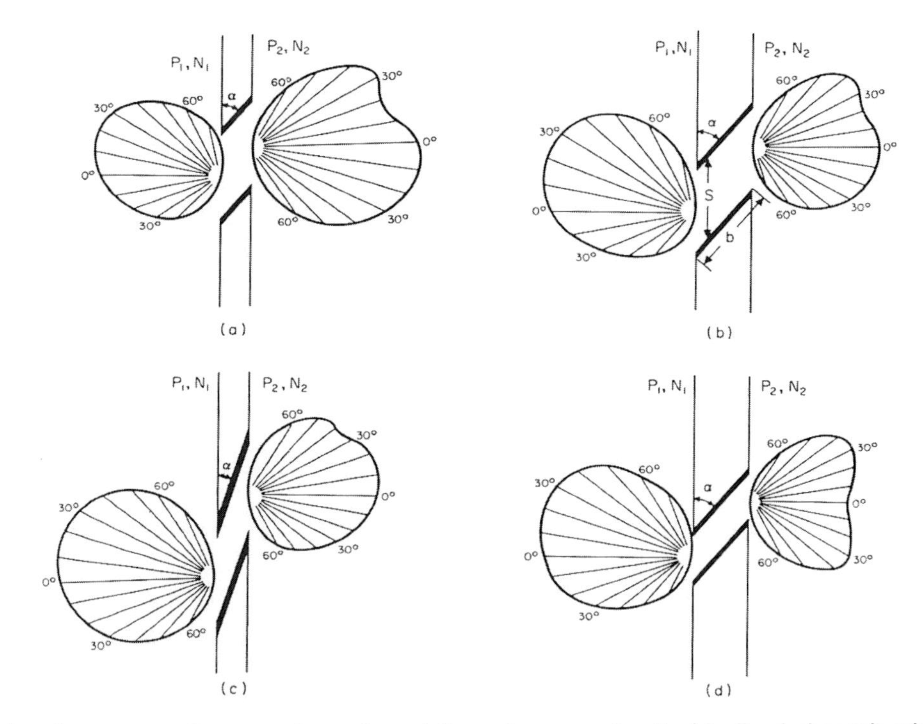

Fig. [7-5]-5.　Polar diagrams of gas flow at the entrance and exit of inclined channels when the pressure ratio in the two sides of channels $P_1/P_2 = R = 2$. for the caess of (a) s/b = 2, α = 40°; (b) = 1, α = 40°; (c) s/b = 1, α = 20°; (d) s/b = 0.5, α = 40°, as calculated by Monte Carlo method with the numbers of simulated particles N_1 = 10,000 and N_2 = 5000.　Tu Ji-Yuan (1988) [7-5]

異なっています．Fig. [7-5]-5 から分かることですが，出口のところに２つのピークが形成されています．１つのピークは主に傾斜チャンネルの方向に，チャンネルを通過する分子で形成されており，他のピークは主に，チャンネル上面で余弦法則にしたがって跳ね返った分子によって形成されます．しかし Fig. [7-5]-6 もまた，２つのピークビームを示していますが，これは入口での圧力が出口での圧力より高い時に，他のいかなる方向よりもチャンネルの軸の方向に，入口から出口に向かう分子がより多いことにより，生じる現象です．Fig. [7-5]-5 にはまた，傾斜チャンネルからのガスフローパターンは，スペース－刃長比（spacing-chord ratio）*s/b* に依存するのと同様に，チャンネルの傾斜角に依存することが示されています．

文献 [7-5]

[1]　W. Steckelmacher, *Rep Prog Phys*, **49**, 1083 (1986).
[2]　P. Clausing, *Z Phys*, **66**, 471 (1930) ; *Ann Physik*, **12**, 961 (1932).
[3]　B. B. Dayton, Gas flow patterns at entrance and exit of cylindrical tubes, in *Vac Symp Tran*. P.5. Pergamon, Oxford (1956).
[6]　Tuan and Yang Nai-Hang, *Vacuum*, **37**, 831 (1987).

7-4 W. Steckelmacher (1966) のレビュー論文から

W. Steckelmacher (1966) [7-6]は, "A review of the molecular flow conductance for systems of tubes and components and the measurement of pumping speed" と題した長編 (総ページ数 24 ページ) のレビュー論文を発表しました. そこでは膨大な数 (引用文献総数；185 編) の関係論文をレビューして,「チューブや部品の分子流コンダクタンス」,「チャンネルの出口と入口におけるガスフローパターン」,「排気速度の測定」などを詳しく説明しています.

「排気速度の測定」ではフローパターンとの関連で, アメリカ真空協会標準委員会で検討されている測定方法を, 線図に示して検討しています.

アブストラクト [7-6]

チューブや部品の分子流コンダクタンスの定義を考察し, 異なった形状の断面をもつ長いチューブのコンダクタンスの計算についてレビューします. Clausing タイプの積分方程式とその近似解に関して, 短いチューブのコンダクタンスと通過確率を討論します. チューブと部品 (通路) に対する分子流ガス放射パターンの理論的, 実験的研究をレビューします. より複雑なシステム, 特にチューブ, ダイアフラム, バッフルなどが直列に接続されているシステムの, 有効な通過確率とコンダクタンスを評価する方法が, スケールモデルを用いる実験的な決定方法と, より正確な計算のための静的モンテカルロ型方法 (Monte Carlo type methods) と共に検討されました. 排気速度の定義とその異なったプロセス (手順), それらは最近, 分子流条件の下で, その測定のために採用されたものです. 種々の方法における困難さはポンプの排気口での圧力 (これは多くの関連因子に依存しますが) を決定することと関係しています. ポンプに取り付けられるテストドームの設計と寸法に関する最も重要なことは, 圧力測定とその場所と共に, テストドームに入るガス入口の位置とガス分布です. 種々のアレンジメントで測定される排気速度の物理的な意味が, テストドームアレンジメントの最近の提案と関連して討論されていますが, それは排気速度の明細 (specification) の国際的標準を, 基礎とするためのものです.

引用文献

[7-1] D. H. Davis, "Monte Carlo calculation of molecular flow rates through a cylindrical elbow and pipes of other shapes", *J. Appl. Phys.* **31** (7), pp. 1169-1176 (1960).

[7-2] L. L. Levenson, N. Milleron, and D. H. Davis, "Optimization of molecular flow conductance", *Transactions of the 7th National Vacuum Symposium* 1960 (Pergamon Press, New York, 1961), pp.372-377.

[7-3] B. B. Dayton, "Gas flow patterns at entrance and exit of cylindrical tubes", *1956 National Symposium on Vacuum Technology Transactions* (Pergamon Press, New York, 1957), pp. 5-11.

[7-4] K. Nanbu, "Angular distributions of molecular flux from orifices of various thicknesses", *Vacuum* **35** (12), pp. 573-576 (1985).

[7-5] Tu Ji-Yuan, "A further discussion about gas flow patterns at the entrance and exit of vacuum channels", *Vacuum* **38** (7), pp. 555-559 (1988).

[7-6] W. Steckelmacher, "A review of the molecular flow conductance for systems of tubes and components and the measurement of pumping speed", *Vacuum* **16** (11), pp.561-584 (1966).

第7章のおわりに

電子顕微鏡の多段加速管では，電子エミッタには，例えば－200 kVの負の大きな電圧が印加され，最下部の電極は通常アース電位になっています．通常の二極型スパッタイオンポンプ（SIP）では，カソードは，ポンプ容器と同電位のアース電位，円筒型のアノードは，例えば＋6 kVの正の高電圧が印加されています．SIP内部のペニング放電空間で生成されたイオンの大半は，アース電位のカソート電極（チタン）に衝突し，Ti原子をスパッタするのですが，イオンの一部は，アース電位の電極や加速管壁面，あるいは負電圧のかかっている電極に衝突します．イオンが金属表面を衝撃すれば，二次イオンや二次電子が放出されますので，微小放電を誘起する可能性があります．この対策として，イオンが加速管室に入らないように，SIP排気管にアース電位の邪魔板（イオンシールド）を挿入する必要があります．イオンポンプの有効排気速度を算出したり，システムの分子流ネットワーク（線形真空回路）を作図するためには，このような邪魔板のコンダクタンスを算出する必要があります．この際，D. H. Davis（1960）[7-1]やL. L. Levenson *et al.* [7-2]の通過確率の線図が，便利に利用できます．

透過型電子顕微鏡の鏡筒軸上のビーム通路には，途中に絞りを設けて差動排気される空間を造っていますが，試料はガスフローパターンの影響を受けます．この影響は，真空回路による解析には反映できませんので，別途考慮に入れる必要があります．

第 8 章

分子流ネットワーク解析

はじめに

本章では，分子流領域の真空システムをネットワーク（回路）に置き換えて解析する，「分子流ネットワーク解析」を詳しく記述しています．

電子顕微鏡においては，試料は対物レンズのポールピースの非常に狭い磁極間にセットされますが，その試料近傍の空間の圧力は，真空ゲージで測定することは極めて困難です．また，超高電圧電子顕微鏡では，多段の加速電極の頂上に電子エミッター—が装着されますが，その位置で圧力を測定するのは難しいです．しかし，このような複雑な分子流領域の各部の圧力は，分子流ネットワーク解析で見出すことができます．

分子流真空システムを線形ネットワークで解析しようとする研究は，古くから行われていますが，必ずしも多くの真空技術者に，その便利で有効な技法が広がったとは言えませんでした．その原因ですが，(1) 以前は真空度という用語が用いられていたことでも分かることですが，分子流領域の圧力場を大気圧より真空度が非常に高い場，というように，大気圧を意識していたからではないでしょうか．真空場を大気圧場より低い圧力の場ととらえられていたこと，そして (2) 真空ポンプとは，ガスを排気するものと定義されていたという真空技術の歴史に，その遠因があるように思われます．そして，(3) チャンバー壁やチャンバー内の物品表面は，ガス放出源であるとして，チャンバー内圧力を求めようとしたからではないか，と考えられます．このような考え方に立つと，真空ポンプは常にチャンバーのガスを排気する機能をもつ，という決めつけになります．

しかし，表面のガス放出量（rate）は，表面からのガス脱離量（rate）と表面によるガス収着量（rate）との差ですから，ガス収着量の方がガス脱離量より大きい場合は，表面は実効的なポンプ作用を示します．ガス収着作用を利用したモレキュラーシーブをガス収着材とするソープションポンプも，スパッタイオンポンプで排気されている超高真空のチャンバーに接続すれば，大きなガス放出源になります．このように考えると，従来概念では真空ポンプと考えられていた機器も，ガス放出源と考えられていたチャンバー壁面も，その本質的機能は同じであり，共にゼロ Pa（完全真空）に接続された圧力発生器の機能をもつ，という考えに辿り着きます．分子流真空回路で真空システムを解析する方法によって，真空システムはゼロ Pa を基準（接地点）とする，正の圧力場と認識できるようになります．

8-1　ガス放出源と真空ポンプの機能の類似性（N. Yoshimura, 1990 から）

第 1 章では鋳物の巣を例にとり，「ガス放出源と真空ポンプの機能の類似性」を，**Fig. [1-1]-1**（Concept of outgas source）を用いて説明しました．その図を **Fig. [8-1]-1** として再掲します．

Fig. [8-1]-1 の（c）は，ガス放出量（rate）が真空場の圧力に依存して変化することを示しています．実際に，真空チャンバーの内壁面は実効的にガスを放出している場合が多いのですが，チャンバー壁面は真空場からガスの入射の影響を受け，入射ガスをチャンバー壁の内部に収着します．この影響を真空システムの解析に取り込むことは難しいと考えられますが，分子流ネット

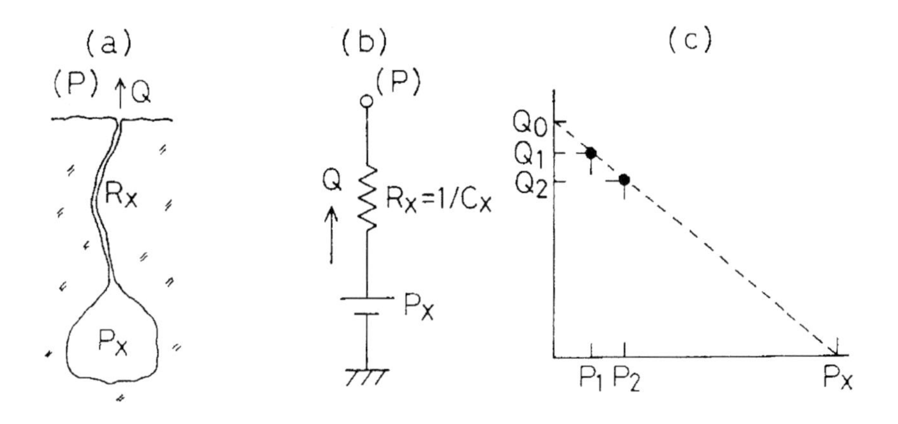

Fig. [8-1] -1.　Concept of outgas source. (a) gas reservoir and capillary, (b) pressure generator with P_X and R_X, and (c) characteristic values, P_X and Q_0.
N. Yoshimura (1990) [8-1]

ワーク解析法は，チャンバー壁のガスの収着やガスの脱離の関係を一義的に反映させている，と考えることができます．

表面のガス収着とガス脱離は，第2章でレビューしましたように，複雑な現象であり，ダイナミックな圧力変動をフォローすることにも，難しいところがあります．しかし，従来のように「真空ポンプとはガスを排気する機能をもつ」と決めつけるより，「真空ポンプとは実効的にガスを排気している場合もガスを放出している場合もあり，それはその要素が置かれている真空場の圧力による」と考える方が合理的でしょう．

Fig. [8-1]-1 (b) の圧力発生器ですが，発生圧力 P_X を真空ポンプの到達圧力 P_U，そして流れコンダクタンス C_X を真空ポンプの排気速度 S とみなせば，真空ポンプの機能と本質的に同じであることが分かります．そして，P_X，R_X，あるいは $Q_0 = P_X/R_X$ が，ガス放出源の特性値であることも分かります．Fig. [8-1]-1 (b) から分かるように，$P_X < P$ のとき，この要素はポンプとして機能します．そして $P_X > P$ のとき，この要素はガス放出源として機能します．このように考えますと，超高真空システムで大きな排気速度を得るために，太い排気管と大口径の排気弁を使用する，という考え方は，再考する必要があります．

コメント

50年以上の前のことですが，真空協会主催の「真空夏期大学」で富永五郎校長が，「高真空ポンプはガス分子をポンプの方に引っ張りこむ機能はない．このことは大切なことですから，忘れないように」と基調講義してくださいました．それ以来，「ガス放出量の排気速度依存性」などというテーマに出会う度に，「ガス放出量の圧力への依存性」と置き換えて，考えるようにしていました．それは，圧力が高い真空場では，残留ガスが高い頻度で，チャンバー壁や物品表面に入射するからです．

8-2 ガス放出源の特性値（N. Yoshimura, 1985から）

N. Yoshimura（1985）[8-2]は，“A differential pressure-rise method for measuring the net outgassing rates of a solid material and for estimating its characteristic values as a gas source”と題した論文を発表しました．

1．固体材料のガス源としての特性値

真空チャンバー内に置かれた固体材料の，単位面積当たりの正味のガス放出量（rate）Kは，次式[8-2]-1で表わされます．

$$K = K_0\left(1 - P/P_X\right) \qquad [8\text{-}2]\text{-}1$$

特性値である内部圧力P_Xと，単位面積当たりのフリーガス放出量（rate）K_0は，真空内での履歴に依存します．特性値P_XとK_0は，異なった2つの圧力P_1とP_2で測定された2つの異なったKの値，K_1とK_2を用いて以下のように見積もることができます．

$$P_X = \left(K_1P_2 - K_2P_1\right)/\left(K_1 - K_2\right) \qquad [8\text{-}2]\text{-}2$$

$$K_0 = \left(P_1K_2 - P_2K_1\right)/\left(P_1 - P_2\right) \qquad [8\text{-}2]\text{-}3$$

サンプル材料の特性値P_XとK_0を実際に見積もる場合，以下の注意は有益でしょう．

① 十分に高いP_Xをもつ材料（サンプル）に対して，P_Xより十分に低いPで測定したKの値を特性値K_0としても，誤差は少ない．

② テスト材料をチャンバーに挿入して測定する場合はチャンバー壁の影響を除去する必要が

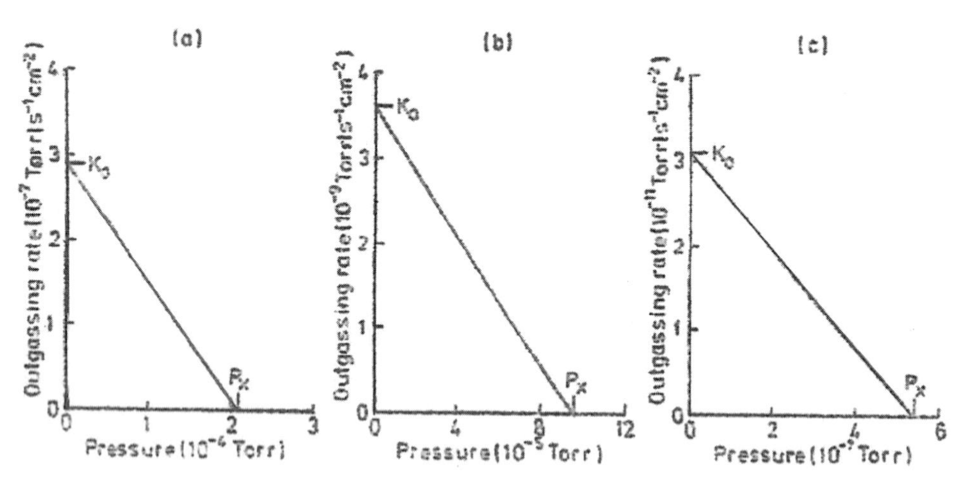

Fig. [8-2]-1. Net outgassing rates K of Viton O-rings depending on pressure P. Evacuation times and pretreatments are: (a) 4h, without pretreatment, (b) 5h, exposure to dried air (0.5h) following vacuum bakeout (100℃, 3h), and (c) 4.2h, vacuum bakeout (100℃, 3h). N. Yoshimura (1985) [8-2]

あります．チャンバーがテスト材料の場合は，問題はありません．

2. バイトンOリングのガス放出量に関する特性値の見積り

ベーク処理をしていないバイトンOリングの，排気4時間後における特性値P_XとK_0を，差動的圧力上昇法で，2つの圧力レベルでのガス放出量を測定することによって見積りました．特性値P_XとK_0と，ガス放出量（rate）の圧力依存性を示す測定結果を，**Fig. [8-2]-1** に示します．

3. 構成要素の特性値から成る真空回路

チャンバー壁の正味のガス放出量（rate）は，壁が曝されている真空場の圧力に依存して変化します．圧力は一般に，ポンプ，導管，そしてチャンバー壁や他の部品表面などの機能によって変化します．このように，構成要素の実効機能は互いに相関性をもち，真空の定常状態の下で，真空システムの平衡圧力が決まることになります．

高真空ポンプは一般に，その排気速度Sと到達圧力P_uで特性付けられます．特性値SとP_uをもつポンプが，圧力Pの真空場に直接接続されている場合は，ポンプから真空場へ流れる正味のガス流量（rate）Qは，式[8-2]-4で表記できます．

$$Q=(P_u-P)S=P_u/S^{-1}-P/S^{-1}. \qquad [8\text{-}2]\text{-}4$$

ガス放出源を表わしている **Fig. [8-2]-2** と式[8-2]-4とを比較すると，ポンプの特性値P_uとSは，それぞれガス放出源の特性値P_xとR_x^{-1}に対応していることが分かります．したがって，特性値SとP_uをもつポンプの，圧力Pの真空場に対する実効機能はチャンバー壁の場合と同じように，内部圧力P_uと内部流れ抵抗$1/S$をもつ圧力発生器の機能，と考えられます．

パイプやオリフィスの流路の機能は，ガスの流れ抵抗R，すなわちコンダクタンスFの逆数で表わされます．

さて，定常的な排気状態の分子流領域にある超高真空システム，あるいは高真空システムにおける各部のガスの流量や圧力は，以下に述べるように，システムの構成要素の特性値から成る線形真空回路（分子流ネットワーク）を用いて解析できます．

Fig. [8-2]-2 (a) のシンプルなシステムを想定しましょう．そこでは特性値P_XとQ_0をもつチャンバーが，特性値SとP_uとをもつポンプで，特性値P_X，Q_0，C（コンダクタンス）をもつパイプを通して排気されています．

Fig. [8-2]-2 (a) に示されているシステムに対応する真空回路は，**Fig. [8-2]-2 (b)** に示されているように，システム要素を回路要素へ変換することによって，容易に得ることができます．そして，真空システムは **(b)** の真空回路に基づいて解析されますが，真空回路をシンプルにして解析することは，実用上重要です．

(b) に示されている真空回路は，真空チャンバーの特性値P_Xと導管の特性値P'_Xを同一と考えることができる場合は，**(c)** の真空回路のように簡単化できます．そして，もしポンプの特性値P_uが無視できるほど小さい場合は，真空回路 **(c)** はさらに回路 **(d)** のように簡単化できます．導管の特性値Q'_0が無視できる場合には，Q'_0をゼロとして回路 **(e)** のように簡単化できます．最後に，これまでに述べた全ての簡単化する条件が成り立つときには，真空回路は回路 (f) のように簡単化できます．回路 (f) でさらに，P_X がチャンバーの圧力より十分に大きい場合は，チャンバーの圧力 P は簡単に次式で計算されます．

$$P = Q_0 \times (1/C + 1/S) \qquad [8\text{-}2]\text{-}5$$

式 [8-2]-5 は，従来から真空システムにおける平衡圧力を算出するのに使われている式ですが，この式は既に検討しましたように，いくつかの仮定の下で成立する式であり，本来は (b) の真空回路に基づいて圧力解析すべきものです．

例えば，真空回路 (f) や式 [8-2]-5 に基づいて真空システムを解析すると，往々にして間違うことがあります．真空回路 (f) や式 [8-4]-3 では，より低い圧力を達成するために，往々にして排気速度 S や排気管のコンダクタンス C を大きくしようとして，太い排気管を使おうとしますが，超高真空系では，しばしば逆効果になります．一方，(b) の真空回路に基づいて解析しますと，配管を太くしたり，大きな排気口をもつ真空ポンプを使うよりも，圧力の非常に低い真空場に対しても排気速度が落ちない，すなわちポンプの特性値 P_u が非常に低いポンプを使用することの方が，重要であることがみえてきます．

真空回路 (b)～(f) はキルフィホッフの法則で解析できます．複雑な真空回路は電気抵抗で回

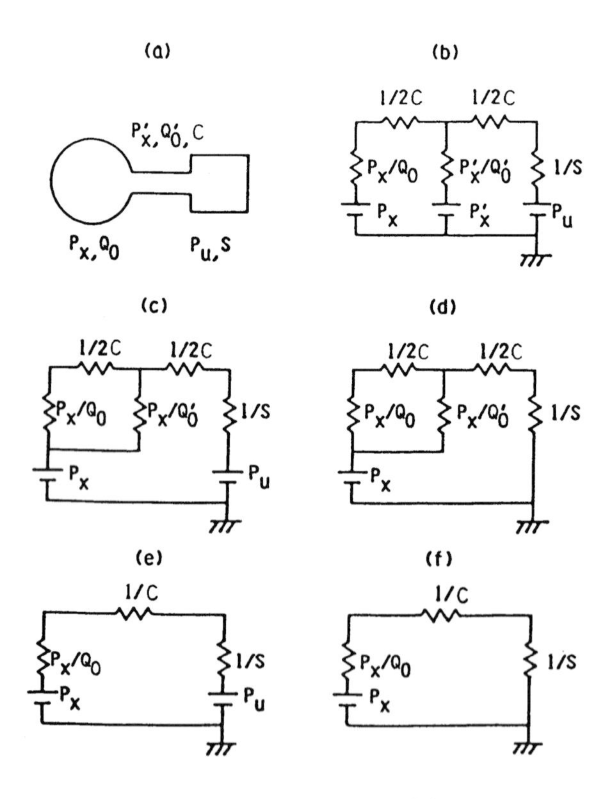

Fig. [8-2]-2. High-vacuum system and vacuum circuits. (a) Original system, (b) vacuum circuit corresponding to (a), and (c), (d), (e), and (f) simplified vacuum circuits under several conditions.
N. Yoshimura (1985) [8-2]

路を組み，直流電源で電圧をかけて，各部の電位を測定することによって，真空圧力の分布をシミュレーションできます．今日では，電子回路解析ソフトを用いて，デジタルコンピュータで解析できます．

8-3　分子流ネットワーク理論の長い歴史

B. R. F. Kendall (1983) [8-3]は，私たちの論文 [1] (後述の [8-6]として詳しく紹介します) を高く評価したコメントを，ジャーナル誌 (*J. Vac. Sci. Technol. A*) に載せてくれましたが，そこで，分子流ネットワーク解析の長い歴史をレビューしました．分子流ネットワーク理論の先輩研究者の足跡がわかりますので，B. R. F. Kendall のコメント [8-3]を全文和訳して紹介します．

なお，論文 [8-6]の共同著者の一人である太田進 (H. Ohta) さん単独の，日本語の論文 [8-4] (真空講演会の予稿集の原稿, 1962)は，日本では先頭を切ったネットワーク解析の論文と考えられますので，全文紹介します．

8-3.1　B. R. F. Kendall のコメント (B. R. F. Kendall, 1983 から)

Ohta *et al.* による最近の論文 [1]は分子流ネットワーク理論の実際の応用を討論しています．この論文の読者は過去数十年において展開された，関連研究の実際を知らないままでいるかもしれないので，ここにコメントします．

分子流ネットワーク理論は，電気回路における電流の流れと，純粋に分子流条件におけるガスの流れの記述式の間の類似性に，その基礎をおいています．この命題についての長い歴史は，一方の分子流での流れ抵抗 (コンダクタンスの逆数)，流量 (rate)，そして圧力と，他方の電気抵抗 (コンダクタンスの逆数)，電流，電位の類似性を論じた Dushmann にまで遡ることができます．これらのアイデアは，1922 [2]までは限られた範囲でしか受け入れられませんでしたが，1849 年の有名なテキストブック (Dushmann [3])に再び記述されました．

分子流ネットワーク理論の早い時期の応用の一つは，Aitken (1953) [4]によってなされました．彼は Oxford 140 MeV シンクロトロンの，真空システムの電気類似物 (analog) を記述しましたが，真の，あるいは疑似の漏れ (リーク) をシミュレーションするために，シミュレータの種々の個所にスイッチ付の電流源を備えました．これがたぶん，大型の複雑な真空システムの設計と運転に，電気シミュレータを最初に応用した事例であると考えられます．

Stops [5]の短いノートと Teubner [6]の長文の論文により，分子流ネットワーク理論は，複数のチャンバーが流れ抵抗でつながれているシステムや，非平衡流れ条件のシステムにまで拡張されました．チャンバーの容積は，キャパシタンスで表わされました．Stops [5]と Teubner [6]の両著者は，ポンプにガス分子の抵抗体シンクに対応するという概念を用いました．Stops は，ポンプの到達圧力を直列の起電力を挿入することで表わしましたが，この概念は Ohta *et al.* の最近の仕事 (論文 [1]) に再び現れています．

電気類似 (電気シミュレーション) は，他の数人の研究者によって述べられています [7, 8, 9]．

それらは，理論は真の分子流条件が成り立つということが条件になることを思い起こさせます．Barnes [10]は，異なったアプローチを用いましたが，それは真空チャンバー内の冷却パネルへのガスの流れを表わすために，電気的な，そして放射熱移動の類似性に基づいています．

同じシステムにおける異なったガスの重畳的流れが存在することが，他の初期の論文 [11]で討論されています．キルイホッフの法則，Thévenin's 理論，そしてその少し後に，入出力インピーダンスの概念の分子流等価の記述が現れ，混合ガスを伴う非平衡な流れの種々のケースに拡張されました [12]，[13]．

1971 年までに成された，分子流ネットワークの仕事の多くは，第五回国際真空会議 [14]でのレビュー論文に要約されています．論文では，ネットワークダイアグラムで使用するシンボル記号，流れ制限材料の特性，ガス分析への応用，そして設計やリーク探しなどへの電気アナログシミュレータを使用することについて，討論しています．

Ohta *et al.* [1]が報告した仕事は，分子流ネットワーク理論の応用の広がりのリストに有益な論文として，追加されるべきものです．Ohta *et al.* の仕事が真空応用の分野において，ネットワーク技術と，電気シミュレーションの有益性についての注目を集めることを期待しています [8-3]．

文献 [8-3]

[1] S. Ohta, N. Yoshimura, and H. Hirano, *J. Vac Sci Technol. A* **1**, 84, 1983.
（この論文は [8-5]として，改めて紹介します．）

[2] S. Dushman, "Production and Measurement of High Vacuum", General Electric, New York, 1922.

[3] S. Dushman, Dashman, Book "Scientific Foundations of Vacuum Technique", 1st. ed. (Wiley, New York, 1940). See also 2nd ed., 1962.

[4] J. AitKen, *Brit. J. Appl. Phys* **4**, 188, 1953.

[5] D. W. Stops, *Brit. J. Appl. Phys* **4**, 350, 1953.

[6] W. Teubner, *Brit. Exp. Tech. Phys.* **10**. Phys **4**, 279, 1962.

[7] D. Dagras, *Le Vide* **11**. 155, 1956.

[8] J. Delafosse and G. Mongodin, *Le Vide* **16**. 18, 1961.

[9] W. Steckelmacher, *Vacuum* **16**. 561, 1966.

[10] B. Barnes, *Vacuum* **14**. 429, 1964.

[11] B. R. F. Kendall, *J. Vac. Sci. Technol.* **5**. 45, 1968.

[12] B. R. F. Kendall and R. E. Pulfrey, *J. Vac. Sci. Technol.* **6**. 326, 1969.

[13] B. R. F. Kendall and Gladys Englehart, *Rev. Sci. Instrum.* **41**. 1623, 1970.

[14] B. R. F. Kendal, *J. Vac. Sci. Technol.* **9**. 247, 1972.

8-3.2 2つの異種ポンプで並列排気する真空システムの等価ネットワーク（B. R. F. Kendall, 1968 から）

B. R. F. Kendall (1968) [8-4]は，"Theoretical Analysis of a Two-Pump Vacuum System" と題した論文を発表しました．そこでは補助ポンプが主ポンプと並列に用いられていますが，その補助ポンプの排気管のコンダクタンスを小さくした方がより低い圧力を示すこと，すなわち並列排気の補助ポンプがガス放出源になっていることが報告されています．

ここでは，**1．等価ネットワーク**，**2．定常状態の解析**を紹介します．

アブストラクト [8-4]

2つの異種のポンプで排気される真空チャンバーの圧力に影響するファクターを，単純化した理論モデルで研究しました．一方のポンプがガス，あるいは蒸気の大きい源になっている可能性を指摘しています．チャンバーでの最低圧力は，このポンプに直列に排気抵抗を用いたときに得られることが示されています．この現象を示した実験系を図示します．真空システムを基本設計する理論への応用について討論をします．

1．等価ネットワーク

2つのポンプをもつ真空システムに対応するネットワークには，一般に多くの変数を含んでいますので，システムを詳細に解析できません．しかし，いくつかの簡単化のための仮定の下に問題点を減少させて，現実的なディメンジョンの系にすることができます．

2つのポンプをもつ系の構成を，**Fig. [8-4]-1** に示します．ポンプAはワークチャンバーにインピーダンズRの排気管でつながっており，一方ポンプBはチャンバーに直接取り付けられています．したがって，ポンプBとチャンバーとの間のインピーダンスは無視できます．ポンプAはガスまたは蒸気の一定圧力源であり，ポンプBで排気されると仮定されます．ポンプBからのガス放出は，チャンバーのガス放出量（rate）と比べて無視できると仮定します．これらの仮定は，機械ポンプ / ゼオライトトラップ付き油拡散ポンプ / 冷却トラップや他のポンプ系に対して合理的です．

存在するガスや蒸気は，2つのグループに分けられると仮定します．主にポンプAで排気されるガスなどは，ガスAとまとめられ，ポンプBで主に排気されるガスなどは，まとめてガスBとします．実際は，ガスAはパーマネントガスであり，ガスBは凝縮性蒸気です．さらに，ポンプBはガスAを実効的に排気せず，ポンプAはガスBの平衡圧力に影響を与えないと仮定します．

Fig. [8-4]-1 の（**b**）と（**c**）は，それぞれガスAとガスBに対する等価ネットワークを示しています．ワークチャンバーの容積は，容量（キャパシタンス）に似た用語 V で表わします．ワークチャンバーにおけるガス放出とリークは，流量 Q_{A} と Q_{B} で表わします．2つのポンプの排気速度は，インピーダンス R_{A} と R_{B} で表わし，これらはゼロ圧力の仮想点に，一定の圧力差 p_A と p_B を介して接地されます．圧力 p_A は，完全にきれいな封じ切りのシステムで，十分に排気した後のポンプA上に存在すると考えられる，ガスAの到達圧力を表わしています．圧力 p_B は，同様のポンプB上に存在すると考えられる，ガスBの到達圧力です．

ポンプA上の，ガスBの平衡圧力は p'_B で表わされます．実際上，p'_B は機械ポンプの場合，水蒸気を含んでいますが，ポンプ作動油の実効蒸気圧でしょう．インピーダンス R は，2つのガスに対して同一であると仮定しています．点Xはチャンバー内部を表わしています．

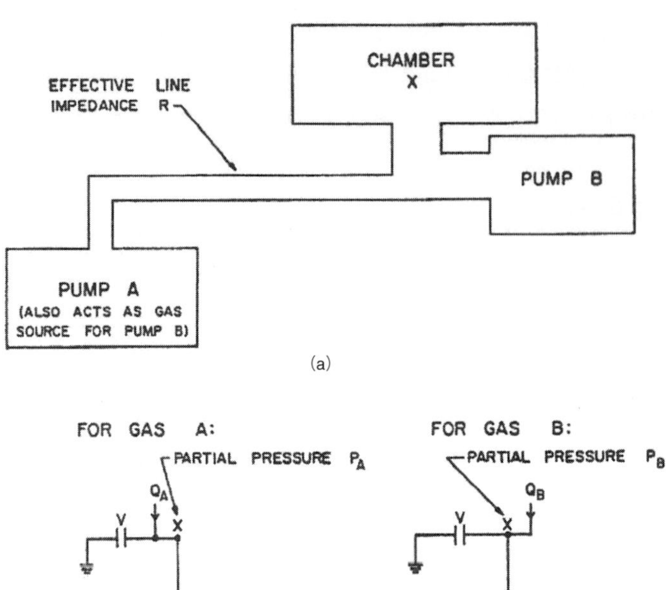

Fig. [8-4]-1. (a) Common type of two pump vacuum system; (b) and (c) equivalent networks for gases A and B, drawn separately. B. R. F. Kendall (1968) [8-4]

2. 定常状態の解析

チャンバー圧力は，ポイントXで測定された分圧P_AとP_Bの合計Pになるでしょう．これらの分圧はキルヒホッフの法則を真空マトリックスに対して用いて，そして次式の分子流の関係式を用いて見積もることができます．

$$\Delta p = Qr \qquad [8\text{-}4]\text{-}1$$

ここでΔpは，インピーダンスrの両端間の圧力差，Qはインピーダンスrを流れる流量（適切な単位）です．このことより，次の2つの式が得られます．

$$P_A = p_A + Q_A(R + R_A) \qquad [8\text{-}4]\text{-}2$$

$$P_B = (p_B R + p'_B R_B + Q_B R_B R)/(R + R_A) \qquad [8\text{-}4]\text{-}3$$

解析をさらに簡単化するために，以下の数値を仮定します．

R_A = 1 sec/liter, R_B = 0.1 sec/liter, $p_A = p_B$ = 0.01 μ, Q_B = 0.1 μ.liter/sec.

これらの関連数値は実際の2—ポンプ系で出会う，合理的で代表的なものです．実際の値は，機械ポンプ / ゼオライトを真空中でベーク処理して使用する，室温ゼオライトトラップで出会うのと同じオーダです．このような仮定の下で，全圧は次式で得られます．

$$P = 0.03 + Q_A\left(R+1\right) + \left(p_B' - 0.02\right)/10(R+0.1) \qquad [8\text{-}4]\text{-}4$$

$\partial P/\partial R$をゼロとすると，次式が得られます．

$$\left(R+0.1\right)^2 = \left(p_B' - 0.02\right)/10Q_A \qquad [8\text{-}4]\text{-}5$$

式[8-4]-5から，この式の右辺が0.01より大きいならば，P対R曲線には最小値が存在し，p_B'が増加するかQ_Aが減少するときに，大きいRで曲線は最小値を示します．

コメント

この論文には，通常ポンプと呼ばれている素子がガス放出源として機能することや，真空ポンプの機能もガス放出源の機能も絶対真空を接地点として，正の圧力を発生させる圧力発生機能として扱われていることが注目されます．すなわち，「真空ポンプもガス放出源も本質的には圧力発生器」という概念につながります．

8-3.3 J. Aitken (1953)のシミュレータ回路

J. Aitken (1953) [8-5]は，“An electrical analogue to a high vacuum system.”と題した短い論文を発表しました．

高真空システムの電気回路近似 [8-5]

いくつかの排気ラインが並列に接続され，あるいはシンクロトロンやベータトロンのように，真空チャンバーが低排気速度のトロイダルチューブである場合，排気系の種々の部品を交換した場合の圧力に及ぼす効果（すなわち排気速度やポンプの数，あるいは排気ラインの長さなどの変化の効果）の計算は厄介なものです．また，システムでの観察された圧力ゲージの指示値からリーク個所などがわかるツールもほしいものです．電気アナログシミュレーターは，単純な電圧測定によって，速やかにこれらの要望に応えることができます．シミュレータの類似性は，圧力が十分に低くて，ガス分子の平均自由行程がシステムの寸法より十分に長いという，分子流条件が必要です．その場合，チューブを通る質量の流れは次式で与えられます．

$$Q = S(p_1 - p_2) \qquad [8\text{-}5]\text{-}1$$

ここで，Sはチューブの排気速度であり，その寸法で決まり，p_1とp_2はチューブの両端での圧力です．

同様に，排気口圧力p_0における排気速度S_0の拡散ポンプに対して，ポンプを通過する質量の流量は次式で与えられます．

$$Q = S_0 p_0 \qquad [8\text{-}5]\text{-}2$$

式 [8-5]-1 と [8-5]-2 は，オームの法則ですので，電圧が圧力に，電流が質量の流れに，そして抵抗が（排気）速度の逆数，という関係が成立します．

Fig. [8-5]-1 は，オックスフォード 140 MeV シンクロトロンの真空システム用に作られたアナログ（シミュレータ）回路です．

リークの位置を見出す手順：

最初に，真空システムの 5 個のゲージの指示圧力を測定します．アナログ（シミュレータのこと）において，プローブリークを電気ネットワークの種々の点につなぎ，真空ゲージに相当する点での電圧比が，実際のゲージ指示値の比と同じになるまで続けます．

システムへのパーマネントリークは，軌道チューブの 8 個のセクターを接続している 8 個のネオプレンスリーブを通る空気の拡散によるものであり，スリーブに対応する点につながる 8 個の同じ電流源を接続することによって，種々の異なった排気セットに対する，このリークによる残留圧力が見出されます．そして電気回路は，種々のアレンジメントの各々のケースで観察される電圧に対応するように変更します．冷却トラップ上に凝結する，ガンヒータからの蒸気の放出に

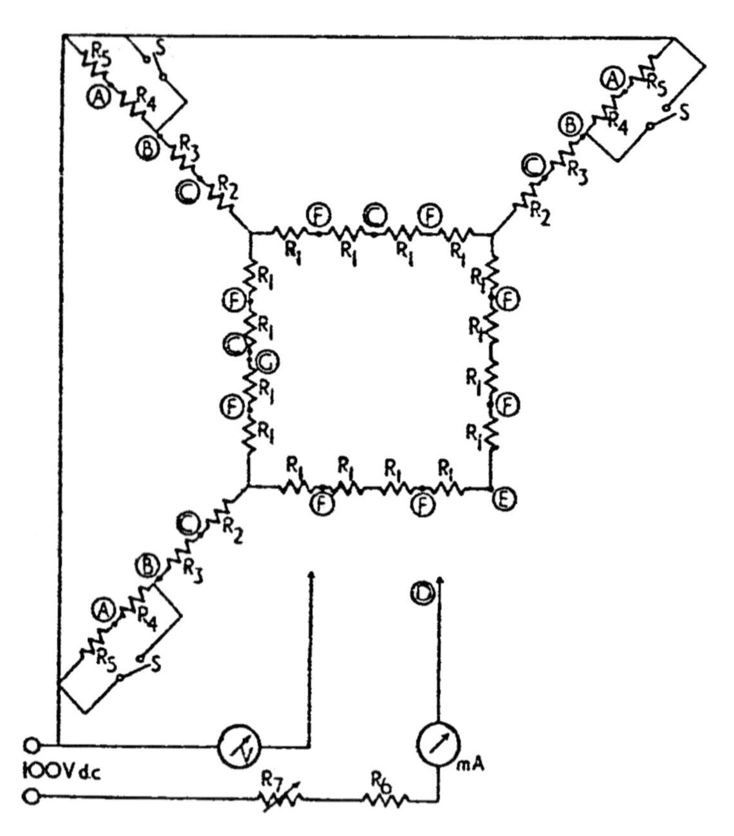

Fig. [8-5]-1. Electrical analogue. Aitken (1953) [8-5]
R1 = 90 Ω, R2 = 170 Ω, R3 = 95 Ω, R4 = 65 Ω, R5 = 850 Ω, R6 = 25 kΩ, R7 = 100 kΩ
V = voltmeter (f.s.d. 2.5 V), mA = milliameter (f.s.d. 4 mA), S = switches,
A, pump throat; B, cold trap; C, gauge; D, probe leak; E, electron gun;
F, neoprene sleeves; G, target.

よる圧力は，3つのスイッチを閉じることによって，ガンヒータなどに対応する点におけるプローブリークをつなぐことで模擬されます．

このアナログ（シミュレータ）は過去何年も使っており，特にリーク探しに有効です．リークが発生しやすい個所が15か所あり，このアナログを使用することによって，これらの場所の疑わしい個所を，数分以内に特定できます．このリーク探しには，直接的方法（コールガス（coal gas）やブタンガスのジェットと通常の電離ゲージを用いる）が有用です［8-5］．

8-3.4　ネットワークシミュレータのさらなる応用（D. W. Stops, 1953から）

D. W. Stops（1953）［8-6］は，“Further applications of the electrical analogue to vacuum systems” と題した短い論文を発表しました．

電気回路シミュレータについて，真空システムとの類似性とその有用性はずっと以前から認識されています．しかし，熱やガス流量のような分野で明らかなように，実用上の有効性が認められているという認識に留まっています．M. J. Aitkenの技術レター［1］は，回路アナログが真空システムの研究と設計において，ますますその重要性を増していることを示しており，過渡応答の分野でも有用性を増すと考えられます．

基本的な考察は，分子流条件の下で動作している通常のタイプの真空システムは，種々の起電力源や電流源を備えたR-C電気回路で表わすことができることを示しています．関連式は，

定容積において　　$Q = \delta P/W = VdP/dt.$

定容量において　　$i = \delta v/R = Cdv/dt.$

これらの2つの式の比較から，これらの両量の類似性（アナログ）は明白です．

Fig.［8-3-5］-1の上部に図で示されている簡単な真空システムは，排気速度Sのポンプ，容積Vのひとかたまりの要素と種々の点でのリークQ'を有しています．これらのリークは，その特性として粘性流*だと思われますので，線形圧力関係を満しませんが，システムにおけるガス圧力の変化は，通常その外部圧力P_Aに比較して非常に小さく，次式のように表記しても誤差は十分に小さいでしょう．

$$Q_1 = (P_A - P_1) / W'_1, \text{etc.}$$

ここでW'_1はリークの実効抵抗値です．

コメント*

リークはその特性として粘性流*としていますが，ガス分子間の平均自由行程は短いですが，リーク寸法も短いので，粘性流*と断定するわけにはいかないと考えられます．

Fig.［8-6］-1の下部の図は，チューブの代わりに抵抗R，容積の代わりにコンデンサーCを，圧力の代わりに電圧vをもつアナログ電子回路（回路シミュレータ）を示しています．時間と共に変化する電圧は時間と共に変化する圧力の変化に対応し，同様に種々の電流iは流量Qの概

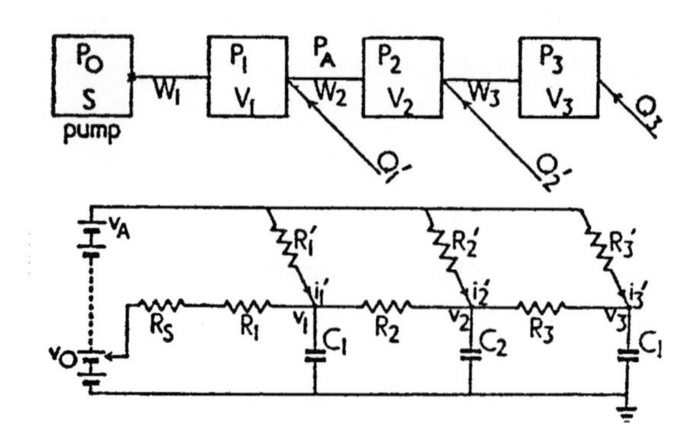

Fig. [8-6]-1.　Analogous vacuum and electrical systems.
D. W. Stops (1953) [8-6]

略値を与えます．

パラメーターの値に導入したスケールファクターは，相対的な時間目盛りを決め，それによってアナログ（シミュレータ）で決まる情報のモード（変換係数など）を決めます．この主題はPashkis and Baker［2］，Lawson and McGuire［3］などにより詳しく討論されています．Lawson and McGuire［3］は，連続的に分布しているかたまった要素のアナログで得られる精度を数学的に検証しましたが，システム配管が主要な容積の場合，真空系においてアナログは適切です．

想定されるアナログを用いると，ポンプや排気装置真空ラインの種々の点に対する効果を，容易に調べることができます．チャージの既知量をある点でスイッチ“on”することによって，既知量のガスや蒸気の突然の放出効果をシミュレーションできます．同様に，ガスや蒸気の既知量の突然の放出に対するシステムの応答を，各要素について適切に，パラメータ値を変化させることによって見出すことができます［8-6］．

文献［8-6］

［1］M. J. Aitken, *Brit. J. Appl. Phys.*, **4**, p. 188, 1953.
［2］V. Pashkis and H. O. Baker, *Trans. Amer. Soc. Mech. Engrs.*, **64**, p. 105, 1942.
［3］D. I. Lawson and J. H. McGuire, Private communication.

ここで，太田進（S. Ohta）さんの電気回路シミュレーションに関する仕事［8-7］についてコメントします．

彼とは職場は違ったのですが，筆者（吉村）を訪ねてきて，以前の会社で行った電気回路によるシミュレーションの，予稿集原稿（第3回真空連合講演会，1962年）のコピーを示して，電気回路シミュレーションの実用性を熱く語りました．短い原稿（予稿集で1ページ）［8-5］でしたが，長軌道加速管へ適用したシミュレータ電気回路（Fig.［8-7］-2），（Fig.［8-7］-3）が載っています．そこでは真空ポンプに，－760 Torrの負電圧電源を適用しています．これは，「真空場は大気圧より760 Torr低い真空の世界」という従来概念によるものと考えられます．真空ポンプの到達圧力は無視されていました.

しかし，ガス放出量（rate）を外気（760 Torr）からのリーク量（rate）として扱っても，真空ポンプの到達圧力をゼロ Pa と扱っても，電気シミュレータで解析される圧力分布に入る誤差は許容できるほど小さいと考えられます．筆者（吉村）は，太田進さんの電気回路シミュレータは実用上十分に有効だと考えました.

筆者（吉村）は，太田進さんの論文［8-5］に動機づけられました．電気シミュレータで，電子顕微鏡のアンチコンタミネーション装置（ACD）の冷却フィンで囲まれた試料位置の真空圧力も，超高電圧電子顕微鏡の多段加速管の頂点の，電子エミッターの位置での圧力もシミュレーションできる，と考えました.

これに関して B. R. F. Kendall［8-3］が，高く評価してコメントしてくれました，Ohta *et al.* による最近の論文［8-8］は，筆者（吉村）が書きあげました．筆者の見解では，真空ポンプはポンプの特性値である到達圧力 Pu を発生する，排気速度の逆数の内部排気抵抗をもつ圧力発生器（ガス発生器とも言えます）になります．真空ポンプがガス放出源になる場合も，真空材料が実効的に排気作用を示す場合もありますから，ガス放出源も真空ポンプも本質的には圧力発生器の機能をもつと考えました.

研究室の仲間である平野さんと一緒に，［8-8］に掲載の，**Fig.［8-8］-3** のシミュレータ回路（電子顕微鏡に対応する電気抵抗回路網）を大型のプリント基板状に組み，10 V の電圧を印加した瞬間，カメラ室を排気するポンプと排気管に対応している電気抵抗器が煙を上げました．カメラ室のガス負荷が大きく，電気抵抗の電力容量が不足していたのです．“Careless mistake!” と叫んで，この部分の抵抗器を電力容量の十分に大きいホウロウ抵抗器につけかえたのは，楽しい思い出です.

太田進さんの予稿集の論文（太田　進，1962 年［8-7］）「真空系の一取扱法：排気系の並列運転について」は全文紹介します.

8-4　真空系の一取扱法：排気系の並列運転について（S. Ohta, 1962 から）

まえがき［8-7］

大きな真空系統の排気系においては，複数台の排気系を用いる．プラズマ純化装置，長軌道加速管にその例をみる．本報告はこのような真空系の圧力・流量分布を求める方法を提示する．ポンプは内部抵抗を有する圧力発生器と考える.

1．真空系の概念［8-7］

系統内に分布するガス圧力 P（mmHg），ガス流量 Q（mmHg･L/s），導管の抵抗 W（s/L）の間にはオームの法則が成立する．すなわち，

$P = WQ$　または $W = P/Q$

この関係は電気回路の場合と等しい．そこで，下記 a)，b) の如き概念拡張を試みる：

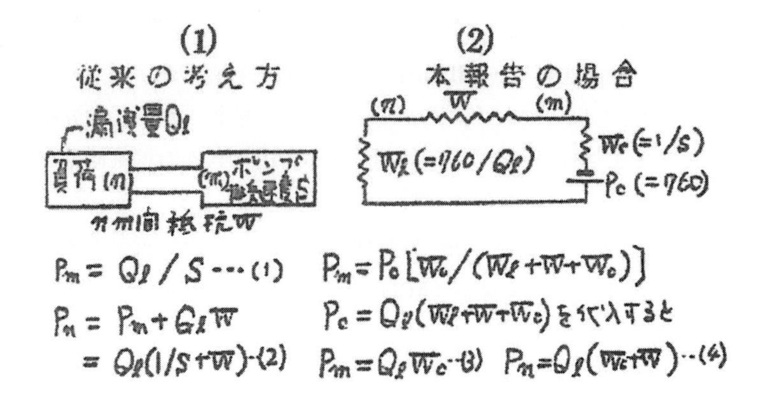

Fig. [8-7]-1.　真空システムの考え方の比較（太田進，1962 年 [8-5]）

a) キルイホッフ則の導入　すなわち，

1) 導管接続点に流入するガス流量代数和は零である．

2) 系統中の任意のループについて，任意の区間中のガス流量と導管抵抗の積の代数和はこのループ中に存在する発生圧力に等しい．

b) ポンプ機能の置換　真空負荷とポンプの間には，ポンプ排気口，負荷漏えい口を介して，ループを形成することに着目しておく．そして，ポンプ機能を次の如く定義する．排気速度の逆数に等しい内部抵抗を有し，大気圧と到達圧力の差に等しい負の圧力を発生する．この発生圧力は，常に 760 mmHg である．

ここで，排気速度 S なるポンプにより，抵抗 W なる導管を介して，ガス漏えい量 Q_l を有する負荷について，従来の考え方と本定義による場合を対比してみる．結果を **Fig. [8-7]-1** に示すが，図中の 2 つの式の比較より，定義は成立する．

コメント

真空ポンプを，負の 760 mmHg の電圧発生器で置換していることに注目しましょう．これは，従来用語である「真空度」に象徴されていますが,「真空場は大気圧より低い圧力の場」という概念に基づいていると考えられます．

2. プラズマ純化装置への適用

見積もり段階において，フラ研ＱＰ見積もり真空系の検討を行うことになった*．その構想では 9600 L/s × 2 台のポンプで 3 mmHg･L/s の中性水素ガスを排気する．本方法に従い，系統構成，圧力分析（×印），流量分析（†印）の計算結果を **Fig. [8-5]-2** に示す．

*実際の QP 装置は三菱電機が製作し，12 台のポンプで並列運転することになっている．

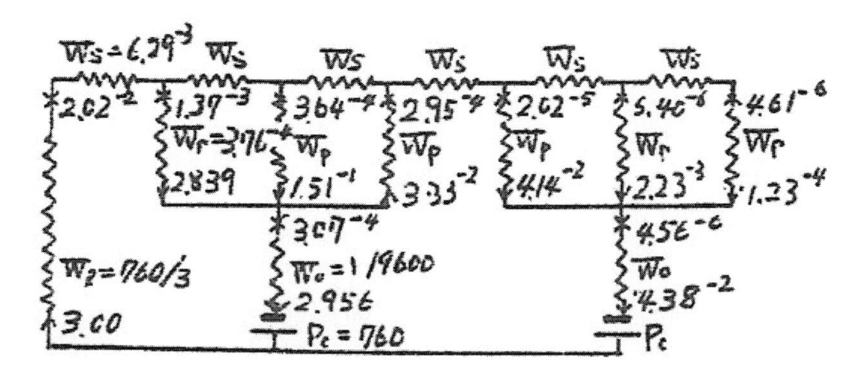

Fig. [8-7]-2.　QP 真空系の構成，圧力・流量分布（太田進，1962 年 [8-7]）

3. 長軌道加速管への適用

加速管中のガス源は管内壁上に均一に分均し，その放出量は各ガス源近傍の圧力と大気圧との差に逆比例すると考える．2つのポンプに挟まれた区間の真空系統図は Fig. [8-7]-3 の如くになる．

このような回路の一般解は容易に求まる．その結果より中間点の圧力，ポンプ点の流量は下記の式 [8-5]-1，[8-5]-2 の如くになる．

$$P\left(x = X/2\right) = P_1 \Big/ \cosh\left(\sqrt{W_1/W_2} \times X/2\right) \qquad [8\text{-}5]\text{-}1$$

$$Q\left(x = 0\right) = \left(P_X \Big/ \sqrt{W_1/W_2}\right) \tanh\sqrt{W_1/W_2} \times X/2 \qquad [8\text{-}5]\text{-}2$$

*実際のＱＰ装置は三菱電機が製作し，12 台のポンプの並列運転となっている．

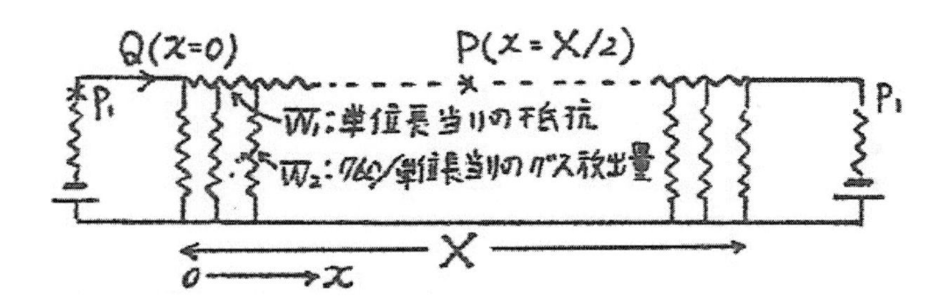

Fig. [8-7]-3.　長軌道加速管真空系の構成（太田　進，1962 年 [8-7]）

8-5　電子顕微鏡高真空システムの圧力分布シミュレーション（S. Ohta, N. Yoshimura, and H. Hirano, 1983 から）

(1962) S. Ohta, N. Yoshimura, and H. Hirano (1983) [8-8] は，“Resistor Network simulation

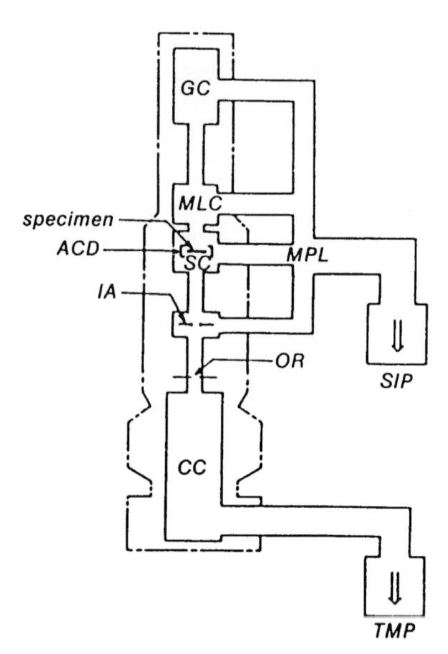

Fig. [8-8]-1. The high-vacuum system of an electron microscope. GC, gun chamber; MLC, minilab chamber; ACD, anti-contamination device; SC, specimen chamber; IA, intermediate aperture; OR, orifice; CC, camera chamber; MPL, main pumping line; SIP, sputter ion pump; TMP, turbo-molecular pump.
S. Ohta *et al.* (1983) [8-8]

method for a vacuum system in a molecularflow region" と題した論文を発表しました.

試料汚染のない電子顕微鏡を目標にして，超高真空が得られる電子顕微鏡の真空システムを，基礎設計することになりました．全鏡筒が2つの真空ポンプと5本の排気管で排気される，真空系のスケッチを **Fig. [8-8]-1** に示します.

カメラ室内に入っている電子感光フィルムは，高真空に排気されると大量のガスを放出します．このガスが試料室に及ぼす悪影響を最小にするために，レンズ鏡筒とカメラ室のくびれ部分に，小さいオリフィスを装着して，差動排気系の効果を高めています.

好ましい真空圧力分布を求めて，**Fig. [8-8]-1** の真空システムに，分子流ネットワークシミュレーション法を適用しました.

1. 各部ガス負荷の算出

最初に，各排気管のコンダクタンスとシステムの各部分の放出ガス量（rate）見積もりました．ガス負荷は部品材料の放出ガスとリークから成りますが，リーク量は無視できます．部品材料のガス放出量は，差動的圧力上昇法（**第3章セクション 3-2** 参照）で測定したデータを用います．洗浄などの前処理を施した部品材料の代表的な放出ガス量を，**Table [8-8]-1** に示します．システムの各部のガス負荷は，**Table [8-8]-1** の値を用いて算出しました.

Table [8-8]-1. Outgassing rates ($Pa \cdot L \cdot s^{-1} \cdot cm^{-2}$) of the component materials.
S. Ohta *et al*. (1983) [8-8]

Evacuation time	30 h following bakeout[a]	200 h	24 h
Stainless steel	3.3×10^{-8}	6.7×10^{-8}	
Steel, Ni coated	3.3×10^{-8}	6.7×10^{-8}	
Casting materials of camera chamber			1.3×10^{-6}
Alumina (fine in structure)		1.3×10^{-10}	
Viton-A O-ring[b]	1.3×10^{-7}	1.3×10^{-6}	1.3×10^{-5}
EM film			2.7×10^{-7}

[a] One-week vacuum bakeout at about 60℃.
[b] One-week vacuum bakeout at about 100℃ before assembly.

2. シミュレーター回路の設計

シンプルな真空系のシミュレータ回路を設計する手順を，Fig. [8-8]-2 の (a)～(e) に示します．

(a) 最初に，システムの放出ガス量 Q，コンダクタンス C，排気速度 S を各々 10^{-3} Pa・L/s，10 L/s，100 L/s と見積もります．

(b) Fig. [8-8]-2 に示した手順に従って，対応する真空回路を作図します．P_Q の値として，真空圧力と比較して十分に大きい 10^5 Pa に設定されていることに注目します．

(c) 真空回路を対応する電気回路 (c) に変換します．すなわち，Pa を V (volts) に，s/L を Ω (Ohms) に変換します．この電気回路において，10^5 V の直流電圧発生器は 10^5 Pa の圧力発生器に対応し，電気抵抗は分子流の流れ抵抗に対応しています．

電気回路 (c) において，直流電圧発生器の 10^5 V は実用のシミュレータを製作するには大きすぎ，10^{-2} Ω と 10^{-1} Ω は小さすぎます．したがって，(d) と (e) に示されている変更を行います．

(d) 以下のように，電気シミュレータ回路の発生電圧と抵抗器の値を変更します．

① 10^5 V の発生電圧に 10^{-4} を掛けて，発生電圧を 10 V にします．この結果，電圧から圧力に

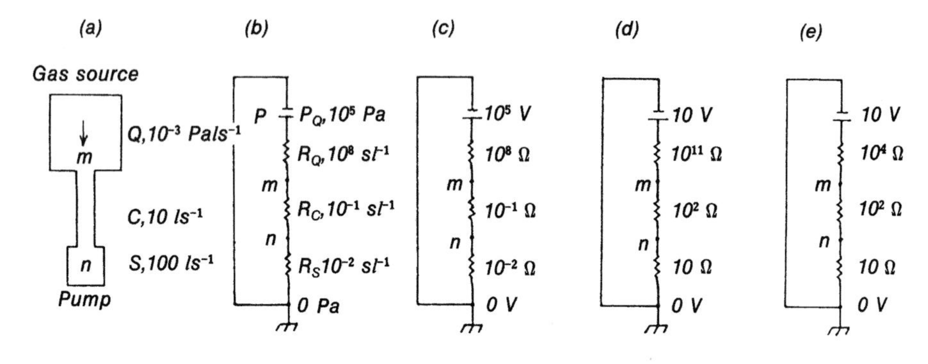

Fig. [8-8]-2. Steps for designing a simulator circuit of a vacuum system.
S. Ohta *et al*. (1983) [8-8]

換算する再変換係数 k_1 は 10^4 Pa/V になります．

②全ての抵抗器の抵抗値を 10^3 倍します．この抵抗値の変換では，再変換係数 k_1 は 10^4 Pa/V のままです．しかしながら，このシミュレータの 10^{11} Ωはあまりにも大きく，実際にシミュレータに組み込むのは困難です．

(e) 10^{11} Ωの抵抗器の代わりに，入手が容易な 10^4 Ω（10^{11} Ωの 10^7 分の 1）の抵抗器を用います．10^4 Ωは，他の抵抗器の抵抗値 10^2 Ωや 10 Ωと比較すれば，十分に大きいので，この変更により測定値に入る誤差は 1 パーセントと僅かです．

結果として，回路 (e) のシミュレータで電圧 V から真空圧力 Pa に再変換する係数 k_2 は

$$k_2 = 10^{-7} \times k_1 = 10^{-7} \times 10^4/\text{Pa/V} = 10^{-3}\,\text{Pa/V}$$

となります．

電子顕微鏡の高真空システム用の，シミュレータ回路の設計手順は，素子の数は大幅に増えていますが，上述の手順（Fig. [8-8]-2 (a)～(e)）と同じです．

Fig. [8-8]-3 は，電子顕微鏡の高真空システム用のシミュレータ回路です．電圧から真空圧力に変換する再変換係数も，手順 (e) での再変換係数と同じ 10^{-3} Pa/V です．

Fig. [8-8]-3 のシミュレータ回路において，一点破線で囲まれた部分が，電子顕微鏡の鏡筒に

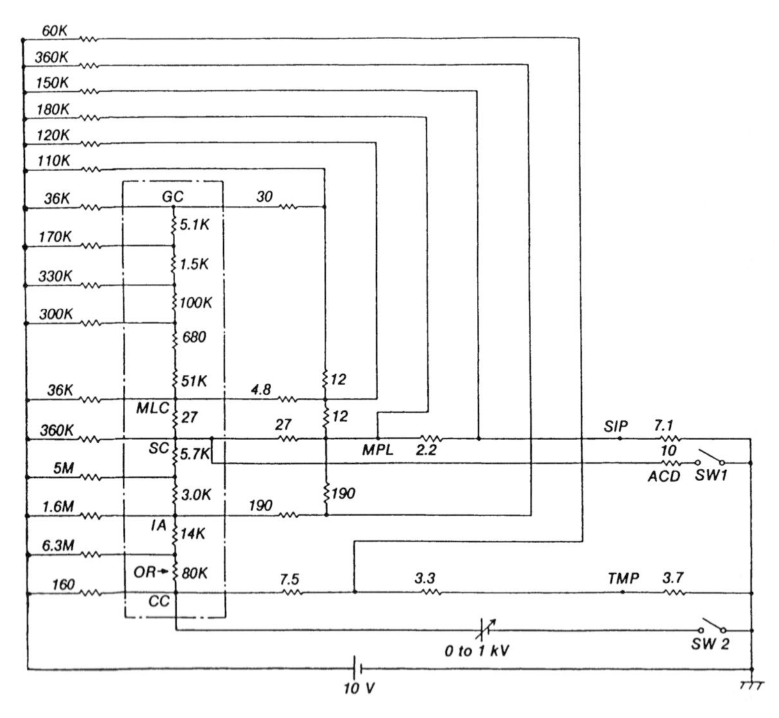

Fig. [8-8]-3. Circuit of the simulator for the electron-microscope high-vacuum system. The outlined part corresponds to the whole column. The resistors are represented in Ω and the symbols *K* and *M* used for resistance mean $\times 10^3$ and $\times 10^6$, respectively.
S. Ohta *et al*. (1983) [8-6]

対応しています．電子銃室（GC）とカメラ室（CC）との間の中心線に沿っている電気抵抗器は，オリフィス，導管，絞りなどの流れ抵抗に対応しています．一点破線部分の左側に位置する抵抗器は全鏡筒の各部の放出ガス量に対応しています．破線部分より上部の抵抗器は，ポンプが鏡筒につながっている排気管の放出ガス量に対応しています．これらの放出ガス量に対応している抵抗器は，まとめて 10 V の電圧発生器に接続されています．

スイッチ 1（SW1）につながっている 10 Ω の抵抗器は，液体窒素で冷却されるフィンから成るアンチコンタミネーション装置（ACD）のクライオ排気速度（100 L/s と見積もられた）に対応しています．スイッチ 1（SW2）を介してカメラ室（CC）に接続されているゼロ V～1 kV の可変電圧は，ゼロ Pa～1 Pa の可変圧力に対応しています．

3. シミュレーション結果

Fig. [8-8]-4 は，鏡筒の各部におけるシミュレーションされた圧力を示しています．試料室での圧力が最も低いという，好ましい圧力分布を示しています．破線で示されているように，アンチコンタミネーション装置（ACD）が，試料室に対して有効に働いていることが分かります．

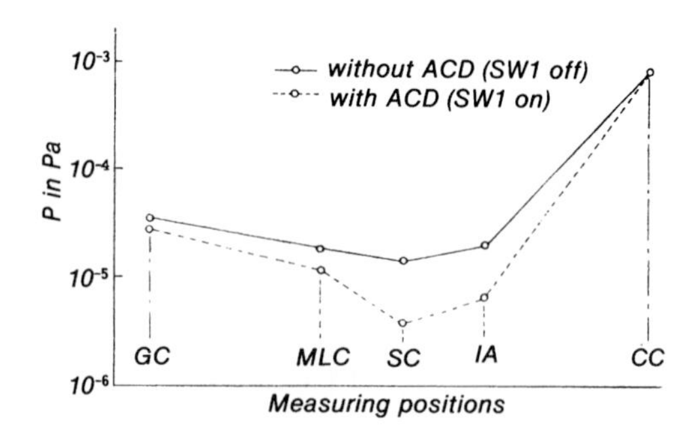

Fig. [8-8]-4.　Pressure distribution in the electron-microscope column. S. Ohta *et al.* (1983) [8-8]

8-6　分子流領域圧力のコンピュータ解析（Hirano *et al.*, 1988 から）

Hirano *et al.*（1988）[8-9] は，“Matrix calculation of pressures in high vacuum systems” と題した論文を発表しました．

真空回路を解析するための，マトリックス解析のアルゴリズムを発表しました．そして，ガス放出を示すパイプと電子顕微鏡の高真空システムに，マトリックス解析法を適用してデジタルコンピュータで解析しました．この論文では，マトリックス計算のアルゴリズムが展開されていますが，今日では電子回路シミュレーションソフトが市販されています．

1. パイプに沿っての圧力分布

ガス放出しているパイプに沿っての圧力を，デジタルコンピュータを使用して，マトリックス解析しました．

Fig. [8-9]-1 (a) に示されている，ガスを放出しているパイプの圧力を，パイプの発生圧力 P_X は，パイプの場所にかかわらず同じ P_X をもつと仮定して算出しました．最初に，パイプ系の各特性値を以下のように設定しました．

$P_x = 1 \times 10^{-4}$ Pa

Q_0 (or Q) $= 1 \times 10^{-4}$ Pa·L/s

$C = 10$ L/s

$S = 100$ L/s

10 L/s のコンダクタンスをもつパイプを，各々コンダクタンス 50 L/s のパイプ 5 本に，等分に 5 分割します．システム Fig. [8-7]-1 (a) に対応する真空回路は，Fig. [8-9]-1 (b) に示されていますが，そこではガス放出源はコンダクタンス 0.2 L/s をもつ発生圧力 10^{-4} Pa の圧力発生器で表わされています．すなわち，ガス源は内部コンダクタンスをもつ圧力源になります．

他の真空回路が (c) に示されていますが，そこではパイプの位置にかかわらず一定の放出ガ

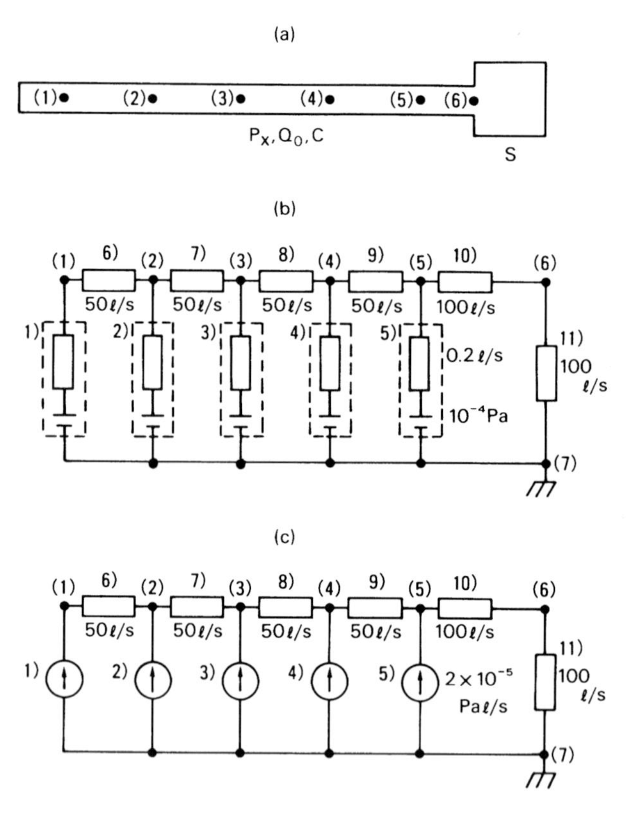

Fig. [8-9]-1. Outgassing pipe system (a), and the corresponding vacuum circuits (b) and (c). The circuit (b) is composed of pressure sources and flow resistance, and (c) of current sources and flow resistance.
H. Hirano *et al.* (1988) [8-9]

ス量 2×10^{-5} Pa·L/s を示すと仮定して，ガス放出源で表わされています．

Fig. [8-9]-1 の (b) と (c) の回路で計算された各ノードの圧力は，Fig. [8-9]-2 に示されています．

ガス放出を示すパイプの圧力分布は，パイプの単位表面積当たりの正味のガス放出量 (rate) がその位置にかかわらず一定という仮定の下で計算されており，Fig. [8-9]-1 (c) のシステムにおける圧力 P_k は，次式で表わされます．

$$P_k = Q/S + k\,(1 - k/2)\,Q/C$$

ここで k は位置を示す分数，Q は全パイプのガス放出量です．Q，S，C に各々1×10^{-4} PaL/s, 100 L/s，10 L/s を代入すると，Fig. [8-9]-1 (a) のシステムを (c) の回路で表わした場合の圧力が算出され，次式 [8-7]-1 が得られます．

$$P_k = 1 \times 10^{-6} + k\left(1 - k/2\right) \times 10^{-5}\ \text{Pa} \qquad [8\text{-}9]\text{-}1$$

Fig. [8-9]-2 の○と●の値を比較すると，以下のことが分かります．

(1) Fig. [8-9]-1 の，(b) と (c) に示された回路の各ノードでの圧力には，数%の差異があります．この差異は，ガス放出量 (rate) 圧力依存性が回路解析に反映されているか，否かということによるものです．

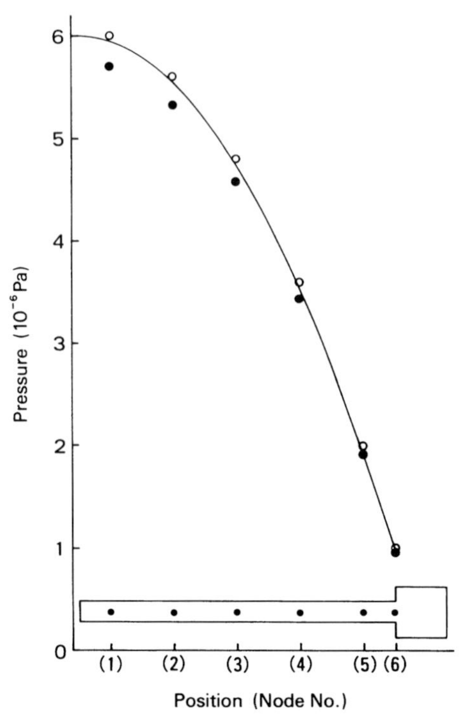

Fig. [8-9]-2.　Pressure distribution along the outgassing pipe of Fig. [8-7]-1 (a). The points (●) correspond to the circuit (b), and the points (○) to the circuit (c). The solid line shows the pressure distribution given by Eq. [8-9]-1.
H. Hirano *et al.* (1988) [8-9]

(2) Fig. [8-9]-1 (c) の回路におけるノード圧力は，式 [8-7]-1 の数式で算出された圧力分布と良い一致を示しています．Fig. [8-9]-2 の○と式 [8-9]-1 による計算値との小さな差異は，分割数を増加させると消滅します．

2. 電子顕微鏡高真空システムの圧力分布

電子顕微鏡の高真空システムにおける圧力分布を，分子流マトリックス技法で解析しました．真空回路を Fig. [8-9]-3 に示します．Q と C の入力値は Fig. [8-9]-3 に付記されています．マトリックス解析法で算出された，各位置すなわち Fig. [8-9]-3 のノード点の圧力を，Table [8-9]-1 と Fig. [8-9]-4 に示します．

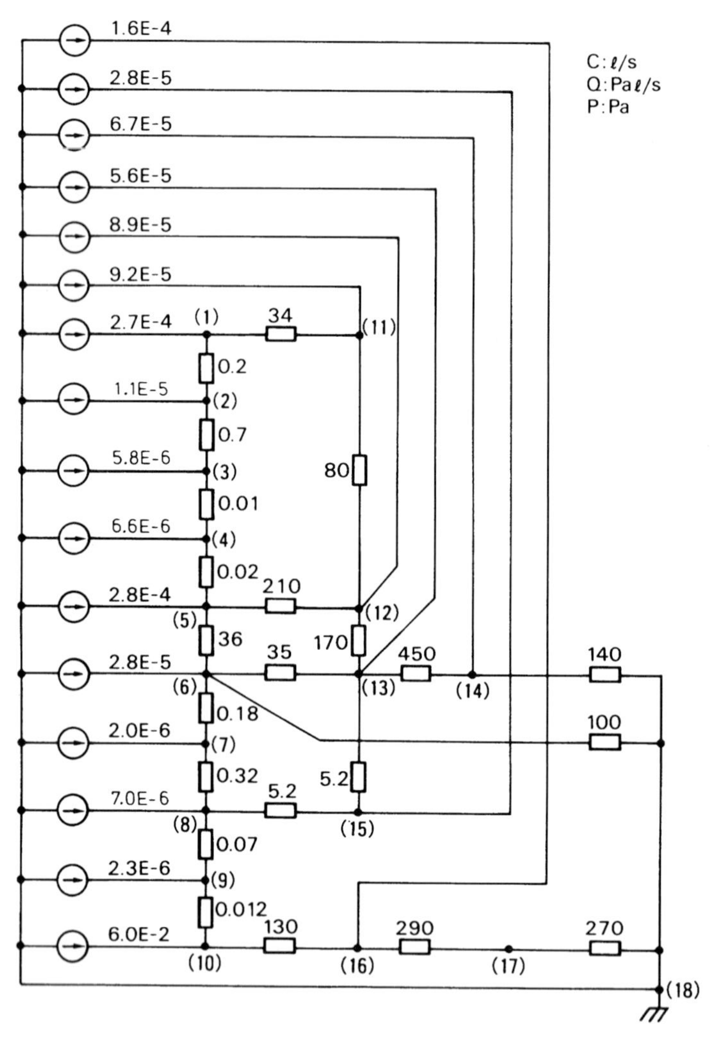

Fig. [8-9]-3. Vacuum circuit representing the high-vacuum system of the electron microscope. The input data are seen for the individual elements. Node (1), gun chamber (GC) ; (5), minilab chamber (MLC) ; (6), specimen chamber (SC) ; (8), intermediate aperture (IA) ; (10), camera chamber (CC).
H. Hirano *et al.* (1988) [8-9]

電子顕微鏡の全鏡筒における圧力は，3桁にまたがっています．電子銃室（GC），ミニラボチャンバー（MLC），カメラ室（CC）の圧力計算値は，実際に測定された圧力と良い一致を示しています．特に 9.2×10^{-6} Pa（Table [8-9]-1をみてください）というMLCの圧力は，既に発表されている論文[8-8]の，1.1×10^{-5} Paというシミュレーション値と良い一致を示しています．

3. 結論

マトリックス解析法を，ガス放出を示すパイプとカメラ室を含めて電子顕微鏡の全鏡筒に応用しました．マトリックス解析法により，複雑な真空システムの多くの位置（場所）における圧力を，デジタルコンピュータで計算することができます．

ガス放出源（真空ポンプも本質的には同じと考えられます）の特性値である P_X と Q_0 は，圧力依存性を反映させています．一般に，超高真空用の材料は非常に低い値の P_X を有しており，ガス放出量（rate）の強い圧力依存性を示します．しかしながら，種々の材料表面の特性値 P_X と Q_0 は一般には未知であり，利用できません．超高真空システムをより正確にシミュレーションするために，種々の前処理を施した種々の超高真空用材料の特性値 P_X と Q_0 が，多くの研究者によって測定され，報告されることが期待されます．

Table [8-9]-1. Calculated pressures at every node in an electron microscope. H. Hirano *et al.* (1988) [8-9]

Node	Output pressure (Pa)
(1) GC	2.211×10^{-5}
(2)	1.132×10^{-4}
(3)	1.236×10^{-4}
(4)	2.673×10^{-4}
(5) MLC	9.222×10^{-6}
(6) SC	3.286×10^{-6}
(7)	1.659×10^{-5}
(8) IA	1.782×10^{-5}
(9)	1.737×10^{-4}
(10) CC	8.916×10^{-4}
(11)	1.363×10^{-5}
(12)	8.881×10^{-6}
(13)	5.701×10^{-6}
(14)	4.462×10^{-6}
(15)	1.445×10^{-5}
(16)	4.302×10^{-4}
(17)	2.227×10^{-4}

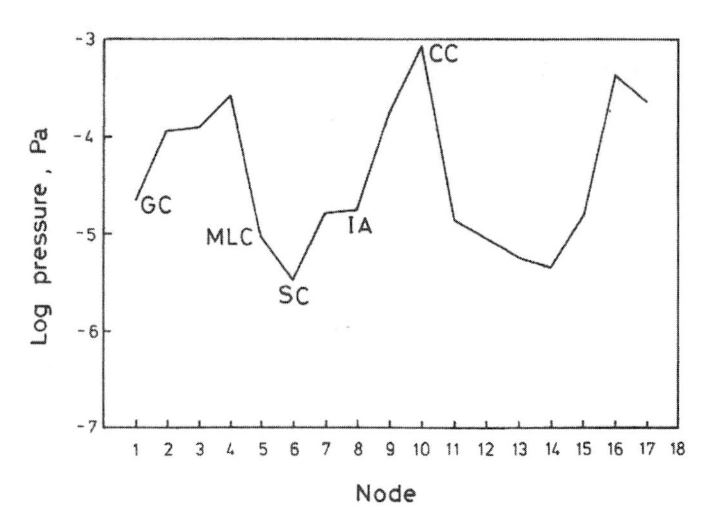

Fig. [8-9]-4. Calculated pressure distribution of the electron microscope high vacuum system. H. Hirano *et al.* (1988) [8-7]

文献 [8-9]

[2] S. Ohta, N. Yoshimura, and H. Hirano, *J. Vac. Sci. Technol. A* **1** (1), pp. 84-89 (1983).

[4] H. Hirano and N. Yoshimura, *J. Vac. Sci. Technol. A* **4** (5), pp. 2865-2869 (1988).

引用文献

[8-1] N. Yoshimura, "Discussion on methods for measuring the outgassing rate", *J. Vac. Soc. Jpn.* **33** (5), pp. 475-481 (1990). (in Japanese)

[8-2] N. Yoshimura, "A differential pressure-rise method for measuring the net outgassing rates of a solid material and for estimating its characteristic values as a gas source", *J. Vac. Sci. Technol. A* **3** (6), pp. 2177-2183 (1985).

[8-3] B. R. F. Kendall, "Comments on: Resistor network simulation method for a vacuum system in a molecular flow region" [*J. Vac. Sci. Technol. A* 1, 84 (1983)], *J. Vac. Sci. Technol. A* **1** (4), pp. 1881-1882 (1983).

[8-4] B. R. F. Kendall, "Theoretical analysis of a two-pump vacuum system", *J. Vac. Sci. Technol.* **5** (2), pp. 45-48 (1968).

[8-5] J. AitKen, "An electrical analogue to a high vacuum system" *Brit. J. Appl. Phys* **4**, 188, 1953.

[8-6] D. W. Stops, "Further applications of the electrical analogue to vacuum system" *Brit. J. Appl. Phys* **4**, 350, 1953.

[8-7] S. Ohta, "On parallel evacuation", *Proceedings of 3rd Meeting on Vacuum Technology, J. Vac. Soc. Jpn.* p.21a-3 (1962). (in Japanese).

[8-8] S. Ohta, N. Yoshimura, and H. Hirano, "Resistor network simulation method for a vacuum system in a molecular flow region", *J. Vac. Sci. Technol. A* **1** (1), pp. 84-89 (1983).

[8-9] H. Hirano, Y. Kondo, and N. Yoshimura, "Matrix calculation of pressures in high-vacuum systems", *J. Vac. Sci. Technol. A* **6** (5), pp. 2865-2869 (1988).

第8章のおわりに

本章「分子流ネットワーク解析」は第13章「スイッチオーバー排気時に耐性を示す，ダイナミックな排気系」と共に，最も書きたかった章の1つです．

B. R. F. Kendall (1983) [8-3]が指摘しましたように，分子流領域の真空システムを線形真空回路に変換して解析しようとする試みは，古くからあります．その中でも，最近報告されたS. Ohta, N. Yoshimura, and H. Hirano, (1983) [8-8]の論文は，システム構成材料のガス放出量の測定を含めて，その解析プロセスを詳しく報告しています．ぜひ一読してほしいと思います．

Fig. [8-8]-2. Steps for designing a simulator circuit of a vacuum system. で真空回路を簡単化しましたが，その過程で入る誤差は非常に小さいことが分かりました．このことは，システム構成材料のガス放出を想定している排気条件で測定すれば，その特性値を求めなくても，十分に低い圧力場で測定したガス放出量（rate）を用いて分子流ネットワークを作図すれば，各部の圧力に入る誤差は小さい，と言えます．

分子流領域の真空システムを線形ネットワークを作図して解析する手法には，構成要素の機能の相関を含んでいます．チャンバー表面と表面が曝されている真空雰囲気のガス分子との相互反応は，急激な圧力変動に対しては過渡的な追随関係にあると考えますが，少なくとも定常的な排気では，分子流ネットワークは表面と真空場の圧力との平衡吸着・脱離関係を含めて解析するという，新しい一歩を踏み出していると考えます．

第9章

スパッタイオンポンプとゲッターポンプの基礎

はじめに

超高真空システムを基礎設計する場合，非常に低い圧力においても十分に大きい排気速度を有しているポンプを使用することが重要です．

スパッタイオンポンプ（SIP）は可動部分がないので，振動を極力嫌う電子顕微鏡には最適と考えられ，非常に低い圧力で大きい排気速度を維持しているSIPを開発することになりました．そこで，SIPに関する重要な研究論文で勉強することから始めました．SIPの研究は数多く行われ，多くの論文が発表されています．

SIPは，ペニング放電で生じたイオンでチタン（Ti）カソードをスパッタして，新鮮なTiゲッター面を生成させますが，放電強度を非常に低い圧力で維持するためには，ポンプ内部で起こる物理現象を学ぶ必要があります．オージェ電子分光装置では，試料の深さ方向元素分析でアルゴンイオンスパッタを用いますが，不活性ガスであるアルゴンを排気するノーブルポンプの基礎も勉強する必要があります．

本章では，スパッタイオンポンプとゲッターポンプに関する重要な論文をレビューします．

9-1　スパッタイオンポンプ

9-1.1　スパッタイオンポンプの物理（R. I. Jepsen , 1968から）

R. L. Jepsen（1968）[9-1]は，"The physics of sputter-ion pumps"と題した論文を発表し，「放電強度」，「排気のメカニズム」，「エネルギーをもつ中性粒子」を詳しく論述しました．

1．放電強度

高排気速度を必要とする応用に，SIPを用いる場合に重要なことは，強い放電強度（I/P）を非常に低い圧力の超高真空領域まで維持することです．特定のガス種と特定の圧力において，ある放電強度を与える電極の形状寸法，電圧，磁場の異なった組み合わせが存在します．多くの応用において，I/Pの高い値が，広い圧力レンジで維持されることが重要です．圧力によるI/Pの変化は，電極の形状・寸法，電圧，磁場に強く依存しますから，これらのパラメータの許容範囲はさらに制限されます．

放電強度のパラメータへの依存性の重要な知見は，空間電荷による電位のへこみを含む，近似的ではありますが基本的な考察で得られます（[1] Jepsen 1961）．最初に，十分に低い圧力で放電領域に存在する正イオンの数が，電子の数よりずっと少ないというような，十分に低い圧力で動作している「長いアノード」のペニングセルを考えましょう．通常使用するSIPでは，この条件は約10^{-5} Torrより低い圧力を指しています．この場合，電子空間電荷による正イオンの中和効果は無視できます．

ペニング放電における実際の電子の分布は，一般に一様ではありませんが，空間電子が一様に分布しているとしてそれによる電位のへこみを計算し，放電セルに閉じ込められる電荷の最大値を一様分布として計算することは有益なことです．少なくとも一次近似として，放電強度は存在する電子の数に比例します．

分散式（MKS 単位）から

$$\nabla \cdot E = \rho/\varepsilon_0 \qquad [9\text{-}1]\text{-}1$$

$L >> r_a$（L：アノードの長さ，r_a：アノードの半径）のとき，アノード内部での半径方向電界 E_r は次式で表わされます．

$$E_r = (\rho/2\varepsilon_0)r \qquad [9\text{-}1]\text{-}2$$

この場合，（電子による空間電荷ですから，$\rho < 0$ です）端効果を無視すると，セルの軸上の電位 V_0 は空間電荷がない場合のアノード電位 V_a と等しいでしょう．セル内部に閉じ込められる全電荷 q に対して

$$V_0 = V_a + q/4\pi\varepsilon_0 L \quad (q < 0) \qquad [9\text{-}1]\text{-}3$$

アノード内部に閉じ込められる最大電荷 q_{mp} は，V_0 がカソード電位に減少したとき $V_0 = 0$ ですから，

$$q_{mp} = -4\pi\varepsilon_0 V_a L \qquad [9\text{-}1]\text{-}4$$

予期されるように，q_{mp} は V_a と L の両方に比例します．いささか驚くことですが，q_{mp} はアノード直径に無関係です．このことは，高排気速度の SIP は，比較的大きい直径でその数が少ないセルよりも，直径の小さい多くのセルが並んでいるということの説明になります．また，q_{mp} がアノード電圧に依存するという重要な知見も，SIP 設計者に知られています．

q_{mp} がアノード直径に無関係という知見ですが，ではもっと小さい直径（のアノード）が SIP に使用されないのはなぜでしょうか？　その１つの理由は，セルの直径が小さくなると，磁場を強くしなければならないからです．基本的なスケール関係は，他のパラメータが一定であるとき，一定の放電強度のためには，次式の関係にあるからです（[1] Jepsen 1961）．

$$Br_a = \text{const.} \qquad [9\text{-}1]\text{-}5$$

ポテンシャル（電位）のへこみと最大空間電荷についてのよく似た計算が,「ノーマル型」と「逆転型」のマグネトロンに対して成されました．r_o を外側のシリンダーの半径，r_i を内側のシリンダーの半径とすると,「ノーマル型」マグネトロンに対して次式が成り立ちます．

$$q_{mn} = -\frac{4\pi\varepsilon_0 V_a L}{1 - \left\{2r_i^2\left(r_o^2 - r_i^2\right)\right\}\ln\left(r_o/r_i\right)} \qquad [9\text{-}1]\text{-}6$$

そして「逆転型」マグネトロンに対して次式が成立します．

$$q_{mi} = -\frac{4\pi\varepsilon_0 V_a L}{-1 + \left\{2r_o^2\left(r_o^2 - r_i^2\right)\right\}\ln\left(r_o/r_i\right)} \qquad [9\text{-}1]\text{-}7$$

「ノーマル型」マグネトロンにおけるフィラメントカソード限界（Limit）においては

$$q_{mn}\Big|_{r_i<<r_o} \cong -4\pi\varepsilon_0 V_a L = q_{mp} \qquad [9\text{-}1]\text{-}8$$

そして「逆転型」マグネトロンにおけるフィラメントカソードに限界（Limit）おいては

$$q_{mi}\Big|_{r_i<<r_o} \cong -\frac{4\pi\varepsilon_0 V_a L}{2\ln\left(r_o/r_i\right)} = \frac{q_{mp}}{2\ln\left(r_o/r_i\right)} \qquad [9\text{-}1]\text{-}9$$

ペニングセルに閉じ込められる最大電荷量は，フィラメントカソードを用いている「ノーマル型」マグネトロンの最大電荷量と同じであることは，注目に値します．ペニングセル内で保持できる電子空間電荷量は，平行場デバイスから「ノーマル型」マグネトロンのクロス場デバイスに変換されますから，このことは驚くにはあたりません．しかしながら，フィラメントアノードをもつ「逆転型」マグネトロンは，電荷保持能力で明らかに劣っていますから，「逆転型」はSIPとしては「ノーマル型」や「ペニングセル」に比べて有効ではないと言えます．

放電強度の粗計算は次のように行われます．

$$I = -q/\overline{\tau}_c \qquad [9\text{-}1]\text{-}10$$

あるいは

$$I/P = -q/\overline{\tau}_c P \qquad [9\text{-}1]\text{-}11$$

ここで$\overline{\tau}_c$は，放電における全ての電子の電離衝突間の平均時間です．$V_a = 7 \times 10^3$ V, $L = 2.5 \times 10^{-2}$ mのとき，$q_{mp} \cong -2 \times 10^{-8}$ Cとなります（式［9-1］-9から）．全ての電子がいつも電離衝突にとって最適のエネルギーをもっているならば，アルゴンや窒素のようなガスに対して，$\overline{\tau}_c P \cong 1.5 \times 10^{10}$ Torr・sとなります．したがって，

$$\left(\frac{I}{P}\right)_{mp} = -\frac{q_{mp}}{\overline{\tau}_c P} \cong \frac{2\times10^{-8}C}{1.5\times10^{-10}Torr \quad s} \cong 130\ \text{A/Torr}^{-1} \qquad [9\text{-}1]\text{-}12$$

電子は常に最適エネルギーをもっているわけではありませんから，このI/Pの値は非現実的なほど高いと言えます．この130 A/Torrという値は，10^{-8}-10^{-5} Torrの圧力領域で実験的に見出される20-60 A/Torrの値と比較されるべきものです．用いたモデルと近似のままで行ったことを考慮に入れれば，この実験と理論の一致は大いに満足できます．

最も広く研究され，それでいて未だ十分に理解されていない事象は，磁気的に閉じ込められた冷陰極ガス放電が圧力依存性であるということです．

ここでこの重要なトピックスを再度レビューはしませんが，文献番号を列記しておきます：

［2］Bryant 1967,［3］Bryant and Gosselin 1966,［4］Bryant *et al.* 1966,［5］Hayashi 1966,［6］Lamont 1967,［7］Lamont 1968,［8］Lange *et al.* 1966,［9］Lassiter 1967,［10］Petz and Newton 1967,［11］Rutherford 1964,［12］Schuurman 1966,［13］Young 1966

2. 排気のメカニズム

大きな二極型スパッタイオンポンプが開発されて間もなく，通常出会うガスの排気に関して，

定性的な説明が行われました（[14] Rutherford *et al.* 1961）．多くの点でこれらの説明は，今でも有効とみなされています．その簡単な要約ですが，チタンカソードを用いている二極型ポンプでのいくつかのガス種の排気メカニズムは，以下のとおりです．

一般事項

新鮮なポンプに特定のガス種を導入すると，排気作用の大半がカソードでのイオン埋め込みが過渡的に起こります．このことが比較的高い初期排気速度の原因です．（以下で述べるように）水素とヘリウム以外では，このプロセスの正味の排気は，カソードの最初の数原子層でのガス濃度のガスが埋め込まれ，再スパッタで跳ね返されるようになると直ちに消滅します．異なるガス種を（飽和時点で）導入すると，最初に排気されたガス種はスパッタされ，2番目のガス種の平衡条件が確立されるまで，排気の過渡現象が起こります．

酸素と窒素

定常状態では，これらのガスの殆どはアノードで，カソードからスパッタされたチタンと安定した化学結合をすることで消滅します．カソードで起こる化学結合と，アノードで起こる化学結合の割合は，未だ不明です．

水素

水素の排気メカニズムは，酸素や窒素のメカニズムとは全く異なります．水素の原子量は小さいので，水素が起こすスパッタは僅かです．この事実にもかかわらず，水素は窒素あるいは酸素よりかなり速やかに排気されます．少なくとも以下の事象が実験的に確認されています．

水素の排気は，カソード表面の中へのイオン埋没と中性分子の吸収の両方のメカニズムで起こり，その後カソード内部へ拡散します（[15]Rutherford and Jepsen 1961）．

ヘリウム

ヘリウム排気の主なメカニズムは，まずカソード表面でイオンの埋込が起こり，続いてカソード内部への部分的拡散が起こると考えられてきました．この考えは，アルゴン排気で提唱されているメカニズムに光を当てて，見直されるべき課題です．

アルゴン

平坦カソードポンプでの実験は，アルゴンの排気は通常不安定で，アノードでの排気量とスパッタ材料の正味の堆積が起こるカソードでの排気量は，ほぼ同じであることが示されています．正味のビルドアップ領域であるカソードでの排気は，直ちに理解できますが，アノードでなぜ排気されるのかは直ちには理解できません．アルゴンはチタンと化学的に反応しませんし，アノード表面上にアルゴン原子が留まっている時間は非常に短かいので，カソードからやってくる，スパッタされたチタンで捕獲される確率は小さいと考えられます．以前我々は，放電の内部で時間変化する電界のために，アノード内に導かれたアルゴンイオンによってアノードで排気が起こる，と考えていました（[14] Rutherford *et al.* 1961）．これに替わる見解は，この論文で後ほど提唱します．

スパッタイオンポンプを使用する際に，しばしば出会う厄介な問題は「アルゴン不安定性」です．このような不安定性は，アルゴンリッチの混合ガスを排気しているときに起こり，定常的な空気の漏れを排気しているときでさえ起こることがあります．広く研究されているにもかかわらず，アルゴン不安定性を完全に満足できる説明は提唱されていません．アルゴン排気速度が小さいことは驚くにはあたりませんが，不安定性を伴うことの理由は明らかでありません．アルゴンに対する排気速度を増大させようとする，そしてアルゴン不安定性を除去，或いは軽減しようとする試みはいくつか行われました．1つの試みは2電圧3極型ポンプです．このポンプの場合，カソードはイオンに対して半透明（semi-transparent）であり，ポンプ容器から物理的に分離しており，電気的には絶縁されています．Brubaker（1960）[16]は，カソードに-3 kV，アノードに$+3$ kVを印加した3極型ポンプで，アルゴンに対して空気排気速度の約25%の，安定した排気速度を得たと報告しています．

アルゴンに対する排気速度を増大させるメカニズムは，Brubakerの論文[16]で明らかになっているように思われます．イオンのある割合はポンプ容器に行き，残りはカソードに集められます．ポンプ容器に到達したイオンの運動エネルギーは減少しており，入射角のスパッタ率に及ぼす効果のために，ポンプ容器を打つイオンはカソードを打つイオンよりも，生じさせるスパッタは少ない．このような理由により，次の（a），（b）の条件が達成されることが可能です．

（a）スパッタ材料の正味の堆積は，ポンプ容器の表面上で起こる．

（b）放電で生じるイオンのある割合は，容器表面に埋蔵される．

Hamilton（1962）[17]が，カソード―アノード間電圧を一定に保って，ポンプ容器に対するアノード電圧の関数として測定したアルゴン排気速度を報告するまで，上述の説明が全てでした．本当に驚くべきことですが，アルゴン排気速度は，アノード電圧を容器電圧に近づけても急落しませんでした．逆に，アノード電圧をゼロに近づけていけば，排気速度は単調に増加しました．メカニズムの説明において，以下の点が問題です．

放電で生成されたイオンは，エネルギー的にはアノードへ到達します，言い換えれば，アノード電位で動作している他の電極へ到達できないということです．それでは，アルゴンが排気されるメカニズムは何なのでしょうか？

3.「エネルギーをもつ中性粒子」説

（アルゴン排気に関して）最も先進的な説明の1つは，ガス相においてアルゴン原子と電荷交換衝突をすることによって，基本的に同じ運動エネルギーの中性粒子になる，という説明です．エネルギーをもつ中性粒子は，電界によって影響を受けることはないから，アノードやポンプ容器のような表面に到達できます．この説明は，一定放電強度（I/P）において，圧力に比例する排気速度をもつことを予見していることになります．しかしながら実験結果は，排気速度は（I/P）が示しているように，圧力と共に増大しないことを示しています．したがって，他の説明を探さなくてはなりません．

ここで提唱する説明は次のようなものです.

エネルギーをもつ中性アルゴン原子は，確かにアルゴン排気に責任がありますが，これらのエネルギーをもつ中性粒子生成の主なメカニズムは，ガス相衝突*で電荷の交換が行われるというよりも，アルゴンイオンがカソードと衝突して行われる*ということです.（*この論文での討論は，アルゴンに焦点を当てていますが，ここで述べられている概念は他の希ガス，質量が大きいのもにも小さいものにも，適用できます).

3極型ポンプで観察されるアルゴン排気を，定量的に説明するためには，放電で生成されたおよそ10個のアルゴンイオンに対して，1個のアルゴン原子が排気されなければなりません．もし，エネルギーをもつ中性粒子が，例えば0.5の付着確率をもつならば，カソードに衝突するアルゴンイオンの約20%は，このようなエネルギーをもつ中性アルゴン原子の放出の結果でなければならないのです.

この説明を検証します．現在の仕事の主要な部分は「検証する」ことですが，約10 keVまでのイオンエネルギーでは，金属面に入射するイオンの大部分は，表面の2，3原子層と弾性衝突し，入射イオンが金属表面に近づくか，あるいは衝突している間に，イオンの大半が中性化し，衝突後中性粒子として表面から離れていきます（[18]Kornelsen 1964, [19]Snoek and Kistemaker 1965).

この問題と直接的に関係する仕事は，Kornelsen (1964) [18]によるレポートにみられます. Kornelsenは，タングステンターゲットに入射したアルゴンイオンの付着確率は，およそ1〜5 keVのエネルギー範囲で，約0.60の「台地」(“plateau”) 値に達することを見出しました．彼は，マス中心系 (the center-of-mass system) において，散乱は等方性であると仮定することによって，入射イオンの実に約40%は中性原子として散乱する，ということを簡単な計算で示すことができました．Kornelsenの研究結果の有効性を支持している見解は，Winters and Kay (1967) [20]の仕事に含まれています.

質量m_1の入射イオンが，質量m_2のターゲット原子と単一弾性衝突して散乱しますが，そのエネルギーを計算することは有益です．エネルギーと運動量の保存の法則から，直ちに次式が導出されます（[19] Snoek and Kistemaker 1965).

$$\frac{E_1}{E_0} = \frac{1}{(1+m_2/m_1)^2}\left[\cos\theta_1 \pm \sqrt{\left\{(m_2/m_1)^2 - \sin^2\theta_1\right\}}\right]^2 \qquad \text{[9-1]-13}$$

ここでθ_1は入射粒子の散乱角度，E_0は入射粒子の運動エネルギー，E_1は散乱後の入射粒子の運動エネルギーです．式[9-1]-13は，$m_2 < m_1$ならば，散乱は前方方向 ($\theta_1 < \pi/2$) にのみ起こることを，明白に示しています．$m_2 > m_1$ならば，全ての方向に散乱が起こります.

正常入射に対して，散乱粒子が表面から離れるためには，$\pi/2 \leq \theta_1 \leq 3\pi/2$という条件が必要です．かすめるような入射 (grazing incidence) では，$0 \leq \theta_1 \leq \pi$の条件で表面から離れます.

Table [9-1]-1は，Ar^+イオン ($M \cong 40$) がTi ($M \cong 48$)，Mo ($M \cong 96$)，Ta ($M \cong 181$) 表面を打つ場合の，0-πの散乱角におけるエネルギー比E_1/E_0を示しています.

Table [9-1]-1. E_1/E_0 for various scattering angles (θ_1) and target materials, with argon as the incident ion.
R. L. Jepsen (1968) [9-1]

Target material	E_1/E_0				
	$\theta_1 = 0$	$\theta_1 = \pi/6$	$\theta_1 = \pi/4$	$\theta_1 = \pi/2$	$\theta_1 = \pi$
Ti	1.00	0.74	0.58	0.09	0.01
Mo	1.00	0.84	0.72	0.37	0.14
Ta	1.00	0.94	0.88	0.64	0.41

Kornelsen (1964) [18]の仕事から分かることですが，アルゴンイオンのタングステンへの付着確率は，約 250 eV で 0.1，約 700 eV で 0.5 の値に達します．付着確率は，(低い原子量の) チタンに対して高いだろうと予想できますが，チタンに対するアルゴンの付着確率が 0.5 を超えるためには，数 100 エレクトロンボルトが必要と考えられます．文献 (Mahadevan *et al.* 1963 [21], Madved 1963 [22]) に，中性粒子の付着確率は，イオンの運動エネルギーと同じ場合は，いくらか低い付着確率になる証拠が示されています．このことにもかかわらず，数 100 エレクトロンボルト以上の中性原子運動エネルギーで，十分に大きい排気を生じさせ，十分に大きい付着確率が得られると思われます．

チタン平板カソードを用いている二極型ポンプの場合，殆どのアルゴンイオンは，約 1-5 keV レンジのエネルギーで，垂直入射に近い角度でカソードを打つでしょう．チタンの原子量は，アルゴンの原子量より僅か 20%大きいだけですから，散乱はほとんどが前方方向です．バックスキャッターする割合は比較的少なく，そのエネルギーは入射イオンエネルギーの 10%より少ないでしょうから，付着確率は低くなります．バックスキャッター原子はアノードに向かいますから，このメカニズムが，そこで行われるアルゴンの排気を良く説明しています．しかしながら，チタン板を打つヘリウムの場合，$m_2/m_1 = 12$ ですから，入射イオンのほとんど半分は，入射イオンエネルギーのおよそ 70%を超えるエネルギーをもつ中性粒子として，バックスキャッターします．このような作用がアノードでの排気につながり，その速度はカソードからのスパッタ量 (rate) で制限され，ヘリウムの場合はその速度は小さくなります．

単一電圧の三極型ポンプでは，かすめるように入射する (near-grazing incidence) イオンの約 50%は，カソードストリップの側面に衝突すると期待できます．チタンカソードの場合でも，表面から散乱する粒子の 30-40%は前方へ散乱し，入射イオンエネルギーの 30%を超えるエネルギーをもっていると期待できます．このことから，放電で生成したおよそ 10 個のアルゴンイオンから 1 つのアルゴンが排気されるという結果になり，アルゴンの観察される排気速度に対して，少なくとも半定量的に説明できます．

バリアン社の三極型ポンプに使われているカソードには，チタンの平行ストリップを用いています．ある実験で，チタンストリップの代用としてモリブデンを使用しました．このことによりアルゴン排気速度は，およそ 1.5 倍に増加しました．また他の実験で，チタンストリップとタンタルストリップを交互に用いました．この結果では，アルゴン排気速度がさらに増加しました (これらの実験は，バリアン社の真空部門の K. Urbanek が行いました)．我々は近垂直入射で，イオンの約 50%がカソードストリップのエッジを打つと期待しています．すなわち，Ti カソードからのエネルギーをもつ中性粒子は少なく，Mo カソードからはより多く，Ta カソードからはもっと多いということです．このように，垂直入射イオンをより有効に利用していることで，観察される排気速度が増加していると考えられます．

1966 年　に Tom and James は，"Inert-Gas Ion Pumping Using Differential Sputter-Yield Cathodes" と題した論文を発表しました（[23] Tom, T., and James, B. D 1966）．一方のカソードはチタンで造られ，他方の特定されていないカソードは，独断的に言えばチタンより，ずっと高いスパッタ率（rate）を有していることになります．この特定されていない材料は，タンタルだと一般に信じられています．タンタルのスパッタ率（rate）はチタンの率とほとんど同じですから，スパッタ率の違いが観察されたポンプの動作を説明しているとは考えられません．その説明の替わりとして言われている，タンタルカソードの内部にアルゴンが拡散していく，という説明は（チタンの中にヘリウムが拡散していくのと類似現象ですが），拡散係数が期待困難なほどの高さが必要になるので，拡散説の有効性には疑問をもちます．

三極型ポンプにおける，エネルギーをもつ中性粒子の役割に光を当て，片側または両側のカソードがタンタルである場合の，観察されるアルゴン排気の殆どに対して，もっともらしい説明を行います．ここで重要な因子は，タンタルからのエネルギーをもった中性粒子のバックスキャッターが，タンタルはチタンより原子量が数倍高いことから，数とエネルギーの両方において，チタンの場合よりずっと大きいということです．ここで提案する説明が正しいならば，アルゴンの定常的な排気はアノードで行われているということになります．

Varian 社の三極型ポンプ（Ti カソード）と二極型（ノーブル）ポンプ（片側のカソードは Ta，他の側のカソードは Ti）の間で比較したところ，各々のポンプのアルゴン排気速度は，Varian 社の三極型ポンプ（Ti カソード）では窒素排気速度の約 21%（Ti 三極ポンプ），そして Ta/Ti 二極型では窒素排気速度の約 25%（Ta/Ti 二極型）であることが見出されました．分圧ゲージを使って，空気をリークさせている最中の，$M = 40$ と $M = 28$ のイオン電流を測定しました．

$$R \equiv I_{40}/I_{28} \qquad [9\text{-}1]\text{-}14$$

と定義して，三極ポンプでは $R \cong 0.03$，Ta-Ti 二極型ポンプでは $R \cong 0.09$ であることが分かりました（これらの実験はバリアン社の真空部門の L. Lamont が行ないました）．

Ta-Ti 二極型ポンプの方がアルゴン排気速度が少し大きいので，三極型の方が比 R が少し小さいだろうと期待するでしょう．しかし，Ta-Ti 二極型ポンプの方が，比 R が約 3 倍の大きさです．これは，酸素と窒素の存在が Ta-Ti 二極型ポンプのアルゴン排気速度を，かなり低減させているからだと考えられます．

エネルギーをもつ中性粒子の仮説に関して，この現象の可能性のある，もっともらしい説明は以下のとおりです．

タンタルからのアルゴンのバックスキャッターは，空気リークを排気するとき，カソード表面上に吸着ガス（酸素と窒素）が存在することによって阻止される，ということです．入射イオンが遭遇する最初の原子層は，二番目の層よりもバックスキャッターにとってより重要です．アルゴンに比べて酸素や窒素の原子量は小さいので，これら（酸素や窒素）のバックスキャッターの方向は，後方よりもむしろ前方方向でしょう．この効果は，三極型ポンプでは，ほぼすれすれの斜め入射ですから，三極型ポンプでは重要な効果をもちません．

SIPの他のタイプは，マグネトロンポンプです．ここで再び，アルゴンの排気においてエネルギーをもつ中性粒子が，重要な役割を果たすことに期待しましょう．カソードの直径は，散乱が入射の角度に依存するため重要であり，カソード材料は，バックスキャッターの量とエネルギーに強い影響をもちます．エネルギーをもつ中性粒子が重要な役割を果たすような設計構造では，多くのアルゴンは，アノードで排気されます．

文献［9-1］

［1］ Jepsen, R. L., 1961, *J. Appl. Phys.*, **32**, 2619-26.

［2］ Bryant, P. J., 1967, *Abs. 14th A.V.S. Vacuum Symp.*（Pittsburgh, Pa.:Herbick and Held）.

［3］ Bryant, P. J. and Gosselin, C. M., 1966, *J. Vacuum Sci. Technol.*, **3**, 350-1.

［4］ Bryant, P. J., Langley Jr., W. W., and Gosselin, C. M., 1966, *J. Vacuum Sci. Technol.*, **3**, 62-7.

［5］ Hayashi, C., 1966, *J. Vacuum Sci. Technol.*, **3**, 286-7.

［6］ Lamont, Jr., L. T., 1967, *Abs. 14th A.V.S. Vacuum Symp.*（Pittsburgh, Pa.:Herbick and Held）, 149-50.

［7］ Lamont Jr., L. T., 1968.

［8］ Lange, W. J., Singleton, J. H., and Eliksen, D. P., 1966, *J. Vacuum Sci. Technol.*, **3**, 338-44.

［9］ Lassiter, W. S., 1967, *Abs. 14th A.V.S. Vacuum Symp.*（Pittsburgh, Pa.:Herbick and Held）, 45-6.

［10］ Petz, D., and Newton. G., 1967, *J. Vacuum Sci. Technol.*, **4**, 239-45.

［11］ Rutherford, S. L., 1964, *Trans. 10th A.V.S. Vacuum Symp.* 1963（New York, Macmillan）, 185-90.

［12］ Schuurman, W., 1966, Doctoral Thesis, Royal University of Utrecht.

［13］ Young, J. R., 1966, *J. Vacuum Sci. Technol.*, **3**, 345-9.

［14］ Rutherford, S. L., Mercer, S. L., and Jepsen, R. L., 1961, *Trans. 7th A.V.S. Vacuum Symp.* 1960（New York, Pergamon Press）, 380-2.

［15］ Rutherford, S. L.,and Jepsen, R. L., 1961, *Rev. Sci. Instrum.*, 32, 1144-6.

［16］ Brubaker W. M., 1960, *Trans. 6th A.V.S. Vacuum Symp.*, 1959（New York, Pergamon Press）, 302-6.

［17］ Hamilton, A. R. 1962, *Trans. 8th A.V.S. Vacuum Symp.*, 1961（New York, Pergamon Press）, 388-94.

［18］ Kornelsen, E. V., 1964, *Can. J. Phys.*, **42**, 364-81.

［19］ Snoek, C., and Kistemaker, J., 1965, *Adv. Electron. Electron Phys.*, **21**, 67-99.

［20］ Winters, H. F., and Kay, E., 1967, *J. Appl. Phys.*, **38**, 3928-34.

［21］ Mahadevan, P., Layton, J. K., Comeaux, A. R., and Medved, D. B., 1963, *J. Appl. Phys.*, **34**, 2810-2.

［22］ Madved, D. B., 1963, *J. Appl. Phys.*, **34**, 3142.

［23］ Tom, T., and James, B. D., 1966, *Abs. 13th A.V.S. Vacuum Symp.*（Pittsburgh, Pa.:Herbick and Held）, 21-2.

9-1.2　超高真空用のスパッタイオンポンプ（S. L. Rutherford, 1964 から）

S. L. Rutherford（1964）［9-2］は，“Sputter-ion pumps for low pressure operation” と題した論文を発表しました．

1．実験結果

最初の実験で導かれた1つの観察事実は，大きな真空システムに取り付けられている大きいスパッタイオンポンプは，一貫して（いつも）小さいシステムの小さいスパッタイオンポンプの組み合わせより，より低い圧力に到達しています（この観察では，表面積と容積の比を考慮に入れ，同じ表面処理を前提にしています）．

大きいシステムと小さいシステムの間には，次の3つの相違があります．

(1) 大きいポンプは小さいポンプよりたくさんのアノードセルをもっています．

(2) 大きいポンプは一般に，小さいポンプより高い電圧で運転されます（6 kV 対 3 kV）．

(3) 大きいポンプは，より効率的なマグネット設計がされているので，小さいポンプより高い磁場を備えています．いくつかの大きいポンプでは磁場は 2000 Gause ですが，小さいポンプのいくつかでは 1000 Gause と，小さい磁場を用いています．

大きいグルーのセルで動作する場合に，低い圧力での動作を高めるような，プラスになる作用が存在するかどうかを明らかにするために，実験を行いました．はじめの実験では，高い圧力でこのような反応はみられませんでした．しかしながら，低い圧力で単一アノードセルの放電強度は，近くのセルでの二次電子放出や，他のプロセスで高められる可能性があると考えられます．セル当たりの放電強度が1個，3個，7個，19個のセルグループに対して，測定しました．すると，いったん動作すれば，アノードセルは独立して，動作していました．すなわち，n個のセルは単一セルの放電強度の丁度n倍でした．しかしながら，低い電圧をアノードに印加したとき，放電が始まるまでの時間，あるいは全放電強度に達するのに要する時間は，単一アノードセルよりもセルのグループの場合の方が短い時間で放電しました．すなわち，1つのセルで放電が始まると，放電は隣のセルに直ちに広がります．

この実験セットにおいて，放電強度は低い圧力で大幅に低減しました（**Fig. [[9-2]-1,** I/P vs P, B = 1500 Gause, V = 3 kV, 1/2 inch diameter anode cells]）．放電強度が高い圧力（1×10^{-5} Torr）での放電強度値の 1/2 に降下する圧力を，「カットーオフ圧力（cut-off pressure）」と定義しておけば便利です．Fig. [[9-2] -1 に示されている特性曲線では，「カットーオフ圧力」は約 6×10^{-9} Torr です．この特性曲線の他の興味深い特徴は，カットーオフ圧力よりもかなり低い圧力のところに，放電強度が一定の，カットーオフ圧力以上の圧力での放電強度よりは1桁小さい放電強度の領域が存在することです．

もう1つの実験では，アノード電圧が低い圧力での動作に与える影響を，テストしました．その結果，高い圧力での放電強度はアノード電圧に殆ど比例して，直線的に増加しましたが，上述で定義したカットーオフ圧力は，3 kV と 6 kV のアノード電圧に対して基本的に同じでした．

磁場をパラメータとして変化させて動作させ，放電強度対圧力の特性をプロットしましたが，

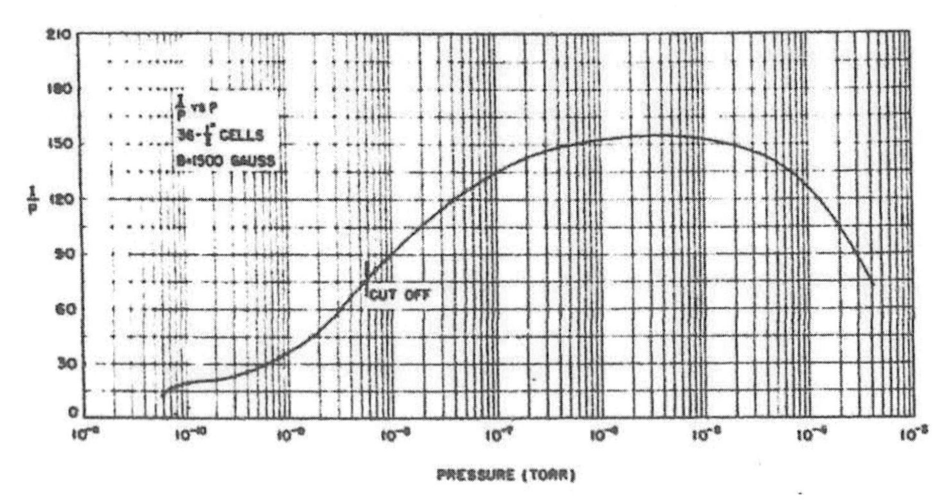

Fig. [[9-2]-1. Discharge intensity (A/Torr) vs pressure (Torr) for typical operating parameters on a sputter-ion pump, B = 1500 Gause, V = 3 kV, anode cell diameter = 1/2 inch. S. L. Rutherford (1964) [9-2]

Fig. [9-2]-2 (I/P vs. P, V=3 kV, 1/2 inch cells, for a typical range of operating magnetic fields, B=1000, 1500 and 2000 Gauss.) にみられるように，カット—オフ圧力が大きく変化していることが注目されます．磁場をファクター2だけ増加させる（磁束密度を 1000 Gause から 2000 Gause へ 2 倍にする）と，カット—オフ圧力は約 2×10^{-7} Torr から 5×10^{-10} Torr へ低減します．Fig. [9-2]-2 にみられるカット—オフ圧力の磁場への強い依存性は，まさに，大きいポンプと小さいポンプの間の，動作の相違を説明しています（大きいポンプほど磁場が大きい）．

Fig. [9-2]-2 から，磁場が大きいほど非常に低い圧力領域で好ましい排気動作が期待できます．

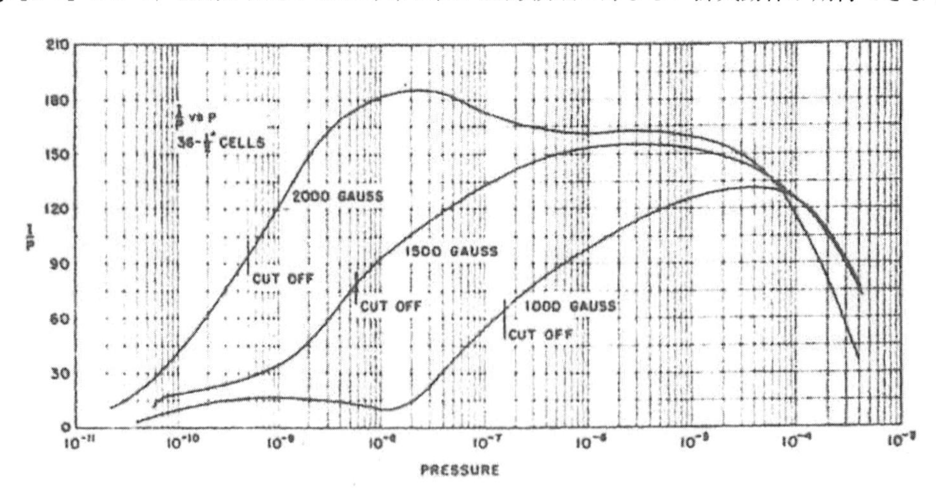

Fig. [9-2]-2. I/P (A/Torr) vs. P (Torr) for SIPs with three different anode cell diameters. d = 1/2 inch, 1 inch and 2 inch, B = 1000 Gauss, V = 3 kV. [9-2]
Notes: "Cut-off pressure is defined as the pressure where discharge intensity has fallen to one-half its value at high pressure (1×10^{-5} Torr).
Note: 1 Gauss = 10^{-4} T.
S. L. Rutherford (1964) [9-2]

2. 1000 Gause ポンプの I/P 対 P 特性

ペニング放電における高い圧力（～10^{-4} Torr まで）での多くの効果は，B × d，すなわち磁場 B とアノードセル直径 d の積に，密接に関係しています．この依存性の特徴は，あるセル直径に対する最小動作磁場が存在することです（B × d ≃ 0.2 kGauss･inch）．この B × d 積への依存性があり，そして磁場がカット—オフ圧力に影響を与えるので，磁場は一定に保って，アノードセルの直径を増大させて B × d 積を増加させることで，カット—オフ圧力を変化させられるかを調べました．この結果は，Fig. [9-2]-3 に示されています（I/P vs. P, for 1/2 inch, 1 inch, and 2 inch diameter anode cells, V = 3 kV, B = 1000 Gauss）．Fig [9-2-]-3 から，1000 Gauss でのでカット—オフ圧力は，1/2 inch 直径アノードセルでは約 1 × 10^{-7} Torr，1 inch 直径アノードセルでは約 1 × 10^{-9} Torr，2 inch 直径アノードセルでは 1 × 10^{-11} Torr 以下であることが分かります．これらの実験において，アスペクト比（アノードセルの長さ対直径の比）は，1.5 と一定値に保たれ，アノードセルの数は，1/2-inch 直径セルでは 36 個（36-1/2-inch-diameter cells），1 inch 直径セルでは 6 個（6-1 inch diameter cells），2 inch 直径セルでは 3 個（3-2 inch diameter cells）を用いました．

（フェライト）永久磁石で得られる実用上の磁場の強さは限られるので，Fig. [9-2]-3 に示されている結果は，容易に得られる磁場を用いながら SIP でのカット—オフ圧力を減少させる方法を示唆しています．

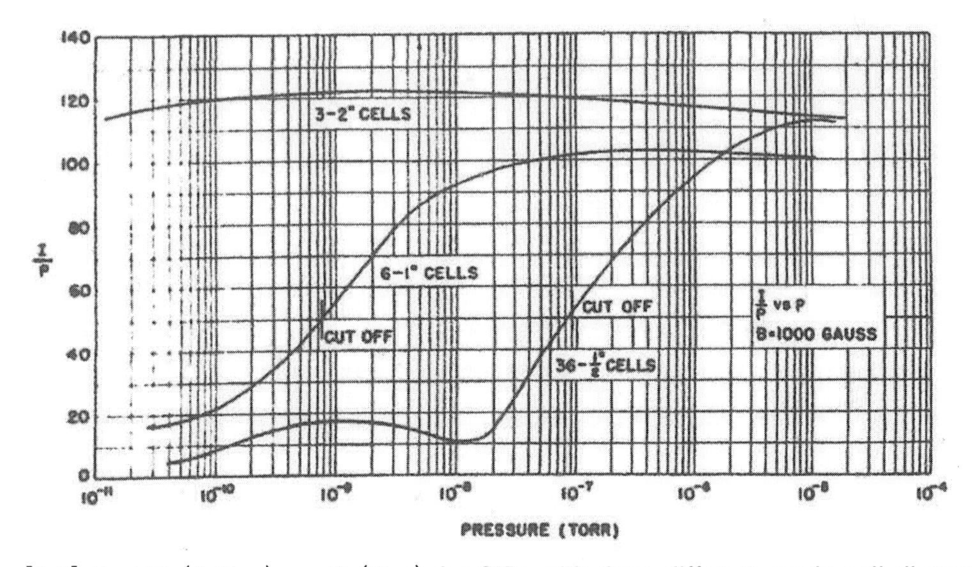

Fig. [9-2]-3.　I/P（A/Torr）vs. P（Torr）for SIPs with three different anode cell diameters. d = 1/2 inch, 1 inch and 2 inch, B = 1000 Gauss, V = 3 kV. S. L. Rutherford（1964）[9-2]

注記：

この線図（Fig. [9-2]-3）を一見すると，2 inch セルのポンプが超高真空用に最も適しているようにみえますが，そうではありません．3-2" セルの専有面積は，6-1" セルの専有面積の約 2

倍を占めています．すなわち $\frac{(2\times2\times3)}{(1\times1\times6)}\approx2$．その他にも大きな問題があります．それは，2” セルの高さです．円筒アノードセルのアスペクト比を維持すれば，磁石の磁束密度は磁極間隔に反比例しますから，非常に強い磁石と，断面積の非常に大きいヨークが必要になります．

9-1.3 スパッタイオンポンプの開発（D. Andrew, 1968 から）

Andrew（1968）[9-3]は，“The development of sputter-ion pumps” と題した論文を発表しました．D. Andrew は多くの SIP 研究の論文をレビューし，不活性ガス排気性能を向上させるための，多くのポンプ構造の動作を討論しました．

アブストラクト [9-3]

ペニング放電の理論と実際（これが全てのイオンポンプの基礎ですが）を簡単にレビューします．このセルにおける，排気メカニズムのモデルを討論します．大きい排気速度と低い動作圧力の要求に合致するペニングセルを述べ，種々の形状のスパッタイオンポンプを設計する方法と理論を討論します．不活性ガス排気速度の増大させることを目的にしたポンプセル設計の改良を述べます．

アルゴンの不安定な排気の問題を討論しますが，放電モードの変化に基づく説明は，実験の観察結果に裏付けられています．

SIP が将来洗練化されれば，動作特性に付加的な有効性が得られますが，新しいカソード材料とセルの新しい形状寸法を用いることを含め，設計変更の影響が正しく評価する方法を開発することが重要です．

1. 不活性ガスの排気を可能にする電極の構造

不活性ガスの排気を改良する，代表的な構造を Fig. [9-3]-1 に示します．

Brubaker, W. M.（1960）が述べた三極型ポンプは，透き目のあるカソード（cellular cathodes）と 2 つのコレクター電極を有しています（Fig. [9-3]-1 (a)）．斜め入射（oblique incidence）のときセルの壁でのイオン衝撃で，スパッタ物質をより大きな率で生成し，コレクターでガスをトラップします．コレクターに到達する前に減速したイオンは，スパッタしたり，トラップされているガスを再放出させるにはエネルギー不足です．

Jepsen R. L. *et al.*（1961）は，スロットカソード二極型ポンプ（Fig. [9-3]-1 (b)）を紹介しました．カソードの大きな領域，そこでガスのトラップが起こりますが，それと共に，カソードのスロットの側面を斜め入射で衝撃する結果，アルゴンの排気速度は 6% にまで上昇します．この構造設計は三極型と比べてより簡単であり，安価であると主張しています．

Hamilton A. R.（1962）は，三極型にかける電圧を変更することによって，空気排気速度とアルゴン排気速度の両方を向上させることができ，アルゴン速度は，（空気速度の）25% にまで向上できることを示しました．この電圧印加は，電源と三極型の構造をシンプルにしており，Jepsen R. L. *et al.*（1961）(b) の討論と対抗する議論を展開しています．Hamilton A. R. は，自分の結果を

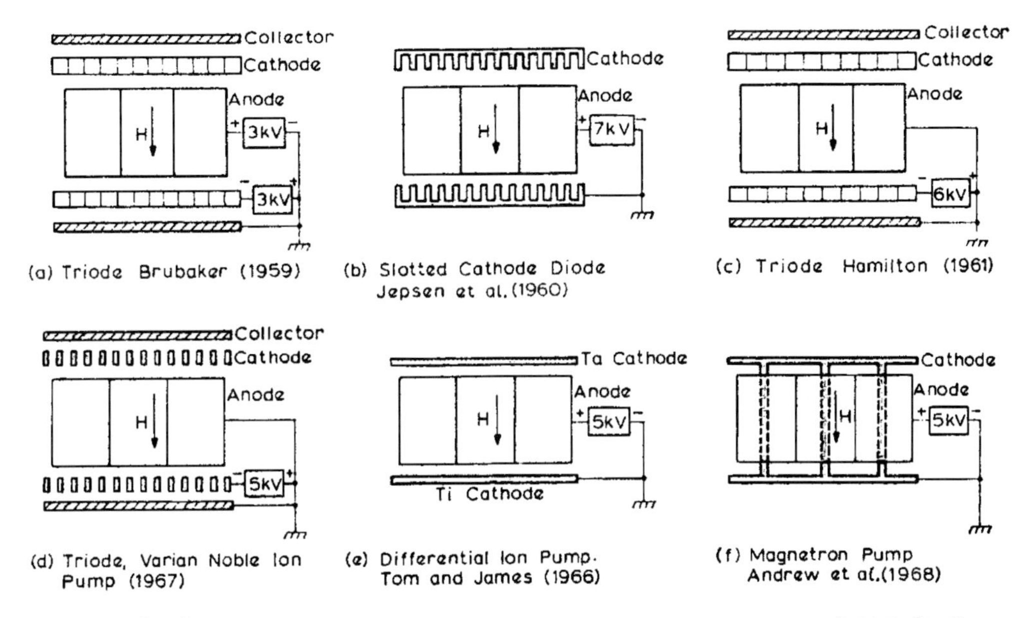

Fig. [9-3]-1. Pump designs for improved inert-gas pumping. D. Andrew (1968) [9-3]

文献 Fig. [9-3]-1

(a) Brubaker, W. M., 1960, *Trans. 6th AVS Vacuum Symp.*, 1959 (Pergamon Press), 302-6.
(b) Jepsen, R. L., Francis, A. B., Rutherford, S. L., and Kietzmann, B. E., 1961, *Trans. 7th AVS Vacuum Symp.*, 1960 (Pergamon Press), 45-50.
(c) Hamilton A. R., 1962, *Trans. 8th AVS Vacuum Symp.*, 1961 (Pergamon Press), 388-94.
(d) Triode, Varian Noble Ion Pump (1967).
(e) Tom, T., and James, B. D., 1966, *Abs. 13th AVS Vacuum Symp.*, 21-2.
(f) Andrew, D., Sethna, D., and Weston, G., 1968, *Proc. 4th Int. Vacuum Congr.*, 337-40.
(e) Tom, T., and James, B. D., 1966, *Abs. 13th AVS Vacuum Symp.*, 21-2.
(f) Andrew, D., Sethna, D., and Weston, G., 1968, *Proc. 4th Int. Vacuum Congr.*, 337-40.

満足に説明できないでいますが，これは今日までに展開された，排気のメカニズムのモデルと食い違っているように思われます (Fig. [9-3]-1 (c)).

バリアン社は，スロットカソード設計で行われた表面に似た，狭く並んだ片 (closely spaced strips, Fig. [9-3]-1 (d)) を有するカソードの三極型ポンプを製作しました．Bance and Craig (1966) (Bance, U. R., and Craig, R. D., 1966, *Vacuum*, **16**, 647-52.) は，メッシュカソードをもつ三極型を述べています．

Carter (1963) (Carter, G., 1963, *Trans. 9th A. V. S. Vacuum Symp.* 1959 (New York: Pergamon Press), 302-6.) は，タンタルはカソード材料としてチタンと比較すると，より良いスパッタリングと捕獲特性から，有利性を有していると述べました．Tom, T. and James, B. D. (1966) は，標準の二極型セルのカソードに，2つの異なった材料 (それはタンタルとチタンと信じられているが) を使用して，空気速度の25%にまで向上したアルゴン速度を得ました (Fig. [9-3]-1 (e)).

他のアプローチとして，マグネトロン構造のポンプで，空気速度の 12 ～ 20 %のアルゴン速度が報告されています（**Fig. [9-3]-1 (f)**）．このポンプの不活性ガス排気プロセスは，今回の国際会議（*Proc. of the 4th International Vacuum Congress, 1968*（Manchester, April 1668））で他の論文の主題になっています（Andrew *et al.*, 1968）.

9-1.4 二極型ゲッターイオンポンプによる，安定した空気排気（R. L. Jepsen *et al.*,1960 から）

R. L. Jepsen *et al.*（1960）[9-4]は，“Stabilized air pumping with diode type getter-ion pumps” と題した論文を発表し，スロットカソードをもつ二極型ポンプの詳細を論述しました．彼らはまた,「アルゴン問題」と「磁場効率」も論述しました.

1．アルゴン問題

多くの排気系において，希ガスを高排気速度で排気する必要は少ないですが，限られた数のケースでは地球の大気に約 1%のアルゴンが含まれていますから，アルゴンの排気がある程度重要です．もっと限られた応用において，特定の希ガスに対する高排気速度が重要になります.

さて，先ほど述べた 2 番目の状況に注目します．連続的な空気の漏れを排気すると，ある条件下では，従来の二極型ポンプでは周期的な圧力変動が起こります．これらの圧力変動は，通常空気中に存在するアルゴンに起因しているので,「アルゴン不安定性」という名前がついています.
「アルゴン不安定性」のいくつかの特性は以下のようです.

（1） 新しい，あるいはきれいにされたポンプが，不安定性を示すようになるには，圧力 1×10^{-5} Torr で数百時間，$P = 1 \times 10^{-6}$ Torr で数千時間動作させる必要があります．しかしながら，アルゴン不安定性が起こりやすい，あるいは起こりにくいということに関して，ポンプ間で大きな差異があります．いくつかのケースでは，不安定性を示すようになるには，高い濃度のアルゴンを排気させる必要があります.

（2） アルゴン不安定性の代表的なパターンを，**Fig. [9-4]-1** に示します．観察される圧力対時間曲線には，かなりの違った形があることを特記します.

（3） 不安定の期間中に，圧力は約 2×10^{-4} Torr の最大値まで上昇します．種々のリークに対して，不安定なピーク間の圧力は 2 ～ 3×10^{-5} Torr 以下であり，最大圧力はリーク量とは無関係です.

（4） 圧力変動の時間間隔は代表的に，圧力 1×10^{-5} Torr で数分であり，圧力 5×10^{-7}～2×10^{-5} Torr の範囲の圧力に対して，間隔はリーク量に反比例します.

（5） もし圧力が約 3×10^{-5} Torr を超えると，たとえ純アルゴンの排気であっても，もはや不安定性は起こりません.

（6） アルゴン不安定性の詳細な性質は，ポンプ電源の電圧―電流特性や，ポンプが取り付けられているシステムのサイズなどに依存します．ポンプのサイズに比較して大きいシステムでは,圧力の容積による安定化効果があるので圧力変動は起こりにくいと言えます.

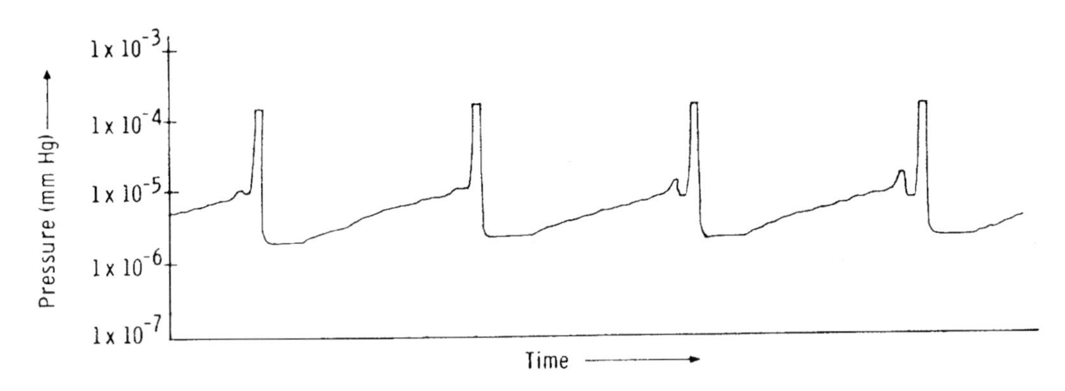

Fig. [9-4]-1.　Typical pattern of pressure vs. time for a getter-ion pump exhibiting argon instability.
R. L. Jepsen *et al.* (1960) [9-4]
Note: 1 mm Hg = 1 Torr = 133.3 Pa.

(7)　十分に高い圧力で運転すると，(例えば，通常の粗排気に続いてイオンポンプを起動する通常運転では) ポンプが実質的にきれいにされ，ポンプが不安定性を起こす傾向は大幅に減ります．このように，ポンプ起動を繰り返す場合は，滅多に不安定にはなりません．

2. 実験結果

スロットカソードを用いている VacIon ポンプ (Varian SIPs) で行われた，多くの実験結果から得られた，有効なカソード設計の主な結果は，以下のとおりです．

(1)　空気排気：スロットカソードポンプは，空気を完全に安定排気するようです．その排気速度は，平坦カソードポンプで得られる速度よりいくらか大きくなります．

(2)　アルゴン排気：アルゴン排気速度は，空気排気速度の約 10%です．これは，平坦カソードの場合の 5%よりかなり改良されています．スロットカソードは，1×10^{-5} Torr 以下の純アルゴンに対して安定しているようです．多くのケースでは，もっと高い圧力まで，安定動作できます．

(3)　カソード寿命：スロットカソードの VacIon ポンプ (Varian 社) は，空気に対して 1×10^{-5} Torr の圧力で 2000 hrs (1×10^{-6} Torr で 20,000 hrs と等価) を超えて，安定に動作しました．多くの場合，もっと高い圧力まで安定に排気できます．目で見て分かるぐらい摩耗していても，スロットはアルゴン不安定性を阻止するのになお有効でした．スロットはかなり摩耗していましたが，より低い電圧で，より大きなコンダクタンスで動作させた他のポンプは，1×10^{-5} Torr では 5000 hr の等価排気量で動作できました．これらのカソード制限寿命は，平坦カソードで得られる寿命よりかなり短いですが，スロットカソードの寿命は，次に述べる Flaking (はがれ) 寿命よりかなり長いと言えます．

(4)　はがれ：Flaking (はがれ) が起こります．フレーク (はがれ片) が強い放電の領域に落ちると，排気されたガスが放出され，圧力変動の原因となります．フレーキングは，特別の応用やポンプの設計に依存して，1×10^{-5} Torr の圧力で 1000～5000 hr の運転と等価の排気の後に，通常顕著になります．ポンプエレメントを徹底的にクリーニングし，カ

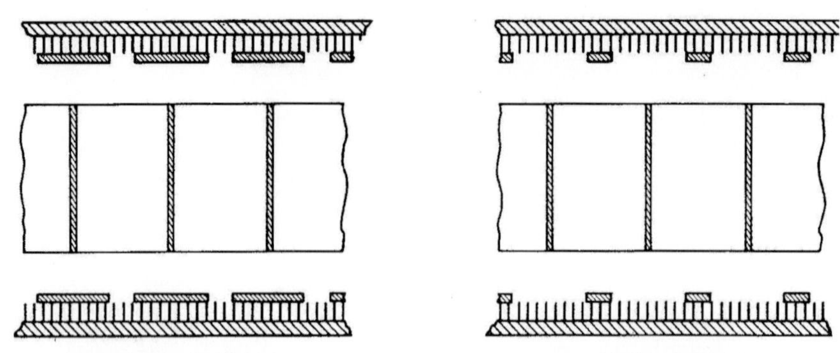

Fig. [9-4]-2. Crosssectional side of VacIon pumps employing slotted cathodes with (A) outer regions of the cathodes masked and (B) central regions masked.
R. L. Jepsen *et al.* (1960) [9-4]

ソード材料が消耗していなければ，ポンプは新品同様に回復します．

長く動作させたスロットカソードを調べたところ，セル中心軸近くのカソード部分で最も強く衝撃され，カソードの摩耗が激しく，物質の堆積は殆ど起こっていませんでした．したがって，アルゴンの速やかな排気は，ひどくスパッタされる中央領域の外側で行われると考えました．

この考察が正しいかどうかをテストするために，Fig. [9-4]-2 に示されているように，スロットカソードの２つの領域を，各々マスクしました．

中心軸の外側をマスクしたスロット型ポンプ（A）の，アルゴン排気速度とアルゴン排気の安定性は，完全に平坦なカソードのポンプと，基本的に同じでした．中心領域をマスクしたポンプの動作は，完全スロットポンプと同じでした．

スロットは中心領域では不必要ですので，この領域は平坦のまま残しておくことができ，このようにスパッタ物質をより多く供給でき，カソード寿命を増長できます．このようにすれば，スロットカソードの寿命を平坦カソードと同等にできます．

3. 磁場効率

Jepsen *et al.*（1960）[9-4]は，二極型ポンプと三極型ポンプの磁場効率を比較しました．

種々の冷陰極ガス放電ゲッターイオンポンプの，大きいコスト要因の１つはマグネットです．したがって，マグネットを効率的に利用することが重要です．決められた強度と容積の磁場において，H_2，N_2，O_2，空気のような活性ガスに対して最大の排気速度を得ることが重要です．

磁場強度と動作電圧（アノード―カソード間電圧）が選ばれているとしましょう．これらのパラメータに対応して，個々のアノードセルには最適の直径が存在するましょう．与えられた磁石ギャップ寸法セットに対して，「固有」の排気速度とアノードへのコンダクタンスで検討したように，最適なアノード長さと，カソード―アノード間スペースとの，最適な組み合わせがあります．

最適設計の二極型ポンプの一例を，Fig. [9-4]-3（左側）に示します．また，アノード長，カ

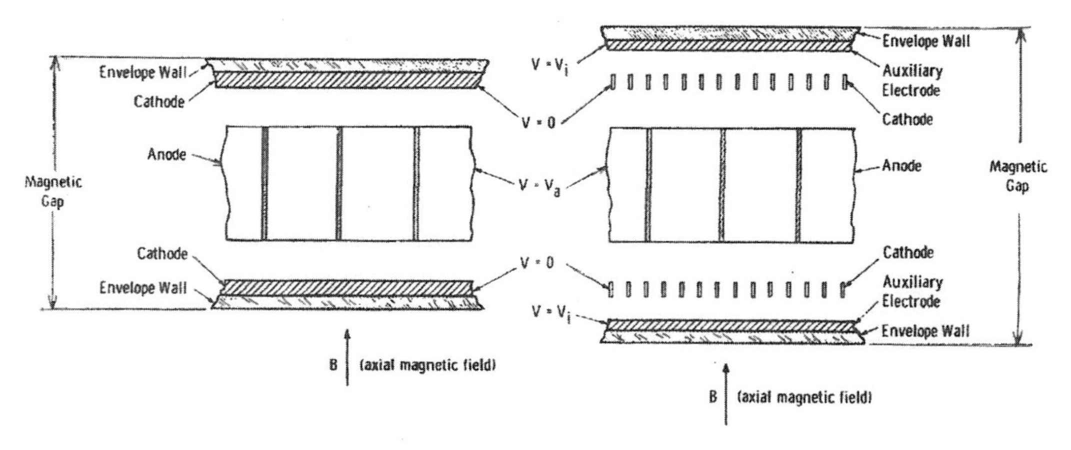

Fig. [9-4]-3.　Comparison of the magnetic gaps required for “equivalent” diode and triode pumps. R. L. Jepsen *et al.* (1960) [9-4]

ソード―アノード間スペース，磁場強度，アノード―カソード間の電圧が同じの「等価」三極型ポンプも，Fig. [9-4]-3（右側）に示します．このような三極型ポンプの場合，コレクター電極の高さ，コレクター電極とカソード間に必要なスペース，そしてカソード自体の増大した厚さのために，マグネットギャップは広くならざるを得ません．

中間的な圧力では，両者ポンプの空気に対する排気速度は，基本的に同等であることが実験的に見出されました．二極型ポンプで占有される磁場の容積は，等価な三極型ポンプで占有される容積より小さいので，磁場の単位容積当たりの排気速度は，二極型ポンプの場合の方がそれに応じて大きくなります．

9-1.5　二極型ペニングポンプの不活性ガス排気のメカニズム（P. N. Baker and L. Laurenson, 1972 から）

P. N. Baker and L. Laurenson（1972）[9-5]は，“Pumping Mechanisms for the Inert Gases in Diode Penning Pumps”と題した論文を発表し，そこで，ダイナミックなシステムで測定される排気速度 S は，カソードペアの原子量の平均値と入射イオンの原子量に対する比 R に依存する，$S \propto \log R$ という，重要な関係を示しました．

アブストラクト [9-5]

アルミニウム，チタン，タンタルのカソード材料と，ヘリウム，ネオン，アルゴン，クリプトンのガスとの組み合わせを用いて，二極型ペニングポンプの動作を研究しました．排気速度と異なったカソード材料のクリーンアップ（clean-up）時間を比較することで，排気のメカニズムを評価しました．ダイナミックなシステムで測定した排気速度 S は，カソード原子量と入射イオン原子量の比 R に対して，次式関係があることが分かりました．

$$S \propto \log R$$

このように，一例ですが，一方のカソードはTiで他方のカソードはTaのポンプ（Ti-Taポンプ）で測定された29 L/sのヘリウム排気速度は，10 L/sのクリプトン排気速度と比較されます（上式に従っている）．静的なシステムで，3組の異なったカソード対で，各々の不活性ガスを，2×10^{-6} Torrで4時間排気排気した後の，ポンプダウン曲線を記録しました．分圧変化の割合は，ヘリウムからクリプトンへと増加しました．Ti-Taポンプを例にしますが，ヘリウム分圧は初期値の$\sim 10^{-2}$倍の飽和値（asymptotic value）で留まりますが，一方クリプトンでは2分以内に質量分析計の検出限界以下に降下しました．ダイナミックな，そして静的な条件の下での，排気速度の式における重要な因子を討論します．

1．ポンプの安定性

特定のガスを排気しながら各々のカソード対の振舞いの実際を記録しました．実験圧力を一定に保つために，不活性ガスを排気したときに通常起こる（圧力）不安定性を可能な限り阻止するように，リーク量（rate）を変化させました．例えば，この仕事中にアルゴンを排気している間に，Ti-Tiポンプはかなり安定しており，他方，より長時間排気したり，故意にリーク量を変化させたりしたとき，ポンプはサイクル的な圧力不安定性を示します．Vaumoron and De Biasio（J. A. Vaumoron and M. P. De Biasio, *Vacuum* **20**, 109, 1970）は，サイクル的な不安定性は，カソード対の重い方のカソードの原子番号の，ガスの原子番号に対する比が2.4と2.7の間より小さい時に観察されることに注目しました．この仕事の結果は，Ti-TaとTi-Tiポンプだけを考えるならば，2.2と2.4の間の比が不安定性の発生の分岐点になります．Al-Taポンプでは，ネオン，アルゴン，クリプトンを排気しているときに，サイクル的な変動というよりも，むしろ間欠的な圧力パルスが観察されました．このパルスの間に，圧力はベース値の約100倍に上昇し，1分以内にベース圧力に低減しました．

2．排気速度

各々の不活性ガスを2×10^{-6} Torrで4時間排気した後の，異なったカソード対の排気速度を，**Table [9-5]-1**に示します．アルゴン排気では，4時間の期間で排気速度は安定，あるいは徐々に増大しました．しかし，他の不活性ガスでは排気量の増加とともに，代表値で言えば最初の排気速度の20％程に低減しました．実験の第1セットから第2，第3セットと実験を続けると，一般的に排気速度が減少しました．**Fig. [9-5]-1**は，比R対排気速度のlog（横軸）―linear（縦軸）グラフですが，比Rは，カソード対の平均原子量をガスの原子量で割り算したときの比です．グラフは

$$\text{Speed} \propto \log R$$

の関係を示しています．したがって，例えば最も高い排気速度は，最も軽い不活性ガスを最も重い（原子量の高い）カソードで排気したときに観察されます．

Denison（1977）[9-6]は，実際のガス排気について二極型と三極型のポンプを比較しました．「三極型は高い圧力で優位性を有していますが，二極型は低い圧力でより大きい排気速度を示します．寿命の加速テストでは，二極型の方が大きいガス量を排気した後に，より安定した排気特性を示します」．

Table [9-5]-1.　The ratio *R*, the stability and the dynamic speed during the 4-h pumping period are shown for the three cathode pairs and each gas.
P. N. Baker and L. Laurenson (1972) [9-5]

Gas	Cathode pair	*R*	Stabili *	Dynamic speed		
				1st set	2nd set	3rd set
He	Ti-Ta	28.7	S	31	29	24
He	Al-Ta	26.0	S	26	23	···
He	Ti-Ti	12.0	S	···	···	22
Ne	Ti-Ta	5.73	S	16	15	13
Ne	Al-Ta	5.20	P	12	12	···
A	Ti-Ta	2.87	S	19	18	18
A	Al-Ta	2.60	P	13	16	···
Ne	Ti-Ti	2.40	S	···	···	9
Kr	Ti-Ta	1.36	F	···	10	11
Kr	Al-Ta	1.24	P	···	10	···
A	Ti-Ti	1.20	F	···	···	9
Kr	Ti-Ti	0.57	U	···	···	···

* Stability during 4-h pimping period; S — stable, pressure almost constant; P — intermittent pressure pulse; F — small pressure fluctuations; U — unstable, regular pressure fluctuations.

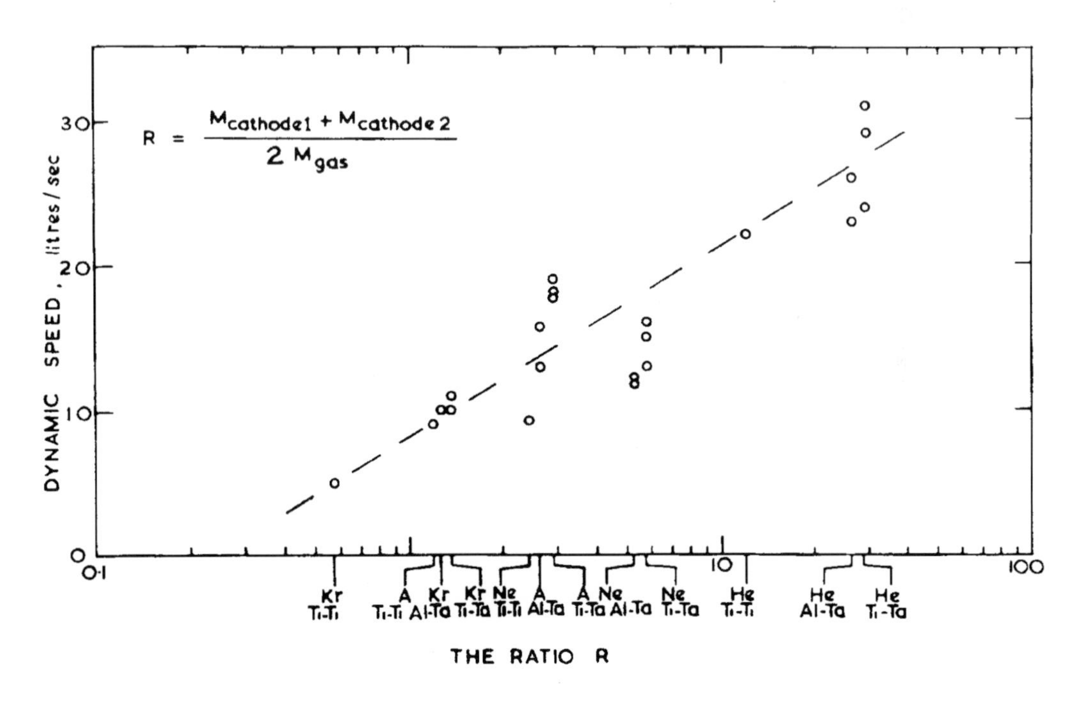

Fig. [9-5]-1.　The dynamic speeds of the three cathode pairs for each inert gas as a function of the ratio *R*.
P. N. Baker and L. Laurenson (1972) [9-5]

9-1.6 スパッタイオンポンプの希ガス排気性能の向上
(S. Komiya and N. Yagi, 1969 から)

Komiya and Yagi (1969) [9-7]は，“Enhancement of Noble Gas Pumping for a for a Sputter-Ion Pump”と題した論文を発表し，異なった構造と材料のカソードについて，希ガス排気の効果を討論し，以下の結果を得ました．

多孔タンタル板と従来のチタンカソードの合体カソードのポンプは，窒素排気速度の約 40% のアルゴン排気速度が得られました．多孔タンタルポンプでは目立った圧力パルス (所謂アルゴン不安定性は，アルゴンの一定流量での 22×10^{-5} Torr で少なくとも 700 h 排気の期間中，起こりません．

9-1.7 スパッタイオンポンプによる He 排気と H_2 排気
(K. M. Welch, D. J. Pate, and R. J. Todd, 1993, 1994 から)

K. M. Welch *et.al.* は，下記の 2 つの論文を発表しました．

[9-8] “Pumping of helium and hydrogen by sputter-ion pumps”

1. Helium pumping., K. M. Welch *et al.*, 1993

[9-9] “Pumping of helium and hydrogen by sputter-ion pumps”

2. Hydrogen pumping., K. M. Welch *et al.*, 1993

He (ヘリウム) は最も小さな不活性ガスで，漏れ探しの際にプローブガスとして用いられます．一方，H_2 ガスは，超高真空システムにおける主要な残留ガスとして知られています．

これら 2 つの論文は，アブストラクトを紹介します．

1. He (ヘリウム) の排気

アブストラクト [9-8]

ノーブル二極型と従来型の二極型，そして三極型ポンプの，He 排気速度と排気容量の定量的データを示します．He 排気につながる，種々のポンプ再生手順の有効性を報告します．これらには，ベーク処理や N_2 グロー放電洗浄が含まれています．(He 排気の後の) N_2 排気で起こる He の，かなりの量の脱離を報告します．これらのポンプの N_2 排気速度は，He 排気速度に対するポンプのサイズを定義する，ベンチマークとして使用されます．

2. H_2 (水素) の排気

アブストラクト [9-9]

二極型ポンプと三極型ポンプの水素排気を討論します．これらのポンプに用いられたカソード材料のタイプは，H_2 の排気に重要な役割と有効性を与えますから，明示します．(カソードとして) アルミニウム，チタン，そしてチタン合金をもつポンプのデータを示します．アルミニウムカソードの二極型ポンプは，He排気のときのような効果がないことが分かります．チタンアノードとポンプ容器をシールドするチタンを使用することは，非常に低い圧力でのポンプの排気速度に．良い効果を与えることが示されます．このことが，ステンレス鋼よりもチタンの方が× 10^6 倍も多く H_2 を溶解するという事実が，根幹の理由です．H_2 は，しっかりと中性粒子として埋め込まれるので，アノードに入り込みます．H_2 のイオンと高速中性粒子は，ポンプ容器の壁に埋め込まれます．アノードとポンプ容器からの水素のガス放出が原因で，ポンプのベース圧力が徐々に上昇し，非常に低いベース圧力での水素排気速度が減少します．

9-2　チタンサブリメーションポンプ

二種類のゲッターポンプ，すなわち，チタンサブリメーションポンプ（TSP）と非蒸発型ゲッターポンプ（NEG）が，スパッタイオンポンプの補助ポンプとして用いられています．TSPではゲッター材（Ti線など）の補給が必要になりますので，電子顕微鏡などのユーザには保守の点が問題です．

9-2.1　レビュー：Ti膜の付着係数と収着容量（D. J. Harra, 1976から）

D. J. Harraは，“Review of sticking coefficients and sorption capacities of gases on titanium films”（1976）[9-10]と題した論文を発表しました．その論文には，多数の文献から引用した「最初の付着係数」（” Initial sticking soefficient”）などのデータが表（Table [9-10]-1）にまとめられていますが，それを要約した表も（Table [9-10]-2）載っていますので，そちらを引用します．

アブストラクト [9-10]

チタンサブリメーションポンプやチタンカソードを用いているスパッタイオンポンプの排気速度は，チタン膜の付着係数（the sticking coefficient）や収着キャパシティー（the sorption capacity）などに依存します．このような排気のメカニズムを用いている真空システムでは，付着確率と収着容量が，ある時点での種々のガス種の分圧を決定するのに，重要な役割を果たします．しかしながら，分圧がどのようになるかを決定するのに必要な付着係数のデータは，便利な形で使用できるようにはなっていません．この課題に関する文献をレビューし，H_2，D_2，H_2O，CO，N_2，O_2，CO_2 についてのデータを表にまとめました．これらの結果を記述し，収着メカニズムに関する情報を討論します．

1．データの要約

文献に報告されている収着の膨大なデータを，Table [9-10]-1（割愛）にまとめています．そこでは，フラッシュ蒸着膜の低い被覆度における，初期付着係数が与えられています．連続蒸着のケースにおいて，低い収着比における（at low sorption ratios）付着係数が与えられています（その表Table [9-10]-1を要約して，**Table [9-10]-2**に示します）よく似た条件における，種々の実験で得られた付着係数の間に差異がみられます．このような差異は，この種の測定ではすでに述べた理由で実際に起こるもので，データの広がりがみられます [23].

Table [9-10]-1（割愛）において，フラッシュ（間欠蒸発）による蒸着膜で収着されたガスの量は，各々の膜について報告されている付着係数の最も低い値に対応しています．もし，ある膜が飽和点に近ければ，その点で収着される量に対応する付着係数は，初期の付着係数よりずっと小さく，収着されているガス量が膜の真の収着容量に近づいているときのデータです．収着した量に対応する付着係数の割合を，Table [9-10]-1（割愛）に載せています．多くの場合この割合が大きいですが，これは，多くのガスがすでに収着されていることを示しており，飽和近くまで測定されたことを示しています．

2. 結論

Table [9-10]-1（割愛）のデータは Table [9-10]-2 に要約されています．Table [9-10]-2 の最初の付着係数は，Table [9-10]-1（割愛）のそれらの値の平均値であり，典型的なサブリメーションポンプにおける，膜条件のばらつきを反映していると考えられます．各ガスに対してリストされている収着量の値の範囲は，用いられた新鮮な膜の厚さの広い範囲に対応しています．10^{15} molecule/cm^2 をはるかに超える収着容量は，代表的なものであることに注目してください．勿論，水素や重水素の飽和収着量は，新鮮なその膜を通って 300 K の下地の堆積物（膜）内へ拡散することによって，新鮮な膜における Ti の原子数（Ti atoms/cm^2）を超えるでしょう [21]．一般に，最初の付着係数と収着容量は，共にその場合の膜の堆積条件と基板の細部の条件に依存するでしょう．

注記：

付着係数が 1 ならば，質量数 M のガスに対する排気速度 S_M は 20 ℃ において，

$$S_M = 11.6\sqrt{29/M} \quad (\mathrm{L \cdot s^{-1} \cdot cm^{-2}})$$

となります．

Table [9-10]-2. Summary of the sorption data. D. J. Harra, (1976) [9-10]

Gas	Initial sticking coefficient		Quantity sorbed[a] ($\times 10^{15}$ molec/cm^2)	
	300 K	78 K	300 K	78 K
H_2	0.06	0.4	8 − 230[b]	7 − 70
D_2	0.1	0.2	6 − 11[b]	···
H_2O	0.5	···	30	···
CO	0.7	0.95	5 − 23	50 − 160
N_2	0.3	0.7	0.3 − 12	3 − 60
O_2	0.8	1	24	···
CO_2	0.5	···	4 − 24	···

[a] For fresh films with thickness of > 10^{15} Ti atoms/cm^2.
[b] The quantity of hydrogen or deuterium sorbed at saturation may exceed the number of Ti atoms/cm^2 in the fresh film through diffusion into the underlying deposit at 300 K [21].

文献 [9-10]

[21] R. Steinberg and D. L. Alger, *J. Vac. Sci. Technol.* **10**, 246 (1973).
[23] D. O. Hayward and N. Taylor, *J. Sci. Instrum*, **44**, 327 (1967).

9-2.2 Tiサブリメーションポンプからのメタンガス放出 (D. Edwards, Jr, 1980から)

D. Edwards, Jr (1980) [9-11]は，論文 "Methane outgassing from a Ti sublimation pump" と題した論文を発表しました．

アブストラクト [9-11]

超高真空 (UHV) システム用のポンプとして，例えば代表的に，小さな20 L/sスパッタイオンポンプ付のTiサブリメーションポンプが用いられます．Ti表面はメタン (CH_4) を排気できず，スパッタイオンポンプのメタンの排気速度は，10^{-11} Torrの低いレンジで僅か1 L/sです．したがって，CH_4放出源を同定し，可能ならばCH_4放出源を削減することが重要です．我々は，1500 cm^2 Tiサブリメーションチャンバーからのメタンガス放出量 (rate) の測定を，初めて報告します．Tiをフラッシュする以前では，チャンバーからのCH_4放出量 (rate) は非常に低かった (< 10^{-12} Torr・L/s) にもかかわらず，Ti蒸発後には，CH_4放出量 (rate) はかなり大きくなっており (4×10^{-11} Torr・L/s)，時間と共に非常にゆっくりとしか減少せず，ISABELLEで要求されているガス放出の基準よりかなり大きいことが分かりました．Tiゲッターチャンバーからのメタンガス放出を，根本的に除去するためには，Ti蒸発が完全に終わった後に，Tiチャンバーを100℃で4時間加熱することが必要でした．これとよく似た処理手順ですが，大気に曝した後にISABELLE真空システムを超高真空条件にする，合理的な処理手順があります．

1. 測定系

Fig. [9-11]-1は，Tiゲッターのメタンガス放出を特性付けるのに用いた測定系を示しています．Tiゲッター室は内表面積が1500 cm^{2}で，真空焼鈍された304ステンレス鋼で製作されました．Ti膜は，標準のVarian社製のTiフィラメントを蒸発させて造りました．ゲッターは焼き出し処理を行うために，バルブV1を介してターボ分子ポンプに接続され，測定中にV2を介してマススペクトロメータチャンバーに接続されます．マススペクトロメータチャンバー自体は，コ

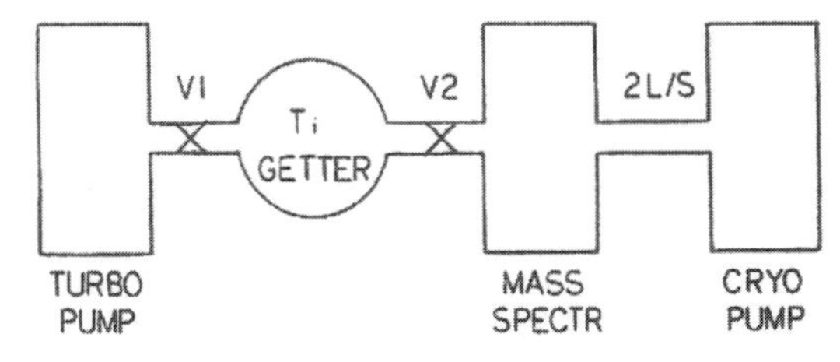

Fig. [9-11]-1. A schematic showing the Ti getter connected both to the turbopump and the mass spectrometer chamber. A 1000 L/s cryopump conductance limited to 2 L/s is connected to the mass spectrometer chamber as shown.
D. Edwards, Jr (1980) [9-11]

ンダクタンスが2 L/sに制限されているパイプで，液体ヘリウムクライオポンプ（1000 L/s）に接続されています．Tiチャンバーとマススペクトロメータチャンバーは，別々に通常200℃までの温度でベークされます．Tiをフラッシュする前ですが，ベーク処理後，主チャンバーでのメタン圧力は約4～5 × 10^{-12} Torr，一方全圧はH_2が主成分で，約4 × 10^{-10} Torrでした．

測定された量は，ゲッターチャンバーからマススペクトロメータチャンバーへ入ってくるメタンフラックスで，単位はTorr・L/sです．この量はV2を閉める前後で，マススペクトロメータチャンバーでの記録されたメタン圧力から決定されます．メタン（放出）量（rate）の測定感度は，実験コースで多少変化しますが，代表値では約0.2 × 10^{-12} Torr・L/sでした．

2. メタン放出量（rate）の低減

Tiゲッターチャンバーからのメタンガス放出を低減させるための，可能なプロセスを研究するために，Ti蒸発後，直ちにチャンバーを約100℃で4時間ベークしました．100℃で4時間のベーク終了後1.5時間経過すると，CH_4放出量（rate）は，無視できるほど小さくなりました．この研究の結果を通常のTi蒸発シーケンスと比較して，Fig. [9-11]-2に示します．Tiフラッシュ後，低い温度でベークすれば，Tiチャンバーからのメタンガス放出を基本的に除去できることが分かります．

清浄なTi表面上にTiをフラッシュさせると，メタン源が再生されることをさらに証明するために，40 A，1時間のTiフラッシュ後，100℃で4時間ベーク処理したチャンバーに再度40 A，1時間のTiフラッシュを行いました．このシーケンス結果を，Fig. [9-11]-3に示します．この線図から分かることですが，メタン源はベークだけの表面上にフラッシュした場合よりも「清浄

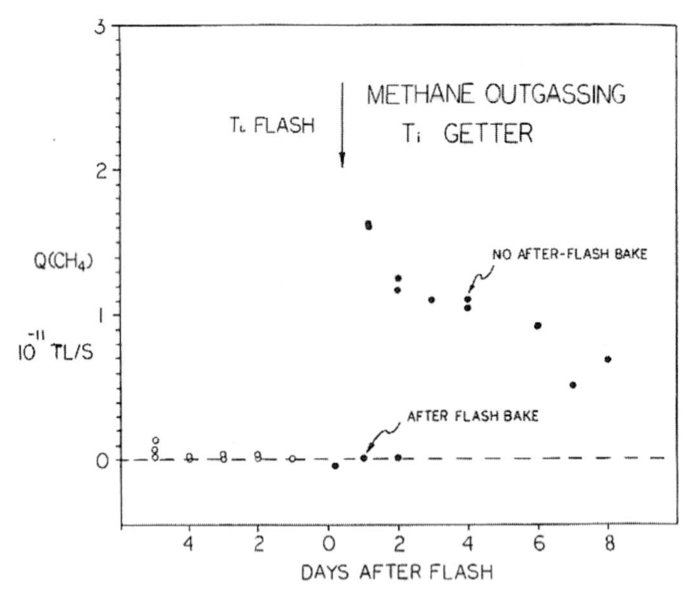

Fig. [9-11]-2. A 4-h 100℃ bake after the Ti flash is seen to eliminate the source of methane. V2 was open during the low temperature bake.
D. Edwards, Jr (1980) [9-11]

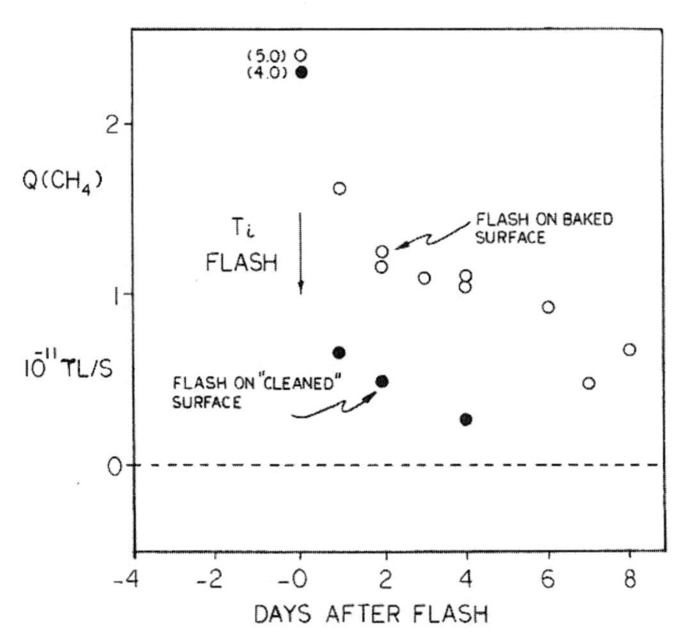

Fig. [9-11]-3. The reproduction of the methane source by flashing the Ti on a "cleaned" Ti surface is shown. The parenthesis (5.0), (4.0) indicate that those points have an outgassing rate of 5.0 or 4.0 × 10-11 Torr・L/s, respectively.
D. Edwards, Jr (1980) [9-11]

な」Ti表面上にフラッシュする方がより速やかに低減しますが，清浄なTi表面上にフラッシュすることによって，メタン源が再生されます．このことは，清浄なTi表面上にフラッシュすれば，ベークだけの表面上に生成されたメタン源よりも，より速やかに低減するメタン源を造っていることを意味しています．

9-3 非蒸発型ゲッターポンプ

非蒸発型ゲッターポンプ（NEG）も，スパッタイオンポンプの補助ポンプとして使用されています．NEGは一般に，ゲッター材を高温で再活性化処理をする必要があるので，電子顕微鏡の一般ユーザーには保守の点で問題があります．

9-3.1 St707非蒸発ゲッター（Zr 70 V 24.6-Fe 5.4 wt%）の排気特性（C. Benvenuti and P. Chiggiato, 1996から）

Benvenuti and Chiggiato（1996）[9-12]は，"Pumping characteristics of the St707 nonevaporable getter（Zr 70 V 24.6-Fe 5.4 wt%）"と題した論文を発表しました．

アブストラクト [9-12]

St707 非蒸発型ゲッター（NEG）の室温での排気速度が，個々のガスに対して，そして混合ガスに対して，排気されたガスの量の関数として測定されました．このNEGの重要な特性は，その活性化温度がかなり低いということです．したがって，実際状況において，最も高可能な排気速度を得るための，活性化プロセスの最適温度と時間を見出すことが，最も高い関心事でした．以下のことを見出しました．400℃で約1時間の加熱処理で，H_2 に対して 1000 L・s^{-1}・m^{-1} の排気速度が，また，CO に対して 2000 L・s^{-1}・m^{-1} の排気速度が，そして N_2 に対して 450 L・s^{-1}・m^{-1} の排気速度が得られましたが，これらの値は，740℃というより高い温度で活性化したときに得られる排気速度の値に，非常に近い値です．したがって St707 NEG は，ステンレス鋼真空システムの焼き出し期間に受動的に活性化すれば，もしNEGの活性化処理を電気抵抗か熱で行えば，電気絶縁や電流導入端子などが不可欠になるのを避けることができます．

9-3.2 コンパクトなチタン－バナジウム非蒸発ゲッターポンプの設計と排気特性（Y. Li *et al.*, 1998 から）

Li *et al.*（1998）[9-13]は，“Design and pumping characteristics of a compact titanium-vanadium non-evaporable getter pump” と題した論文を発表しました．

アブストラクト [9-13]

コンパクトな非蒸発ゲッター（NEG）ポンプが，SAES Getters 社から St185 として最近入手できるようになりました．それは沈殿型チタン－バナジウムブレード（sintered titanium-vanadium blades）を積み重ねて製作されています．50枚のブレードが，ステンレス鋼チューブ内の銅製スペーサの間に組み込まれ，チューブに挿入された，取り外し可能なカートリッジヒータで活性化されます．ポンプの設計と動作の最適化を図るために，種々の活性化温度と異なったNEGディスクスペースに対して，収着ガス量の関数として CO と N_2 の室温での排気速度を測定しました．この研究の結果，約340℃の温度に活性化の閾値があり，最適の排気速度と排気容量は，およそ550℃の活性化温度で達成できます．CO と N_2 の各々に対する約 2200 L･s^{-1}･m^{-1} と 1300 L･s^{-1}･m^{-1}（1 m リボン当たり）の排気速度が，活性化温度500℃で1時間の活性化で達成できます．直接比較して分かったことですが，St185 の排気速度の方が，St707（Zr-V-Fe 合金，SAES Getters 社）よりずっと大きい排気速度を示します．St185 NEG の低い活性化温度とコンパクトな設計のおかげで，NEG ポンプカートリッジは，狭い空間と高温に敏感な部品を有する状況において，特に魅力的なポンプです．

引用文献

[9-1] R. L. Jepsen, “The physics of sputter-ion pumps”, *Proc. of the 4th International. Vacuum Congress, 1968* (Manchester, April 1968), pp. 317-324 .

[9-2] S. L. Rutherford, “Sputter-ion pumps for low pressure operation”, *Transactions of the 10th National Vacuum Symposium, 1963* (Macmillan, New York, 1964), pp.185-190.

[9-3] D. Andrew, “The development of sputter-ion pumps”, *Proc. of the 4th International Vacuum Congress, 1968* (Manchester, April 1668), pp. 325-331..

[9-4]　R. L. Jepsen, A. B. Francis, S. L. Rutherford, and B. E. Kietzmann, "Stabilized air pumping with diode type getter-ion pumps", *Transactions of the 7th National Vacuum Symposium, 1960* (Pergamon Press, New York, 1961), pp. 45-50.
[9-5]　P. N. Baker and L. Laurenson, "Pumping mechanisms for the inert gases in diode Penning pumps", *J. Vac. Sci. Technol.* **9** (1), pp. 375-379 (1972).
[9-6]　D. R. Denison, "Comparison of diode and triode sputter-ion pumps", *J. Vac. Sci. Technol.* **14** (1), pp. 633-635 (1977).
[9-7]　S. Komiya and N. Yagi, "Enhancement of noble gas pumping for a sputter-ion pump", *J. Vac. Sci. Technol.* **6** (1), pp. 54-57 (1969).
[9-8]　K. M. Welch, D. J. Pate, and R. J. Todd, "Pumping of helium and hydrogen by sputter-ion pumps. Ⅰ. Helium pumping", *J. Vac. Sci. Technol. A* **11** (4), pp. 1607-1613 (1993).
[9-9]　K. M. Welch, D. J. Pate, and R. J. Todd, "Pumping of helium and hydrogen by sputter-ion pumps. Ⅱ. Hydrogen pumping", *J. Vac. Sci. Technol. A* **12** (3), pp. 861-866 (1994).
[9-10]　D. J. Harra, "Review of sticking coefficients and sorption capacities of gases on titanium films", *J. Vac. Sci. Technol.* **13** (1) pp. 471-474 (1976).
[9-11]　D. Edwards, Jr., "Methane outgassing from a Ti sublimation pump", *J. Vac. Sci. Technol.* **17** (1), pp. 279-281 (1980).
[9-12]　C. Benvenuti and P. Chiggiato, "Pumping characteristics of the St707 nonevaporable getter (Zr 70 V 24.6 Fe 5.4 wt%)", *J. Vac. Sci. Technol. A* **14** (6), pp. 3278-3282 (1996).
[9-13]　Y. Li, D. Hess, R. Kersevan, and N. Mistry, "Design and pumping characteristics of a compact titanium-vanadium non-evaporable getter pump", *J. Vac. Sci. Technol. A* **16** (3), pp. 1139-1144 (1998).

第9章のおわりに

超高真空まで十分大きい排気速度特性を維持している,「超高真空用スパッタイオンポンプ(UHV-SIP)」が必要と認識していました.そこで,スパッタイオンポンプ関連の重要論文で勉強を始めました.R. L. Jepsen (1968) [9-1] が,"The physics of sputter-ion pumps" の論文で強調しているポイントを勉強するのですが,「それは実現可能か？コストは？」とチェックする必要もあります.

R. L. Jepsen (1968) [9-1]に記載の,アノード内部に閉じ込められる最大電荷 q_{mp} の式,

$$q_{mp} = -4\pi\varepsilon_0 V_a L \qquad [9\text{-}1]\text{-}4$$

ですが,長さLを高くすれば良さそうですが,磁場強度が問題になります.q_{mp} はアノード電圧に比例しますから,電圧を高くすればよさそうですが,電源コントロールに使用する電気部品の耐電圧は一般に7 kV以下です.

式[9-1]-4は,ペニングセル1個当たりの最大電荷量で,セルの直径には依存しないということですから,小さなセルをたくさん並べると良いと考えられます.しかし,論文に記述していますように,

$$Br_a = \text{const} \qquad [9\text{-}1]\text{-}5$$

の必要条件から強力な磁場強度が必要になりますから，これも廃案です．どうやらポイントは磁場のようです．

Rutherford（1964）［9-2］の論文に出てくる「放電強度I/Pと圧力Pとの関係」を示している線図 **Fig. [9-2]-2**（I/P vs P for SIPs with three different anode cell diameters）は，注目すべき測定データですので，今一度データを読み取りましょう．

この線図（**Fig. [9-2]-1**）を一見すると，2 inchセルのポンプが超高真空用に最も適しているように見えますが，そうではありません．8-2" セルの専有面積は6-1" セルの専有面積の約2倍を占めています．すなわち

$$\frac{(2\times2\times3)}{(1\times1\times6)}\approx2$$

その他にも大きい問題があります．2" セルの高さです．同筒アノードセルのアスペクト比を維持するには，磁石の磁束密度は磁極間隔に反比例しますから，非常に強い磁石と断面積の非常に大きいヨークが必要になります．ここでも磁石が問題のようです．どうやら，やはり平凡な形状寸法が良いということになりそうですが，磁束密度は高い方が良いということです．

しかし，製造コストも重要です．

第 10 章

スパッタイオンポンプの開発

はじめに

スパッタイオンポンプの開発についての論文，[10-1]，[10-2]をレビューします．

非常に低い圧力で十分な排気速度をもち，アルゴン（Ar）などの不活性ガスを安定に排気できるポンプを合理的に開発できましたが，これは第9章でレビューした，スパッタイオンポンプの基礎に関する論文のおかげです．極高真空で十分に排気できるスパッタイオンポンプと，不活性ガス排気の能力を備えた超高真空ノーブルポンプを開発できました．

開発した超高真空ノーブルポンプの圧力（ヌード型BAゲージで測定）とポンプのイオン電流とは，超高真空領域で比例関係を示しました．なお，このイオン電流対圧力の特性は，次章の **Fig. [11-4]-1.** Ion-current characteristics of SIP（0.15 T, 24 mm diam.-anode cells）に示されています．

10-1　超高真空スパッタイオンポンプ

超高真空装置排気用のスパッタイオンポンプには，2つのタイプのポンプが必要になります．1つは，アルゴンガスを意図的に流しながら排気する必要のない場合です．代表的な装置は，透過型電子顕微鏡です．電子顕微鏡の試料は，電子を透過させるために通常薄い試料を使用しますが，試料の作成は別の試料作製装置で行われます．他方，オージェ電子分光装置（AES）では，試料をその場でアルゴンイオンスパッタで薄くして分析します．このような場合には，超高真空での排気性能と共に，不活性ガスであるアルゴンに対する高い排気性能が要求されます．例外的ですが，より速いスパッタ速度を得るために，高分子量のキセノン（Xe）イオンを，スパッタを行うイオンとして使用されるケースもあります．このような場合は，Xeの分子量は131と大きいので（Arの分子量の約3倍もあります），**第9章9-1.5**でレビューしましたように，スパッタイオンポンプで安定に排気することが，非常に難しくなります．

10-1.1　高磁束密度スパッタイオンポンプの超高真空での排気特性（K. Ohara *et al.*, 1992から）

K. Ohara *et al.*（1992）[10-1]は，"Pumping characteristics of sputter ion pumps with high-magnetic-flux densities in an ultrahigh-vacuum range" と題した論文を発表しました．

アブストラクト [10-1]

直径17 mm，24 mm，29 mmの各々のアノードセルをもつスパッタイオンポンプ素子を，3つの磁場（中心磁束密度で約0.15 T，0.2 T，0.3 T）で動作させたときの排気特性を，1×10^{-8} Pa～1×10^{-6} Paの超高真空領域で測定しました．17 mm直径のセルのポンプの排気速度は，磁束密度の増加と共に増大しました．しかしながら，17 mm直径のセルと0.3 Tの磁束密度のポンプは，1.5×10^{-8} Pa以下の圧力で排気速度は殆どゼロでした．24 mm直径のセルと0.3 Tの磁束密度のポンプは，1 × 10^{x8} Pa～1 × 10^{-6} Paの圧力範囲でかなり高い排気速度を示しました．29 mm直径のセルと0.3 Tの磁束密度のポンプは，2 × 10^{-8} Pa以下の圧力で，テストしたポンプの中では最も大きい排気速度を示しましたが，10^{-7} Paレンジでの排気速度は比較的小さいという結果になりました．

1．ポンプ設計のパラメータ

2つの放電室と2つの高電圧導入端子をもつSS304ステンレス鋼製ポンプ容器を，真空ロウ付けとアルゴンアーク溶接で製作しました．放電室の寸法は，どちらも58mm × 250mm × 100 mmです．2枚のカソード板と直径の異なるシリンダー型アノードセル（SS304）組み立てから成る，3組のポンプ要素アッセンブリを設計製作し，それらのアッセンブリを交互に，共通のポンプ容器に組み込みました．さらに，3つの異なった磁場のマグネットアッセンブリを製作しましたが，それらの磁束密度は，マグネットポールギャップの中心で，各々0.15 T，0.2 T，0.3 Tです．0.3 Tのマグネットは，希土類（rare-earth）マグネットで製作しました．

各々のマグネットアッセンブリの，ポールギャップ（磁極間隔）における磁束密度分布を測定しました．3つのマグネットアッセンブリの中心での最大磁束密度は，各々0.15 T，0.2 T弱，0.3 Tでした（**Fig. [10-1]-1**）．破線は，x軸から30 mm離れた位置に沿っての磁束密度分布を示しています．全てのマグネットアッセンブリで，x軸から30 mm離れた位置に沿っての磁束密度

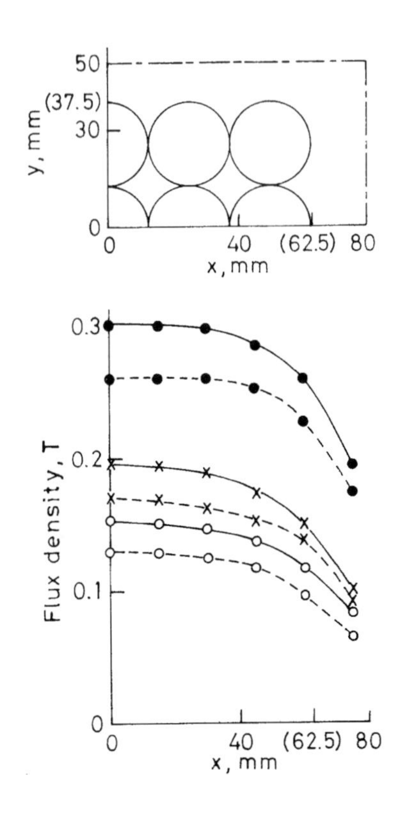

Fig. [10-1]-1.
Distributions of magnetic-flux densities in the pole gaps of the magnet assemblies: —, y = 0 mm; ---, y = 30 mm; -○-, magnet assembly of 0.15 T at the center of the pole gap; -×-, magnet assembly of 0.2 T; and-●-: 0.3 T. (Ohara *et al.*, 1992) [10-1]

は，中心磁束密度から約13％低く，y軸から60 mm離れた位置に沿っての磁束密度は約20％低かったのです．

共通の放電チャンバーに組み込むために，以下で示したアノードセルのポンプエレメントを製作しました．

（1）17 mm直径セル28ピース（4行×7列）

（2）24 mm直径セル15ピース（3行×5列）

（3）29 mm直径セル8ピース（2行×4列）

全てのポンプエレメントアノードセルの長さは，28 mmです．またポンプエレメントのカソード対は，2 mm厚さの平らなTi板で組み立てられています．アノードセルとカソード板との間のギャップは10 mm，アノード－カソード間の印加電圧は6.5 kVです．

2. 排気速度と放電強度の測定

ベークによる脱ガス処理（250℃で2日間）を施した後，オリフィス（3.3 mm直径）を用いる流量法で，ポンプダウン特性と放電特性を測定しました．

オリフィス法による排気速度測定系のセットアップを，**Fig. [9-1]-2**に示します．

以下のベーク脱ガス処理を施しました．

オリフィス（3.3 mm直径）と補助のスパッタイオンポンプを取り除き，2つのテストポンプ（Pump 1とPump 2, power kept off）とチャンバーセットアップは，メタルバルブを介してターボ分子ポンプで排気しながら，250℃で2日間脱ガス処理をしました．その後，2つのチャンバーは2つのスパッタイオンポンプ（17 mm直径セルポンプと24 mm直径セルポンプ）で排気し，それからメタルバルブを閉じました．翌日には10^{-8} Paレンジの超高真空圧力を確認できました．10 Lのチャンバーに対して，17 mm直径セルポンプのポンプダウン特性を測定し，その後に24 mm直径セルポンプのポンプダウン特性を測定しました．互いのポンプに対して，各磁石アッセンブリは交互に取り付けました．Pump 1によるポンプダウン特性の測定では，Pump 2

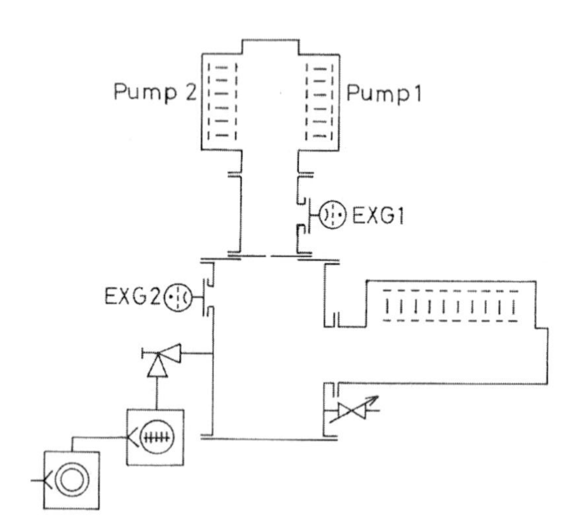

Fig. [10-1]-2
Experimental setup for measuring pumping speeds. K. Ohara *et al.*, (1992) [10-1]

の電源はoffにしておき，1×10^{-5} Paを5分間保つように，ニードルバルブからN_2ガスを導入しました．ポンプダウン中の圧力はニードルバルブを閉じた後に，エクストラクタゲージ1（EXG1）で測定しました．他のポンプのポンプダウン特性の測定も，同様に行いました．測定結果を**Fig. [10-1]-3**と**Fig. [10-1]-4**に示します．

Fig. [10-1]-3と**Fig. [10-1]-4**にみられるように，0.3 Tと24 mm直径セルの組み合わせポンプのポンプダウンが最も速く，次に速いのは0.2 Tと24 mm直径セルの組み合わせポンプです．一方，0.15 Tと17 mm直径セルの組み合わせポンプのポンプダウンが最も遅い結果となりました．17 mm直径セルと24 mm直径セルのポンプは，磁束密度を0.2 T，0.3 Tと大きくする

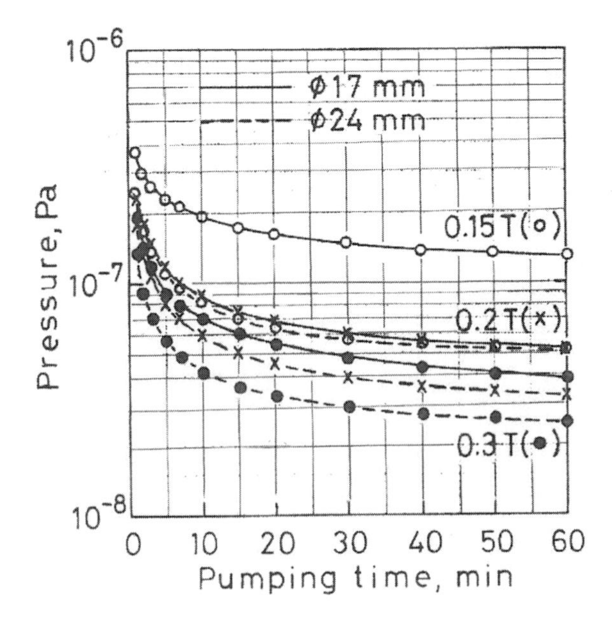

Fig. [10-1]-3.
Pump-down characteristics for the chamber of 10 L, evacuated by the pumps with 17-and 24-mm-diam cells, respectively. K. Ohara *et al.*, (1992) [10-1]

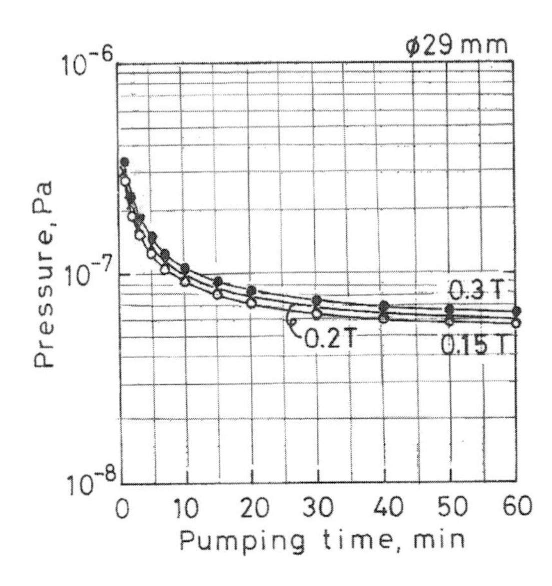

Fig. [10-1]-4.
Pump-down characteristics for the chamber of 10 L, evacuated by the pumps with 29-mm-diam cells, respectively. K. Ohara *et al.*, (1992) [10-1]

とポンプダウンが速くなりました．他方，29 mm 直径セルのポンプは 0.3 T の磁石アッセンブリを取り付けても，ポンプダウン特性は向上しませんでした．

排気速度の測定では **Fig.［10-1］-2** に示すように，オリフィス（3.3 mm 直径）と補助のスパッタイオンポンプ（公称排気速度 75 L/s）を取り付けました．そして，各々のテストポンプを取り付け，その度にベーク処理（250℃，2 日間）を施しました．

排気速度の測定において，最初に，ニードルバルブから導入する窒素ガス負荷量を順次増加させることによって，約 1×10^{-8} Pa という低い圧力から約 1×10^{-6} Pa まで，段階的に圧力上昇させて測定し，次に，逆のコースで段階的に導入ガス量を低減させて測定しました．導入ガス負荷を可変して一点圧力に設定した後 10 分間は，ニードルバルブの導入量調整ネジは手で触れることなく，固定しておきました．圧力低減コースで測定した排気速度は，圧力上昇コースで測定した排気速度より約 10%低くなりました．**Fig.［10-1］-3** 以降の線図の圧力は，圧力上昇コースでニードルバルブを 10 分間放置した，その終了時点で測定したものです．イオン電流特性も，圧力上昇コースで測定しました．

17 mm 直径セルで測定された排気速度特性と放電強度（I/P）特性を，**Fig.［10-1］-5** に示します．24 mm 直径セルと 29 mm 直径セルで同様に測定された特性も，各々**Fig.［10-1］-6** と **Fig.［10-1］-7** に示します（Fig.［10-1］-5～7 は，次ページに掲載しています）．

24 mm 直径セルポンプの特性（**Fig.［10-1］-6**）は，以下の特徴を示しています．

0.15 T のポンプの排気速度と放電強度は，1×10^{-6} Pa までの圧力上昇と共にスムーズに増加します．0.15 T のポンプにおいて放電強度と排気速度は，5×10^{-8} Pa 以下の非常に低い圧力で小さくなっています．0.2 T ポンプの排気速度曲線は，放電強度曲線と 2.4×10^{-7} Pa で交差しています．4×10^{-7} Pa 以下の圧力領域では，0.2 T ポンプの排気速度は，圧力の低減と共に減少し，最終的には 1.3×10^{-8} Pa で殆どゼロになります．0.3 T ポンプの排気速度曲線と放電強度曲線は，互いに 1.2×10^{-7} Pa で交差します．0.3 T ポンプの排気速度も，圧力の低下と共に減少していきますが，10^{-8} レンジでかなりの排気速度を有しています．

コメント

JEOL の電子顕微鏡などの電子プローブ分析装置では，24 mm 直径セルと中心磁束密度 0.15 T の磁石を用いています．

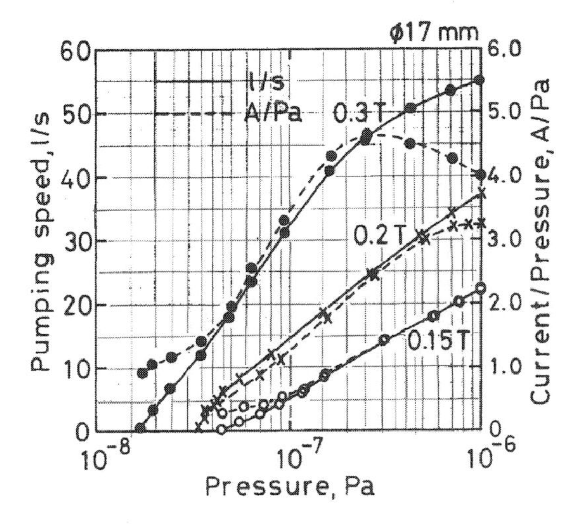

Fig. [10-1]-5
Pumping speed characteristics and discharge intensity characteristics of the pumps with 17-mm diam cells for N_2. —, pumping speed; ---, discharge intensity; -○-, 0.15 T; -×-, 0.2 T; and -●-, 0.3 T.
K. Ohara *et al.*, (1992) [10-1]

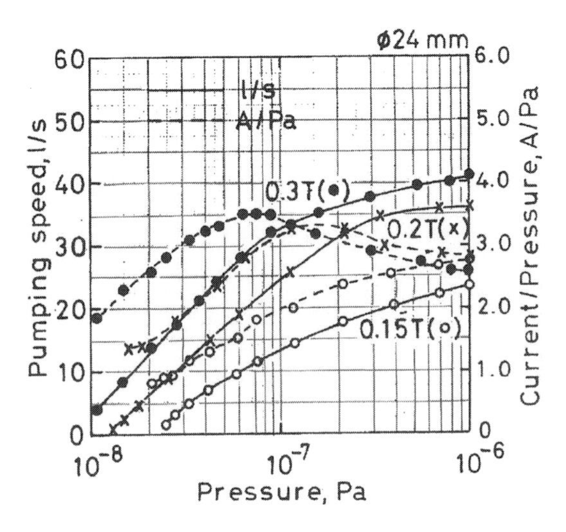

Fig. [10-1]-6.
Pumping speed characteristics and discharge intensity characteristics of the pumps with 24-mm diam cells for N_2. —, pumping speed; ---, discharge intensity; -○-, 0.15 T; -×-, 0.2 T; and -●-, 0.3 T.
K. Ohara *et al.*, (1992) [10-1]

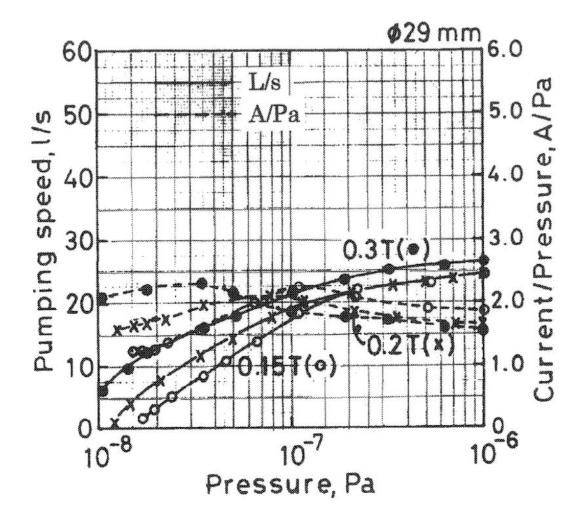

Fig. [10-1]-7
Pumping speed characteristics and discharge intensity characteristics of the pumps with 29-mm diam cells for N_2. —, pumping speed; ---, discharge intensity; -○-, 0.15 T; -×-, 0.2 T; and -●-, 0.3 T.
K. Ohara *et al.*, (1992) [10-1]

10-2　ノーブル型超高真空スパッタイオンポンプ

ノーブル型スパッタイオンポンプは，アルゴンなどの希ガスを安定に排気するように，工夫を施したポンプの呼称です．

10-2.1　種々の形状の “Ta/Ti” カソード対をもつスパッタイオンポンプのアルゴン排気特性（N. Yoshimura *et al.*, 1992 から）

N. Yoshimura *et al.*（1992）［10-2］は，前述でレビューした，24 mm 直径セルと中心磁束密度 0.15 T のスパッタイオンポンプ［10-1］のカソードに，種々の形状の “Ta/Ti” カソード対を使用し，アルゴン（Ar）排気特性を測定して，好ましいノーブルポンプを開発しました．その詳細は論文 “Ar-pumping characteristics of diode-type sputter ion pumps with various shapes of “Ta/Ti” cathode pairs”［10-2］に詳述されています．

1．種々の形状の Ti/Ta カソード対

スパッタイオンポンプの排気特性は，磁束密度，アノード電圧，アノードセルの直径などの寸法に依存します．さらに二極型ポンプの Ar 排気特性は，カソード対の形状と材料に，強く依存します．

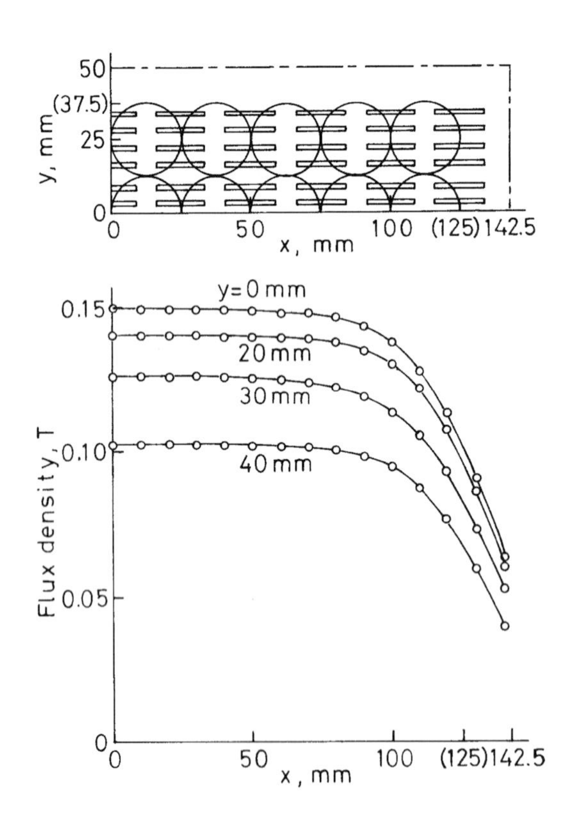

Fig. [10-2]-1.
Distribution of magnetic flux density in the pole gap of the magnet assembly.
Yoshimura *et al.*, (1992) [10-2]

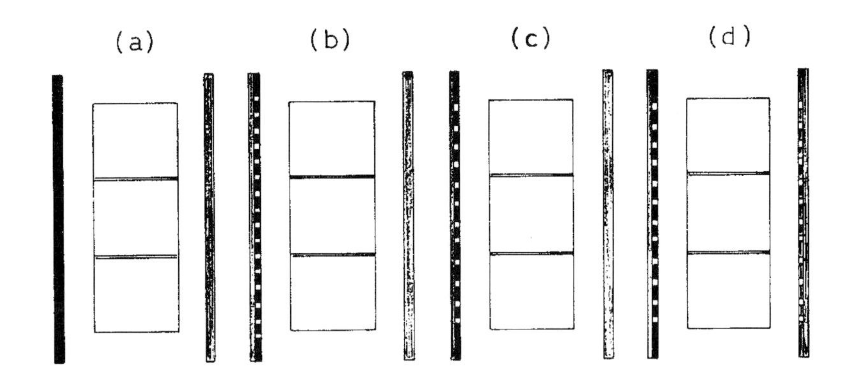

Fig. [10-2]-2. Various shapes of Ta/Ti cathode pairs. (a) Flat Ta/flat Ti cathode pair, (b) holed Ta on flat Ti/ flat Ti pair, (c) slotted Ta on flat Ti/ flat Ti pair, and (d) slotted Ta on flat Ti/slotted Ti on flat Ti pair.
N. Yoshimura *et al.*, (1992) [10-2]

4つの異なったカソード対アッセンブリを設計，製作しましたが，これらは共通のポンプ容器（放電室）に取り換えて装着できます．**Fig. [10-2]-1** に示されていますが，アノードアッセンブリは30個のアノードセル（24 mm 直径，28 mm 長さ，3行×10列）から構成されています．放電領域の中心で0.15 Tの磁束密度をもつマグネットアッセンブリを設計，製作しましたが，磁極ギャップ62 mm，ヨークの厚さ8 mm，磁極面積100 mm × 285 mmです．

磁極ギャップで測定された磁束密度分布は，**Fig. [10-2]-1** に示されています．磁場の中心での最大磁束密度は丁度0.15 Tです．中心からx軸に沿って100 mm離れたところでの磁束密度の減少は，約7%です．0.1 Tより高い磁束密度は，中心からy軸に沿って40 mm離れたところまでを覆っています．

4個のポンプエレメントアッセンブリを **Fig. [10-2]-2 (a)～(d)** に示します．

（a）“flat Ta/flat Ti” カソード対

（b）“holed Ta on flat Ti/flat Ti” カソード対

（c）“slotted Ta on flat Ti/flat Ti” カソード対

（d）“slotted Ta on flat Ti/slotted Ti on flat Ti” カソード対

スロットカソードのスロットの位置は，**Fig. [10-2]-1** の上部に示されています．スロットカソードと多孔カソードでは，全てのアノードセルの中心軸は肉厚の平面表面に面していて，スロットや孔の部分には対抗していません（したがって，カソード寿命が長いということです）．

放電領域全体の平均磁束密度は，0.13 Tと計算されました．アノード電圧は6.5 kVです．

2. アルゴン排気速度の測定

排気速度は従来のオリフィス法で，測定系を脱ガス処理（300℃，24時間）した後に測定しました．

テストポンプ（スイッチ off）とチャンバーは，3.3 mm 直径のオリフィスを通してターボ分子ポンプで排気しながら，300℃までの温度でベークしました．ポンプは，ベーク “off” 後ポンプ容器の温度が80℃以下に降下してから再度起動させました．アルゴン排気速度特性の測定は，ポンプ起動後約24時間後に開始しました．まず基準データを採るために，Ti板／Ta板カソード対のポンプで測定しました．排気速度測定前に，10^{-8} Paレンジの超高真空が達成されていました．ベーク脱ガス処理は，他のポンプエレメントに取り換えたときに，その都度行いました．

Ar圧力の測定に際して，2つのBayard-Alpertゲージ（BAG）（1つはヌードタイプ，もう1つはガラス管タイプ）の相対感度補正（**第3章 3-6を参照**）を行いました．Ar圧力は，圧力指示値を補正係数0.71（窒素に対するArの補正係数）を乗じて算出しました．Ar排気速度測定では，ニードルバルブから導入するガス負荷量を増加することによって，圧力を約2×10^{-5} Paから約4×10^{-4} Paまで，段階的に上昇させました．ガス負荷を導入して1点圧力にセットした後，ニードルバルブは1～3時間そのまま放置しておきました．**Fig. [10-3]-3**における各圧力は，

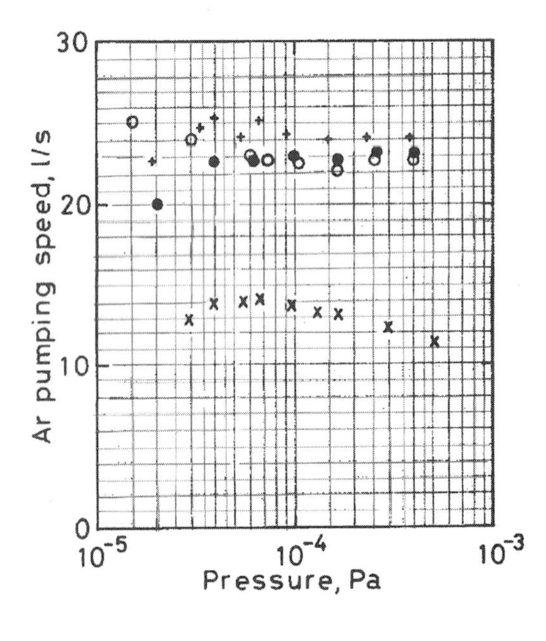

Fig. [10-2]-3.
Ar-pumping speeds of the pumps with various cathode pairs as a function of pressure. －×－, "flat Ta/flat Ti cathode" pair; －●－, "holed Ta on flat Ti/flat Ti " pair; －○－, "slotted Ta on flat Ti/flat Ti" pair; －＋－, "slotted Ta on flat Ti/slotted Ti on flat Ti" pair.
N. Yoshimura *et al.*, 1992 [10-2]

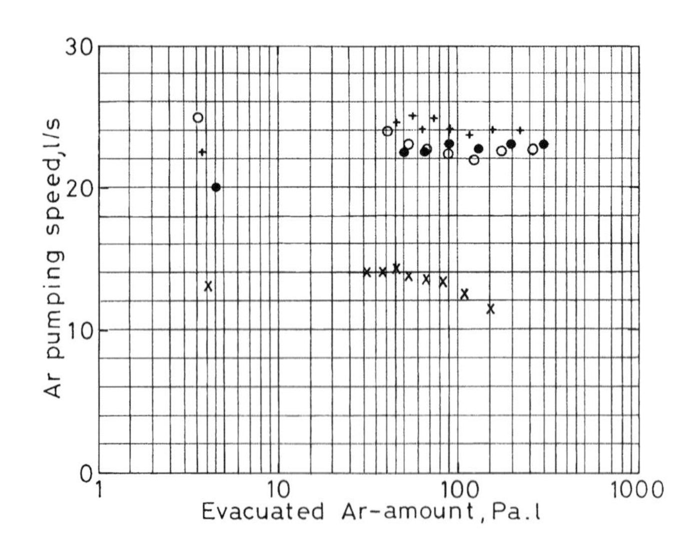

Fig. [10-2]-4.
Ar-pumping speeds of the pumps with various cathode pairs as a function of total amount of evacuated Ar. －×－, "flat Ta/flat Ti" cathode pair; －●－, "holed Ta on flat Ti/flat Ti " pair; －○－, "slotted Ta on flat Ti/flat Ti" pair; －＋－, "slotted Ta on flat Ti/slotted Ti on flat Ti" pair.
N. Yoshimura *et al.* [10-3]

ニードルバルブ放置期間の終了時点の圧力です．テストポンプのイオン電流も，排気速度測定と同時に測定しました．

各々のポンプエレメントの Ar 排気速度特性は，Fig. [10-2]-3 に示されています．flat Ta/flat Ti カソード対ポンプの飽和 Ar 排気速度は 10^{-5}～10^{-4} Pa レンジで 12～14 L/s でした．他方，“holed Ta on flat Ti/flat Ti” カソード対ポンプと “slotted Ta on flat Ti/flat Ti” カソード対ポンプは両者とも殆ど同じ 22-23 L/s の排気速度でした．“slotted Ta on flat Ti/slotted Ti on flat Ti” 対のポンプの飽和 Ar 排気速度は約 25 L/s でしたが，この排気速度は “slotted Ta on flat Ti/flat Ti” 対ポンプの排気速度より約 10% 大きくなりました．

Ar 排気速度は一般に，Ar ガスの全排気量（積算値）と共に低減する傾向があります．Fig. [10-2]-4 の線図は吉村他の論文［10-3］から転用した「Ar 排気量対 Ar 排気速度」の特性ですが，これは Fig. [10-2]-3 の特性から，全排気量を算出して求めたものです．“flat Ta /flat Ti” カソード対のポンプでは，積算排気量 50 Pa.L から徐々に Ar 排気速度が減少し，50 Pa.L からはさらに急速に減少する傾向がみられます．一方，他の 3 つのタイプのカソード対では，200～300 Pa.L の Ar 排気量に達しても，Ar 排気速度は全て 22-24 L/s を維持しており，減少する傾向はみられません．

10-3　キセノン(Xe)が排気可能なノーブル型スパッタイオンポンプ

JEOL の JAMP シリーズのオージェ電子分光装置（AES）には “slotted Ta on flat Ti/flat Ti” カソード対が使用されていますが，あるユーザから，キセノン（Xe）を安定に排気できないというクレームが来ました．そのときの対応と結果は N. Yoshimura “Historical Evolution Toward Achieving Ultrahigh Vacuum in JEOL Electron Microscopes”,（2013）［10-4］に記述しましたが，その部分を紹介します．

10-3.1　“Slotted Ta on flat Ti/“slotted Ta on flat Ti” カソード対のポンプによる Xe の排気（N. Yoshimura, 2013 から）

JAMP（JEOL Auger Microprobe Spectrometer）のユーザのクレームは，「JEOL のスパッタイオンポンプは Xe ガスを安定に排気できない」というものです．その顧客は，Xe ガスのイオンをサンプルをスパッタで薄くするために使用している，とのことでした．

「なぜ Ar イオンでスパッタしないのですか」と尋ねたところ，「Xe イオンの方がスパッタ率が高いから」という答えが返ってきました．

私たちは顧客のクレームに素早く対応する必要がありました．R. L. Jepsen（1968）の論文（“The physics of sputter-ion pumps”［8-1］）や P. N. Baker and L. Laurenson（1972）の論文（“Pumping Mechanisms for the Inert Gases in Diode Penning Pumps”［8-5］）を熟読していましたので，カソード対の材料と構造を，カソード対の両側とも “slotted Ta on flat Ti” に取り換えるように指示しました．筆者はその結果の詳細を知らないのですが，クレームは止みましたので，

Xe を安定に排気できるようになったのだろうと考えています.

コメント[10-3]

① 標準の JEOL ノーブルポンプには "slotted Ta on flat Ti/flat Ti" カソード対が用いられており，試料のスパッタによる厚さ方向分析を行う JEOL Auger electron spectrometers (AES) に使用されています．このカソード対では Ta の使用量が少ないので，材料コストが安価です．さらに言えば，スロット切りの 1 mm 厚さの Ta 板は，パンチ加工機 (Punching Machine) で加工され，その切り出し小片も回収できますので，製造コストが安くなります．
② Xe ガスがスパッタ用ガスとして使用される場合には，"slotted Ta on flat Ti/slotted Ta on flat Ti カソード対を指定できます．当然ですが，Ta 板は Ti 板よりかなり高価です．
③ 0.15 T という磁束密度は通常の SIP 構造では，安価なフェライト磁石で得られる上限の磁束密度と考えられます．希土類マグネット材料を用いると，0.2 T あるいは 0.3 T の磁束密度は容易に得られます．しかしながら，希土類マグネット材料は非常に高価です．フェライト磁石は，100℃～150℃までの温度で加熱脱ガス処理できますが，希土類マグネットは熱に弱く，ベーク処理する場合は，必ず磁石を取り外す必要があります．さらに言えば，ベーク処理の際に，取り付けにくい位置の SIP の磁石を取り外す，取り付けるという作業を顧客が行えるか？という問題があります．

引用文献

[10-1] K. Ohara, I. Ando, and N. Yoshimura, "Pumping characteristics of sputter ion pumps with high-magnetic-flux densities in an ultrahigh-vacuum range", *J. Vac. Sci. Technol. A* **10** (5), pp. 3340-3343 (1992).

[10-2] N. Yoshimura, K. Ohara, I. Ando, and H. Hirano, "Ar-pumping characteristics of diode-type sputter ion pumps with various shapes of 'Ta/Ti' cathode pairs", *J. Vac. Sci. Technol. A* **10** (3), pp. 553-555 (1992).

[10-3] N. Yoshimura, K. Ohara, I. Ando, and H. Hirano, "Ar-pumping characteristics of diode-type sputter ion pumps with various shapes of 'Ta/Ti' cathode pairs", *J. Vac. Soc. Jpn.* **35** (6), pp. 574-578 (1992) (in Japanese).

[10-4] Nagamitsu Yoshimura, Book "Historical Evolution Toward Achieving Ultrahigh Vacuum in JEOL Electron Microscopes", Springer Tokyo, 2013. (Springer Brief)

第 10 章のおわりに

非常に低い圧力で放電強度を維持している「超高真空スパッタイオンポンプ (UHV-SIP)」と，それに加えて，アルゴンなどの不活性ガスに対する排気機能を高めた「ノーブルタイプの超高真空スパッタイオンポンプ (UHV-SIP)」の開発を詳述しました．

両ポンプの開発は前章で紹介しました論文に依るところが多大ですが，新たな工夫も行われています．一例をあげておきます．

Fig. [10-2]-1 は，カソード合板のスロット位置とアノード円筒との位置関係を示すスケッチと，4 種類のカソード対のスケッチを示しています．アノード円筒の中心軸に対向するカソード板部分には，スロットが切られていませんが，これは **Fig. [9-4]-2.** を参考にしています．

第 11 章

超高真空ゲージと
マススペクトロメータ

はじめに

超高真空の圧力測定に多用されているBAゲージ（BAG）とエクストラクタゲージ（EG），そして分圧測定用のマススペクトロメータの重要論文をレビューします．

超高真空ポンプの排気速度特性や超高真空材料のガス放出量（rate）を，信頼できる真空ゲージで正確に測定し，これらのデータに基づいて真空回路を設計することが，ネットワークで解析される各部圧力の信頼性を高めることになります．

真空システムをコントロールするためには，種々のタイプの真空ゲージが必要になります．本章では，①超高真空圧力を測定する，②超高真空系の構成材料のガス放出量を測定する，そして③超高真空ポンプの排気速度を測定する真型ゲージとして，超高真空電離型ゲージとマススペクトルメータに限定します．

超高真空圧力測定ゲージとして，熱フィラメントタイプのBAゲージ（BAG）とエクストラクタゲージ（EG，extractor）が用いられています．ヌード型のEGはフィラメント温度が低く，ゲージエレメントからのガス放出が少ないので，超高真空用に適しています．

本書には，論文に出てくる各種の圧力単位が使われています（**Table [11-1]-1**）．なお現在では，ISOはPa（N/m^2）を使用することを求めています．

Table [11-1] -1.　圧力換算表

	Pa（N/m^2）	Torr	mbar	μ bar	atm
Pa（N/m^2）	1	7.50×10^{-3}	0.01	10	9.87×10^{-6}
Torr	133.3	1	1.333	1,333	1.316×10^{-3}
mbar	100	0.750	1	1,000	9.87×10^{-4}
μbar	0.1	7.50×10^{-4}	0.001	1	9.87×10^{-7}
atm	101,325	760	1,013.25	1,013,250	1

換算例：
1 Torr = 133.3 Pa = 1.333 mbar.
1 mbar = 100 Pa = 0.750 Torr.
1 atm = 101,325 Pa ≅ 1 × 10^5 Pa = 760 Torr ≅ 1,000 mb.

11-1　エクストラクタゲージ（EG）とBAゲージ（BAG）

11-1.1　低い残留電流の熱フィラメント電離真空計
（P. A. Readhead, 1966 から）

Redhead（1966）[11-1]の論文 "New Hot-Filament Ionization Gauge with Low Residual Current" には，新しいタイプの熱フィラメント電離真空ゲージ（エクストラクタゲージ，EX）の設計・構造と，動作特性が載っています．この論文には①構造，②X線限界の計算，③パーフォーマンスの測定（Measurement of Performance）が詳しく記述されていますが，ここでは①構造と④要約と，その結論をレビューします．

アブストラクト [11-1]

エクストラクタゲージ（EG）では，イオンは電離領域から引き出され，シールド電極にある開口（絞り孔）に収束されて引き出され，短かくて細い線（イオンコレクター）上に集められる．このゲージの感度係数は窒素に対して約 13 $Torr^{-1}$ です．この新しいゲージ（EG）のコレクターに到達する軟X線フラックスを，BAゲージの軟X線フラックスに対する比として計算しましたが，この新しいゲージのX線限界は，3×10^{-13} Torr と見積もりました．低い圧力測定が可能で，X線限界は，7×10^{-13} Torr を超えることはなく，それよりかなり小さいと考えられます．グリッド上に化学吸着しているガス（特に酸素）からの正のイオンの電子的脱離が原因で起こる偽の圧力表示は，BAゲージよりもこの新しいゲージの方が少なくとも500倍も小さい（500分の1以下）です．

1. 構造

Fig. [11-1]-1 は，ガラス球に接合する前の，ガラスベース（glass base）に取り付けられたエクストラクタゲージ（EG）切り取り図です．ガラス球（図示せず）の内面は酸化スズ上に透明の

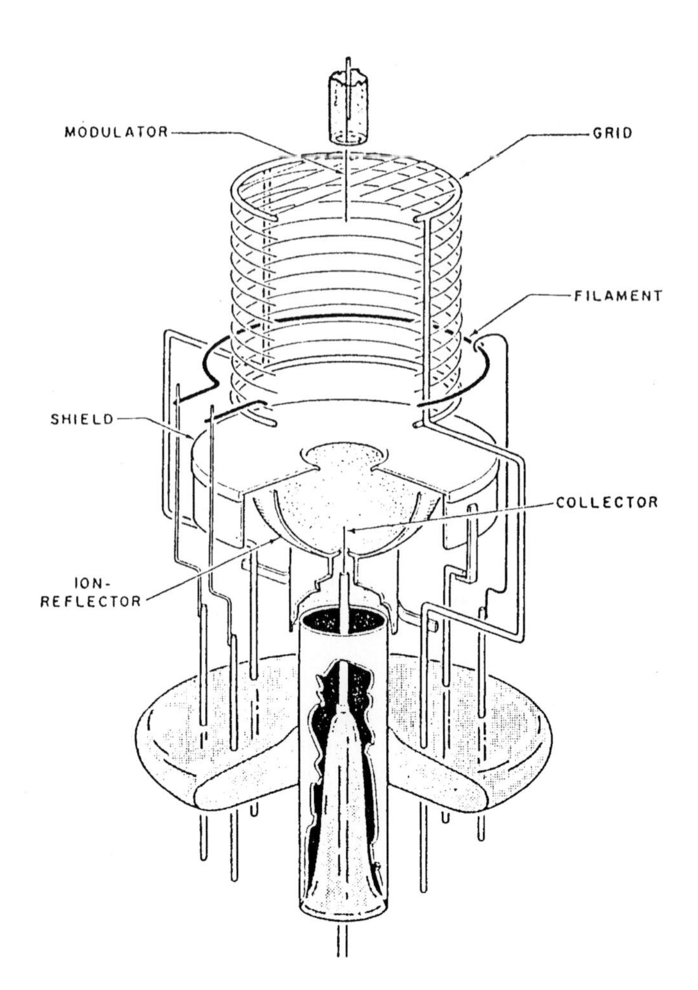

Fig. [11-1]-1.
Cutaway diagram of the extractor gauge; the envelope is omitted for clarity.
P. A. Redhead (1966) [11-1]

電気伝導性薄膜をコーティングしています．フィラメントはトリアコートタングステン（thoria-coated tungsten）で，その中点でフックで支えられています．グリッドの上部は閉じており，一方下部は開放されています．シールドの下部にあるのがイオンリフレクター（イオン反射板）でグリッドと同電位であり，グリッドサイドロッド（grid side rods）で支えられています．コレクターは，イオンリフレクターの中心にある小さな孔から突き出ている短い線です．モジュレータは，上部からグリッドの中央に向かって突き出ている短い線です．モジュレータの電位を，グリッド電位からグランド電位（接地電位）へ切り替えることによって，コレクターへ流れるイオン電流は，50％あるいはそれ以上変調されます．グリッドとフィラメント以外の全てのゲージ構成部品は，組立前に真空焼鈍されています．グリッド，シールド電極，そしてイオンリフレクターは，電子衝撃処理（250 mA at 1 kV）で脱ガス処理されました．

正のイオンがグリッドケージ内部で電子衝撃によって生成され，負電位のシールド電極の方に引き寄せられます．イオンの殆どはシールド内のアパーチャーを通り抜け，イオンリフレクターの正の電位の作用でイオンコレクター上に収束して集まります．

イオンコレクターを打つX線フラックスは，次の（a），（b）の理由によりBAGのX線フラックス以下に減少しています．

（a）コレクターは，シールド板でグリッドからシールドされている，

（b）コレクターは直径の小さい短い線でできているので，グリッドのところでコレクターによって作られる立体角は，非常に小さい．

2．要約と結論

窒素に対して約13 $Torr^{-1}$の感度をもつ，新しいタイプの熱フィラメント型電離真空ゲージ，エクストラクタゲージ（EG）について述べました．このゲージのX線限界は，構造的考察に基づく計算値と，BAゲージのX線限界から計算されましたが，それは約3×10^{-13} Torrでした．低い圧力測定から，X線限界は7×10^{-13} Torrを超えることはなく，真の限界値はそれよりかなり小さいと考えられます．

BAゲージで表示された圧力では，酸素は重大な誤差の原因となりますが，エクストラクタゲージ（EG）では，（酸素は）誤差の原因としては僅かか，あるいはエラーにはなりません．また，他の電子的脱離ガス（CO，ハイドロカーボン，ハロゲン，ハライドなど）も同様に，大きな誤差とならないでしょう．EGは電子的脱離ガスの影響を受けないので，変調電極（modulator electrodes）は，通常の使用ではなくても良いと考えられます．

EGは，サプレッサーゲージ（suppressor gauge）がカバーする圧力レンジとよく似た圧力範囲（10^{-4}～5×10^{-13} Torr）で有効です．サプレッサーゲージと違って，EGは適切なサプレッションでは必要になる高電圧（1000 Vまで）は不要であり，電子的脱離も僅かです．

今回提示したEGの設計品では，1 mA以上の電子電流に対してかなり感度が落ちていますが，これは電子の空間電荷によってもたらされる，イオンの焦点のずれに起因するものですから，シールド電極の寸法を設計変更すれば，大きい電子電流のときの感度も改善すると考えられます．

11-1.2　BAGとEGの圧力指示値の比較（U. Beeck and G. Reich, 1972から）

U. Beeck and G. Reich（1972）［11-2］は，“Comparison of the pressure indication of a Bayard-Alpert and an Extractor Gauge”と題した論文を発表しました．

アブストラクト［11-2］

Redheadの測定から分かることですが，エクストラクタゲージ（EG）がBAゲージ（BAG）より優れている主な点は電子的脱離の圧力指示に及ぼす影響が大幅に減少することです．詳細に比較測定を行った結果，次の2点が明らかになりました．①初めて超高真空（UHV）システムを排気したとき，またはある期間（ゲージを）“off”にしておき再度ゲージ電源を“on”にしたとき，EGの指示圧力はBAGの指示圧力の3分の1から5分の1の低い圧力を示します，②両ゲージを脱ガス処理した後の圧力指示値は，両ゲージとも殆ど同じですが，共に指示値は増加するガス脱離により高くなります．電子的脱離効果の影響を定量的に測定した結果，よく似た条件において，確かにEGの指示圧力の方がBAGの指示圧力より低く，より正確でした．

1. エクストラクタゲージ

Fig.［11-2］-1 は，ヌード型エクストラクタゲージ（EG）の断面を示しています［1］～［5］．アノード空間で電子衝突で生成されたイオンは，収束されて絞り孔を通ってイオンコレクターに向かい，電流として検出されます．しかしながら，アノードでの電子的脱離で生成され，イオンコレクターへ向かうイオンは，このリフレクターはアノードと同電位ですから，アノード空間で生

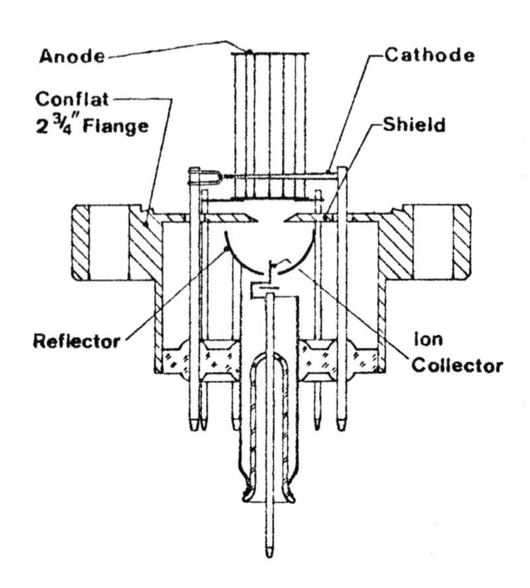

Fig.［11-2］-1.　Extractor gauge（EG）. U. Beeck and G. Reich（1972）［11-2］

成したイオンと違って，イオンリフレクターに到達します．したがって，脱離イオンの相対的に小さい割合だけがイオンコレクターに到達すると予期され，電子的脱離が原因の圧力指示は小さくなるでしょう．

シールドとフランジとの接続では，熱伝導が高くなるように結合されており，その結果カソードからの熱放射による，シールドの加熱によるダイヤフラムの温度上昇はほんの少しで，ダイヤフラムからのガス放出は無視できます．

カソードは，トリウム酸化物（thorium oxide）でコーティングされている 0.1 mm 直径のタングステン線です．加熱電力は 1.5 W です．このように加熱電力は非常に小さいので，アノードや壁の加熱は，純粋タングステンカソードや，トリウム酸化物でコーティングされたイリジウム（iridium）カソードを用いている場合より，大幅に少なくなります．

2. BA ゲージとエクストラクタゲージの圧力指示値の比較

2 つのゲージ，すなわちヌード型 BA ゲージとヌード型エクストラクタゲージ（EG）を超高真空排気ユニットに，対称的な位置に取り付けました．両ゲージは NW35CF フランジ（$2\frac{3}{4}$ in. Conflat フランジと同一）に取り付けました．約 400℃のベーク処理後，両ゲージは同時にスイッチを “on” にしました．Fig. [11-2]-2 は時間の関数として，圧力経過を示しています．

約 1×10^{-8} Torr の圧力で，BA ゲージの指示値は約 5 分後に，実質的に一定値に留まりました．一方，エクストラクタゲージ（EG）は同じ 5 分後には，既に 3×10^{-9} Torr を表示しており，まだ指示値は降下しています．その後両ゲージは，電子衝撃でガス出し処理されました．その処理の直後では，両者の指示値はほぼ同じでしたが，エクストラクタゲージ（EG）が指示した圧力は，BA ゲージの指示値よりもずっと速く降下しました．BA ゲージの最終的指示値は，2×10^{-9} Torr でした．一方 EG の指示値は，ガス出し処理後 15 分で，6×10^{-10} Torr でした．

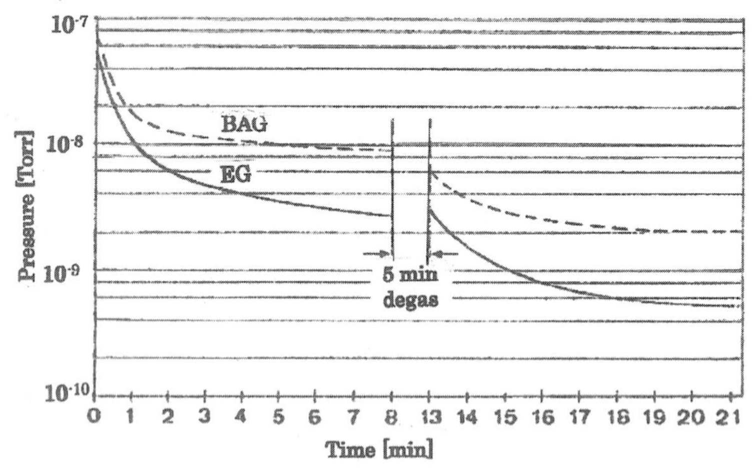

Fig. [11-2]-2.　Cmparison of pressure indication between Bayard-Alpert gauge and extractor gauge. U. Beeck and G. Reich (1972) [11-2]

文献［11-2］

［1］　P. A. Redhead, *J. Vac. Sci. Technol.* **3**, 173（1966）.
［2］　P. A. Redhead, *J. Vac. Sci. Technol.* **7**, 182（1970）.
［3］　J. Groszkowski, *Bull. Acad. Polon. Ser. Sci. Tech.* **14**, 23（1966）.
［4］　F. P. Clay, Jr., and L. T. Melfi, Jr., *J. Vac. Sci. Technol.* **3**, 167（1966）.
［5］　A. Barz and P. Kocian, *J. Vac. Sci. Technol.* **7**, 2000（1970）.

11-1.3　超高真空の全圧の測定（G. F. Weston, 1979 から）

G. F. Weston（1979）［11-3］は，“Measurement of ultrahigh vacuum. Part 1. Tortal pressure measurements”と題した長文の解説論文（全 15 ページ）を発表しました．ここでは，ゲージの感度が記述されているゲージの校正の一部をレビューします．

1．ゲージの校正

超高真空での校正で重要なことは，ゲージのガス放出量（rate）が低いことであり，システムと校正されるゲージが，少なくとも 250℃までベーク可能，ということです．また，ゲージの排気効果を低減するために，イオンゲージを低い電子電流で動作させせることが重要です．種々の校正方法，正確性と不確実性の原因については，Poulter［49］によるレビュー論文に良く書かれています．超高真空を用いる多くの応用では，±10％のゲージ精度で十分であり，注意を払う校正では，10^{-6} Nm^{-2} までの，精密な校正（care application）がなされています．変調法を用いた，10^{-6} Nm^{-2} 以下までの外挿や，いくつかのゲージを比較することは好ましいことではなく，精度

Table［11-3］-1.　Sensitivities for various gauges relative to the sensitivity for nitrogen. G. F. Weston（1979）［11-3］

	Gauge type and reference					
	Triode	BAG	BAG**	BAG	BAG	Magnetron *
	Dushman and Young［50］	Schulz［51］	Bennewitz & Dolman［52］	Utterback & Griffith［53］	Holanda［54］	Barnes *et al.*［55］
He	0.158	0.21	−0.134	0.180	0.18	0.24
Ne	0.24	0.33	−0.258	0.31	0.32	−
A	1.19	1.50	-1	1.42	1.42	1.76
N_2	1.00	1.00	−	1.00	1.00	1.00
H_2	0.46	0.42	-0.3	0.423	0.41	0.52
O_2	1.00	−	−	0.874	0.78	0.99
CO	−	−	−	1.11	1.01	−
CO_2	−	−	−0.9	1.43	1.39	1.29

* The value for the magnetron were obtained by calibration against a BAG and using data from Leck［47］.
** Sensitivities are relative to argon.

に関しては確信がもてません.

理想的には，真空ゲージは全てのガスに対して校正されるべきですが，必要なのは1つのガスに対する校正と，他のガスに対する相対感度の知識です．異なったガスに対して，相対感度をそれらガスの物理特性と関連付けようとする多くの試みがなされてきましたが，また，相対感度と電離断面積との間には重要な関係があると思われますが，全てのゲージに対して相対感度の正確な予知を可能にするような，一般的な法則はありません．文献から引用したいくつかのゲージにおける相対感度を **Table [11-3]-1** に示します．感度は窒素に対する相対感度で表現されますが，これは校正では通常のことです．BAG では異なった構造や動作電圧に対して，データはかなり良い一致を示していますが，他のタイプのゲージではかなりの差異が見られます.

Holanda [54] は4つのタイプのゲージについて，種々のガスの特性との関係を求めました．彼はゲージの感度と良く相関する，そしてゲージのタイプに依存して選択すべき最適の電離の断面積を見出しました.

文献 [11-3]

[47] J. Leck, *Pressure Measurements in Vacuum Systems*. Chapman and Hall, London, p 132 (1964).

[49] K. F. Poulter, *J. Phys. E, Sci. Instrum*, **10**, 1977, 112.

[50] S. Dushman and Young, *Phy. Rev.* **68**, 1945, p 278.

[51] G. J. Schulz, *J. Appl. Phys.* **28**, 1957, 1149.

[52] H. G. Bennewitz and H. D. Dolman, *Vakuum-Tech.*, **14**, 1965, p 8.

[53] N. G. Utterback and T. Griffith, *Rev. Scient. Instrum*, **37**, 1966, p. 866.

[54] R. Hollanda, *J. Vac. Sci. Technol.*, **10**, 1973, p. 1133.

[55] G. Barnes, J. Gaines and J. Kees, *Vacuum*, **12**, 1962, p. 141.

11-2 UHV スパッタイオンポンプのイオン電流対圧力特性 (N. Yoshimura *et al.*, 1992 から) [11-4]

オージェ電子分光装置や超高真空電子顕微鏡などのマイクロ・ナノ電子線装置では，試料室や電子銃室はスパッタイオンポンプ (SIP) で排気され，実際に SIP のイオン電流が圧力の目安に用いられています.

超高真空 (UHV) あるいは極高真空 (XHV) 用に設計された SIP (0.15 T, 24 mm diam. アノードセル) は，**Fig. [11-4]-1** に示すように，超高真空圧力まで直線のイオン電流特性を示しました.

イオン電流と同時に測定したポンプ近傍の圧力は，ヌード型 BA ゲージ（トリアコートイリジウムフィラメント）で測定しましたが，これらの圧力は，Ar 排気速度の測定の際に測定したポンプ側の圧力 (Ar 補正値，Ar ガス導入後 2〜3 時間放置後の平衡圧力) です.

スパッタイオンポンプの制御電源は，一般には極微小イオン電流を表示する機能を備えていませんから，ポンプのイオン電流から超高真空圧力を表示するためには，微小電流測定回路を付加する必要があります.

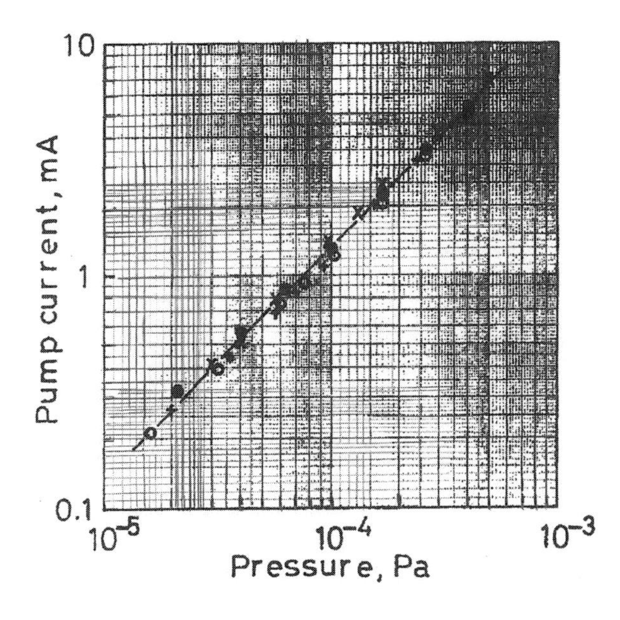

Fig. [11-4]-1
Ion-current characteristics of SIP (0.15 T, 24 mm diam.-anode cells). －×－, “flat Ta/flat Ti” cathode pair; －●－, “holed Ta on flat Ti/flat Ti” pair; －○－, “slotted Ta on flat Ti/flat Ti” pair; －＋－, “slotted Ta on flat Ti/slotted Ti on flat Ti” pair.
N. Yoshimura *et al.* (1992) [11-4]

小型の高磁場のペニング型電離真空ゲージを，超高真空排気用のスパッタイオンポンプを参考にして設計することは，比較的容易でしょう．この場合は高磁場を得るために，希土類磁石の使用することも考えられます．

11-3　残留ガス分析計

超高真空の分析装置などでは，ハイドロカーボンなどの好ましくないガス種の分圧などが基準値より低いことが望ましく，残留ガス分析計が非常に重要です．

11-3.1　G. F. Weston (1980) の論文

G. F. Weston (1980) [11-5] は，“Measurement of ultrahigh vacuum. Part 2. Partial pressure measurements” と題した，長文のレビュー論文（全17ページ）を発表しました．ここでは残留ガス分析を行う際に重要な，クラッキングパターンの特性が記載されている校正の一部と，結論の全文をレビューします．

1. 校正

残留ガス分析計から得られるスペクトルの有効性は，校正によります．ガス分子のフラグメントイオン (fragment ions) の他に，一価と二価のイオンが生成されます．例えば二酸化炭素が電子で衝撃されたとき，小さな割合の同位元素の他に，かなりの量で CO_2^+，CO^+，CO_2^{++}，O^+，そして C^+ が生成され，質量がそれぞれ 44，28，22，16，12 の特性スペクトルを示します．幸いにも，いかなるガスに対しても種々のイオンの相対的な量はほぼ同じで，ガスのクラッキングパターンとして知られています．一般にこれらのクラッキングパターンは，電子のエネルギーやガスの温度，そして質量識別方法にも依存します．温度は分解確率に影響を及ぼしますから，高い温度ではより多くのフラグメントイオンが生成されます．電子のエネルギーは一価，あるいは多価の電離分子の比を決定します．スペクトロメータのタイプや，走査の方法などに依存する質量識別方法は，明らかに種々の質量のピークの高さに影響を与えます．後者の理由で，異なったタイプのマススペクトロメータは同じガスに対して，クラッキングパターンでかなりの差異を示しますが，同じタイプのマススペクトロメータでは，その差異は僅かです．

磁場セクタータイプのアナライザーに対して，殆どのガスのクラッキングパターンが研究され，マススペクトロメータのデータブックで，その表をみることができます．4重極子に対しても，よく似た情報が集められているところです．従来から最大ピークを目盛り100とし，それを感度測定などで，ベースピークとして用いられています．Table [11-5]-1は，真空システムでよく出会うガスについての，磁場セクターアナライザーの典型的なクラッキングパターンを示しています．クラッキングパターンを知っていれば，スペクトルを解析できます．例えば，真空システムにCO_2とN_2が混在する場合，両者ともマス28に寄与します．しかしながら，マス44のピークを測定することによって，マス44はCO_2に固有の質量ですから，マス28のピークに寄与するCO^+の割合は算出でき，このようにして質量28でのN_2^+のピーク値が決定できます．

クラッキングパターンのデータを用いて，存在する残留ガスを同定し，ピークの高さでそれらの相対的な量を見積もることができますが，実際の分圧を知るためには種々のガスに対するスペクトロメータの感度の知識が必要です．このように，残留ガスアナライザーの校正には，理想的には存在しそうな全てのガスについて，クラッキングパターンと感度を測定することを意味します．しかし実際には，このことは不可能ですから，通常，スペクトロメータは1，2のガスについて校正を行い，他のガスについてはその結果と出版されているデータから推論します．

2. 結論

残留ガス分析計は，ベテランが調整し説明する必要のある高価でぜいたくな装置から，今や経済的で信頼性の高いゲージになっており，比較的使いやすく，真空環境について全圧ゲージよりも多くの確かな情報が得られる機器です．

いくつかのタイプの残留ガス分析計が開発されていますが，各々には長所と短所があります．しかしながら，最近の10年でいくつかのタイプは脱落し，今日では2つのタイプ，すなわち磁場セクターアナライザーと，4重極子が市場で優位を保っています．

最も安価でシンプルなタイプは，ビーム半径が1 cmの180°磁場セクターアナライザーです．この機器は信頼性と再現性が高く，超高真空技術者の応用と要求を満たす，適切な制御電源と共に開発されました．この磁場型アナライザーとの価格の点で競合する機器は，5 cmロッドの4重極子で，磁石をもたない，そして真空システムに差し込むことができるヌードイオン源を備えています．4重極子は取り外す磁石がなく，脱ガスが磁場セクターより容易です．しかしながら，4重極子は磁場セクターより1～20 amuの低い質量数（low mass number）で分解能が悪く，安定性と再現性が良くありません．4重極子の分解能は質量数に比例し，一方磁場セクターの分解能は質量数に影響を受けないので，高質量数での分解能は4重極子の方が適しています．超高

Table [11-5]-1.　Mass spectra cracking patterns.　G. F. Weston (1980) [11-5]

Mass	16 CH_4	17 NH_3	18 H_2O	20 Ne	26 C_2H_2	28 C_2H_4	28 CO	28 N_2	30 C_2H_6	30 NO	32 CH_4O	32 O_2	34 H_2S	40 A	42 C_3H_6	44 C_3H_8	44 CO_2	44 N_2O	44 C_2H_4O	46 C_2H_6O	46 NO_2	46 CH_2O_2	58 C_4H_{10}	58 C_3H_6O
2	3.0		0.7										0.2											
12	2.4				2.5	2.1	4.5									0.4	6.0					3.3		
13	7.7				5.6	3.5										0.5	0.1					2.9		
14	18.6	2.2			0.2	6.3	0.6	7.2	3.4	7.5					3.9	2.5		12.9			9.6			
15	35.8	7.5							4.6	2.4					5.9	3.9		0.1					5.3	
16	100	80.0	1.1				0.9			1.5		11.4					8.5	5.0			22.3	5.2		
17	1.2	100	23.0																			17.1		
18		0.4	100								1.9									5.5				
19			0.1																	2.3				
20			0.3	100										10.7										
21				0.3																				
22				9.9													1.2							
24					5.6	3.7													1.6					
25					20.1	11.7			4.2							0.7			4.8					
26					100	62.3			23.0						11.3	7.6			9.1	8.3			6.3	8.3
27					2.8	64.8			33.3						38.4	37.9			4.5	23.9			37.1	8.0
28					0.2	100	100	100	100		6.4					59.1	11.4	10.8	2.7	8.9		17.2	32.6	
29						2.2	1.1	0.8	21.7		64.7					100	0.1	0.1	100	23.4		100	44.2	4.3
30							0.2		26.2	100	0.8					2.1		31.1		6.0	10	1.6		
31										0.4	100							0.1		100				
32										0.2	66.7	100	44.4											
33											1	0.1	42.0											
34												0.4	100											
35													2.5											
36													4.2	0.3		0.4								
37															13.4	3.1								2.1
38														0.1	20.3	4.9								2.3
39															74.0	16.2							12.5	3.0
40														100	29.0	2.8								
41															100	12.4			3.9				27.8	2.1
42															69.6	5.1			9.2	2.9			12.2	7.0
43																22.3			26.7	7.6			100	100
44															26.2	100	100	45.7				10.0		
45															0.8	1.3	0.7		34.4			47.6		
46																0.4	0.2		16.5		37.0	60.9		

真空での応用では，低質量数での分解能がより重要であるので，磁場セクターと同様の分解能を得るためには，より大きい4重極子が必要になり，高価なものになります．

同様の議論を，より高い分解能の機器に当てはめます．すなわち，60°あるいは90°の磁場セクターと，20 cmオーダ長さのロッドをもつ4重極子とを，比較することになります．4重極子の方がまだコンパクトですが，定量的な質量分析が必要な場合は，磁場セクターの方がまだ好ましいと言えます．

4重極子ガスアナライザーに対しては，さらに改良を加えられており，近い将来，市場で磁場セクターを凌駕するでしょう．それまではどちらが選ばれるかは，応用の要求に基づいてなされ，時には個人の好みで選ばれることになるでしょう．電子増幅器（electron multiplier）は，ここ数年改良されてきており，（その結果）ガスアナライザーにさらなる用途が加わり，測定圧力の下限が2～3桁低い方へ改善され，さらに走査速度が高くなっています．4重極子は今や，コンパクトで脱ガスの容易な部品であり，まだ理想状態とは言えませんが，殆どの用途に対して許容できる安定性と再現性が得られています．高分解能機器として4重極子は多くの規格に合致しています．

11-4　超高真空ゲージでの諸現象

熱フィラメントからのエミッション電流を用いる真空ゲージでは，一定の電子電流を維持するために，ネガティブフィードバック（NF）回路を用いていますから，周囲圧力の変化に対応してフィラメント温度が変化します．このフィラメント温度の変化の影響は，意外と大きいことが報告されています（N. Yoshimura *et al.*, 1991）［11-6］．

11-4.1　BAゲージとエクストラクタゲージ（EG，ヌード型）からのガス放出（N. Yoshimura *et al.*, 1991から）

N. Yoshimura *et al.*（1991）［11-6］は，“Outgassing characteristics of an electropolished stainless-steel pipe with an operating extractor ionization gauge”と題した論文を発表しましたが，その中で，BAゲージ（硝子管球タイプ）とヌード型（エクストラクタゲージ（EG）水冷アダプタ内に挿入）のガス放出を報告しました．

1．熱フィラメントをもつ電離型ゲージのガス放出

この論文［11-6］は，**第2章2-4**で取り上げ，「排気弁の開閉を繰り返すと，後になるほど遮断テストにおける圧力の上昇速度は速くなり，パイプチャンバーの内壁からのガス放出量（rate）が増大する」という現象を，表面のガスの収着とガス脱離の観点から討論しました．そこでは，「比較的高い圧力領域で圧力上昇速度が速くなっていくのは，ゲージの熱フィラメントの温度が圧力上昇と共に上昇し，フィラメントのガス放出が増大しているからである」と討論しました．

実験系を**Fig［11-6］-1**に示します（**Fig［11-6］-1**は**Fig［2-11］-1**と同一です）．

実験

実験系（**Fig. [11-6]-1**）を大気に曝した後，金属弁を約 100 ℃で，パイプチャンバーを 150℃で，20 時間真空ベークを施しました．BAG は電子衝撃（21 W, 15 min）で脱ガスした後，1 mA の電子電流で動作させました．翌日バルブ遮断テストを繰り返しましたが，最初の遮断テストの直前の圧力は，3.6×10^{-7} Pa（N_2 等価圧力）でした．遮断テストは 20 分間ずつ 8 回繰り返しました．遮断テストの間の排気時間は約 30 秒です．各回の遮断テスト直前のベース圧力は，遮断テストを繰り返すにつれて上昇しました．圧力上昇曲線群を，**Fig. [11-6]-2** に示します．

Fig. [11-6]-2 の圧力上昇曲線群は驚くべきもので，曲線 '8' の圧力上昇速度は曲線 '1' の上昇速度より 2 桁速くなりました．そして，圧力の上昇と共に上昇速度が速くなっています．その理由として，次の 3 点が考えられます．

① 点火している BAG（glass- tube type）のガス放出量（rate）が圧力上昇と共に速くなります．

② バルブ遮断期間に BAG から放出されたガス分子が，パイプチャンバーの内壁に入射・収着します．その結果，遮断テストを繰り返すと，次の排気期間におけるパイプチャンバー内壁からのガス放出量が増加します．

③ パイプ壁内部から拡散で表面に移動し外に脱離したガス分子は，高い頻度で内壁に入射し，バルブ遮断期間に表面に近い壁内部に蓄積されます．その結果，バルブ遮断テストを繰り返すと，パイプ壁のガス放出量（rate）は増加します．

圧力と共に，速まる圧力上昇には理由①が関与し，それはフィラメントの温度上昇に起因していると，考えられます．動作中の BAG のフィラメント温度を，広い圧力範囲にわたって放射温度計（radiation thermometer）で測定しました．遮断弁はベース圧力 5.5×10^{-7} Pa で閉じましたが，圧力は徐々に上昇しました．BAG の圧力（N_2 等価値）対フィラメント温度の測定された特性を，**Fig. [11-6]-3** に示します．

Fig. [11-6]-3 にみられるように，2.0×10^{-5} Pa まではフィラメント温度は 1575℃で一定でしたが，その後圧力の上昇と共に，徐々に温度上昇しました．圧力が 4.0×10^{-5} Pa から 1 桁上昇すると，フィラメント温度は 50℃も上昇しました．BAG のフィラメント温度の上昇により，BAG 管球からのガス放出量（rate）が増大し，圧力が徐々に上昇した，と考えられます．

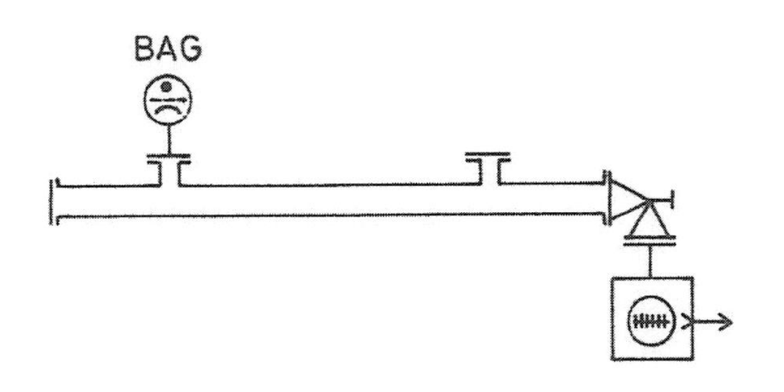

Fig. [11-6]-1.
Experimental setup for an isolation test with a BAG (glass- tube type). The BAG was later replaced by an EG (Extractor Gauge, nude type) inserted in a water-cooled adapter for an isolation test with an EG. The all-metal isolation valve can be baked up-to 400℃.
N. Yoshimura *et al.* (1991) [11-6]

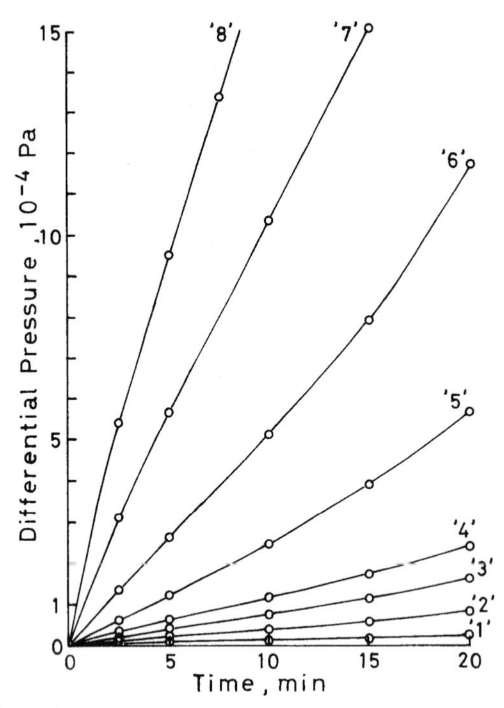

Fig. [11-6]-2. Pressure-rise curves for the isolated pipe which had been *in situ* baked (150℃, 20 h). Pressures were measured with the BAG (glass- tube type).
N. Yoshimura *et al.* (1991) [11-6]

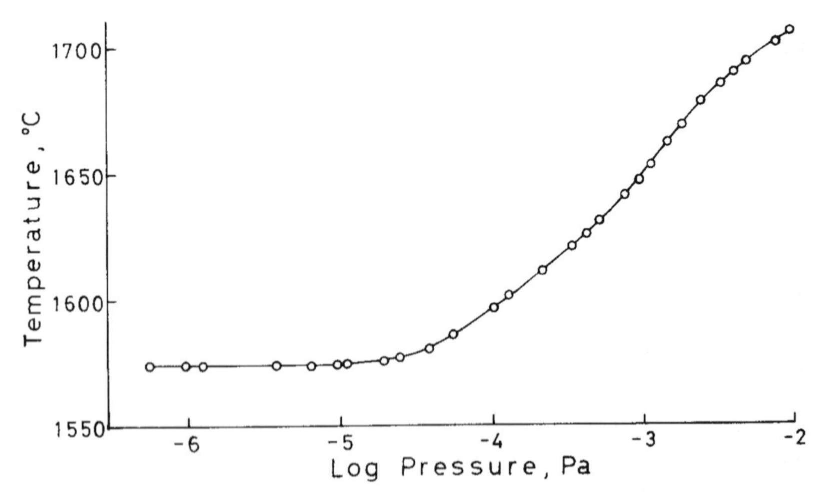

Fig. [11-6]-3. Filament temperature of the BAG, varying with the pressure.
N. Yoshimura *et al.* (1991) [11-6]

2. ヌードタイプのエクストラクタゲージからのガス放出

実験

Fig. [11-6]-1 の BAG を，水冷アダプタ内に組み込んだヌード型エクストラクタゲージ（EG, Extractor Gauge）（iridium filament coated with thorium oxide, nude type, 0.59 mA emission）に取り換えて，同様の実験を行いました．遮断テストのプロセスは，BAG の場合と同様です．

遮断テストは，パイプチャンバーを 15 分間空気に曝した後に，パイプチャンバーを 2 時間排気してから行いました．最初の遮断テスト直前の圧力は，5.0×10^{-6} Pa（N_2 equivalent）でした．遮断テストは順次 4 回繰り返しました．はじめの 2 回の遮断テストでは，バルブを 5 分間ずつ閉じ，後半の 2 回ではバルブを 10 分間ずつ閉じました．遮断テスト間の排気時間は，全て 30 秒間です．圧力上昇曲線群を，**Fig. [11-6]-4** に示します．

Fig. [11-6]-4 の上昇曲線 **'3'** と **'4'** では，バルブ遮断期間における時間経過と共に，圧力上昇速度が顕著に速くなっています．圧力が 5×10^{-4} Pa 以上に上昇すれば，EG のフィラメント温度が上昇し，その結果ガス放出量（rate）が増大する，と考えられます．

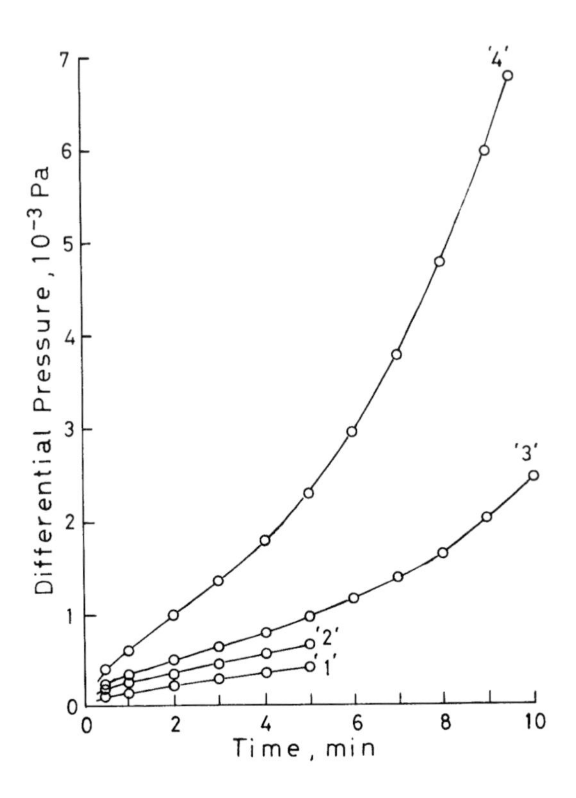

Fig. [11-6] -4.
Pressure-rise curves for the isolated pipe evacuated 2 h after exposure to air (15 min). Pressures were measured with the EG. Yoshimura *et al.*, (1991) [10-6]

引用文献

[11-1] P. A. Readhead, "New Hot-Filament Ionization Gauge with Low Residual Current", *J. Vac. Sci. Technol.* **3** (4), pp. 173-180 (1966).

[11-2] U. Beeck and G. Reich, "Comparison of the Pressure Indication of a Bayard-Alpert and an Extractor Gauge", *J. Vac. Sci. Technol.* **9** (1), pp. 126-132 (1972).

[11-3] G. F. Weston, "Measurement of ultra-high vacuum. Part I. Total pressure measurements", *Vacuum* **29** (8/9), p. 277-291 (1979).

[11-4] N. Yoshimura, K. Ohara, I. Ando, and H. Hirano, "Ar-pumping characteristics of diode-type sputter ion pumps with various shapes of 'Ta/Ti' cathode pairs", *J. Vac. Soc. Jpn.* **35** (6), pp. 574-578 (1992) (in Japanese).

[11-5] G. F. Weston, "Measurement of ultra-high vacuum. Part 2. Partial pressure measurement", *Vacuum* **30** (2), p. 49-67 (1980).

[11-6] N. Yoshimura, H. Hirano, K. Ohara, and I. Ando, "Outgassing characteristics of an electropolished stainless-steel pipe with an operating extractor ionization gauge", *J. Vac. Sci. Technol. A* **9** (4), pp. 2315-2318 (1991).

第 11 章のおわりに

Fig. [11-4]-1. (Ion-current characteristics of SIP (0.15 T, 24 mm diam.-anode cells)) のイオン電流とヌード型 BA ゲージの指示圧力の特性は，スパッタイオンポンプを小型化した，高磁場の超高真空ペニングゲージの可能性を示しています．この場合，セルは 1 つで良いと考えられますから (すなわち磁石の体積は小さいから)，高価ですが，希土類磁石も使用できると考えます．

SIP (0.15 T, 24 mm diam.-anode cells) を使用している超高真空ゲージでは，ポンプの制御電源に微小電流計測・表示の機能を付加することによって，ポンプ内の真空を表示させることも可能です．

第 12 章

振動の少ない超高真空油拡散ポンプと関連機器の開発

はじめに

振動が少なく，新しい超高真空用作動油（Polyphenylether）で安定に排気できる，油拡散ポンプとその関連機器（バッフル，トラップ）を開発した事例を紹介します．

蒸着装置やスパッタコーティング装置のような，成膜装置や走査型電子顕微鏡，そしてX線マイクロアナライザーのような表面分析装置では，大きなチャンバーで清浄な真空が要求されますが，ガス負荷が大きいため，多くの装置では油拡散ポンプ（DP）やターボ分子ポンプ（TMP）で排気されています．

DPはTMPと比べて，安価で，振動が少ない，という2つの利点があるので，電子顕微鏡やX線マイクロアナライザーのような，振動を嫌うマイクロ・ナノ電子線装置で多用されています．

12-1 振動の少ない超高真空油拡散ポンプと水冷バッフルの開発

筆者らは油拡散ポンプ（DP）と，その関連機器であるコールドキャップと水冷バッフルに関する代表的な論文を参考にして，新たなDPとその関連機器を開発しました．

12-1.1 DP技術の進展（M. H. Hablanian and J. C. Maliakal, 1973から）

M. H. Hablanian and J. C. Maliakal（1973）[12-1]は，“Advances in diffusion pump technology”と題した論文を発表しました．そこには，Fig. [12-1]-1（DP設計の進展）が図示されています．

筆者らは，Fig. [12-1]-1の中央部に図示されているタイプのDPを使用していました．中央と左側の図では，水冷パイプが省略されていますが，中央部に図示されているポンプでは，ポンプ本体とエジェクター側管部に水冷の銅パイプが巻かれています．

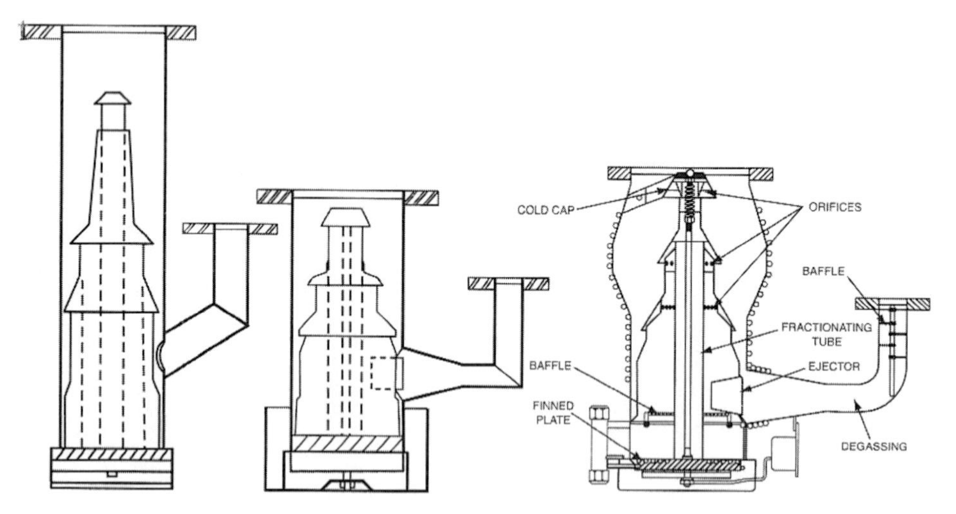

Fig. [12-1]-1. An illustration of the progress in pump design: left — prior to 1958; center — 1961; right — 1965.
M. H. Hablanian and J. C. Maliakal (1973) [12-1]

右側に図示されているポンプは，排気流量の増大を図るためと考えられますが，トップジェットから噴出した油蒸気ジェットの，水冷側面に衝突するまでの距離を長くなるように設計されています．横向きにジェットを吹き出すエジェクターノズルは，ポンプの背圧を高めるものですが，エジェクター側管が長くなっています．

筆者らのポンプも改良が重ねられ，エジェクター側管部は以前より長くなり，垂直の前段部排気管の内部に，多段の邪魔板バッフルが挿入され，垂直側管部にも水冷銅パイプが巻かれています．このポンプは，Lion-S 作動油で安定に動作します．ポンプ本体は，ステンレス鋼パイプ製です．

筆者らは今のポンプを，図右側のポンプのように，高排気速度，高排気流量のタイプに改良する意図はありませんでした．第一に，Polyphenylether で安定に動作する油拡散ポンプを，合理的に設計・製作すること，第二に，静かで振動が少なく，冷却トラップを使用しなくても，定常状態の排気で逆流量が十分に低いポンプであること，が開発目標でした．

ポンプに作動油 Polyphenylether をチャージし，不可視のシェブロンバッフルを取り付け，定格の電力で動作させました．すると，チャンバーの圧力にスパイク状のノイズが頻繁に入ります．ヒータを加熱する電力を可変しても，この状態は改善されませんでした．それはあたかも，熱い鉄板の上で油粒がはねているような感じです．このポンプ（**Fig. [12-1]-1** 中央の構造）は，Polyphenylether では安定に動作しませんでした．

12-1.2　軟鋼肉厚パイプ（3 mmt，Ni メッキ）のポンプボディーをもつ超高真空用油拡散ポンプの開発

1.　Edwards 社の三段積み重ねポンプグループの特徴を考察する

N. T. M. Dennis *et al.*（1982）[12-2]の “The effect of the inlet valve on the ultimate vacua above integrated pumping groups” と題した論文に Santovac-5（Polyphenylether）で動作する，Edwards 社のポンプスタックの構造を示す図（**Fig. [12-2]-1**）が載っています．

このポンプスタックは以下の特徴を有しています．

特徴

① 水冷コールドキャップの大きな垂直フィンが，トップジェット下端よりかなり下まで延びいています．

② 大きなトップジェットノズル，吹き出しノズルの角度は，従来のポンプの角度に比べて極端に下向きです．

③ ジェットノズルの段数は，エジェクターノズルを含めて 3 段と従来ポンプより少ない構造です．なお，従来ポンプのジェットノズル数は通常 4 段です．

ステンレス鋼製のポンプ本体は，薄肉の絞り構造です．振動の小さい，すなわち肉厚のポンプボディで，そして Santovac-5（Polyphenylether）で安定に動作するポンプを開発することになりましたが，以下の考察に基づいて，設計製作しました．

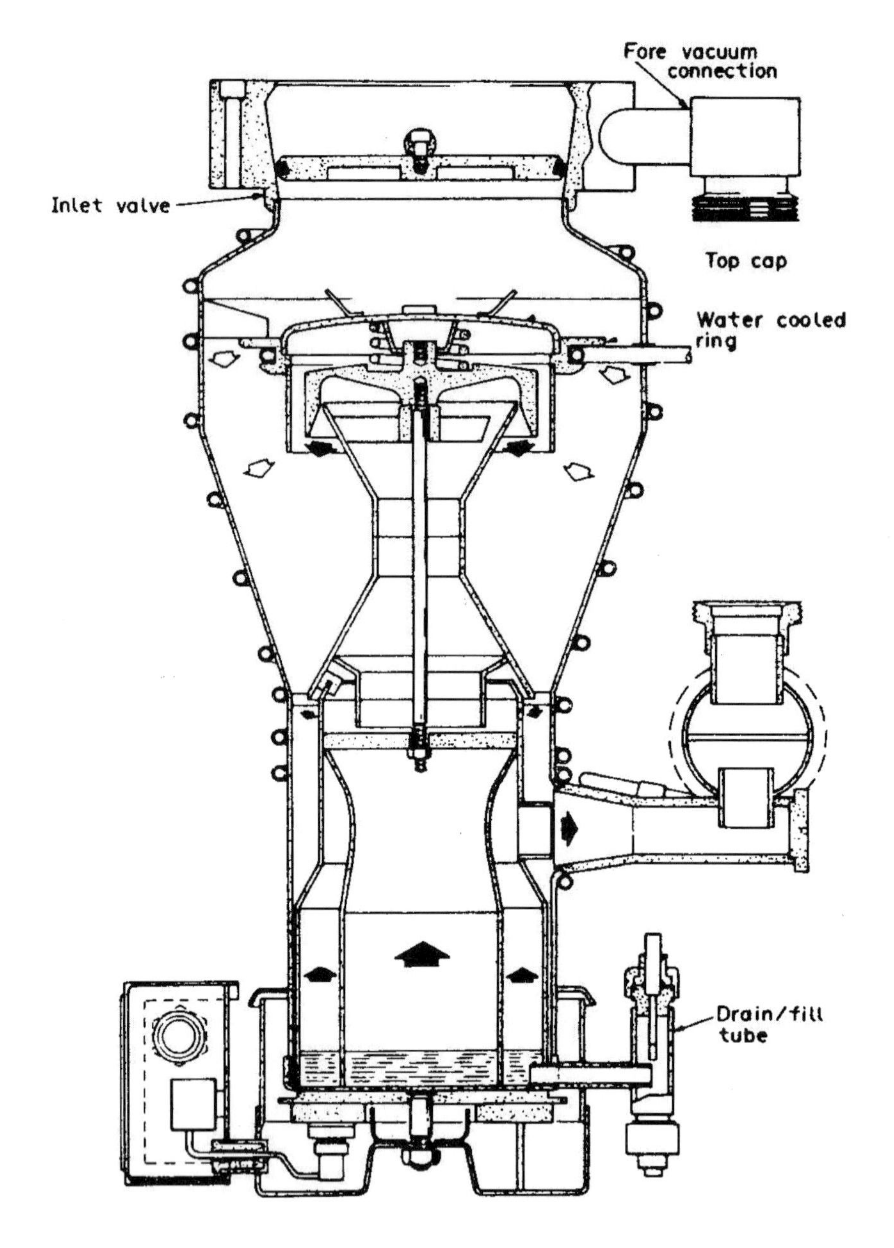

Fig. [12-2]-1. Schematic of a three-stage integrated pumping group.
N. T. M. Dennis *et al*. (1982) [12-2]

考察

① 一般にトップジェットノズルを下に向けると，排気速度は小さくなり，油蒸気の逆流量：(rate) も小さくなります．油蒸気の逆流を小さくすることを最大の目的にしているのではないでしょうか．

② Edwards 社の油拡散ポンプは，トップジェットノズルを極端に下に向けることによって，非常に熱い超音速の油蒸気ジェット噴流が，ポンプ本体側面に衝突するのを抑制している

のではないでしょうか.

③ 絞り構造で，トップジェットノズルとコールドキャップの高さ位置の同心円の幅（したがって面積）を大きくし，排気速度の低減をカバーしていると考えられます.

④ ポンプ本体側面を薄肉にすることによって，ポンプ壁の肉厚方向の熱伝導抵抗を小さくして水冷効果を高め，非常に高い温度の油蒸気ジェットがポンプ側面に衝突したとき，液化しやすくしていると考えられます.

⑤ DPの振動源は，油ボイラーでの油の沸騰と，油蒸気の音速を超えるジェット流が壁面を打つことの，2つが考えられます．ポンプ本体の容器壁が薄肉の場合，同じ大きさの振動エネルギーに対して，容器壁の揺れが大きくなり，振動はポンプに接続されているチャンバーに伝わりやすい．トップジェットノズルが極端に下に向いている理由の1つは，油蒸気ジェットが壁面を打つのを抑制して，振動を小さくしている，と考えられます.

⑥ 油拡散ポンプの振動は最小に抑えなければならないので，厚肉のポンプ本体にしなければなりません.

12-1. で述べた従来型のステンレス鋼製本体のポンプでは，トップジェットを下向きに少々変更しても，安定に動作するとは考えられませんでした．そこで，ステンレス鋼より約3倍熱伝導率の高い軟鋼のパイプ（肉厚3 mm）で，ポンプ容器を製作しました．この結果，ポンプ壁の断面方向の熱伝導抵抗は，1 mm厚さのステンレス鋼と同等になります.

軟鋼製容器（内面はカニゼンメッキ）のポンプに作動油Polyphenyletherをチャージし，不可視のシェブロンバッフルを取り付け，定格の電力で動作させました．すると今度は，スパイク状のノイズは入らず，安定に動作しました.

なお筆者らは，軟鋼製のCrメッキした板材のガス放出量（rate）は，高温の真空ベーク処理を行わない場合は，ステンレス鋼板と同等である，という下記の文献データ（第4章でレビューしました）を重視しました．：[4-4] Y. Ishimori, N. Yoshimura, S. Hasegawa and H. Oikawa, “Outgassing rates of stainless steel and mild steel after different pretreatments”, *J. Vac. Soc. Jpn.* **14** (8), pp. 295-301 (1971). (in Japanese).

なおポンプの構造は，**Fig. [12-1]-1** の中央に示されている従来タイプと類似しています.

12-1.3　コールドキャップ付きシェブロンバッフルの開発

油拡散ポンプの逆流については，G. Rettinghaus and W. K. Huder (1974) [12-3] の“Backstreaming in diffusion pump systems”と題した論文を参考にしました.

Fig. [12-3]-1 の図をみてください.

水冷されるコールドキャップをポンプ本体の内部構成部品と考えると，その設計製造は非常に難しくなりますが，水冷バッフルの一部と考えますと，非常に簡単に設計できることが，**Fig. [12-3]-1** から分かります.

銅ブロックから削り出したコールドキャップを，不可視（optical dense）のシェブロンバッフルフィン組立（銅板製）の下面中央にロウ付けし，このバッフルと油拡散ポンプとを，Viton-A ガスケットでフランジ接合することによって，水冷コールドキャップをトップジェットに，適切にかぶせることができました.

コールドキャップの端の垂直部分の長さは，Fig. [12-3]-2 を参考にして，トップジェットからのジェット流を妨げないと考えられる長さに設計しました.

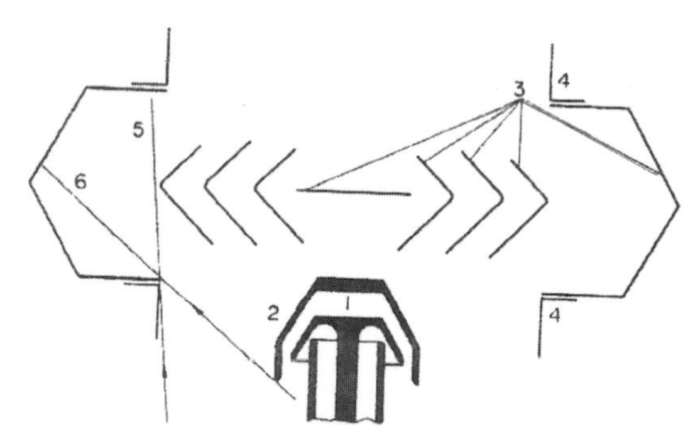

Fig. [12-3]-1. 水冷バッフル，水冷コールドキャップ，油拡散ポンプのトップジェットノズルの相互位置関係.
G. Rettinghaus and W. K. Huder (1974) [12-3]

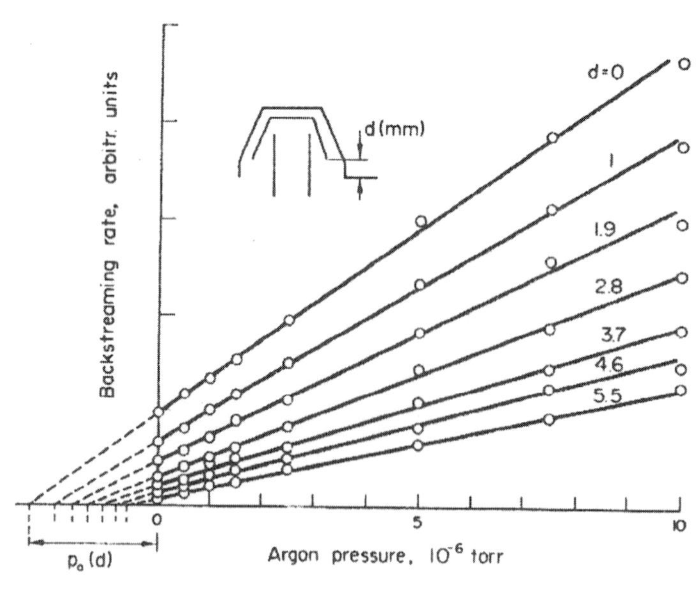

Fig. [12-3]-2. Backstreaming vs argonpressure at different cold cap positions.
G. Rettinghaus and W. K. Huder, (1974) [12-3]

12-2　DP 排気系のクリーン排気特性
(S. Norioka and N. Yoshimura, 1991 から)

Santovac-5 (Polyphenylether) をチャージした，開発した油拡散ポンプ（コールドキャップ－シェブロンバッフル付き）の清浄真空排気の特性を，マスフィルターで確認しました．その詳細は S. Norioka and N. Yoshimura (1991) [12-4]　の “Practical advantages of a cascade diffusion pump system of a scanning electron microscope” と題した論文に，詳しく論述されています．

1．実験系

カスケード接続の DP 排気系（DP1－DP2 直列系）を，**Fig. [12-4]-1** に示します．DP-RP 系を想定して実験する場合には，DP2 を off にして実験しました．DP1 (4 in. diam.) と DP2 (2.5 in. diam.) は共に分留型で，水冷バッフルのシェブロン型フィンには，コールドキャップがロウ付けされています．

2．入力電圧を可変したときの残留ガススペクトル

DP ヒータへの入力電圧はしばしば変動します．DP 油蒸気の逆流量は DP のヒータパワーと関係します．

単一 DP 系（DP2 は off）と直列接続 DP 系（DP1-DP2-RP 系）への入力電圧を変化させて，残留ガスを分析しました．両方の DP への定格入力電圧は 200 V です．カスケード DP 系では両ポンプへの入力電圧を，同時に 200 V から 180 V へ，そして 220 V へ変化させ，その後各々約 30 分間，その電圧を維持しました．各々の系で電圧を変化させた 30 分後の残留ガススペクトルを，**Fig. [12-4]-2** に示します．

Fig. [11-4]-2 の残留ガススペクトルから次のことが分かります．

① 直列接続 DP 系（DP1-DP2-RP 系）の方が，DP-RP 系よりクリーンとなります．

② 直列接続 DP 系では，定格電力で運転したとき，あるいはヒータ電力で約 20％減少，あ

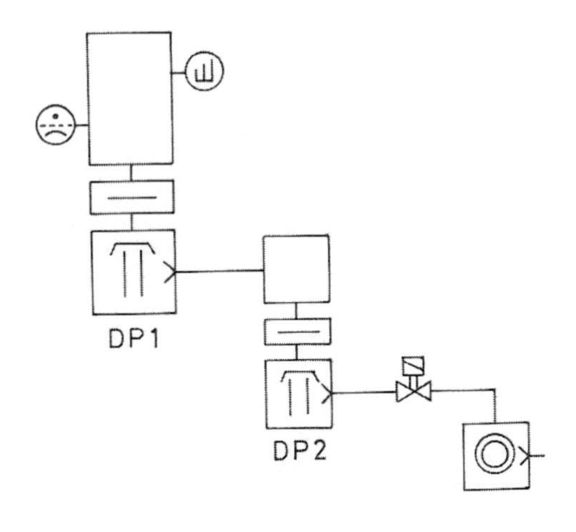

Fig. [12-4]-1.
Experimental setup of a cascade DP system. [12-4]

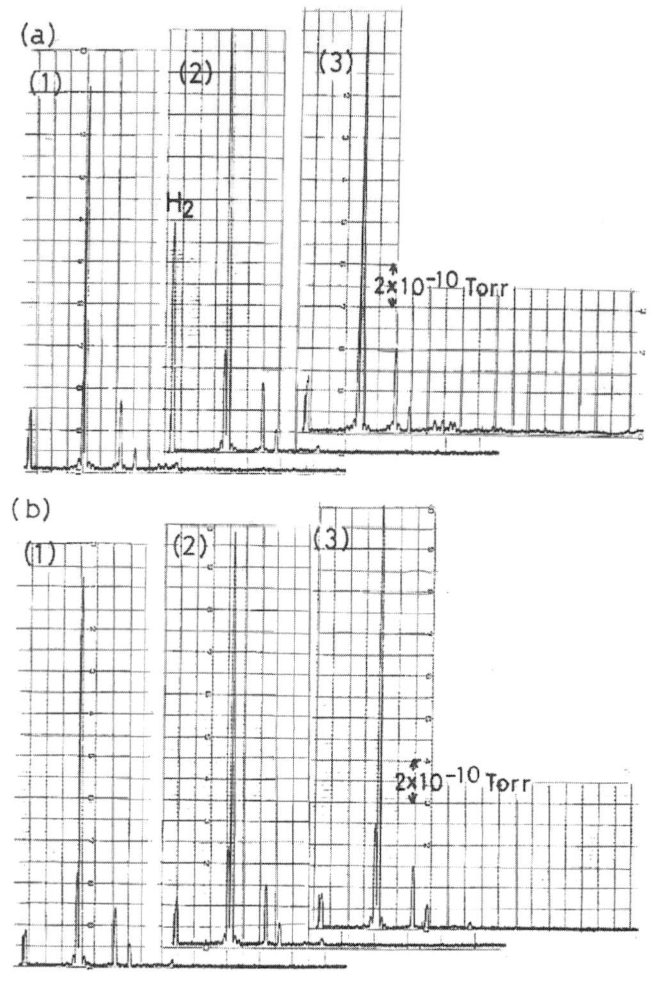

Fig. [12-4]-2. Residual gases depending on the voltage inputs to the DP heaters (a) On the DP1-RP system with (1) 200V, (2) 180 V, and 220 V, (b) On the DP1-DP2-RP system with (1) 200 V, (180 V, and (3) 220 V.
S. Norioka and N. Yoshimura (1991) [11-4]

るいは増加しても，ハイドロカーボンが殆ど検出されないほどの清浄真空が得られます．

③ DP-RP系では，ヒータ電力を20%増加させると，はっきりとハイドロカーボンピークが増大します．

④ DP-RP系ではヒータ入力を約20%減少させると，H_2のピークが約4倍に増大しています．これは，電力不足の現象です．

⑤ 直列接続DP系では，ヒータ入力電圧が10%変動しても，残留ガスの変化は殆どみられません．

⑥ 軟鋼製のDPにコールドキャップ付きシェブロンバッフルを用いたシステムは，清浄真空排気システムと認められます．

12-3　液体窒素保持時間の長い冷却トラップの開発
（H. Hirano and N. Yoshimura, 1981から）

電子顕微鏡のDP排気系用の液体窒素冷却トラップを設計，製作し，その冷却面の温度や液体窒素の保持時間を測定しました．

H. Hirano and N. Yoshimura（1981）［12-5］は，“Thermal loss of a cold trap” と題した論文（日本語）を発表しました．

1．電子顕微鏡用冷却トラップに必要な機能

電子顕微鏡の拡散ポンプ排気系に用いられる冷却トラップには，下記の2つの機能を満たす必要があります．

（1）液体窒素が入手困難なユーザにとっては，冷却トラップ内部の液体窒素容器（リザーバと称す）は排気抵抗になり，ガス放出源になります．このような場合はリザーバを取り外した方が良いので，リザーバが容易に取り外せる構造に設計します．

（2）電子顕微鏡は，夜間も平日は連続運転される場合が多いので，リザーバの液体窒素保持期間は20時間程度必要となります．同時に，週末には電子顕微鏡が停止している間に，液体窒素リザーバは空にするよう設定することが望ましいでしょう．

以上の条件を考慮して，モデル構造に対する熱計算結果に基づき，電子顕微鏡用の冷却トラップを設計し，製作しました．この冷却トラップは上記の2つの条件を満たしています．

2．構造

製作した冷却トラップの構造と電子顕微鏡の試料室排気管に取り付けたときの様子を，Fig［12-5］-1に示します．

トラップは，液体窒素容器を上部から容易に取り外せる構造になっています．熱伝導損失を小さくするために，リザーバを薄肉（0.5 mmt）のステンレス鋼板で造り，上部を細く絞った構造にしています．また，熱輻射損失を小さくするため，熱反射板が組み込まれています．反射板の被排気系側には，十分大きな排気口を設けました．これは被排気系から飛んでくるガス分子を，効率よくリザーバの冷却面に衝突させるためです．

3．液体窒素保持時間

リザーバの液体窒素の保持時間を測定しました．リザーバの表面粗さは6.3Sです．また，反射板取り付け部では，熱伝導による熱リークが生じ，この熱量がリザーバにリークするか，室温の外壁にリークするかによって，熱損失量が異なります．そこで，このことによる液体窒素保持時間の違いが，どの程度であるかを測定しました．反射板の取り付け方及び，上に述べた種々の状態で測定した，リザーバの液体窒素保持時間と，熱伝導・熱輻射の理論式より算出した計算値をFig［12-5］-2に示します．なお，反射板を組み込んだ場合の計算では，反射板取り付け部での熱リークはないと仮定しています．

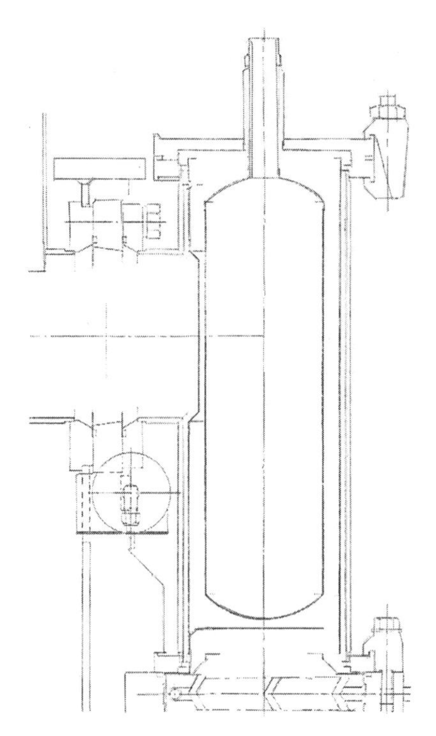

Fig [12-5]-1.　Constraction of liquid N_2 cold trap. H. Hirano and N. Yoshimura (1981) [12-5]

測定の結果，リザーバの表面粗さ6.3Sで，Case 2の状態において，液体窒素保持時間は36時間でした．Fig [12-5]-2に示すように，Case 1においても十分に長い保持時間が得られましたが，液体窒素保持時間を長くするという観点から，Case 2を採用しました．なお，リザーバの容積は1.3 Lです．

4．反射板の温度

Case 2の条件で，液体窒素保持時間は満足すべきものでした．しかし計算結果と比較すれば，30%の差があります．この原因の１つは反射板取り付け部での熱リークである，と考えました．このことを明らかにするために，反射板の温度測定しました．

測定結果と計算値（反射板取り付け部で熱リークはないと仮定）を，Fig [12-5]-3に示します．なお，測定における熱伝導・熱輻射に関する条件ですが，リザーバ表面粗さは6.3S，そして反射板は外壁に固定（Case 2）です．

反射板の温度を計算するには，リザーバと外壁の温度が必要です．Fig [12-5]-3の計算では，これらの値に実測値を用いました．したがって，反射板取り付け部で熱リークがなければ，反射板での実測温度は計算値に近い値を示すはずです．反射板の温度は実測値270K，計算値254Kでした．実測値は計算値より，高温側に16℃ずれています．以上の結果から，リザーバの液体窒素保持時間の測定における30%の差（実測値と計算値の差）は，反射板取り付け部での熱リークにより生じたと判断できます．なお，ガス分子による熱損失は無視しています．

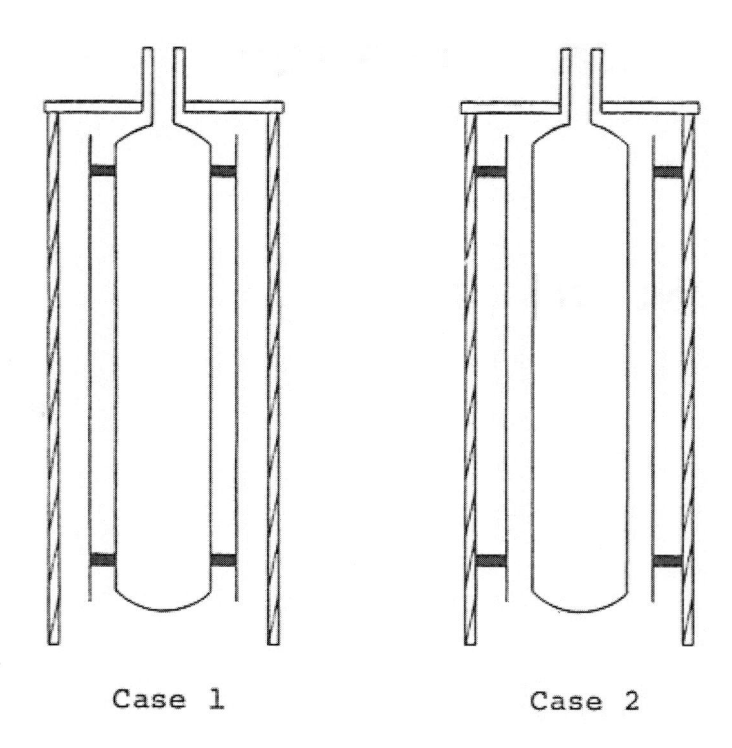

hours

Reflector	without ref.		with ref.		
Surface condition	Meas.	Cal.	Case 1	Case2	Cal.
6.3 s	24	26	34	36	46
Wrapped with Al foil	39	37	42	52	55

Fig [12-5]-2.　LN_2 holding time. H. Hirano and N. Yoshimura (1981) [12-5]

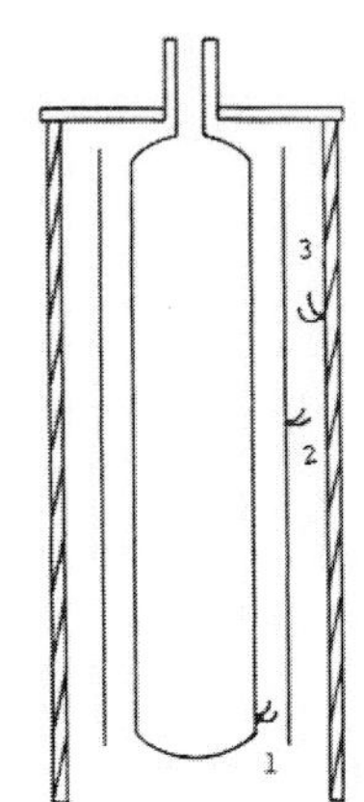

Position	Measurement	Calculation
1	79°K	79°K
2	270°K	254°K
3	294°K	294°K

Fig [12-5]-3.　Temperature in case 2, roughness; 6.3S. H. Hirano and N. Yoshimura (1981) [12-5]

反射板の温度は，液体窒素冷却面の温度（リザーバの表面温度）よりも外壁の温度（室温）に近いため，反射板でのガストラップ効果は期待できません．筆者らは，反射板の被排気系側に十分に大きな排気口を設け，この点に対処しました．

引用文献

[12-1] M. H. Hablanian and J. C. Maliakal, "Advances in Diffusion Pump Technology", *J. Vac. Sci. Technol.* **10** (1), pp. 58-64 (1973).

[12-2] N. T. M. Dennis, L. Laurenson, A. Devaney, and B. H. Colwell, "The effect of the inlet valve on the ultimate vacua above integrated pumping groups", *Vacuum* **32** (10/11), pp. 631-633 (1982).

[12-3] G. Rettinghaus and W. K. Huder, "Backstreaming in diffusion pump systems", *Vacuum* **24** (6), pp. 249-255 (1974).

[12-4] S. Norioka and N. Yoshimura, "Practical advantages of a cascade diffusion pump system of a scanning electron microscope", *J. Vac. Sci. Technol. A* **9** (4), pp. 2384-2388 (1991).

[12-5] H. Hirano and N. Yoshimura, "Thermal loss of a cold trap", *J. Vac. Soc. Japan* **24** (4), pp. 167-169 (1981) (in Japanese).

第12章のおわりに

透過型電子顕微鏡では，質量の大きい像観察室とカメラ室がデンと据え付けられて，鏡筒に振動が伝わらないように，除振ブロックの役割を果たしています．そして，その用途にもよるのですが，電子顕微鏡写真をたくさん撮るユーザがいますので，像観察室とカメラ室はスパッタイオンポンプのようなゲッターイオンポンプで排気できません．そこで，差動排気系を構成して，下部の像観察室とカメラ室を排気する主ポンプには，振動の少ない肉厚容器の油拡散ポンプ，あるいはターボ分子ポンプ（TMP）を使用することになります．

磁気ベアリングタイプのターボ分子ポンプは，機械ベアリングタイプと比べると大幅に振動が小さいのですが，やはり，磁気ベアリングを介して振動が伝わります．我々は経験上，除振ダンパーを介して取り付けられた磁気ベアリングタイプの振動は，厚肉のポンプ容器の油拡散ポンプ（除振ダンパーなし）と同じ程度と評価しています．そこで，コストが主な理由ですが，清浄な油拡散ポンプシステムで下部チャンバー（像観察室・カメラ室）を排気しています．

第 13 章

スイッチオーバー排気時に耐性を示す，ダイナミックな排気系

はじめに

大きなチャンバーをもつ成膜装置や走査型電子顕微鏡などのダイナミックな排気系で，清浄真空を得るという，多くの真空技術者が関心をもっているテーマを考察します．

各種の成膜装置では大型チャンバーが頻繁に大気に開放され，基板交換後油回転ポンプ（RP）や油拡散ポンプ（DP），あるいはターボ分子ポンプ（TMP）でダイナミックに，粗引きから本引きが頻繁に行われます．ウエハー検査用の走査型電子顕微鏡でも，ウエハーの大型化と共にチャンバーも大きくなり，粗引きから本引きへのスイッチオーバー排気が繰り返し行われます．透過型電子顕微鏡においても，ユーザによっては多数枚の電子顕微鏡写真が撮影され，電子感光フィルムが頻繁に交換がされますので，カメラ室を排気する油拡散ポンプ系で，スイッチオーバー時の油蒸気の逆流が問題になります．

逆流対策にはいろいろ考えられますが，スイッチオーバーにおける先行スロー高真空排気が，大きな利点をもっています．

13-1　高真空システムにおける過負荷を阻止するには（M. H. Hablanian, 1992 から）

M. H. Hablanian（1982）［13-1］は，“Prevention of overload in high-vacuum systems” と題した論文を発表しました．この論文はダイナミックな真空システムを基礎設計する真空技術者には，教科書として使われている論文と考えられます．

アブストラクト［13-1］

高真空ポンプは，他のガス圧縮機器（compressors）と同様に，ポンプが作成する最大圧力差（と圧力比）と最大質量（そして体積）流量（rates）に関して，基本的な限界があります．高真空ポンプは，通常他のポンプ（背圧側を排気する補助ポンプのことです）にガスを送り込みますから，高真空ポンプの許容背圧は，背圧側を排気している補助ポンプの排気特性に関係しています．しかしながら，高真空ポンプの動作を，真空チャンバーを前排気（粗引き）するときに使用される排気システム（粗びき系）の動作特性と，整合をとることも必要です．高真空排気を開始するときに用いられる，クロスオーバー圧力の伝統的な考え方は，明確な質量流量制限に基づいていないから，基本的に間違っています．粗引きから高真空排気へスイッチする期間中と，スイッチ直後の高真空ポンプへの過負荷を防ぐために，「クロスオーバーは，真空チャンバーからのガス質量の流れが高真空ポンプの最大流量容量を超えない，という条件の下で行われなければならない」ということです．代表的に言って，粗排気期間の終わりにおいて，真空チャンバーに関係する2つのはっきりとしたガス量，すなわちチャンバー空間にあるガス量と，準定常的（quasisteady）なガス放出量（rate）があります．この2つのガス量には，はっきりした圧力遅れが伴っています．空間ガスによる高真空ポンプへの過負荷は，高真空バルブをゆっくりと開けるか，あるいは並列に小さいコンダクタンスのバイパスを用いることによって，防ぐことができます．しかしながら，質量流量に関するゴールデンルールを守ることだけが，ガス放出による過負荷を防ぐ方法です．質量流量をマッチングさせることから直ちに導出される結論は，粗引きポンプが大きくなれば，クロスオーバーの圧力を低くしなければならないということです．捕獲ポンプにおいては，クロスオーバー条件の最大流量値は，クライオポンプでは再生期間と関係しており，スパッタイオンポンプではカソード取り換え期間に関係しています．

13-1.1 体積流れと質量流れ

真空ポンプ（あるいはガス圧縮器）の動作を，体積流れ対入口圧力のプロットの形で示せば，動作の基本的制限条件は，Fig. [13-1]-1のように表わすことができます．もし，圧力対排気速度の関係を示すために，このグラフを単純に90°傾けると，この二値関数は機械工学，流体工学あるいは，圧縮空気工学の分野で見られるポンプと気体圧縮機の動作を表わす，通常使用されている特性図と似ていないではないか，ということに気づくでしょう．曲線のパワー限界部分は，意図している動作範囲ではないので，通常除外されています．言い換えれば，（Fig. [13-1]-1の範囲は）その動作限界に達しています．

動作曲線のこの部分を示し，その範囲でもポンプを使用しようと試みることは，失速したエンジン（あるいは電気モータ）を動作させようというのに似ています．その通りなのですが，高真空システムのオペレータは，しばしば過負荷条件でポンプを運転しようとします．それは多分，真空オペレータは，火花や騒音を耳にすることがないからでしょう．

原因と効果の関係を概念的に理解するために，Fig. [13-1]-2に示しているように，ポンプの動作をプロットし直す方がずっと良いでしょう．この図で，質量流量限界，粗排気と高真空ポン

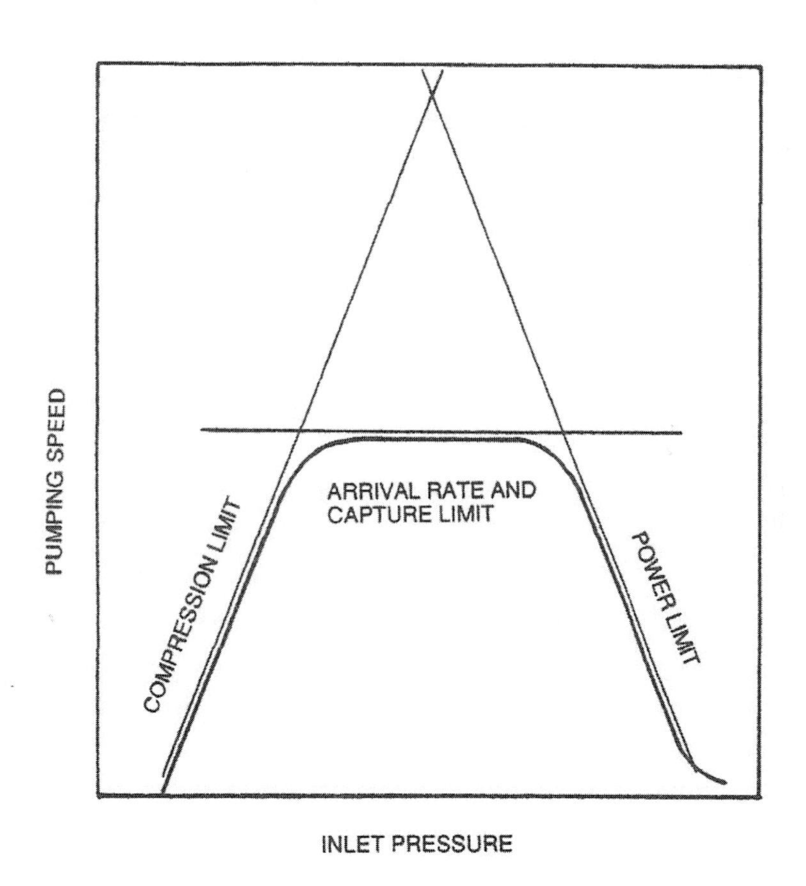

Fig. [13-1]-1. Basic limitation of pump performance. M. H. Hablanian (1982) [13-1]

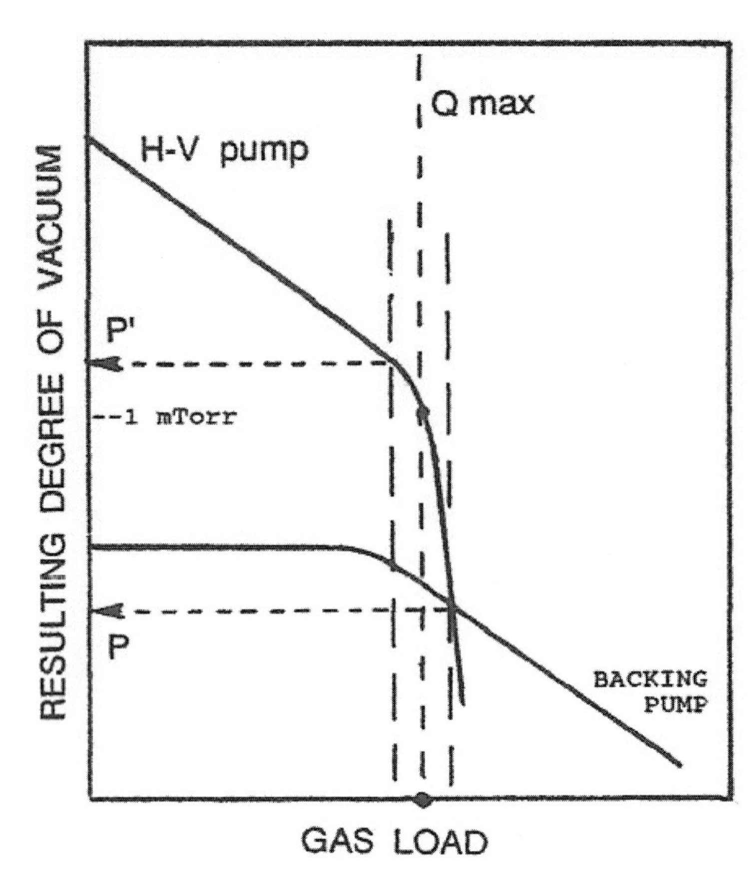

Fig. [13-1]-2. Vacuum achieved by the pump vs mass flow rate of pumped gas. Lower curve represents the backing pump.
M. H. Hablanian (1982) [13-1]

プの動作の区別，そして過負荷条件近くで動作させたときにしばしば起こる，圧力変動の理由が解りやすいでしょう．このグラフは例えば，拡散ポンプの最大流量を 40 mTorr と規定することが意味のないことだということを示しています．

不適切に設計されたポンプでは，各後続段に対して，質量流量限界に安全ファクターはありません．このようなポンプでは，排気作用の崩壊は（過負荷条件近づいたときに）突然やってきて，全停止に至ります．言い換えると，曲線の一定流量部分はほとんど垂直になります．このような場合，入口圧力を代表的に 5 mTorr と 50 mTorr の間に維持することは，ほとんどできません．そのようにしようと試みても，ガスの流れにおける小さな変動により，システムの制御系によって高真空排気から粗引き，あるいは背圧排気に切り替わりますから，大幅な圧力変動が起こるという結果になります．

良く設計されたポンプでは，各後続ジェット段が最大質量流量容量に関して安全係数を考慮に入れて設計されています．したがって，（過大ガス負荷条件に近づいたときに）入力ジェット段が過負荷になっても，下流のジェット段がまだ機能しています．しかしながら，このような過酷な使い方はすべきではありません．第1に，初期に（不適切な）クロスオーバー排気を行うことは，排気プロセスを短くする助けにならないし，第 2 に，真空システムはポンプの限界いっぱいの条件で動作させるような，ぎりぎりの質量流量で使用することを想定して設計されてはいません．

真空ゲージや真空プロセスのガス放出条件から，安全係数は少なくとも 1.25 はとるべきです．

13-1.2　クロスオーバー圧力とは？

排気速度曲線の伝統的な表示に戻って，Fig. [13-1]-3 に示されている粗引きポンプと，高真空ポンプの動作を分離して考えます．機械ポンプは大気圧での最大質量流量で始まり，最大圧縮のゼロ流量（あるいは，限界達成真空）で終わっていることに注目しておきます．同様に，高真空ポンプ曲線は最大質量流量で始まり，圧縮比と残留ガス負荷によるゼロ流量で終わります．これらの 2 つの曲線をスムーズに結ぶことによって，2 つのポンプの間での移行と一次的な領域での運転が可能か，ということが分かります．

疑問点は以下のことです．最初の排気において，粗引きポンプから高真空ポンプに切り替えるタイミングと条件は？　明白な答えは，チャンバーからの放出ガス負荷が，高真空ポンプの質量流量容量より小さいときに切り替えることです．この単純で基本的なルールに対して直ちに出される異議は，「しかし，我々が測定しているのは質量流量ではなく，圧力を測定している」というものです．しかしながら，圧力測定から必要な質量流量を導出する，簡単な方法があります．これは，Fig. [13-1]-3 に破線の対角線で示されている，一定値の流量線で表わされています．適切なクロスオーバー（切り替え）圧力は，矢印で示されているように，この圧力が切り替え圧力

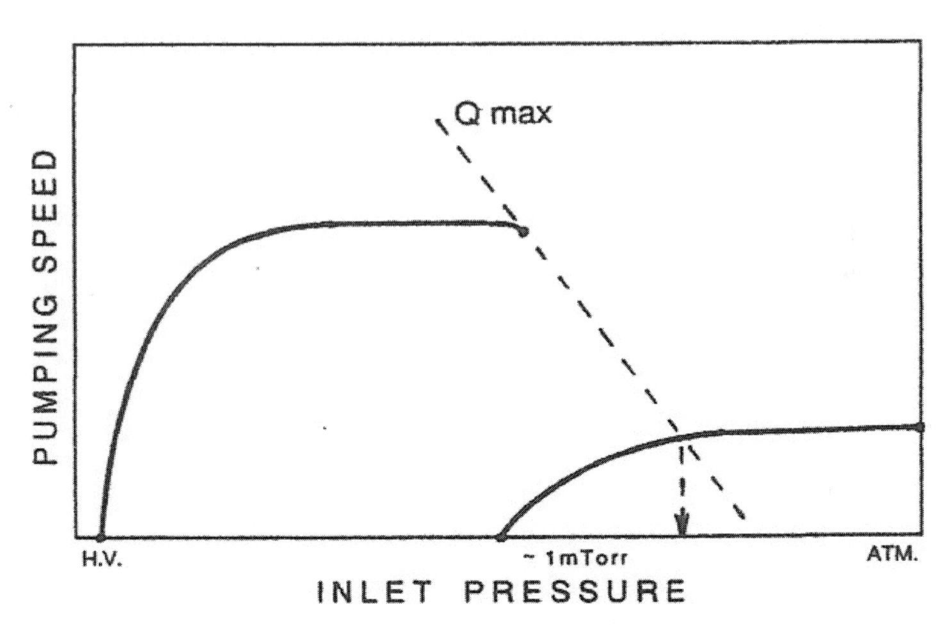

Fig. [13-1]-3.　Performance of high-vacuum and rough pumps shown separately.
M. H. Hablanian (1982) [13-1]

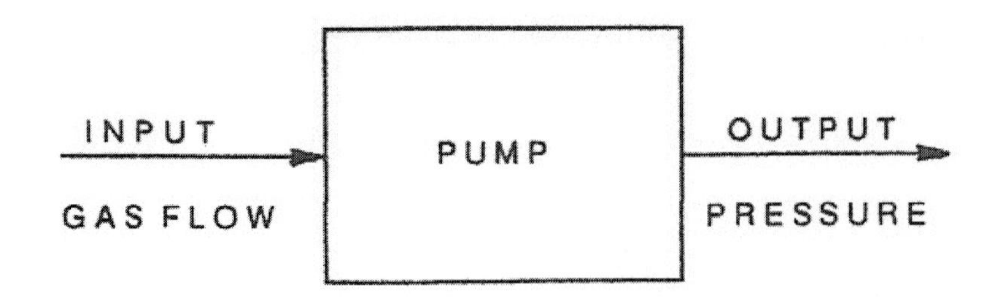

Fig. [13-1]-4. A “box” diagram showing the function of the pump. M. H. Hablanian (1982) [13-1]

ということになります．すなわち，チャンバーに接続されている位置での，粗引きポンプの正味の排気速度を知るだけで良いのです．チャンバーから放出されるガスの流量を得るには，チャンバーの圧力に粗排気ポンプの正味の排気速度を，掛け算することで得られます．

空間ガス（体積ガス）流量と放出ガス流量の両方は，指数関数的減衰関数によって，数学的に表わされますが [4]，[6]，両者ははっきりと異なった時定数を有しています．ポンプそのものは，Fig. [13-1]-4 に示すように，オペレータ（自動制御の用語です）であると考えられます．排気のプロセスにおいて，粗排気バルブが閉じられ，高真空バルブが開かれたとき，チャンバーにおいて放出されるガスの量はほぼ一定を保っていると仮定されます．このことは Fig. [13-1]-5 に，2つの矢印で示されています．勿論，排気速度が突然増加したことによる，過渡的な圧力の変化は起こります．この過渡現象は次式の時定数をもっています．

$$\tau = V/S \qquad [13\text{-}1]\text{-}1$$

この式で，V はチャンバーの容積，S は高真空ポンプの排気速度です．代表的な高真空系では，時定数 τ は通常 1 秒より小さい値です．一方，ガス放出に関係する時定数は，分または時間のオーダです．この討論のために，ガス放出量（rate）は，準定常値をもつと仮定できます．この仮定の下で，

$$Q = PS_{net} = Q' = P'S'_{net} = P_2S_2, \qquad [13\text{-}1]\text{-}2$$

ここで，P はクロスオーバー直前の圧力，S_{net} はチャンバー排気口近くでの正味の粗排気速度，P' はクロスオーバー直後の圧力，S'_{net} は正味の高真空ポンプの排気速度，P_2 は高真空ポンプの排出口圧力（discharge pressure）（この圧力は許容背圧を超えてはならない），そして S_2 は高真空ポンプの排出口での背圧側排気速度（backing speed）です．したがって，クロスオーバー圧力は

$$P = Q_{max}/S_{net} \qquad [13\text{-}1]\text{-}3$$

ここで Q_{max} は，高真空ポンプの最大質量流量（max. throughput），そして S_{net} は，チャンバーにおける粗引きポンプの正味の排気速度です．

クロスオーバー後圧力が低下したときに，ガス放出量（rate）は増加すると考えられます．通

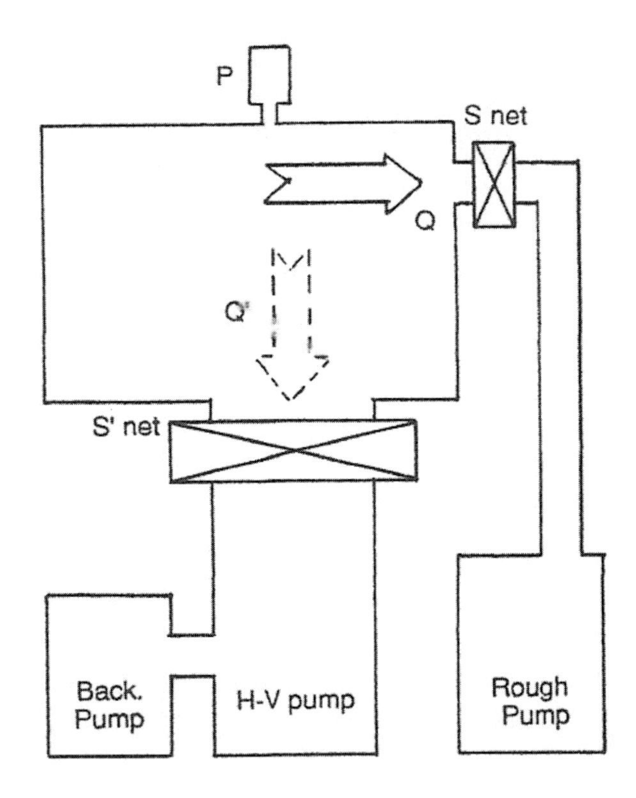

Fig. [13-1]-5.　Illustrating flow and pressure relationship immediately before and after crossover.
M. H. Hablanian (1982) [13-1]

常は，ここで考察している圧力でガスの内部拡散は非常に高いので，このガス放出量（rate）の増加は重要ではありません．

不幸なことですが，高真空ポンプに対して最大質量流量を決めるのに使用できる標準は存在しません．いくつかのポンプは他のポンプより，過負荷条件下で短期間稼働させることに耐性をもっています．さらに言えば，粗引きポンプの正味の排気速度は，正確には分かっていませんし，粗真空レベルの測定に用いられている，安価な圧力真空ゲージは正確ではありません．適当な安全係数を用いることが望ましいでしょう．1つの目安ですが，クロスオーバー後に圧力が速やかに低下しない場合は，高真空ポンプは過負荷になっています．圧力減少は殆ど瞬間的であり，粗引きポンプと高真空ポンプの排気速度の比に従っているのが正常です．

チャンバーから出てくる質量流量は，チャンバーを遮断したときの圧力上昇速度測定することによって，容易に決定できます．このことは Fig. [13-1]-6 に図示されています．チャンバーには内蔵物品・材料などをフルに内蔵しておく必要があります．チャンバーは前もって決めておいたクロスオーバー圧力まで粗排気され，粗引き弁を閉じます．測定される質量流量 $V\dfrac{\Delta P}{\Delta t}$ は高真空ポンプの $Q_{\max}$ より小さくなければなりません．もしも $Q_{\max}$ より大きければ，より低いクロスオーバー圧力を選択して，実験を繰り返します．

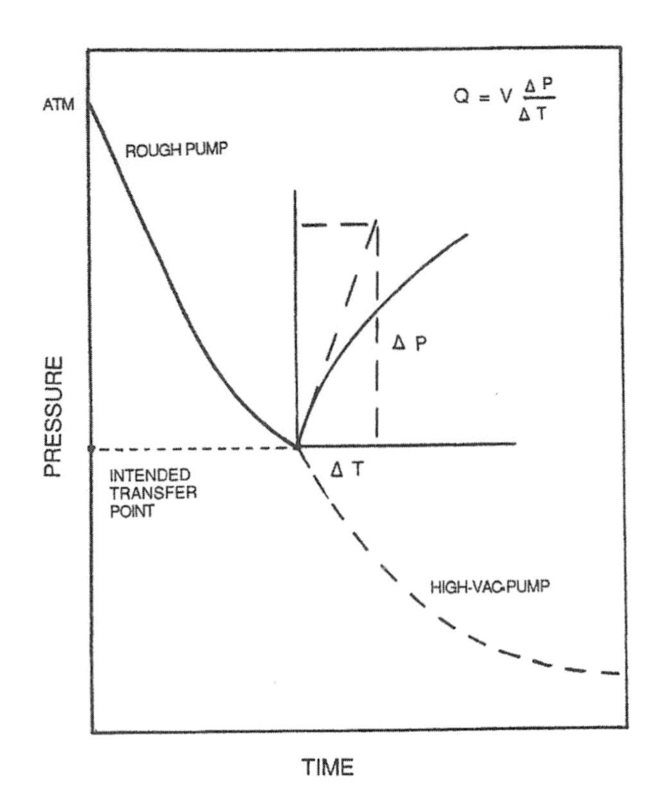

Fig. [13-1]-6. Finding the proper crossover mass flow (and pressure) by rate-of-pressure-rise measurement.
M. H. Hablanian (1982) [13-1]

真空炉のような，クロスオーバー後に熱（あるいは他のエネルギー）を用いるプロセスでは，加えられる熱が原因で起こるガス放出量で，許容最大ガス流量を超える可能性があります．このようなケースでは，チャンバー圧力が Q_{max} 点の位置に関係する圧力を超えないように，加熱プロセスを調整しなければなりません．

このことは，拡散ポンプの各段の蒸気ジェットに，各々の質量流量限界がありますから，拡散ポンプに対して特に重要です．入口段（トップジェット）が完全に過負荷で，過大逆流が生じていますが，ポンプの残りの段はまだ機能している，というケースもあります．ターボ分子ポンプの場合は，全ての段の羽が共通のシャフトで一緒に回転していますから，状況は拡散ポンプより余裕があります．捕獲ポンプでは，限界質量流量は必要な再生期間（クライオポンプの場合）やカソードの取り換え期間（イオンポンプの場合）に関係します．

文献 [3-1]

[4] M. H. Hablanian, *High Vacuum Technology* (Marcel Dekker, New York, 1990).
[6] M. H. Hablanian, *J. Vac Sci. Technol. A* **6**, 1177 (1988).

13-2 高電子顕微鏡のカスケード接続油拡散ポンプ排気系（N. Yoshimura *et al.*,1984 から）

N. Yoshimura *et al.*（1984）［13-2］は，“A cascade diffusion pump system for an electron microscope” と題した論文を発表しました．

アブストラクト［13-2］

電子顕微鏡のダイナミックな排気に関して，いくつかの油拡張ポンプ（DP）排気システムを討論し，評価しました．その結果，鏡筒がDP直列系で排気され，カメラ室は2段目のDPで排気される，カスケード排気系が最も合理的であることが見出されました．カスケードDP排気系を備えた電子顕微鏡で残留ガス分析を行いましたが，試料室でのハイドロカーボン分圧が 3×10^{-7} Pa以下の，非常に清浄な真空に排気されています．

13-2.1 DP1-DP2 直列系

N. Yoshimura *et al.*（1984）は，DP1－DP2 直列系（作動油，Polyphenylether）で清浄な真空が得られていることを実証しました．実験系を **Fig.［13-2］-1 (a)** に示します．

高真空チャンバーを真空ベーク（100℃，3 days）後，長期間にわたって残留ガス分析を行いました．DP1-DP2 の直列系において，残留ガススペクトルは，1ヵ月にわたってほぼ一定でした．残留ガススペクトルを **Fig.［13-2］-1 (b)** に示しますが，マス 39 － 43（M/e^{-}）の個々のピークは，すべて 4×10^{-9} Pa 以下です．（**Fig.［13-2］-1** は次ページに掲載しています．）

DP1－DP2 直列系では，長期間の排気において非常にきれいな真空が得られます．

真直ぐに飛んでくる油分子を阻止するために，DP の直上に不可視のバッフルが用いられます．しかしながら，DP 系が過大ガス負荷に遭遇すると，分子の散乱に起因する油蒸気の逆流が起こり［2］，［8］，精巧なバッフルやトラップ［9］もこのような逆流には役に立ちません［10］．

13-2.2 スイッチオーバー時の過大ガス負荷に耐性のある DP 排気系

電子顕微鏡では，粗引きから高真空排気へのスイッチオーバー排気が繰り返し行われます．カメラ室に対する過渡排気は，その容積が大きく，ガス放出量（rate）の大きい電子感光フィルムがたくさん入っていますから，高真空排気系に過大なガス負荷を与えます．電子感光フィルムは，排気モードを粗引きから高真空排気に切り替えたすぐ後に，最大のガス放出負荷を与えます．

DP 系は通常，最大定常ガス負荷に対して設計されており，多くの場合，一時的過大ガス負荷に対する備えはされていません．大気圧からの排気が頻繁に行われる真空システムでは，例えば一日に数回，粗引きから本引きに切り替わった直後に，非常に大きい過渡的なガス負荷が，DP 内へ流れ込みます．このような短い時間の極めて大きいガス負荷に対して，比較的大きい排気速度の回転ポンプ（RP）を DP の背圧側排気ポンプに使用しても，RP の排気速度は DP の排気速

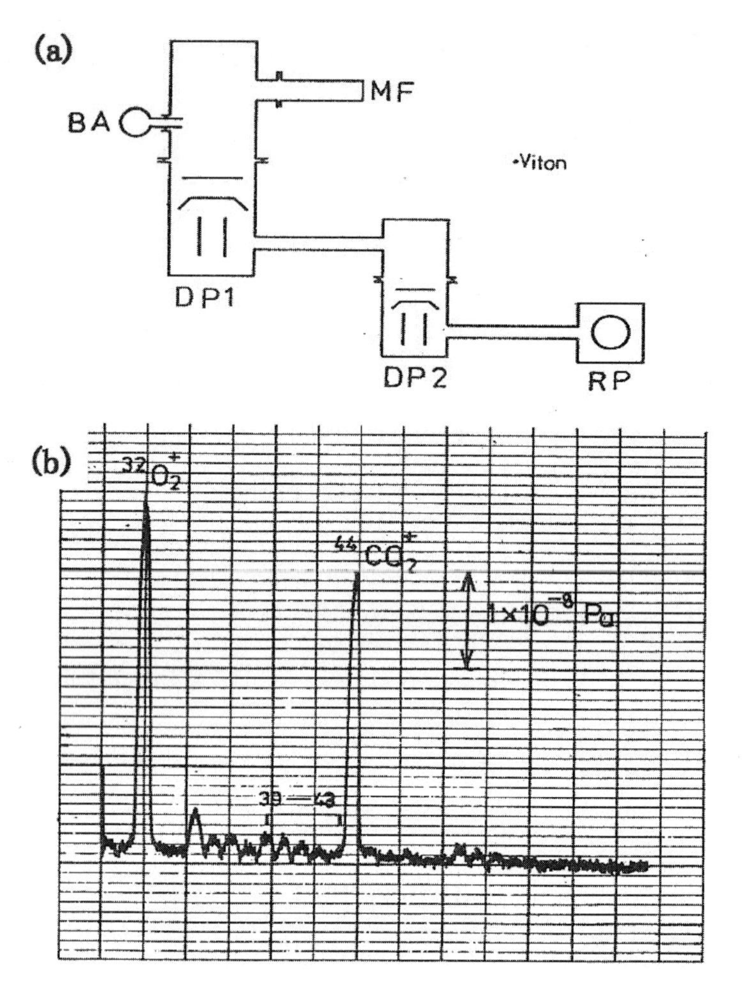

Fig. [13-2]-1.　Residual hydrocarbons in a DP-DP series system.
(a) Experimental setup and (b) spectrum of residual hydrocarbons in system (a).
DP1: 4 in. (Diffstak, Edwards, Santovac-5), DP2: 2.5 in. (conventionalone, Santovac-5), MF: mass filter, BA: Bayard Alpert gauge.
N. Yoshimura *et al.* (1984) [13-2]

度より桁違いに小さいので，役には立たないでしょう．

このように，単一DPの排気系では，排気モードが切り替わったのち，DPの前段圧力（背圧）P_bは，ポンプの許容背圧（P_c）以上に上昇しやすくなっています．P_bがP_c以上に上昇すると，前段に圧縮されたガスが油蒸気と一緒になって逆方向に，すなわち高真空側へ，逆流します．このような逆流に関して，Hablanian (1992) [10] の論文があります．

Fig. [13-2]-2 に示されている (a)（DP1-BT-RP系）と (b)（DP1-DP2-BT RP系）で，粗引きから本引きに切り替えた場合を想定して，DP1の背圧の上昇を測定しました．実験条件であるバッファーの容積や切り替え圧力などは，Fig. [13-2]-2 のキャプション（caption）に記載しています．システム (b)（DP1-DP2-BT RP系）でのスイッチ圧力P_Sは，約27 Paでシステム (a) の13 Paの約2倍と高いですが，スイッチオーバー直後のDP1の背圧の上昇が非常に低くなります．このように，スイッチオーバーにおけるDP直列系の背圧上昇抑圧は，非常に大きいことが分かります．

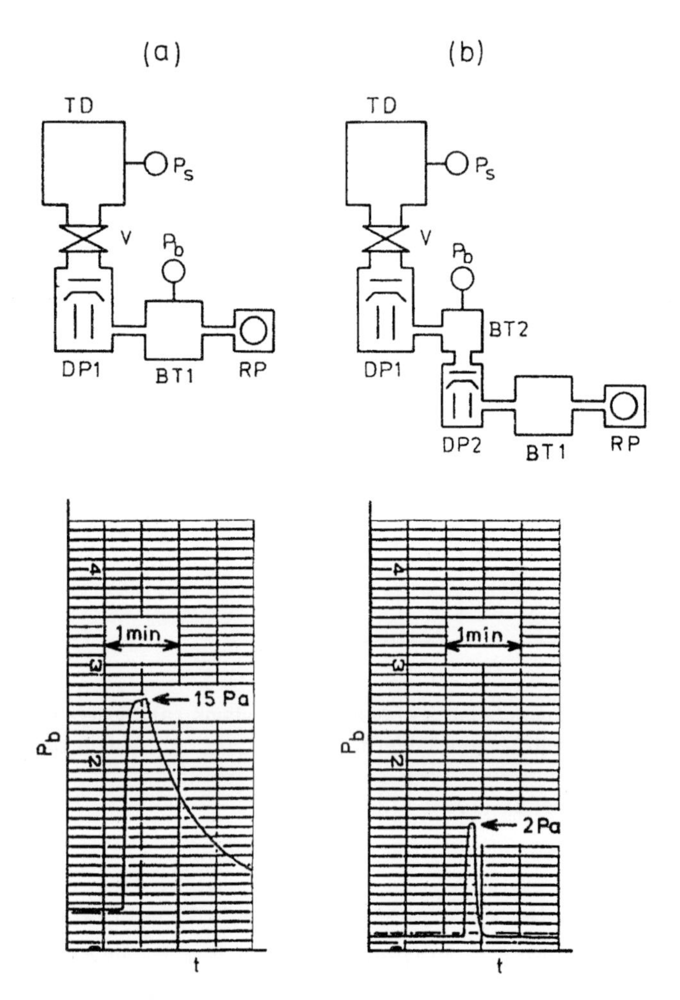

Fig. [13-2]-2.　Pressure rises of P_b in a DP1-BT-RP system (a) and DP1-DP2-BT-RP system (b). TD: test dome of approx. 20 L, BT1: buffer tank of 10 L, BT2: buffer tank of 1 L, DP1: 4 in. (conventional one, Santovac-5: Polyphenylether), DP2: 2.5 in. (conventional one, Santovac-5), RP: 100 L/min, V: butterfly valve, 4 in.
N. Yoshimura *et al.* (1984) [13-2]

Fig. [13-2]-3には，粗引きから本引きへのスイッチオーバーに耐性があると考えられる，代表的な3つのDP排気系を示していますが，**Fig. [13-1]-3**の下側の図は，思考実験で予想される，各々のシステムでのスイッチオーバー前後の，主DPの背圧P_bと高真空側のチャンバーの圧力P_hの変化の様子を示しています．

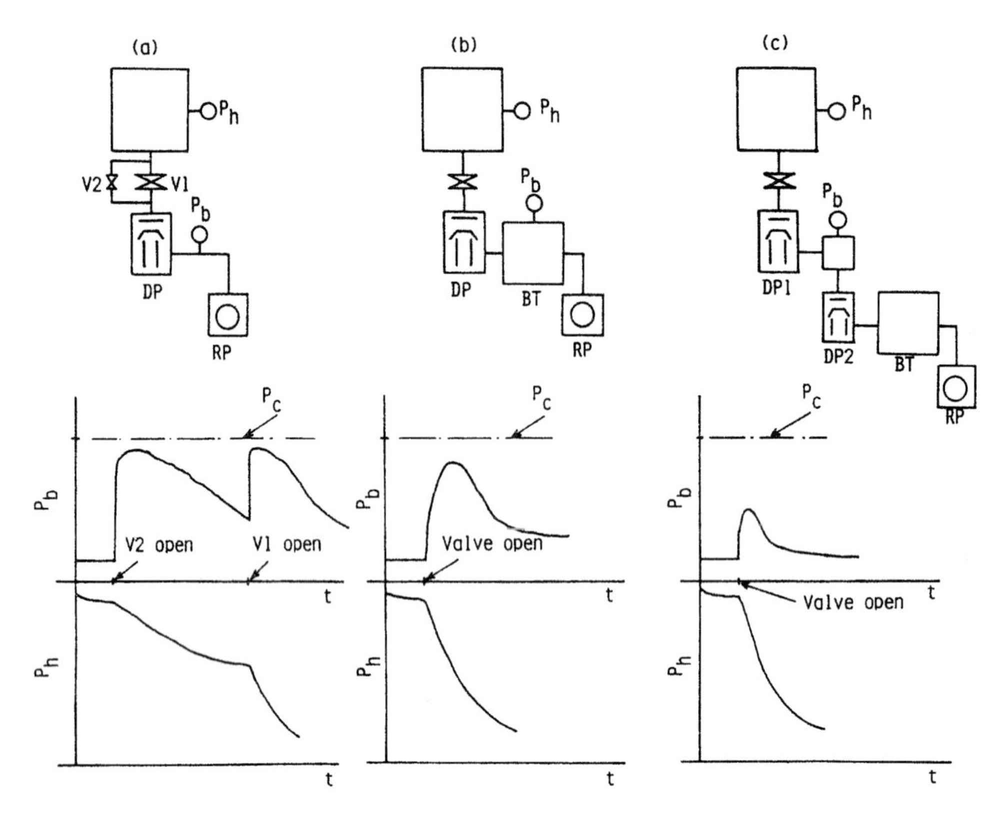

Fig. [13-2]-3. Transitional characteristics of typical DP systems (a) System with by-pass valve V2, (b) system with a large buffer tank (BT), and (c) system backed by DP2 with a large BT.
N. Yoshimura *et al.* (1984) [13-2]

Fig. [13-2]-3 のシステム (a) では，小さなコンダクタンス（~5 L/s）の弁 V2 が，先行して開きます．そしてその約 10 秒後に，大口径の弁 V1 が開きます．このように弁 V1 と V2 をシーケンス制御することによって，DP の背圧 P_b を DP の臨界背圧 P_C 以下に抑えることができます．ゆっくりと開いていく弁を備えたシステム [10]，[11]，[12] は，システム (a) と同じ考え方に立脚しています．システム (b) では，大きなバッファータンク（BT）が P_b の上昇を抑えています．DP の臨界背圧 P_c は，切り替え圧力 P_s の約 2~3 倍ですから，BT に必要な容積は，チャンバーの容積の約半分で良いということになります．このシステムの利点は，P_h の速やかなポンプダウンと P_b のゆっくりとした上昇です．P_b がゆっくりと上昇することは，過負荷時の安全性を確保するシステムを構築する場合に，好ましいことです．

システム (c) では，BT を備えた DP2 が DP1 の前段を排気しますから，DP2 の前段の油蒸気の影響は受けない [6] という利点があり，クリーンな排気システムと言えます．P_b の上昇を抑える効果は，Fig. [13-2]-2 に示されているように抜群です．システム (c) の問題点は，設置スペースとコストです．

コメント

Fig. [13-2]-3 の 3 つのシステムを検討した時点では，「チャンバーを圧力の比較的高い低真空から，高真空急速排気で圧力の低い高真空にすれば，チャンバー壁表面やチャンバーに内蔵されている物品の表面からのガス放出が急増する」という「ガスの収着と脱離」の過渡現象を，筆者は十分には理解できていませんでした．Fig. [13-2]-3 (a) のスロー高真空排気には，次の 13-3 で詳述しているように，「スイッチオーバー直後に急増する，チャンバー壁や，内蔵物品表面からのガス放出を抑制する」という大きな利点があります．

13-2.3　電子顕微鏡のカスケード接続油拡散ポンプ排気系

カスケード接続油拡散ポンプ排気系を備えた電子顕微鏡の排気系を，Fig. [13-2]-4 に図示します．

透過型電子顕微鏡のカメラ室の排気条件は，拡散ポンプにとって非常に厳しいものです．電子感光フィルム 50 枚入りのカセットケースを交換するために，大容積（約 40 L）のカメラ室が大気に開放され，回転ポンプで粗引きした後，拡散ポンプで高真空に排気されます．カメラ室は真鍮鋳物あるいは鉄鋳物で製作されており，鋳物独特の巣が多数存在します．電子感光フィルムは，大量の水蒸気を放出します．ユーザの使用条件に依ることですが，大量の写真を撮るユーザもいます．フィルム 50 枚入りのカセットケースは収着トラップ付きの油回転ポンプで排気される真空乾燥器で乾燥処理されていますが，このようなフィルムは，スイッチオーバー直後に大きなガス放出を示します．

初期の透過型電子顕微鏡（JEM-100B）は，バイパス弁は備えていませんでした．そして，像観察室・カメラ室の高真空排気パイプが，観察室ののぞき窓（鉛ガラス）に直面していたこともあり，ガラス内面に油蒸気が付着するという逆流問題が起こりました．そこで，JEM-100B の排気系を全面的に見直し，設計変更することになりました．

像観察室の高真空排気系には，大口径の主弁に先行して開く，小口径のバイパス弁が設けられました．新しく備わった高分解能の機能も好評を博し，新しい JEM-100BX は試料汚染の極めて少ない高分解能の透過型電子顕微鏡として，ベストセラーを記録しました．

電子銃室と試料室を含む鏡筒は，DP2 で補助排気されている DP1 で排気され，大容積の像観察室・カメラ室は，リザーバータンク（RT2）付の DP2 で排気されます．低コンダクタンスのバイパス弁（3 L/s 程度）が，カメラ室の高排気速度の高真空排気に先行して，約 30 秒ほど開きます．タンク RT2 の容積はバイパス弁の効果で，約 10 L と小さくできました．このタンクは粗引き時にはガスリザーバーとして，高真空排気時にはバッファーとして働きます．

Fig. [13-2]-4 の系は，「ユニークな系だな」と言われたことがあります．これは，DP1 の背圧側が大容積の像観察室とつながっていることを指しているのだろうと思います．カスケード DP 排気系は，与えられる狭い場所で，DP 直列系で試料室や電子銃室を排気するという工夫によるものです．

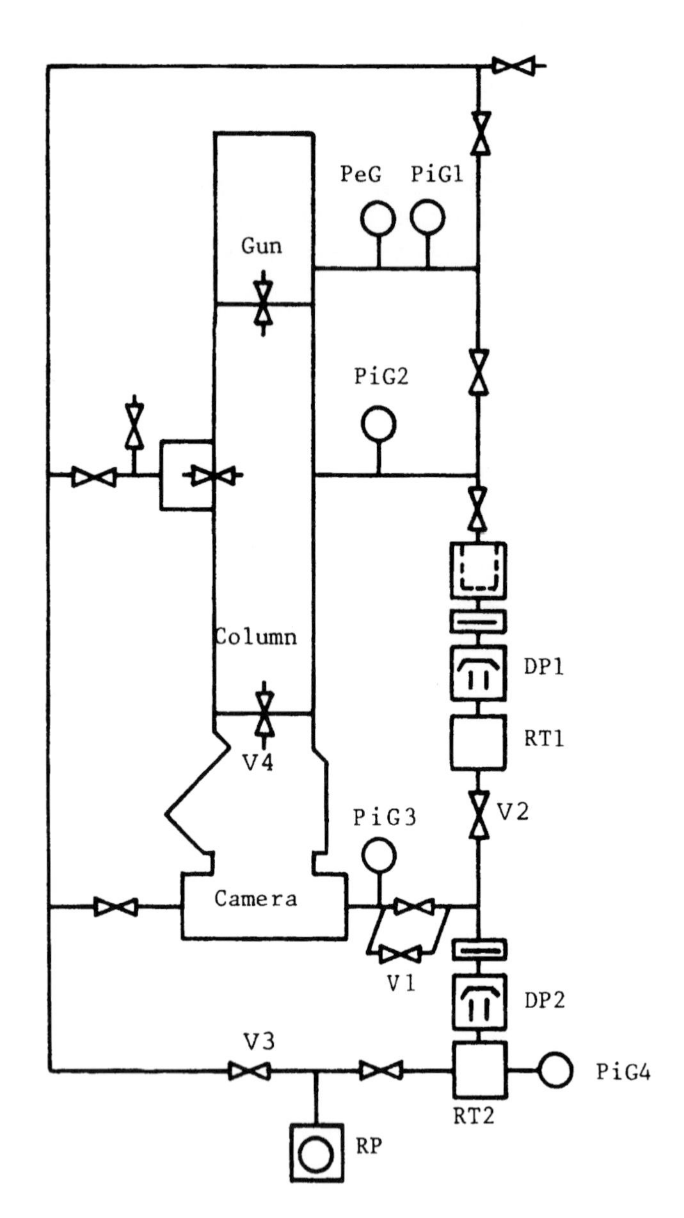

Fig. [13-2]-4.
Vacuun system diagram of an electron microscope provided with a cascade DP system. N. Yoshimura *et al.* (1984) [13-2]

バイパス排気機構を取り入れる前の逆流対策ですが，ポリフェニールエーテル（作動油）で安定して作動する拡散ポンプや，コールドキャップ付きシェブロンバッフルを開発し，大型のバッファータンクの組み込みなどを行いましたが，逆流問題は根本的には解決しませんでした．しかし，最後に試みたバイパス弁の追加によって，拡散ポンプの油蒸気の逆流問題は，スマートに解決できました．

先行低速度高真空排気機構を設けることによりバッファータンクの容積を小さくでき，排気速度の小さい回転ポンプを補助ポンプとして用いることができるので，排気系が安価になりました．

コメント

粗引き系には，RP の直上に付加的に遮断弁 Vi を備えたシステムを採用しました．RP からの逆流量は粘性流領域で粗引きをを止めれば，無視できるほど小さいものです [14]．この粗引き系では，チャンバーに接続されている粗引き弁と粗引きポンプの直上に取り付けた遮断弁 Vi は，粗排気モードでだけ開き，チャンバーの圧力が切り替え圧力 Ps に達すると閉じられます．このようにして，粗排気パイプの殆どは，粗排気中に Ps より低い圧力で排気されることがないので，メインテナンスフリーの粗引き系です．粗排気パイプは粗引きが始まると，大気圧の空気が管内を流れ，粘性流の空気の流れでパイプ内壁面が掃除されます．

13-2.4　カスケード接続油拡散ポンプ排気系を保護する安全システム

DP 系は，基本的には DP の前段に取り付けられた真空ゲージで検出される圧力 P_b で，制御されなければならなりません．いかなる排気モードにおいても，P_b が臨界背圧 P_c よりも低い圧力に設定されている基準圧力 P_r より高くなると，真空システムは安全サイドに，速やかに駆動されなければならないのです．このシステムを「基本安全システム」と呼びます．「基本安全システム」は以下の緊急時に，有効に働きます．

（1）　全鏡筒のいかなる場所で大きなリークが発生したとき．

（2）　DP 系のいかなる場所で大きなリークが発生したとき．

（3）　背圧排気用 RP が故障したとき．

（4）　排気モードをスイッチ制御している真空ゲージが故障したとき．

加えて，真空系は，ヒューズを含む電源系，水冷系，バルブ制御用の空圧系などの，関連部品の故障を検出して駆動する「ノーマル安全系」を備えています．「ノーマル安全系」は，ウォームアップ期間を含む全ての排気モードで “on” になっていなければなりません．

さらに，カスケード DP 系は，問題の有無にかかわらず，排気モードが切り替わるよりも早く，一時的に作動して閉じる安全弁を備えておく必要があります．この安全系を「スタンドバイ」安全系と呼びます．この安全系の制御フローを **Fig. [13-2]-5** に示しますが，そこでは V_s が安全弁です．

ここで，チャンバーA が DP1 で真空に排気されているときに，チャンバーB へ乾燥空気を導入して，大気圧にする場合を想定しましょう．最初は，DP1 の前段ラインに，安全弁 V_s がないシステムを考えましょう．もしも遮断弁 V2 の気密性が不十分であれば，導入した空気が DP1 を通過してチャンバーA の中へ逆流し，重大な逆流事故になります．もしも，排気モードを選択する際に，チャンバーB に取り付けられた真空ゲージ Ph が，故障で間違った指示を出せば，同様の逆流トラブルが発生するでしょう．カスケード DP 系であっても，安全弁 V_s をもつ「スタンドバイ」安全系が備わっていれば，真空システムが空気導入モードや排気モード切替に際して，事前に安全弁 V_s が閉じられます．そして，P_b が関与する「基本安全システム」が常時働いていますから，このような緊急時にも，P_b が基準圧力 P_r よりも高くなれば，排気系は停止状態

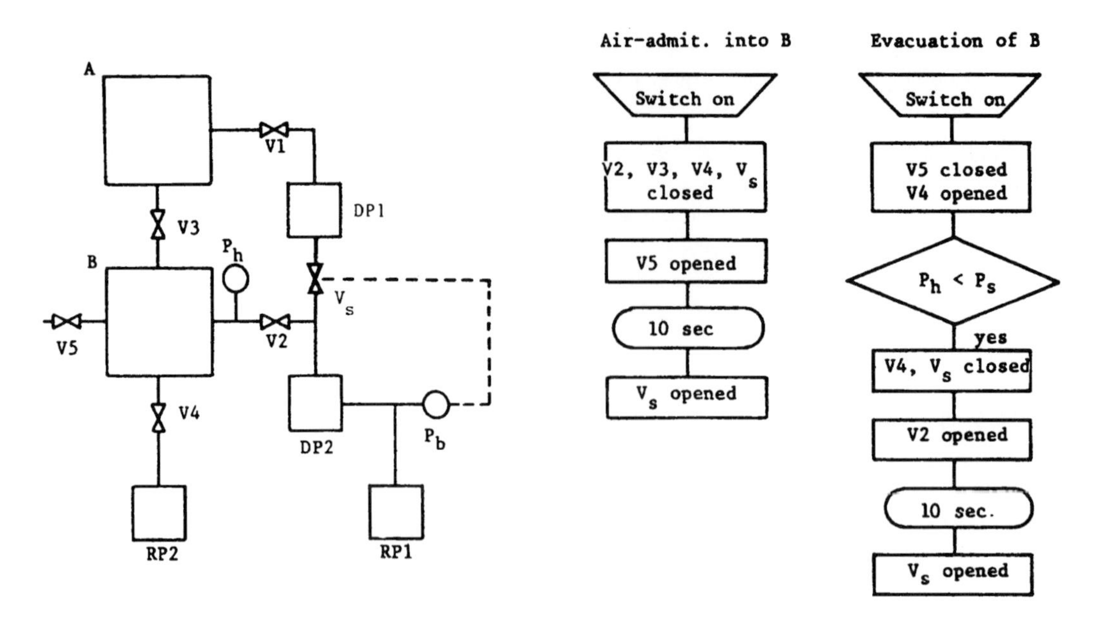

Fig. [13-2]-5. "Standby" safety system. (a) System diagram and (b) sequence flows: one for venting of the chamber B and the other for evacuation of the chamber B. N. Yoshimura *et al.* (1984) [13-2]

に，速やかに駆動されるので，排気系の事故は未然に防げます．このシステムのシーケンスフローは，Fig. [13-2]-5 (b) に示されており，1つはチャンバーB に空気を導入するモードに対して，もう1つは，チャンバーB の排気モードの際の安全系のフローを示しています．

文献 [13-2]

[2] D. J. Santeler, J. Vac. Sci. Technol. **8**, 299 (1971).

[6] J. Hengevoss and W. K. Huber, Vacuum **13**, 1 (1963).

[8] G. Rettinghaus and K. H. Huber, Vacuum **24**, 249 (1974).

[9] N. S. Harris, Vacuum **27**, 519 (1977).

[10] M. H. Hablanian, *Industrial Research/Development*, Aug. 84 (1979).

[11] M. H. Hablanian, *J. Appl. Phys.* Suppl. 2, Pt. 1, 25 (1974).

[12] N. T. M. Dennis, L. Laurenson, A. Devaney, and B. H. Colwell, *J. Vac. Sci. Technol.* **20**, 996 (1982).

[14] L. Holland, *Vacuum* **21**, 45 (1971).

13-3 積層積み重ね油拡散ポンプグループの到達真空に及ぼすインレットバルブの影響（N. T. M. Dennis 1982 から）

N. T. M. Dennis *et al.*（1982）［13-3］は，"The effect of the inlet valve on ultimate vacua above integrated pumping groups" と題した論文を発表しました．論文では，インレットバルブのクリーン排気に及ぼす影響を，(1) インレットバルブの潤滑油などの影響，(2) スイッチオーバー時のインレットバルブ（バタフライ弁）が開く速さの影響について，実験データを示し，それらの結論を要約にまとめています．

アブストラクト［13-3］

同じポンプケース内に組み込まれている油拡散ポンプ，水冷バッフル，インレットバルブから成る積層タイプのポンプグループの到達圧力に，吸気弁が与える影響を討論します．システムの清浄さに対して，吸気弁の動作の速さと弁が動作したときの，チャンバー圧力への影響を示すために，水晶発振子マイクロバランスを用いました．これらのインレットバルブパラメータの，到達真空とシステムのきれいさに及ぼす影響を知っておくと，組み合わせ物品を選択することや最善の高真空動作を与える動作モードを選択できるようになります．

序文

積層積み重ね油拡散ポンプ（DP）グループ，これはポリフェニールエーテル作動油（Polyphenyl ether fluid）を用いている DP と同じ容器内に組み込まれている水冷バッフル，インレットバルブから構成されていますが，金属ガスケットでマススペクトロメータに接続され，実質的に有機ガスのないシステムになっています．このようなシステムで，有機残留ガスは 10^{-10} mbar 以下であり，このことは十分に討論されています（［1］～［5］）．しかしながら，もっと一般的に使用されるシステムでは，積層積み重ね DP グループの 1 つの部品として，インレットバルブを含んでいます（Figure 1. Schematic of a three-stage integrated pumping group. この図は既に，**第 12 章**に **Fig.［12-2］-1** として掲載しましたので，参照してください）．そこでの到達真空は，インレットバルブなしの場合より少なくとも 1 桁高いことが分かっており，この差異はバルブ板部 O リングのガス放出のためです．この論文では，到達真空に及ぼすインレットバルブの影響，そしてそれは，ガス放出とインレットバルブの正しくない操作に起因する問題ですが，その両方を論述します．ここでは，サイズは DP グループの公称吸気口直径（in mm）で示します．インレットバルブのガス放出を研究するのに用いた機器は，150 mm 半径，60° 質量分析計で，マス分析範囲は 14～600 amu です．インレットバルブを開けるときの過渡的な影響を研究するのに，周波数感度 3×10^{-6} gkHz^{-1} をもつマイクロバランスを用いました．

13-3.1 インレットバルブのガス放出

高真空場に使用されるバルブにおいて，保持用バルブ板とシール用 O リングとの間に，トラップされるガスがないということが条件になっています．積層タイプのポンプグループの場合，この条件は，通常バルブ板のＯリング溝の側壁に切られていて，溝（groove）は殆ど底面に達するまで切られている1 mmスロットで確保されています．もし注意が払われていない場合は，このボリュームにトラップされているガスが，潤滑油を通して放出されます．高真空システムに潤滑油付きＯリングを用いる場合には，この注意が必要です．

バルブＯリングのガス放出の実態を究明するために，60° セクターマススペクトロメータの直下に，積層タイプのポンプグループを取り付けました．60° セクターマススペクトロメータシステムは，ソープショントラップを介して回転ポンプで排気し，圧力がおよそ0.1 mbarに達したときに，積層タイプのポンプグループで排気を開始しました．数時間高真空排気を行った後に，マススペクトロメータを約250 ℃で約6時間ベークし，その後マススペクトロメータを室温に戻し，マススペクトルを測定しました．この測定手順を，ドライ（グリース不使用）Ｏリング，ドライ焼き出し処理（200 ℃，2時間）Ｏリング，少量のFomblin RT15グリースを潤滑に使用したＯリング，そして少量のSantovac 5（Polyphenylether）を潤滑に使用したＯリングの，各々に対して測定しました．代表的な石油系ハイドロカーボンマス41，43，55，57, そして水蒸気18と窒素分圧28の分圧値を，**Table [13-3]-1**に示します．また，比較のために，高真空弁を使用しない積層タイプのポンプグループの上の位置で測定した，各々のマスも示します．

Table [13-3]-1.　Partial pressures（× 10^{-11} mbar）above an integrated pumping group.
N. T. M. Dennis *et al.*, (1982) [13-3]

Valve O ring	Mass numbers 18	28	41	43	55	57
Dry baked	2460	830	65	25	25	9
Baked with Fomblin RT15 grease	9000	820	17	＜1	11	3
Dry unbaked	2445	1080	255	205	80	90
Unbaked with Fomblin RT15 grease	7250	1130	85	70	65	65
Unbaked with Santovac 5	9360	960	115	110	55	80
No valve	2.2	125	＜1	1.4	1.8	＜1

Table [13-3]-1に示されている質量数は，種々のアレンジメントで石油系有機ガス分子の比較をするために選びました．しかしながら，スペクトルには特定の物質に関係する小さいピークがみられます．最も容易に識別できるピークは，フッ素系物質と関係するピークでした．フッ素系グリースRT-15をＯリングに適用したとき，ピークが質量数19，31，47，50，51，69にみられました．しかしながら，これらのピークの相対比は，Fomblin溶液が研究されたときに得られているデータと異なっており，グリースRT-15に混ぜたフッ素系溶液のトレースのマスピークだと信じています．この見解は，Fomblin溶液のスペクトルには，通常滅多に見られない19のピークが比較的大きく検出されていること，そして，Fomblinスペクトルの主要な成分である69のピークが非常に小さいことから，確かめられます．マススペクトロメータに取り付けられたイオンゲージで測定された全圧は，バルブ付きの積層タイプのポンプグループで10^{-8} mbar，一方バルブなしでは2×10^{-9} mbarが達成されています．

インレットバルブのない積層タイプのポンプグループの場合には，マススペクトロメータに取り付けた類似の排気速度のターボ分子ポンプで排気した場合に，同じレベルの分圧が得られていますから，バックグランドは，マススペクトロメータに起因していると言えます．したがって，これらの一連のテストの直前に得られた，バルブレス積層タイプのポンプグループで得られたこれらのマスナンバーに相当する分圧は，インレットバルブ付の積層タイプのポンプグループ直上で記録された分圧から差し引いて，Table [13-3]-1 に示しています．

Table [13-3]-1 から，ベークされたＯリングの場合の有機分圧のレベルは，ベークしていないＯリングの場合と比べてかなり低いことが分かります．一方，水蒸気の分圧レベルは，両者でほぼ同じです．ベークした，あるいはベークなしで，潤滑油を用いたケースでは，有機の分圧は抑制されますが，水蒸気分圧はかなり高いことが分かりました．これらの結果は，大気に曝されたときに潤滑油の薄い膜が，かなり大量の水蒸気を収着しますが，潤滑膜はＯリングの残留有機物質に対して，障壁として作用することを示しています．

13-3.2　インレットバルブの運転

もしインレットバルブが急速に開けられて，油拡散ポンプが粗引きされたチャンバーの比較的高い圧力に曝されると，ポンプ蒸気のジェット流が乱れて油蒸気の逆流が起こることは，よく知られています．このような条件の下で起こる逆流の量（amount）は，システムの圧力が蒸気ポンプジェットが正常に動作する，十分に低い圧力に降下するのに要する時間に依存します．この時間は，圧力，チャンバーの容積，そしてインレットバルブが開くときの蒸気ポンプの背圧ラインの圧力に依存します．この影響を研究するために，Baker [6] が用いた装置と似た装置を，四つの公称入口サイズ（63，100，160，250 mm）の積層タイプの，ポンプグループの上に直接取り付けて実験しました．その装置のチャンバーには，ポンプグループ吸気口から吸気口直径に等しい距離のところに，水晶発振子が取り付けました．水晶発振子は，アセトンに入れた固体二酸化炭素で冷却されました．この冷却剤は，水晶振動子上に凝結する水蒸気を無視できる程度に低減させる目的で，液体窒素より好都合に使用されました．インレットバルブは，その開ける速度を容易に調整できるように，手動で開けました．チャンバーにはイオンゲージ，ピラニーゲージ，そしてニードルバルブが付いています．拡散ポンプの背圧ラインにも，ピラニーゲージとニードルバルブが付いています．チャンバーから放出された凝縮性の蒸気は，冷えた水晶振動子に集められ，質量のゆっくりとした変化として測定されました．このことは，インレットバルブを閉じても同じ収集速度が観測されたことで，説明がつきます．低い圧力まで排気し，インレットバルブを閉じ，空気を導入して，チャンバーの圧力を 0.04 mbar と 4 mbar の間で増加させました．インレットバルブは，その後に開けました．実験を再確認するために，背圧ラインにあるニードルバルブを開けて，背圧を変化させました．水晶振動子の発信周波数の変化を記録することによって，蒸気の逆流量（rate）が決定され，種々の条件の下で行われたインレットバルブの開ける条件の影響が観察されます．

チャンバー圧力が 4 mbar と高いときでも，63 mm と 100 mm の排気グループでは，逆流は検出されません．160 mm グループでは，インレットバルブを，チャンバー圧力がポンプの臨界背圧（0.65 mbar）のレベルで開けたとき，逆流が起こっている証拠がありました．250 mm グループはインレットバルブを速やかに開けたときに，逆流が起こった唯一のユニットです．逆流を除去するには，背圧に依存するのですが，チャンバー圧力を 0.04～0.06 mbar 以下にする必要があります．異なったチャンバーと異なった背圧の影響は，**Fig.［13-3］-2** に示されており，背圧を高くすると，逆流で集められる油蒸気の量が多くなることが分かります．しかしながら，バルブをゆっくりと，3～5 秒かけて開けると，チャンバー圧力が 0.4 mbar と高くなるまで逆流のパルスは検出されませんでした．最初の素早い「開」操作で起こった過渡的な逆流は，最初はゆっくりと開け，それから数秒後に一気に開けることで除去できます．

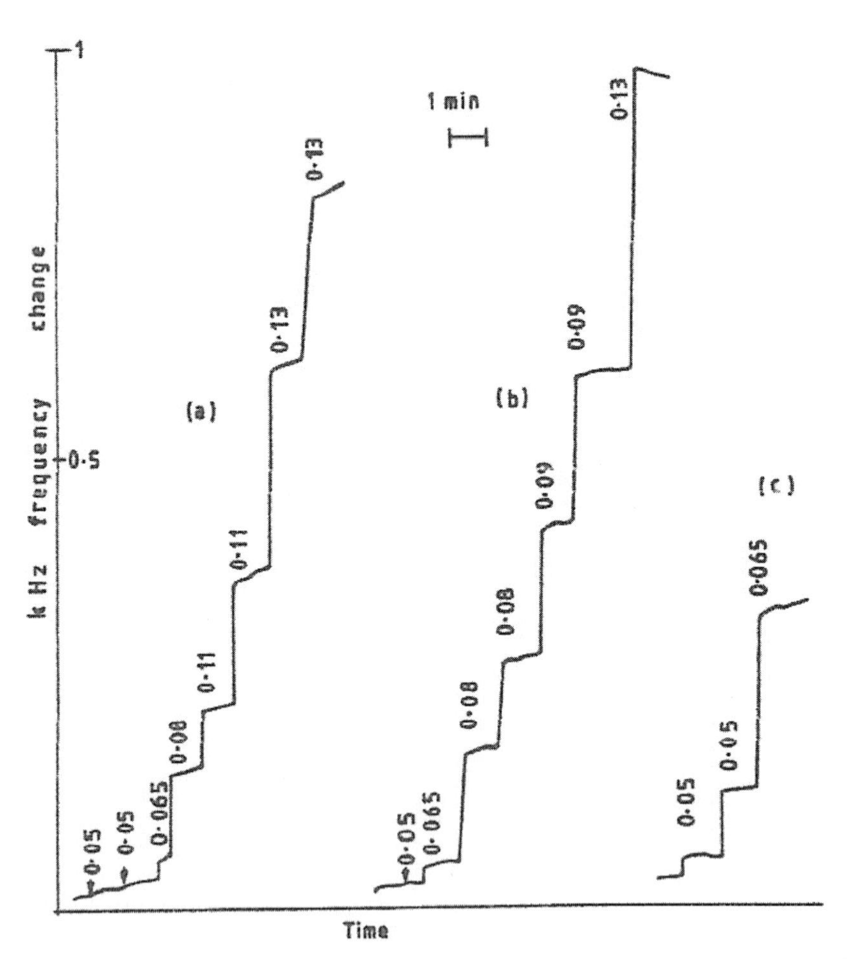

Fig.［13-3］-2. Effect of rapidly opening the valve above a 250 mm integrated pumping group.（a）With a backing pressure of 10^{-2} mbar and chamber pressure varying from 0.05 to 0.13 mbar;（b）with a backing pressure of 0.13 mbar and chamber pressure varying from 0.05 to 0.13 mbar;（c）with a backing pressure of 0.4 mbar and chamber pressure varing from 0.05 to 0.065 mbar.
N. T. M. Dennis *et al.*,（1982）［13-3］

まとめ

ポンプグループで達成される到達真空に，インレットバルブが大きい影響を与えていることが示されました．実験は次の結果を示しています．Fomblin RT15でひかえめに潤滑されたバルブは，Oリングから発生する有機のコンタミネーションを抑制します．しかしドライなOリングと比べて，水蒸気圧力がより高くなります．

インレットバルブを開ける速さは，より小さいポンプグループではそれほど気にする必要はないという実験結果です．しかし，油拡散ポンプの過渡的な過負荷に起因する，逆流の可能性を除去するために，常にインレットバルブを開ける際に注意を払うというのは賢明なことです．

文献［13-3］

［1］　B. D. Power, N. T. M. Dennis, R. D. Oswald and B. H. Colwell, *Jap. J. Appl. Phys.* **Suppl. 2**, Pt 1. 33 (1974).
［2］　B. D. Power, N. T. M. Dennis, R. D. Oswald and B. H. Colwell, *Vacuum* **24**, 117 (1974).
［3］　L. Laurenson, *Research/Development* **28**, 61 (1977).
［4］　N. T. M. Dennis, B. H. Colwell, L. Laurenson and J. R. H. Newton, *Vacuum* **28**, 551 (1978).
［5］　N. T. M. Dennis, L. Laurenson, A. Devaney and B. H. Colwell, *J. Vac Sci. Technol.* (To be published).
［6］　M. A. Baker, *J. Sci. Instrum.* **11**, (1) 774 (1968).

13-4　過大ガス負荷を抑制する先行低速度高真空排気（N. Yoshimura, 2009から）

N. Yoshimura (2009)［13-4］は，「過大ガス負荷を抑制する先行低速度高真空排気」(“Advantages of Slow High-Vacuum Pumping for Suppressing Excessive Gas Load in Dynamic Evacuation Systems”) と題した論文（日本語）を発表しました．

アブストラクト［13-4］

真空蒸着装置や膜コーティング装置の油拡散ポンプシステムにおいて，そこではチャンバーが大気圧から高真空まで頻繁に排気が繰り返され，排気モードが低排気速度の粗引きから高排気速度の高真空排気へ切換えられますが，その直後に，高真空ポンプへ過大ガス負荷が流れ込むことに因る油蒸気の逆流問題が，しばしば起こります．スイッチオーバー直後には，2種類の過大ガス負荷が存在します．(1) チャンバー空間のガス負荷，(2) チャンバー壁面からの一時的に急増するガス放出の負荷，です．チャンバー壁面からのガス放出量 (rate) は，高速の高真空排気によって圧力が急減することに因り，非常に大きくなります．その理由は，壁面内部のガス分子の拡散移動の時定数が，ポンプダウンの時定数に比べて非常に大きく，その結果，壁面への入射ガス分子の収着量 (rate) が激減し，壁面からのガス放出量（ガス脱離量とガス収着量の差）が大幅に増大するからです．

小さい排気コンダクタンスのバイパス弁を短時間先行させて開くことにより，一時的に増加するガス放出負荷と空間ガス負荷の悪影響を抑圧して，拡散ポンプの最大流量容量に合致させます．小さいコンダクタンスのバイパス弁を設けることによって，小さい容積のバッファータンクと低排気速度の回転ポンプを，背圧排気ポンプとして使用できるようになり，高真空排気系のコストが低減します．

用語

・ダイナミックな排気系：

大気圧からの排気が頻繁に繰り返される高真空排気系.

・先行低速度高真空排気：

ダイナミックな拡散ポンプ排気系では，一般に粗引き終了後に大口径の排気弁が一気に開かれて，高速度で高真空排気が行われます．先行低速度高真空排気では，高速度の排気に先行して，コンダクタンスの小さいバイパス弁を開いて，ガス負荷が拡散ポンプに過負荷にならないようにします．口径の大きい排気弁をゆっくりと開くように制御する方法も，先行低速度高真空排気の１つの方法です.

・クロスオーバー / スイッチオーバー：

M. H. Hablanian（1992）［13-1］は，粗引きから高真空排気に切りかわることを“crossover”と呼び，“crossover mass flow”“crossover pressure”のように用いています．N. Yoshimura（2009）［13-4］の論文でも,「クロスオーバー」という用語を便利に用いているのですが，本書では「クロスオーバー」の替わりに「スイッチオーバー」という用語を用います．これは本書の他の章との統一を図るためです.

・その場ベーク：

高真空に排気しながらベーク処理し，排気を続けながら室温に戻します.

序文

各種の成膜装置は産業界で広く用いられていますが，成膜の質を高めるためには清浄な超高真空が望まれます．真空蒸着装置やスパッタ成膜装置などでは，基板などを頻繁に交換するために，大容積の真空チャンバーが頻繁に大気に開放され，高真空に排気されます．このようなダイナミックな高真空排気系には，油拡散ポンプやターボ分子ポンプのようなガス圧縮機能をもつ高真空ポンプが用いられます.

大気圧のチャンバーを粗引きした後，高真空ポンプの排気に切り替えるスイッチオーバーの直後に，許容限界流量を超える過大ガス負荷が高真空ポンプに流れ込み，油蒸気の逆流問題が起こることが多くあります．特に油拡散ポンプを主ポンプにしている排気系では，拡散ポンプの前段の圧力がポンプの臨界背圧を超えると，ガス圧縮機能が殆ど停止するので，油蒸気の重大な逆流トラブルが起こります.

スイッチオーバーにおけるガス負荷には，チャンバー空間のガス負荷と，チャンバー壁面やチャンバー内に置かれている物品の表面からのガス放出負荷があります．後者のガス放出負荷は，スイッチオーバーにおける高速度の高真空排気で，チャンバーの圧力が急速に低下したときに急増します．これは，急速な圧力低下により残留ガスのチャンバー壁への入射と吸着が急減し，その結果ガス脱離量（rate）とガス収着量（rate）の差であるガス放出量（rate）が急増することによって起こります．このガス吸着・収着とガス脱離の関係によって起こる，ガス放出量急増の過渡現象は，比較的分かりにくいので，放出ガスの源とガス放出のプロセスをレビューし，ポンプ遮断テストを繰り返したときの圧力上昇特性のデータを用いて解説します.

過大ガス負荷問題を解決する 1 つの方法として，チャンバーを十分に低い圧力にまで粗引きしてから高真空ポンプに切り替える方法が考えられます．しかし，拡散ポンプの最大流量容量の制約のため，通常約 0.1 Pa まで粗引きする必要があり，そのために，ターボ分子ポンプのような高価なポンプを粗引きに使用しなければなりません．スイッチオーバーにおいて，低コンダクタンスのバイパス弁を大口径の高真空排気弁に先行して開いて，チャンバーの圧力がゆっくりと低下するように制御すれば，ガス放出の一時的な急増を抑えることができます．そして，スイッチオーバー圧力を 10 Pa に設定しても，小さいコンダクタンスのバイパス弁の効果で，ポンプ吸気口の圧力を，最大流量容量にマッチする 0.1 Pa 以下に抑えることができます．さらに，前段に設けるバッファータンクの容量を小さくできます．

チャンバーの構成や要求される排気の条件が，成膜装置の排気系と類似している透過型電子顕微鏡のカメラ室の排気系に，先行低速度高真空排気機構が組み込まれています．

13-4.1　ガス放出の過渡現象

成膜装置のベルジャーにはエラストマー，プラスチック，セラミックスなど，種々の非金属製物品が装着されていますが，チャンバーが真空に排気されると，物品に吸蔵されていたガスが表面から脱離します．ベルジャー壁面に付着している蒸着膜の残渣は大気に曝されたときに大量のガスを収着し，ガス源となります．真空グリースなどの液状物質には多くのガスが熔解されており，これらのガスが真空場に放出されます．

ステンレス鋼の真空チャンバー壁面も大きなガス放出源です．ステンレス鋼の機械加工後の表面には，結晶粒界（grain boundary）や穴（pit）などの表面欠陥があり，これらの表面欠陥は酸化層で覆われています．チャンバーが真空に排気されると，表面欠陥にたまっているガス分子が表面酸化層内部を拡散移動し，真空相との境界である最上表面（top-most surface）に到達して，真空中に脱離します．表面から脱離したガス分子は再び表面に入射し，表面酸化層に収着され，酸化層内を拡散移動した後に再び脱離します．Dayton（1959）[1] は，ガス放出速度 q_{outgas} はバルク内を拡散してきて表面から脱離するガス脱離速度 $q_{\mathrm{desorption}}$ と，真空雰囲気から表面に入射して収着するガス収着速度 q_{sorption} の差である，と定義しました．すなわち

$$q_{\mathrm{outgas}} = q_{\mathrm{desorption}} - q_{\mathrm{sorption}} \qquad [13\text{-}4]\text{-}1$$

式 [13-4]-1 にみられるように，ガス放出速度 q_{outgas} はガス収着速度 q_{sorption} に依存します．表面への q_{sorption} は残留ガス分子の表面への入射頻度，すなわち圧力に依存します [2]．

チャンバー壁面のガス放出が急増する過渡現象は，平衡収着脱離条件がほぼ達成している場合に，チャンバー空間の圧力が急速に変化したときに起こります．高真空装置を扱っていると，この過渡現象にしばしば遭遇しますが，この種の過渡現象の定量的なデータは少ないのが現状です．エラストマーや真空グリースなどに吸蔵されている大気成分のガスが，圧力の急速な減少により大量に放出される現象は，比較的分かりやすいですが，チャンバー壁面からのガス放出も，低真空に比較的長い期間保持されていた状態から，一気に高真空に排気されたときに急増します

が，この現象は比較的解りにくいと思われます．

N. Yoshimura *et al.*（1991）[4] は，ステンレス鋼製パイプチャンバーで，排気弁を開けている期間よりも閉じている期間の方を長くして，ポンプ遮断テストを繰り返し，圧力上昇曲線群を測定しました．**Fig. [13-4]-1** は，**第 2 章**の **Fig. [2-11]-2** を時系列に書き直したものです．

Fig. [13-4]-1 の圧力上昇とポンプダウンの曲線群から，以下の知見が得られます．

（1） 最初の圧力上昇曲線①の，1×10^{-7} Pa（窒素等価圧力）での接線勾配は，比較的大きいですが，5×10^{-6} Pa 辺りで大きく曲がり，再び直線に近い曲線に乗って圧力が上昇しています．

（2） 系の排気の時定数（チャンバー容積 ÷ 排気速度）は 1 秒以下であり，非常に小さいと言えます．各遮断テストの後に 10 分間排気しましたが，各回のポンプダウンではガス放出支配のゆっくりとした排気特性を示しています．各回の排気による到達圧力は遮断テストの回数が増え

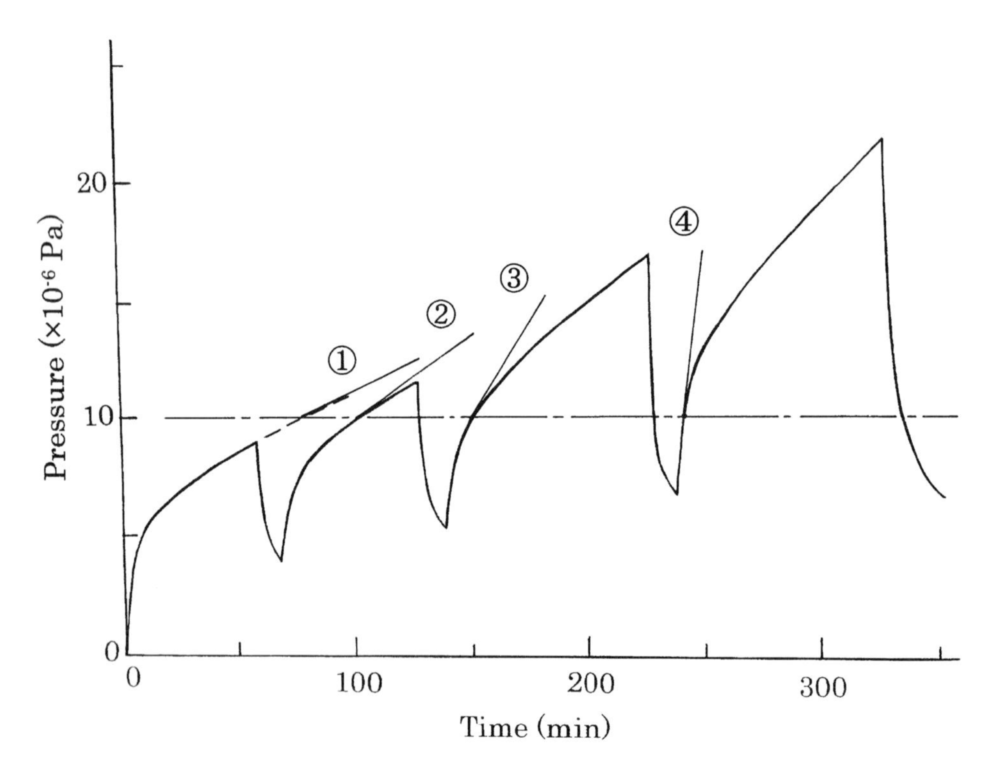

Fig. [13-4]-1. Pressure-rise curves and pump-down curves for the isolated pipe chamber which had been baked *in situ* (150℃, 20 h). Tangential lines ① to ④ on the four sequential pressure-rise curves at 1×10^{-5} Pa are drawn for comparing the outgassing rate under the same impinging rate. This figure is redrawn in the form of time sequence from Fig. [2-11]-2. The SS304 chamber, electro-polished, had been degassed several times at about 150℃ for about 20 h in vacuum (*in situ* baking). Pressure were measured by an extractor gauge (EG) inserted into the water-cooled adapter. The isolation test was repeated four times. For the first and second isolation tests the metal valve was closed for 60 minutes each. For the third and fourth isolation tests the valve was closed for 90 minutes each. The evacuation period between each isolation test was 10 minutes. ‘1’ to ‘4’ : pressure-rise curves.
N. Yoshimura (2009) [13-4]

るたびに上昇しています．このように，遮断時間が比較的長いテストを繰り返すにつれて，パイプチャンバー壁面のガス放出量（rate）が増大しました．

（3） 各圧力上昇曲線には，1×10^{-5} Pa（窒素等価圧力）における接線（①〜④）が示されていますが，勾配は圧力上昇テストの回数と共に大きくなっています．なお，接線勾配の大小の比較を同じ圧力で行っているのは，同じガス入射頻度の下で比較するためです．

ポンプ遮断期間に，チャンバー内に蓄積された放出ガス分子がチャンバーの壁面に頻繁に入射し，再収着します．この再収着速度（rate）は，圧力の上昇に比例して増大します．例えば圧力上昇③では，90分間のポンプ遮断で圧力は約 5×10^{-6} Pa から 1.7×10^{-5} Pa へ増大し，壁面への収着速度 q_{sorption} も同じ割合で増大したと考えられます．この結果，ポンプ遮断期間に，ガス分子が壁面の酸化層の浅い場所に偏在し，壁面からのガス脱離速度 $q_{\mathrm{desorption}}$ も，収着速度 q_{sorption} の増大割合とほぼ同じ程度増大し，両者の差であるガス放出量 q_{outgas} は，ほぼ一定値を維持し，結果として圧力がほぼ直線的に上昇したと考えられます．

一方，高真空あるいは超高真空に定常的に長時間排気されているチャンバーの壁面では，表面酸化層の浅い場所でのガス分子の密度の方が，深い場所での密度より小さくなり，ガス分子は壁面内部での密度勾配にしたがって，最上表面に向かって拡散し，定常的に脱離します．このように，定常的に排気されているときには，ある時点でガス放出が急増することはありません．

13-4.2 スイッチオーバー直後の過大ガス負荷

拡散ポンプ（DP）と油回転ポンプ（RP）から構成される排気系にはいくつかの制約条件があります．

（1） 回転ポンプからの油蒸気の逆流は，粗引きパイプ内の圧力が分子流領域に入ってくると増大します［10］．

（2） 拡散ポンプの吸気口における圧力が0.1 Pa以上になると，油拡散ポンプのトップジェットからの油蒸気のジェット流がガス分子と衝突して散乱するので，拡散ポンプからの油蒸気の逆流が増大します［11］．

（3） 拡散ポンプには最大流量容量による制約があります．最大流量容量はポンプによって差がありますが，一般には拡散ポンプの吸気口での最大圧力が0.1 Paを超えない範囲で使用しなければなりません．

（4） 拡散ポンプの背圧がポンプの臨界背圧を超えると，異常な逆流が起こります．したがって，排気のスイッチオーバーにおいて，拡散ポンプの背圧がポンプの許容背圧を超えないように，排気系を設計しなければなりません．

（5） 動作中の拡散ポンプに過大なガス負荷が流入すると，ポンプの作動油がポンプの排出ノズルから背圧側へ流出します．

高真空排気に切り替えるスイッチオーバーにおいて，①チャンバー空間の残留ガスによるガス負荷と，②チャンバー壁面（内蔵物品の表面含む）のガス放出によるガス負荷が，問題になります．M. H. Hablanian（1992）［12］は，ダイナミックな高真空排気系における過負荷対策について，以下のように述べています．

「高真空排気系において，粗引きから高真空排気に切り替えた直後の過大ガス負荷による逆流を起こさないために，シンプルなゴールデンルールを守る必要があります．すなわち，真空チャンバーからのガス流量が高真空ポンプの最大許容流量より小さいときに，スイッチオーバーしなければなりません．粗引き終了時点で真空チャンバーに関係する２つのガス負荷があります．１つはチャンバー空間のガス量，もう１つは準不変のガス放出量（quasisteady outgassing rate）です．これらの２つのガス量には，明確な圧力の減衰の違い（distinct pressure decays）があります．空間のガスによる過負荷は高真空バルブをゆっくりと開くか，低コンダクタンスのバイパスを並列に使うことによって阻止できます．しかしながら，ガス放出量（rate）に起因する過負荷は，ガス流量制限のゴールデンルールを守らなければ阻止できません．質量流量の整合性をとるということから直ちに導き出される結論は，粗引きポンプが大きくなればなるほど，スイッチオーバー圧力をより低くしなければならない，ということです．」

筆者は，上記の M. H. Hablanian の解説（1992）［12］の中の，下線を引いた部分には同意できません．高真空バルブをゆっくりと開くか，低コンダクタンスのバイパスを並列に使うという工夫をしない場合において，ゴールデンルールを守ろうとすると，通常の拡散ポンプ系ではチャンバーを約 0.1 Pa 前後まで粗引きしてからスイッチオーバーしなければなりません．低コンダクタンスのバイパス弁を用いると，スイッチオーバー直後のガス放出の急増を抑制でき，しかも 10 Pa でスイッチオーバーしても，拡散ポンプの吸気口の圧力はスイッチオーバー直後においても，0.1Pa 以下にすることができます．すなわち，ゴールデンルールを守るためにも，先行して開く低コンダクタンスのバイパス弁を用いる系は，非常に有効です．

13-4.3　過大ガス負荷問題を解決する先行低速度高真空排気

スイッチオーバー直後の過大ガス負荷には，チャンバー空間の残留ガス負荷とチャンバー壁面などの，ガス放出による過大負荷があります．

1．チャンバー空間のガスによる過大負荷の対策

従来の油拡散ポンプ（DP）排気系では，チャンバー容積 V（L）とスイッチオーバー圧力 P_S（Pa）の積である $V \times P_S$（Pa・L）のガス量（amount）が大きな排気速度で，ポンプの前段容積に一気に圧縮され，その結果ポンプの背圧がその臨界背圧 P_C（Pa）を超えて，重大な逆流が起こることが多くあります．

V = 50 L. P_S = 10 Pa, P_C = 30 Pa とすれば，そして補助ポンプの排気速度と比べて油拡散ポンプ（DP）の排気速度は桁違いに大きいので，必要なバッファータンクの容積 V_B（L）は $V \times P_S = V_B \times P_C$ から，V_B = 17 L と概算されます．

スイッチオーバーに際して，低コンダクタンスのバイパス弁からしばらく（例えば30 s程度）排気してから大口径の排気バルブを開く系は，チャンバー空間の過大ガス負荷に対して非常に有効です．粗引きポンプと同じ排気速度の補助ポンプが用いている油拡散ポンプ系では，補助ポンプの排気速度の，2倍程度の小さいコンダクタンスを介して先行排気されるので，バッファータンクの容積は数Lで十分です．バッファータンクはリーク発生などのトラブルに対して，有効に機能します．

チャンバー空間のガス負荷には，低コンダクタンスのバイパス弁を備える対策が合理的です．

2．チャンバー壁面などのガス放出による過大負荷の対策

従来の油拡散ポンプによる高真空排気系では，従来は通常小さい排気速度の油回転ポンプで，大気圧から約10 Paのスイッチオーバー圧力まで排気し，その後高排気速度の油拡散ポンプで一気に高真空に排気していました．粗引きポンプの実効排気速度は，チャンバーの圧力が10 Paオーダに入ってくるとさらに小さくなるので，さらにチャンバー壁などからのガス放出も大きくなるので，10 Paオーダーでのポンプダウンは，非常にゆっくりとしたものになります．高真空排気に切り替わった後には，ポンプダウンの時定数と壁面への入射頻度の急減に伴う，ガス収着量（rate）減少の時定数と比べて，チャンバー壁内部のガス分子の拡散移動の時定数は非常に大きいので，チャンバー壁からの実質的なガス放出速度がしばらくの間非常に大きくなり，油拡散ポンプに過負荷を与えることになります．

先行して開くバイパス弁をもつ油拡散ポンプ系（Fig. [13-4]-2の下部に示します）を検討しましょう．想定している系の構成はFig. [13-4]-2のキャプションに記述しています．

チャンバーの容積を100 L，粗引き用と背圧側排気用の油回転ポンプの定格排気速度を共に2 L/s，油拡散ポンプ系の定格排気速度を300 L/sとしましょう．100 Lのチャンバーが2 L/sの油回転ポンプで，大気圧から10 Paのスイッチオーバー圧力まで粗引きされます．スイッチオーバー後は，コンダクタンス約3 L/sのバイパス弁を介して15秒ほど排気され，その後は拡散ポ

ンプ（排気速度約300 L/s）系で高真空に排気されると想定しています．Fig. [13-4]-2の上部に，チャンバーのポンプダウンの様子と，その過程でポンプを遮断したときの圧力上昇の想定曲線（①，②，③）を示しています．比較のために，バイパス弁をもたない排気系における高真空

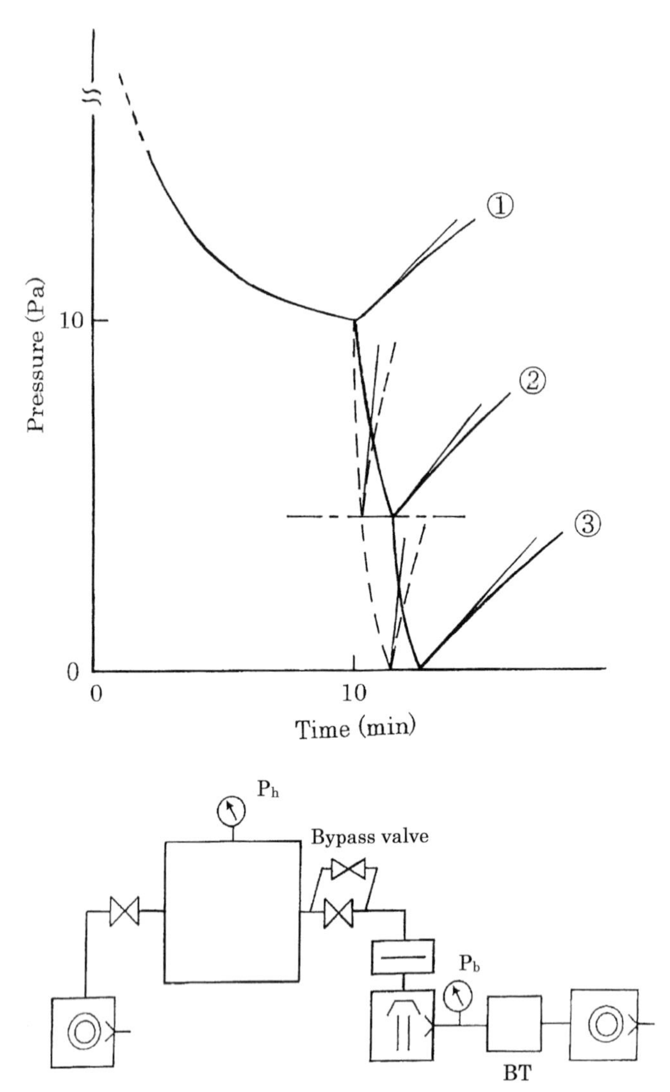

Fig. [13-4]-2. DP system equipped with a bypass valve (lower part) and the supposed pumping-down curves and the supposed pressure-rise curves (①, ②, ③) in isolation tests (upper part). The supposed pumping-down curves and the supposed pressure-rise curves for the conventional DP system, not equipped with a bypass valve, are drawn with broken lines. The followings are supposed: conductance of bypass valve; 3 L/s, chamber volume; 100 L, rated pumping speed of RP; 2 L/s, rated pumping speed of DP system; 300 L/s, switching pressure; 10 Pa. Supposed bypass pumping period, about 15 seconds.
①, ②, ③; supposed pressure-rise curves, ①; at crossover, ②; at the end of bypass pumping, and ③; at an early period of high-speed pumping.
N. Yoshimura (2009) [13-4]

排気の初期のポンプダウンと，その過程でポンプを遮断したと想定したときの圧力上昇の想定曲線を破線で示しています.

Fig. [13-4]-2 の上部に実線で示したように，低コンダクタンスのバイパス弁を用いることによって，スイッチオーバー直後の過渡的な大きいガス放出量 (rate) を，スイッチオーバー直前のガス放出量 (rate) と同程度に抑制できます. このように，チャンバー壁面のガス放出による過大ガス負荷に対しても，低コンダクタンスのバイパス弁を備える対策が合理的です.

3. 拡散ポンプの最大流量容量に適合させる対策

前セクションで述べたように，低コンダクタンスのバイパス弁から先行排気することによって，拡散ポンプに流入するガス流量をその拡散ポンプの最大流量容量に適合させることができます.

コンダクタンス 3 L/s のバイパス弁と，排気速度 300 L/s の油拡散ポンプ系が直列接続されている高真空排気系を考えましょう. 10 Pa のスイッチオーバー圧力でバイパス弁排気が始まりますが，拡散ポンプの吸気口での圧力は，0.1 Pa 以下に抑えられます. すなわち，バイパスの排気コンダクタンスである 3 L/s は，拡散ポンプの排気速度の 300 L/s の 1/100 ですから，スイッチオーバー圧力が 10 Pa のとき，拡散ポンプの吸気口での圧力は 0.1 Pa になります (このことは，コンダクタンス 3 L/s と排気速度 300 L/s の直列系に，オームの法則を適用して，チェックできます).

スイッチオーバー時にポンプに流入するガス流量 (rate) を，拡散ポンプの最大流量容量に適合させるためにも，低コンダクタンスのバイパス弁を備える対策が合理的です.

以上のように，先行低速度高真空排気により，セクション **13-4. 2　スイッチオーバー直後の過大ガス負荷**で指摘した 5 つの制約因子，①粗引き系の油回転ポンプの油蒸気の逆流，②油拡散ポンプのジェット流がガス分子と衝突して起こる散乱，③最大流量容量による制約，④許容背圧問題，⑤油拡散ポンプの作動油の背圧側への流出，を合理的に解決できます.

なお，低速度高真空排気の利点は，N. T. M. Dennis *et al.* (1982) [13] と N. Yoshimura *et al.* (1984) [14] が論述しています.

バイパス排気から高真空排気に切り替えるタイミングは，チャンバーや拡散ポンプ前段のバッファータンク (BT) に取り付けられている真空ゲージ (ピラニーゲージなど) の指示値を測定しながら，バイパス排気の時間を可変して見出すことができます. この際，ピラニーゲージなどの熱伝導型の真空ゲージは応答が遅いので，注意する必要があります.

スイッチオーバー直後にガス放出が急増する過渡現象は，成膜装置などの多くのダイナミックな高真空排気系の基礎設計にかかわる問題であり，実用上非常に重要です. 成膜装置の排気条件に類似している透過型電子顕微鏡のカメラ室の拡散ポンプ排気系に，先行低コンダクタンスバイパス弁排気機構が組み込まれています [14].

文献［13-4］

［1］ B. B. Dayton, *1959 6th National Symposiumu on Vacuum Technology Transactions*（Pergamon Press, 1960）pp. 101-119.

［2］ N. Yoshimura, *J. Vac. Sci. Technol. A* **3**（6）（1985）pp.2177-2183.

［4］ N. Yoshimura, H. Hirano, K. Ohara, and I. Ando, *J. Vac. Sci. Technol. A* **9**（4）（1991）pp.2315-2318.

［10］ L. Holland, Vacuum **21**（1/2）（1971）pp.45-53.

［11］ M. H. Hablanian and H. A. Steinherz, *Transactions of the 8th National Vacuum Symposium 1961*（Pergamon Press, New York, 1962）pp. 333-341.

［12］ M. H. Hablanian, *J. Vac. Sci. Technol. A* **10**（4）（1992）pp.2629-2632.

［13］ N. T. M. Dennis, L. Laurenson, A. Devaney and B. H. Colwell, *Vacuum*, **32**（10/11）（1982）pp.631-633.

［14］ N. Yoshimura, H. Hirano, S. Norioka, and T. Etoh, *J. Vac. Sci. Technol. A* **2**（1）（1984）, pp.61-67.

13-5　ターボ分子ポンプ排気系

ターボ分子ポンプ（TMP）の機能は，拡散ポンプの機能と類似していますから，拡散ポンプ（DP）系と同様に，粗引き系をもつ排気系を設計することは可能です．粗引きから一気に大口径の高真空弁を開いた場合に起こる現象は，DP系の場合と同様ですから，先行低速度高真空排気を可能にするバイパス弁やTMP1-TMP2の直列系，そしてバッファータンクなどを備えることが望ましいことは，拡散ポンプ（DP）系と同様と考えられます．

一方，ターボ分子ポンプ（TMP）は，高温に加熱されている作動油を使用していませんから，ポンプ内部が大気圧の状態からスイッチ'on'することができます．したがって，粗引き系をもたない，そして大口径の主弁ももたない，シンプルな排気系（**Fig.［13-5］-1**）が可能です．

Fig.［13-5］-1のシンプルな系についての要点を以下に記述します．

粗引き系のないターボ分子ポンプ排気系の要点

（1）　パワースイッチ（排気開始ボタン）を'on'にすると，コンダクタンスの小さいベント弁が閉じ，両方のポンプ（TMPとRP）が同時にスイッチ'on'され，起動されます．

（2）　パワースイッチ（排気開始ボタン）を'off'にすると，両方のポンプ（TMPとRP）のパワースイッチが'off'され，小さいコンダクタンスのベント弁が開いて，乾燥窒素ガスの導入が始まります．

（3）　RPの排気速度の選択：RPからの油蒸気の逆流を阻止するために，RP排気でチャンバーの圧力が約13 Paに達する前に，TMPの回転数が定格回転数の少なくとも80%に達するように，比較的小さい排気速度のRPを選択します．

蒸着装置などの成膜装置は単一チャンバーの真空系ですので，ターボ分子ポンプ（TMP）の排気系の場合，粗引きラインのない系の方が，シンプルで合理的だと考えます．

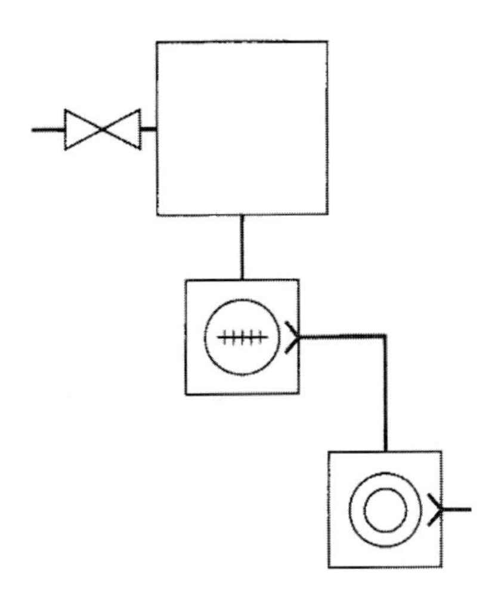

Fig. [13-5]-1.　Simple TMP system with no roughing line and no isolation valve.

引用文献

[13-1]　M. H. Hablanian, "Prevention of overload in high-vacuum systems", *J. Vac. Sci. Technol. A* **10** (4), pp.2629-2632 (1992).

[13-2]　N. Yoshimura, H. Hirano, S. Norioka, and T. Etoh, "A cascade diffusion pump system for an electron microscope", *J. Vac. Sci. Technol. A* **2** (1), pp.61-67 (1984).

[13-3]　N. T. M. Dennis, L. Laurenson, A. Devaney and B. H. Colwell, "The effect of the inlet valve on ultimate vacua above integrated pumping groups", *Vacuum* **32** (10/11), pp.631-633 (1982).

[13-4]　N. Yoshimura, "Advantages of Slow High-Vacuum Pumping for Suppressing Excessive Gas Load in dynamic Evacuation Systems", *J. Vac. Soc. Jpn.* pp.92-98 (2009).

第 13 章のおわりに

超高真空システムと言えば，各種のマイクロ・ナノ電子線装置と各種の成膜装置・スパッタ装置が双璧です．クリーンルームに入るウエファ走査型電子顕微鏡も大きなチャンバーをもち，頻繁に大気に曝されます．「先行低速高真空排気」は，このような多くの超高真空装置で非常に有用です．

結び

本書は私にとって，株式会社エヌ・ティー・エスから出版する，2冊目の真空技術の専門書です．多くの重要な論文をレビューしておりますので，書籍タイトルの最初を『レビュー』としました．前著を手元においてくださっている読者も，新しい読者もいらっしゃると思います．読者の皆様からこの本も良い評価をしていただけるような，そんな本にしなければならないとの思いで執筆いたしました．

本書は「超高真空技術」に限定することによって，前著とは重複は避けられたと思います．

前著では，第1部『真空系の基礎設計』の中で，「洗浄」や「リークテスト」など真空装置を製造する過程で必要となる関連技術も章を設けて，比較的詳しく記述しました．第2部『マイクロ・ナノ電子ビーム装置の真空システム』では，「真空中での放電」や「微細電子ビームエミッター」などの章を設けて記述しています．これらの分野は真空，あるいは超高真空が必要な分野ですが，本書では割愛しています．

本書は超高真空技術に特化しています．「超高真空技術の基礎と応用」の分野を，詳しく記述しました．そして，「真空チャンバー壁」も「真空ポンプと呼ばれている機器」も「ゼロPaの完全真空を基準点（接地点）とする圧力発生器」であるとする，新しい概念を記述しました．

筆者は超高真空の領域を，完全真空（ゼロPa）を基準とする，非常に小さい正の圧力の世界，と認識しています．このような認識の下では，超高真空の基礎はチャンバーの内壁面やチャンバー内部の物品表面で頻繁に繰り返される，ガスの収着と脱離の理論と現象だと考えます．ガスの収着とガス脱離の現象に基礎を置き，そこから派生的に導き出される分子流ネットワーク技法や真空排気システムの合理的な設計を，超高真空の応用技術として記述しました．

本書が超高真空技術の実用書として，読者の皆様のお役に立てれば，それは筆者のこの上ない喜びです．

吉村長光

図書名	発刊日	体裁	本体価格	ISBN
半導体微細パターニング～限界を超えるポスト光リソグラフィ技術～	H29. 4.10	B5　416頁	40,000	978-4-86043-467-0
Brown粒子の運動理論～材料科学における拡散理論の新知見～	H29. 1.23	B5　224頁	20,000	978-4-86043-489-2
光触媒/光半導体を利用した人工光合成 ～最先端科学から実装技術への発展を目指して～	H29. 1.23	B5　250頁	40,000	978-4-86043-477-9
形状記憶合金 産業利用技術～基礎およびセンサ・アクチュエータの設計技法～	H28. 7.27	B5　256頁	39,000	978-4-86043-448-9
しなやかで強い鉄鋼材料～革新的構造用金属材料の開発最前線～	H28. 6.13	B5　440頁	50,000	978-4-86043-453-3
表面・界面技術ハンドブック ～材料創製・分析・評価の最新技術から先端産業への適用、環境配慮まで～	H28. 4.19	B5　858頁	58,000	978-4-86469-075-1
ナノ空間材料ハンドブック ～ナノ多孔性材料、ナノ層状物質等が切り開く新たな応用展開～	H28. 2. 8	B5　548頁	52,500	978-4-86043-433-5
大気圧プラズマ反応工学ハンドブック～反応過程の基礎とシミュレーションの実際～	H25. 7.18	B5　506頁	46,400	978-4-86469-068-3
ポストシリコン半導体～ナノ成膜ダイナミクスと基板･界面効果～	H25. 6.11	B5　556頁	44,000	978-4-86469-059-1
環境発電ハンドブック～電池レスワールドによる豊かな環境低負荷型社会を目指して～	H24.11.10	B5　444頁	46,600	978-4-86469-047-8
ナノエレクトロニクスにおける絶縁超薄膜技術 ～成膜技術と膜・界面の物性科学～	H24. 7.20	B5　356頁	38,000	978-4-86469-039-3
グラフェンが拓く材料の新領域～物性・作製法から実用化まで～	H24. 6.12	B5　268頁	34,800	978-4-86469-035-5
プラズモニクス～光・電子デバイス開発最前線～	H23. 8.24	B5　298頁	42,600	978-4-86043-388-8
量子ドットエレクトロニクスの最前線	H23. 3.25	B5　440頁	47,600	978-4-86043-376-5
次世代パワー半導体～省エネルギー社会に向けたデバイス開発の最前線～	H21.10. 2	B5　400頁	47,000	978-4-86043-262-1
実用薄膜プロセス技術～機能創製・応用展開～	H21. 8.17	B5　428頁	47,400	978-4-907837-18-1
光と物質の相互作用～外部場の中の原子・分子の挙動および非線形光学～	H19.12. 7	B5 316頁	17,400	978-4-86043-181-5
ナノカーボンハンドブック	H19. 7.17	B5 996頁	59,800	978-4-86043-176-1
機能性ガラス・ナノガラスの最新技術	H18. 7.10	B5　480頁	42,000	978-4-86043-105-1
DLC膜ハンドブック	H18. 6. 2	B5　656頁	42,800	978-4-86043-125-9
超精密加工と非球面加工	H16. 7.30	B5 440頁	18,800	978-4-86043-059-7
新訂版・表面科学の基礎と応用	H16. 6.22	B5 1592頁	52,200	978-4-86043-051-1
マイクロ・ナノ電子ビーム装置における真空技術 ※	H15.12.19	B5 360頁	38,000	978-4-86043-039-9

※ 本書の執筆者の書籍です。

レビュー　超高真空技術の新展開

数式による解析から真空回路・分子流ネットワークへ

発行日	2017年4月24日　初版第一刷発行
著　者	吉村長光
発行者	吉田　隆
発行所	株式会社エヌ・ティー・エス 〒102-0091 東京都千代田区北の丸公園 2-1 科学技術館2階 TEL.03-5224-5430　http://www.nts-book.co.jp
印刷・製本	日本ハイコム株式会社

ISBN978-4-86043-479-3